中外房建工程规范比对及应用

中国建筑股份有限公司　编著

中国建筑工业出版社

图书在版编目（CIP）数据

中外房建工程规范比对及应用/中国建筑股份有限
公司编著. —北京：中国建筑工业出版社，2013.5
ISBN 978-7-112-15355-8

Ⅰ.①中… Ⅱ.①中… Ⅲ.①房屋-建筑工程-建筑
规范-对比研究-中国、国外 Ⅳ.①TU202

中国版本图书馆 CIP 数据核字（2013）第 077547 号

本书为中外房建工程规范应用对比研究，目的是为全面了解国际工程建设标准化体系现状，对比、分析、建立、完善适合中国建筑企业"走出去"的国际化标准体系和为中国建筑企业国际化发展提供帮助，提高我国对外承包工程技术标准应用及设计、施工、管理水平。主要内容包括：混凝土工程规范应用对比篇、钢结构规范应用对比篇、模板支撑规范应用对比分析篇、脚手架规范应用对比研究、测量规范应用对比研究。本书可供建筑行业从业人员参考。

* * *

责任编辑：王　梅　刘瑞霞　辛海丽
责任设计：张　虹
责任校对：肖　剑　赵　颖

中外房建工程规范比对及应用
中国建筑股份有限公司　编著
*
中国建筑工业出版社出版、发行（北京西郊百万庄）
各地新华书店、建筑书店经销
北京科地亚盟排版公司制版
北京云浩印刷有限责任公司印刷
*
开本：787×1092 毫米　1/16　印张：26¾　字数：648 千字
2013 年 5 月第一版　2013 年 5 月第一次印刷
定价：**68.00** 元
ISBN 978-7-112-15355-8
(23465)

编写委员会

主　任：官　庆
副主任：陈国才　毛志兵
委　员：
中建股份科技与设计管理部：肖绪文　蒋立红　周文连
　　　　　　　　　　　　　张晶波　于震平
中建股份海外事业部：李　健　李树江　王建英
中建股份企业策划与管理部：朱子君
中建阿尔及利亚分公司：陈文建　臧传田
中建南洋分公司：李晓谦　叶新祥
中建美国分公司：袁　宁　吴志刚
中建中东分公司：余　涛　朱建潮　杨春森　王立尚

编写人员

主　编：徐伟涛　张晶波
编写组：魏　嘉　魏少波　杨　峰　胡凤琴　代国全
　　　　李　焱　唐　晓　慎旭双　冯爱民　张　锐
　　　　尹文斌　王　祥　王立营　陈文刚　李万胜
　　　　曾根平　武　莹　何　瑞

序　言

　　近年来，在全球经济一体化大潮的推动和国家"走出去"战略的指引下，中国各大建筑企业凭借自身的技术、资本、管理优势以及战略转型能力，在做好本国业务的同时，致力于拓展海外市场。经多年努力，中国建筑企业在国际市场上的话语权逐渐加大，品牌知名度和美誉度逐步提升，国际竞争实力日益提高。然而，随着中国建筑企业"国际化"进程的不断推进，其参与国际竞争所遇到的难题也越发凸显。面临复杂多变的国际政治经济环境和日新月异的工程技术发展趋势，面对发达国家所设置的技术壁垒和成本优势逐渐丧失的困境，中国建筑企业必须直面挑战和机遇，走具有中国特色并适宜各区域差异化发展的"国际化"道路。

　　技术标准差异作为区域差异中的重要体现元素之一，随着中国建筑企业参与海外业务的不断深入，对发展海外业务的制约作用已显得越发突出。各国尤其是发达国家通过其自身的标准体系、质量认证、绿色标准、产品规格等所形成技术壁垒，一方面使得国内的材料、设备标准与国际标准接轨困难，另一方面由于对标准理解偏差所导致的成本增加、工期延误、违约索赔等情况时有发生，极大地阻碍了中国建筑企业参与国际市场的竞争。技术标准的国际化研究势在必行。

　　"中国建筑"以房屋建筑承包、国际工程承包、地产开发、基础设施建设和市政勘察设计为核心业务，立足于国内外两个市场，经过 30 余年的开拓进取，已发展壮大成为中国建筑、房地产企业的排头兵和最大国际承包商。进入新世纪，面对新的发展机遇和新的复杂形势，"中国建筑"始终以"培育具有国际竞争力的世界一流企业"为要求，坚持"一最两跨，科学发展"的战略目标不动摇，坚持深化改革、创新发展，坚定品质保障、价值创造；积极推进经营结构优化和经营布局调整，积极实施"专业化、区域化、标准化、信息化、国际化"的战略举措，取得了跨越式发展。在刚刚过去的 2012 年，"中国建筑"的营业规模位列全球建筑地产企业第 1 位，居世界 500 强第 100 位，在中央企业排第 5 位，在中国内地企业中排第 9 位。在海外业务方面，中国建筑曾经在全球一百多个国家和地区开展业务，目前经营区域主要分布于全球 27 个国家和地区，海外年合同额近百亿美元。

　　同时，"中国建筑"不忘国有重要骨干企业的政治责任、社会责任和经济责任，在推进"国际化"进程中，针对国际业务中遇到的技术标准难题，本着"从海外工程实践中来，服务于海外工程实践"的原则，组织多名熟悉国内外工程技术和标准的专家，结合多年从事海外工程的经验和教训，历时多年，开展了中外技术标准的比对研究，形成了覆盖四大区域、多个国家的房建施工技术标准成果，目前已在"中国建筑"内部推行，实施效

4

果良好。为了能将这些宝贵经验和成果为更多的中国建筑人所分享，特编著本书，奉献给正在"国际化"道路上不断探索和前行的中国建筑企业。

中国建筑工程总公司　董事长
中国建筑股份有限公司　董事长

目　录

混凝土工程规范应用对比

钢结构规范应用对比

模板支撑规范应用对比分析

脚手架规范应用对比研究

测量规范应用对比研究

第 1 章　研究目的和意义

1.1　目的

在全球经济一体化及工程建设领域加速国际化的背景下，中国建筑企业走出国门，拓展海外市场，将直接面对国际标准体系的挑战。我国现行的建筑法规、标准体系及传统做法已无法适应海外项目甚至国内外资项目的建设要求，急需一批熟悉了解研究国际现行标准体系的项目管理人才。因此，了解国际现行标准体系，熟悉国际标准化组织现状，提高中国建筑企业国际工程建设标准应用水平和国际竞争力迫在眉睫，工程建设标准国际化意义日渐凸显。为此，通过研究，要达到以下两点目的：

1. 全面了解国际工程建设标准化体系现状，对比、分析、建立、完善适合中国建筑企业"走出去"的国际化标准体系；

2. 为中国建筑企业国际化发展提供帮助，提高我国对外承包工程技术标准应用及设计、施工、管理水平。

1.2　意义

"工程建设标准是经济建设和项目投资的重要制度和依据。"

——国务院副总理曾培炎

进入 21 世纪，经济全球化进程加快，宏观控制下的市场经济模式已深得人心。融入全球一体化市场成为中国建筑企业"走出去"的必然选项。

近年来，中国建筑企业伴随着"走出去"，在国际市场上取得了骄人的成绩，但道路布满荆棘，对外工程承包施工步履维艰。究其原因，国内外标准规范体系的不同，习惯做法的不同，导致中国建筑企业在国际工程承包中，材料、设备、管理等诸多方面难以与国际标准体系接轨，出现因对标准体系规范理解不同而导致工期延误、罚款、甚至退出市场的情况，严重制约了中国承包商"走出去"的进程。

回观历史，欧美国家在推进全球化进程中，机遇与风险同样存在。现如今，欧美发达国家通过技术标准占领了绝大部分全球市场。期间，他们一方面依靠技术创新占领发展中及欠发达国家市场；另一方面通过成熟的标准体系、质量认证、产品标准等树立贸易壁垒，限制其他国家企业进入其国内市场。因此，随着经济全球化中的国际竞争不断加剧，中国企业正面临着在经济全球化背景下被边缘化的危险。

为何我国企业很难在欧美发达国家承揽大型工程呢，并不是中国建筑企业不具备实力承揽国际工程，而是中国企业普遍不熟悉国际标准，各种国际标准成了名副其实的技术壁垒。孙子兵法有云"知己知彼，百战不殆"，我们只有熟悉了国际市场的游戏规则，才能够在海外市场有所斩获，取得长足进步，进而成长为具有一定影响力的强大的中国建筑企业，才能在国际市场站稳一方江山。要扭转这个局面，技术标准国际化的研究势在必行。

从目前国际标准规范体系来看，欧美规范尤其是英国和美国的规范牢牢占据建筑标准的制高点，虽然我国标准在很多方面尤其是建筑抗震、钢结构、消防设施等方面具有优势，但是，由于标准体系不匹配，导致我国规范在国际工程施工、推广中遇到了非常多的困难。

从海外工程承包经验来看，国际工程承包的难点已不在于施工技术方法，而是来自材料、设备、施工参数等标准规范的制约。尤其是在一些专业领域，如机电安装、使用先进设备的大高难度土木工程等，国内外技术标准存在非常大的差距，我国的设备加工制造水平及执行标准较欧美国家普遍落后，所用标准也无法实现与欧美国家标准的接轨。另一方面，人才的缺乏也是影响我国对外工程承包的主要制约因素，很多对外项目不得不借助欧美咨询公司的力量才能将工程做完。然而，借助咨询公司不仅会增加项目成本，同时项目实施决策受制于咨询公司和业主，严重阻滞了人才的培养。

从国际工程承包模式来看，已发生日新月异的变化，从传统的单纯施工承包向咨询—设计—施工一体的EPC交钥匙承包模式转变。对业主来说，需要的是更系统的服务和更加完善的建筑产品。中资企业的人才结构、技术能力和管理水平还很难满足业主的需求，能够与国外业主、顾问公司以及合作伙伴流畅沟通、熟悉国外市场环境和规则、懂技术和精管理的高素质人才依然十分匮缺，成为我国对外工程承包向高端产业发展的主要障碍，也是我国建筑企业与国际大型承包商之间存在最主要的差距。

从国际工程承包市场来看，我国企业要想在欧美发达国家占据一席之地，非一日之功，因此中国建筑企业国际化战略重点应放在了非洲、拉丁美洲等欠发达国家和发展中国家和地区，这些国家大多由于政治、经济等原因，尚未形成系统的国家规范和通行标准，仍需要借助外来公司来帮助其进行城市开发和基础建设。据有关资料表明，在2000年进入225家国际大承包商中的34家中国公司的国际承包营业额中，84%集中在亚洲，10%在非洲，只有3%在欧洲和北美洲。我国在欧洲和美洲的国际承包营业额只占225家国际大承包商在该地区国际承包总营业额的0.5%。我国在亚洲承接工程项目，也主要集中在新加坡、中国香港等华人集中的国家和地区。香港是我国内地对外工程承包的最大市场，长期以来我国内地在香港地区的承包工程营业额一直占全部对外工程承包额的20%左右。新加坡是我国对外工程承包的第二大市场，占全部对外工程承包额的5%~10%。这反映我国对外工程承包具有很大的区域局限性，特别是在欧美国家缺乏市场竞争力。

综上分析，技术标准国际化的研究，要两条腿走路，一是要分析国内标准规范体系与国际标准体系的差异，加快接轨；二是要把战略重点放在非洲、南美洲、中东等发展中或欠发达国家和地区，努力推广中国标准规范，占领一席之地，推动中国对外承包走得更好更远。

第2章 研究内容及技术路线

2.1 研究内容

2.1.1 海外重点区域标准体系应用研究

海外重点区域标准体系应用研究，主要是针对不同区域分别设立研究组，调研工程建设标准体系应用的国际环境，重点是针对发达、发展中及欠发达地区标准规范体系的应用情况，对工程建设外部环境进行分析研究。

1. 全面了解我国建筑企业参与国际工程建设的技术标准应用现状与标准差异，深入分析项目执行过程中所遇到的技术标准应用案例，了解国内企业拓展国际建筑市场的现状与需求；

2. 结合非洲、南美等欠发达及不发达国家建筑市场情况，分析我国工程建设标准体系国际认知度、适用性和发展方向。

2.1.2 国内项目对于国际标准需求研究

结合国内涉外项目或国际招标项目，对国内项目应用国际标准情况和现状进行梳理、调查、比对和研究。

2.1.3 海外重点区域标准体系分类研究

对中国建筑企业在国际化工程中遇到的标准体系进行系统梳理，结合国际上流行的项目信息分类系统，按照设计、房建、土木、机电分别研究。为便于研究成果的应用和推广，将按照欧美国家通行的 Specification 分类方法进行详细的对比分析。

2.1.4 主要国际标准对比分析研究

针对国际上有影响力的标准，选择国际地位高、影响力广的标准进行系统的翻译和研究工作，如 ACI 318 标准、BS 1377 标准等。并和国内规范进行关键参数和技术特点的详细对比研究，突出对照分析成果的实用性，为国内工程技术人员以及即将奔赴海外建筑市场的国内工程技术人员提供海外规范体系学习平台，加速国内工程技术人员对海外建筑市场及其所用体系的了解与使用。

2.1.5 中国标准国际化战略研究

分析国家标准体系自身提高技术水平及国际化水平的现状，提出加速国家标准体系与发达国家标准体系及国际标准化组织的接轨所面临的问题和解决措施；分析提出，如何提高其在欠发达及不发达地区的认知度和适用性，如何进一步提升国家标准体系在国际工程建设市场的影响力。

2.2 技术路线

将采用分区域、分专业与系统研究相结合的方法进行研究。根据中国建筑企业海外业务的发展现状及战略规划，划定中东、美国、阿尔及利亚、其他非洲地区四大重点研究区域（确定上述四大区域的重要意义详见第 2.4 节内容）。

本研究采取的技术路线为：

1. 针对四大重点区域进行调研，收集整理资料，确立标准研究重点。

2. 根据调研结果，对各区域执行标准进行深入研究，主要是针对美国、中东、阿尔及利亚、非洲其他区域的不同特点，制定相应的标准研究方案和实施计划。

3. 确定方案后，进行重点区域精选标准的对比研究工作。标准对比思路按国标分部分项划分进行，个别专业标准按照美标、英标的分专题进行对比。

4. 以海外项目为依托，寻求标准国际化合作可能。

5. 研究形成标准国际化战略研究报告。

2.3 研究范围

建筑行业发展到现阶段，工程总承包模式发展已相当成熟，被市场所接纳。中国建筑企业在走出去的过程中，根据实施区域的不同，也衍生出以工程总承包（EPC）为主，BT、BOT、CM、PPP 等多种模式共生的承包模式格局。工程实施涉猎的行业跨越了房建、水利、交通、机电、矿山开采等诸多领域，产业链覆盖了项目咨询、设计、开发、施工到物业运营等各个阶段，实现了项目全寿命周期的实施管理，生产水平有了长足的发展。产业的大发展，意味着我们面对接触的是一个系统的标准规范体系，也意味着要涉猎研究各个专业的标准规范体系，但本次研究重点，仍仅集中在房建领域，希望能有所探索，以便后续研究能够走得更好。

2.4 研究区域

据 2009 年国际权威的《工程新闻记录》（ENR）最新数据显示，全球 225 家最大国际承包商的海外经营业绩主要分布在欧洲（1141 亿美元，约占 29%）、中东（775 亿美元，约占 20%）、亚洲（685 亿美元，约占 18%）和北非（509 亿美元，约占 13%）市场，四大市场海外营业额分别较上年增长了 18.3%、23.2%、23.7% 和 78%，北非是增长最为强劲的区域。从行业状况看，225 家企业的交通运输、房屋建筑类和石油化工项目营业额居于行业排名前三位，合计占比达到 74.1%。

目前国际市场竞争非常激烈，欧美市场较高的准入门槛和相对发达的工程技术水平，对中资企业的发展具有一定的阻力。作为中国建筑企业主要海外市场的中东和非洲地区，从 ENR 统计数字可以看出这些地区发展势头良好。中东和非洲，不仅成为了中国建筑企业作为走出去的首选地区，而且欧美列强也将这些地区视为必争之地。

2.4.1 美国

美国建筑业作为美国最为古老的传统行业，约占国内生产总额（GDP）的 8%。作为世界上最发达的经济体，美国的建筑行业无论是政策法规，还是标准规范，直到项目管理，在世界各地均有很大的影响力，值得我们大力学习和研究。

1978 年，由美国最大的 200 家公司董事长组成的美国商会圆桌会议讨论了美国建筑工业的状况，一致决定要开始建筑工程管理领域的研究，发起了建筑工业成本效率研究项目。经过 5 年的调查研究，200 多项改善建筑工业面貌的建议被提出。其中之一就是要建立美国建筑工业院（Construction Industry Institute，CII），进行长期的，有关美国建筑工业重大课题的研究。自 CII 于 1983 年成立以来，大量的项目管理研究被开展，新的管理理论和技术被创造，项目管理进入它的成熟期。大量的现代管理理论技术被运用到高科技产品和系统的开发上。CII 主要的研究结果包括项目前期评估指数 PDRI（The Project Definition Rating Index），索赔潜力预测 DPI 指数（Disputes Potential Index）等，以及包括 1000 多个项目共 550 亿美元的项目后期评价资料库。由于 CII 长期不懈的努力，大大提高了美国建筑工程项目管理水平，美国建筑工业劳动生产率由衰退转向增长，也使美国建筑工程公司形成了较强的市场竞争力。目前美国前几大建筑工程公司的国际工程业务收入超过了在美国国内的项目收入。CII 也确立了它在国际工程项目管理领域的领先地位。

美国 2007 年 GDP 达到了 13.8 万亿美元，其建筑业规模也相当突出。据报道，同年美国建筑业投资规模达到了 1.32 万亿美元，位居世界第一。同时，作为全球最具活力的欧美建筑市场，占全球建筑总投资 50％以上，而美国建筑市场投资占全球近 30％。由此可见，美国建筑业市场在全世界是最大的，是全球建筑企业拓展海外市场吸引力最大的地方。

因此，研究美国标准，不仅可提升我公司整体欧美技术标准掌握水平，而且为扩大美国市场与世界影响力方面提供技术保障。

2.4.2 中东

中东地区是世界上建筑业迅猛发展的一个特殊地区，作为全球一座超级"油库"和最大石油输出地区，中东地区石油的可采储量占全球的 80％。由于 2003 年世界油价大涨，中东地区因此而增加的石油出口收入就达 680 亿美元，巨额石油外汇收入拉动中东地区的建筑市场急速升温。中东各国大规模的建设计划，丰厚的石油资源换来的雄厚资金，落后的基础设施现状及规模巨大的建设规划、物价和人工成本的高企都向我们展示了建筑市场的广阔的前景。

中东地区建筑市场尤以阿联酋的工程承包市场最为活跃。阿联酋是海湾地区的石油富国之一，也是中东最开放和最活跃的经济体之一，阿联酋拥有世界石油总量的 9.4％，世界天然气总量的 34％，带动了建筑基础建设，整个阿联酋共有建筑招标资格类工程公司 6975 家，主要建筑群体工程分为迪拜地区，沙迦地区，阿布扎比地区。阿联酋 2007 年建筑业产值约 400 亿迪拉姆，未来 5 年内将达到 10000 亿迪拉姆。从 2008 年到 2010 年，阿联酋房地产和建筑业将分别保持每年 24.4％和 21.6％的增长速度。就整个中东地区而言，休闲发展项目达 166 个，总价值 1 万亿美元。其中 1718 亿美元投资于博物馆和主题公园之类的纯休闲项目；2183 亿美元投资于开发休闲胜地；其余 6119 亿美元投资于混合功能项目，包括休闲占很大成分的住宅或商务项目。迪拜即将建设投资规模达 300 亿美元的世界最大机场，中东物流批发中心。

虽然目前世界金融危机影响了中东地区建设市场的增速，但资料显示，目前中东各国大规模基础设施、商业设施、大型投资势头依然是世界上最为强劲的地区之一。据报道，由于油价触底飙升带来巨大收益，沙特政府今年计划上马多个大型基建项目，总值有望达到 4100 亿美元，沙特因此成为中东地区最大建筑市场，市场前景非常乐观和广阔。为促进投资，近年来沙特政府放宽对经济限制，允许外国公司拥有房地产和建筑工程100%产权并可投标政府工程，并将公司税从2005年的45%降低到25%。

目前，中东地区技术规范使用情况较为复杂，技术规范以英、美规范为主，辅助一些当地规范，但当地规范大多不成系统，目前较为系统的规范有卡塔尔QCS 2007系列规范（此规范也以英、美规范为范本进行了本土化）。介于中东地区广阔的市场前景和烦乱的标准建设，可积极研究当地欧美规范的市场占领情况，并在上述地区寻求中国规范的立足之地，抢占利润制高点，提高技术竞争力。

2.4.3 阿尔及利亚

阿尔及利亚位于非洲西北部，北濒地中海，人口3000多万，阿尔及利亚于1962年独立，20世纪90年代由于多党选举引发了内战。在经历了近十年的社会动乱后，阿社会局势逐渐趋于稳定，阿经济却万业凋敝、百废待兴。阿总统布特弗利卡上台后推出2001～2004三年经济振兴计划，旨在改变经济发展停滞落后的局面。在依靠自身力量进行经济建设的同时，阿政府加快了经济对外开放步伐，在贸易、投资和工程领域采取了一系列的优惠措施以鼓励外来资本参与阿国经济建设。得益于国际原油价格的上涨，蕴含丰富石油和天然气能源的阿尔及利亚经济也随之出现大幅的增长，贸易盈余显著提高，外汇储量达到历史最高水平。目前的阿尔及利亚正处在经济蓬勃发展的暖春时期。

以中建建筑（CSCEC）为代表的中国建筑企业于20世纪80年代初进入阿市场，承揽小规模住房项目建设。20余年来，中国建筑房建承包工程业务从无到有、从小到大，不断发展。尤其是，中国建筑在1997年承建的喜来登酒店工程赢得了阿人民的交口赞誉，树立了中国建筑的品牌形象。中国建筑大规模进入阿市场始于2001年。2001年至今，其在阿住房行业新签合同11.6亿美元，约占同期承包工程业务签约总额的31%。中国企业丰富的建设经验、阿国市场旺盛的住房需求、喜来登品牌的社会效应为中国建筑进一步开拓阿建筑市场奠定了坚实基础。中国建筑在阿大型宾馆、商务中心、体育馆、医学院等各类公共建筑项目的实施亦在不断深扩着中国企业在阿建筑领域的旗舰影响。中国建筑先后承建了松树喜来登酒店、奥兰喜来登五星级酒店、布迈丁国际新机场、新外交部大楼、军官俱乐部、移动通讯大楼、邮政总局大楼和宪法委员会大楼等具有重大影响的项目。目前中国建筑在施项目分布在阿国33个省，涉及阿国社会住房、公共建筑、基础设施等诸多领域，是阿国最大的建筑承包商。在中建集团内部，阿尔及利亚已经成为最大海外经营区域之一。

随着阿尔及利亚经济的不断增长，有越来越多的国内外企业开始涌入，建筑市场竞争日益激烈。同时，高速发展中的阿尔及利亚尚存在各项体系不规范、公共行政体系以及金融运作体系效率低、当地熟练工人不足、建筑材料供给匮乏等种种问题，都为国内企业在当地寻求市场占有率提出了挑战。

阿尔及利亚这类发展中国家，本身技术体系薄弱，对于我方占领当地建筑市场技术制高点非常有利，综合研究当地技术体系，并与我国标准规范系统对比研究，不仅可以提升企业技术水平和工作效率，实现我国企业标准在国际竞争中的技术壁垒作用，并为提升中国工程建设标准的国际化水平作出积极的贡献。在此基础上，也为提升中国建筑企业的核心竞争能力，扩大当地市场份额，抢占高端竞争的制高点提供了技术保证。

2.4.4 非洲其他地区

非洲是一个蓬勃发展的欠发达地区，经济增长不断带动当地建筑市场的升温。根据我国对外承包商会的资料显示，2008年我国对外承包企业在非洲市场的业务继续快速发展，新签合同额392.5亿美元，完成营业额197.5亿美元，分别接近400亿美元和200亿美元，比2007年同期增长了35.77%、59.57%，超过海外市场平均增长速度。中国建筑企业在非洲开展承包工程的项目涉及房屋建筑、石油化工、电力设施、交通运输、通讯设备、水利工程、冶金设施、铁路改造以及路桥、港口、农田改造等多个领域。特别是近年来，随着非洲经济增长步伐加快，非洲国家公共投资能力逐步增强，国际社会加大了对非洲的援助力度，涉及国计民生的大型项目增多，促使非洲基础设施、公共住房和工业建设等承包工程市场日益活跃。在非洲52个国家（地区）市场中，2008年有27个国家（地区）新签合同额均比2007年有所增长，其中佛得角、尼日尔、毛里塔尼亚等12个国家与2007年相比增长率均超过100%。有38个国家（地区）完成营业额均比2007年有所提高，其中马达加斯加、刚果（布）、利比亚等10个国家与2007相比增长率超过100%。

近期发布的2009年《非洲经济展望》报告预测，非洲经济在连续6年增速超过5%后，因受全球经济危机造成的出口商品下跌和外援资金减少，2009年增速预期由经济危机之前预期5.8%下降到2.8%，到2010年非洲经济增速将上升到4.5%。报告预计2009年非洲的财政赤字占GDP的5.5%。该报告引用经合组织（OECD）数据：由于石油和矿产品价格下跌，预计2009年国际贸易将负增长13%。2008年非洲的直接投资下降了10%。南非作为地区经济发展的发动机，将经历20多年来的首次经济衰退，2009年第一季度经济规模缩水6.4%，工作岗位减少18万个。安哥拉削减预算40%，肯尼亚、赞比亚和尼日利亚的减贫计划预算也有削减。赞比亚20%的矿工遭解雇，刚果10万工人下岗。博茨瓦纳是非洲最大的钻石生产国，GDP在2009年第一季度缩水20%。石油输出国安哥拉经济将负增长7%。但卢旺达、坦桑尼亚和加纳经济增长将超过6%。这些国家经济已呈多元化格局，农业部门基础牢固。利比里亚和塞拉利昂这两个经历了长期战乱的国家也将出现高速增长。同时非洲国家由于宏观经济政策和财政管理水平提高，负债率下降，贸易投资也出现多元化。该报告还特别提到，中非贸易在2008年增长了50%，中国和印度的经济增长将对拉动非洲走出经济低谷起到重要作用。

由于中非各国关系这些年蓬勃发展，中国建筑企业应抓住这一历史机遇，在欧美发达国家控制的市场，要仔细研究其技术规范体系，通过知己知彼逐步扩大市场份额，并逐步扩大中资企业影响力，最终实现中国标准能够占领一席之地。在欧美发达国家尚没有控制的地区，应大力引进中国规范，实现中国规范本土化实现和占领。

2.5 研究目标

1. 立足于在经济全球化条件下的国际合作和竞争，深入研究国内标准体系向国际化接轨的发展趋势，全面了解国际工程建设标准化体系及国际标准化组织现行机制，深入分析国内外标准的异同，为中国建筑企业走出去提供技术保障；

2. 以中国建筑企业海外工程项目为载体，总结在海外工程建设项目中不同标准体系下工程实施的经验与教训，为国内建筑企业及个人在海外工程项目从事工作提供必要的标准体系信息支持与帮助；

3. 通过课题研究成果，形成有针对性的完善的国际化标准体系，培养一批标准编制、翻译及应用人才；

　　4. 在研究分析的基础上，在海外项目大力推广应用和国外先进标准，提升中建总公司的核心竞争能力，扩大国际市场份额，抢占国际竞争的制高点；

　　5. 结合中国建筑标准国际化战略，通过研究成果，制定技术标准国际化工作大纲，提升企业技术水平和工作效率，实现企业标准在国际竞争中的技术壁垒作用，并为提升中国工程建设标准的国际化水平作出积极的贡献。

2.6　技术难点和解决途径

　　目前阶段尚没有一个建筑施工企业进行标准国际化战略研究，因此缺少可参考的案例和技术依据，但这也正是本次研究的难点和创新点。

2.7　创新点

　　国内首次系统研究国际化建筑标准体系。

第3章 技术标准发展现状和趋势研究

3.1 技术标准分类

一般由政府或立法机关颁布的对新建建筑物所作的最低限度技术要求的规定，是建筑法规体系的组成部分。建筑法规体系分为法律、规范和标准三个层次，法律主要涉及行政和组织管理（包括惩罚措施），规范侧重于综合技术要求，标准则偏重于单项技术要求。由于各国的政治、经济体制之间存在的差异，各国的建筑法规体系层次区分也不相同。

标准按其适用范围可以分为不同层次，包括国际标准、区域标准、国家标准、行业或专业标准、地区标准、企业标准。

国际标准：指国际间通用的标准，主要有 ISO 标准，IEC 标准等；

区域标准：指世界某一区域通用的标准，如"欧洲标准"等；

国家标准：对一个国家的经济技术和社会发展有重大意义的，必须在全国范围内统一和实施的标准。我国国家标准由各专业（行业）标准化技术委员会或国务院有关主管部门提出草案，由国家标准化主管机构批准发布。主要包括：有关通用术语、互换配合等方面的标准；有关安全、卫生和环境保护方面的标准；有关广大人民生活，跨部门生产的重要工农业产品标准；基本原料、材料；通用零部件、元器件、配件和工具、量具标准；通用的试验方法和检验方法标准等。

行业标准或专业标准：由行业标准化主管部门或行业标准化组织批准、发布，是某行业范围内统一的标准。

地方标准：是由省、自治区、直辖市标准化主管部门发布，在当地范围内统一的标准。

企业标准：是由企业批准发布的标准。

3.1.1 按内容及性质分类

技术标准按内容及性质分为：技术标准、工作标准和管理标准；

3.1.2 按标准化对象的特征分类

按标准化对象的特征又可分为：基础标准、产品标准、方法标准、安全与环境保护标准。

3.1.3 标准文献其他类别

标准文献除了以标准命名外，还常以规范、规程、建议等名称出现，国外标准文献常以 Standard（标准）、Specification（规范）、Rules（章程）、Instruction（规则）、Practice（工艺）、Bulletin（公报）等命名。

3.2 国外技术标准发展现状

3.2.1 国际标准化组织 ISO

国际标准化组织（ISO）是目前世界上最大、最有权威性的国际标准化专门机构。

1946 年 10 月 14 日至 26 日，中、英、美、法、苏的 25 个国家的 64 名代表集会于伦敦，正式表决通过建立国际标准化组织。1947 年 2 月 23 日，ISO 章程得到 15 个国家标准化机构的认可，国际标准化组织宣告正式成立。参加 1946 年 10 月 14 日伦敦会议的 25 个国家，为 ISO 的创始人。ISO 是联合国经社理事会的甲级咨询组织和贸发理事会综合级（即最高级）咨询组织。此外，ISO 还与 600 多个国际组织保持着协作关系。

国际标准化组织的目的和宗旨是："在全世界范围内促进标准化工作的发展，以便于国际物资交流和服务，并扩大在知识、科学、技术和经济方面的合作"。其主要活动是制定国际标准，协调世界范围的标准化工作，组织各成员国和技术委员会进行情报交流，以及与其他国际组织进行合作，共同研究有关标准化问题。

按照 ISO 章程，其成员分为团体成员和通信成员。团体成员是指最有代表性的全国标准化机构，且每一个国家只能有一个机构代表其国家参加 ISO。通讯成员是指尚未建立全国标准化机构的发展中国家（或地区）。通讯成员不参加 ISO 技术工作，但可了解 ISO 的工作进展情况，经过若干年后，待条件成熟，可转为团体成员。ISO 的工作语言是英语、法语和俄语，总部设在瑞士日内瓦。中国曾任 ISO 理事会、技术管理局成员。1999 年 9 月，我国在京承办了 ISO 第 22 届大会。

中国还是 ISO/DEVCO（发展中国家事物委员会）、CASCO（合格评定委员会）、INFCO（信息系统和服务委员会）、COPOCO（消费者政策委员会）和 REMCO（参考物质委员会）等几个专门政策委员会的成员。同时也是 PASC（太平洋地区标准大会）、APEC（亚太经济合作组织）、IAF（国际认可论坛）等国际或区域组织的积极成员。

3.2.2 美国的标准体系

美国是一个标准大国，它制定的包括技术法规和政府采购细则等在内的标准约有 5 万多个，私营标准机构、专业学会、行业协会等制定的标准也在 4 万个以上。

3.2.2.1 自愿性和分散性的标准体系构架

美国的标准体系是自愿标准体系，即各有关部门和机构自愿编写、自愿采用。在自愿性国家标准体系中美国国家标准学会（ANSI）充当协调者，但 ANSI 本身并不制定标准。在美国，专业和非专业标准制定组织、各行业协会和专业学会在标准化活动中发挥主导作用。在美国，各级政府部门也可能制定其各自领域的标准，但是这些标准属于强制性标准，从《技术性贸易壁垒协定》定义角度，应该是技术法规的范畴或是技术法规的一部分。

在美国主要有三个建筑法规（85％的州和地方政府采用或以此为条款仿制）：《基本建筑法规》（Basic Building Code-BBC）由国际建筑公务员委员会和法规管理机构（BOCA）颁发，《标准建筑法规》（Standard Building Code-SBC）由国际南方建筑法规委员会颁发，《统一建筑法规》（Uniform Building Code-UBC）由国际建筑公务员委员会颁发。

美国相关法律通常要求制定技术法规时，鼓励引用自愿标准，一旦被技术法规引用，自愿标准就会成为事实上的强制标准。另外制造商面临的激烈市场竞争及消费者或用户的选择也使自愿标准远非自愿采用，从而带有准强制色彩。

3.2.2.2 标准官方机构和各类民间机构

美国标准体系与其他国家和地区的标准体系的区别主要表现在自愿性和分散性，政府的作用比较小，而标准制定机构很多，美国国家标准学会（ANSI）则是这一体系的协调者。这一体系既调动了各行业协会、学会的积极性，又保证了国家标准的协调一致性。美国标准技术研究院（NIST）是美国标准化领域唯一的官方机构，在各类组织的标准化工作协调管理上发挥着重要的作用，同时也为美国的标准化工作提供坚实的技术基础。

尽管政府机构不直接制定标准，但很多政府官员是各协会的会员，他们参与制定标准，提出意见，参加投票。如 NIST 是美国商务部下属的国家标准与技术研究机构，他们的成员很多参与各协会的工作，其研究成果为标准的研究制定和各领域的技术进步提供技术支持。NIST 官员在介绍情况时特别强调政府机构在标准化工作中的指导思想是努力提高企业的竞争力，这一观点值得借鉴。政府机构除采用协会标准外，还根据当地的情况，制定有关建筑监管条例，并监督实施。我们到过的盖城（Gaithersburg City，M A）市政厅有 50 余位标准官员主要负责市政建设，审批建筑规划和设计图纸，发放许可证等。并实地检查工程施工情况。

在美国，有关建筑标准（包括建筑防火内容）有多个协会或组织制定，如 NFPA、ICBO、BOCA、SBCCI 等。根据美国宪法规定，各州有权根据本州情况立法及采纳任何协会的模式标准。目前，一些州采用 ICBO 的建筑标准，而另一些州则 BOCA 或 SBCCI 的建筑标准。由于各州采用的标准不同，给建筑设计者和其他有关建造者带来不便，因此，美国国际规范委员会（ICC）目前正与 ICBO、BOCA、SBCCI 等标准化组织合作，着手制定统一的建筑标准。

美国标准编制的趋势是从规格型逐步转向性能型，即改变目前标准的内容是告诉技术人员如何做，成为今后标准要告诉技术人员标准的最终要求（使用功能）是什么，至于如何实现功能，技术人员可以发挥自己的创造性。另外，美国的标准都是由州政府颁布，作为本州内的技术法规，只对州政府以及本州内的单位和个人投资项目具有约束力。对于联邦政府的项目。无论建以哪个州，都可以不受所在州的任何标准的限制。

1. 美国国家标准学会（ANSI）

1918 年，美国测试和材料协会（ASTM）等 5 个创始机构创立了美国工程标准委员会，该委员会后来被称为美国标准协会，接着成为美国国家标准学会（ANSI）。ANSI 目前是美国自愿性标准活动的协调机构，并且是美国国家标准的认可机构。它不是政府部门，是一个非营利的公益性机构，致力于满足各方对标准和合格评定要求。ANSI 自己不制定标准，而是授权有资格的组织在他们的专业范围内制定标准。ANSI 的角色是管理自愿标准体系，提供标准问题发展政策的中立论坛，作为标准制定和合格评定的协调监督组织。

美国各协会既相互独立，又相互联系且职责上还有所区分。ANSI 不直接组织制定标准，而主要是定规则、定政策、搞技术论坛，帮助国家机构和私有机构以及美国与外国的合作，并对其他协会制定的标准进行认可。美国很多协会出版的标准都印有"本标准经ANSI 认可"的字样。这样做的目的，一方面因为 ANSI 权威性高，得到它的认可，可提高标准的地位；另一方面，国际标准化组织 ISO 规定，所有美国标准要得到 ISO 的认可或备案，必须经 ANSI 的认可。因此，协会标准要走向世界，也需要得到 ANSI 的认可，但这种认可完全是自愿的，没有法律要求。在美国，一个协会的会员或董事可能同时是其他几个协会的会员或董事。在各个协会或组织之间，业务虽有相互交叉、相互竞争，但又相对独立与补充，从而形成一个在政府的指导和调节下进行公平竞争发展的社会环境。

（1）美国国家标准化工作中最有影响的组织与团体：

联邦规范与标准（Federal Specification & Standards，简称 FS）

美国材料与试验协会（American Society for Testing and Materials，简称 ASTM）

美国机械工程师协会（American Society of Mechanical Engineers，简称 ASME）

美国汽车工程师协会（Society of Automotive Engineers，简称 SAE）

美国电子电气工程师学会（Institute of Electrical and Electronics Engineers，简称 IEEE）

美国保险商实验室（Underwriters Laboratories，简称 UL）

美国全国防火协会（National Fire Protection Association，简称 NFPA）

美国印刷电路学会（Institute of Printed Circuits，简称 IPC）

（2）ANSI 标准分类

ANSI 标准采用字母与数字相结合的混合标记分类法，目前共分为 18 个大类，每个大类之下再细分若干个小类，用一个字母表示大类，用数字表示小类。

美国国家标准号的构成如下：

ANSI＋分类号＋小数点＋序号—年份

如：ANSI L1.1—1981，标准名称为 "Safety and Health Requirement for the Textile Industry"，"L1" 在 ANSI 中代表纺织工程的分类号。

ANSI/原行业标准号—年份

如：ANSI/AATCC36—1981，标准名称为 "Water Resistance：Rain Tent"，这是由行业标准升格为 ANSI 标准的构成形式——双重编号。

2. 美国实验与材料协会（ASTM）

ASTM 成立于 1898 年，是世界上最早、最大的非盈利性标准制定组织之一，任务是制订材料、产品、系统和服务的特性和性能标准及促进有关知识的发展。ASTM 前身是国际试验材料协会（International Association for Testing Materials，IATM），IATM 首次会议于 1882 年在欧洲召开，会上组成了工作委员会，主要研究解决钢铁和其他材料的试验方法问题。1898 年 6 月 16 日，70 名 IATM 会员在美国费城集会，成立了国际试验材料协会美国分会。1902 年在国际试验材料协会分会第五届年会上，宣告美国分会正式独立，取名为美国试验材料学会（American Society for Testing Materials）。随着业务范围的不断扩大和发展，学会的工作不仅仅是研究和制定材料规范和试验方法标准，还包括各种材料、产品、系统、服务项目的特点和性能标准，以及试验方法、程序等标准。因此，1961 年，该组织又将其名称改为美国试验与材料协会（American Society for Testing and Materials，ASTM），一直沿用至今。100 多年以来，ASTM 已经满足了 100 多个领域的标准制定需求，现有 32000 多名会员，分别来自于 100 多个国家的生产者、用户、最终消费者、政府和学术代表。

ASTM 共有 129 个技术委员会，下共设有 2004 个分技术委员会，主要制定 130 多个专业领域的试验方法、规范、规程、指南、分类和术语标准，如钢铁制品、有色金属制品、金属试验方法和分析程序、建筑界、石油产品、润滑剂和矿物燃料、涂料、有关涂层芳香剂、纺织品、塑料、橡胶、电气绝缘和电子、水和环境技术、原子能、太阳能和地热能、医疗器械、通用方法和测试仪器、通用产品、化学特制品和最终产品等。目前 ASTM 已出版发布了 10000 多个标准。从这些数字可以看到，活动频繁，并且卓有成效。由于 ASTM 标准质量高，适应性好，因此不仅被美国各工业界纷纷采用，而且被国际上很多国家采用。

（1）资料类型：

Technical Specification（技术规范）

Guidance（指南）

Test Method（试验方法）

Classification（分类法）

Standard Practice（标准惯例）

Terminology（术语）

Definition（定义）

还包括：Test Report（试验报告）及试验方法可使用性

（2）ASTM 标准编号形式为：

标准代号＋字母分类代码＋标准序号＋制定年份＋标准英文名称。

示例：

ASTM A 311M—95（1996）冷制合金钢棒材标准规范

标准代号：ASTM

字母分类代码：A

标准序号：311M

制定年份：95（1996）

标准英文名称：冷制合金钢棒材标准规范

3. 美国混凝土学会（ACI）

美国混凝土学会（American Concrete Institute）成立于 1904 年，拥有 30，000 名会员，分会遍布世界 30 个国家。ACI 致力于混凝土和钢筋混凝土结构的设计、建造、保养技术和研究，传播有关领域的信息。其下属的各分委员会分别制定有关标准。目前，ACI 已经制订出 400 多份关于混凝土的技术文件、技术报告、指南、标准以及规则。

ACI 标准在混凝土领域具有较强的权威性和科学性，其标准被世界上很多国家普遍采用，尤其是《建筑混凝土结构规范》（ACI 318-05，ACI318R-05）已经被世界上的工程师视为权威标准。

（1）ACI 标准编号形式：

ACI＋三位数字的委员会代号＋制订年份。

示例：ACI 318-08 钢筋混凝土的建筑规范要求标准分类：

ACI：标准代号

318：三位数字的委员会代号

08：制定年份

（2）ACI 标准的分类

ACI 标准的分类是以其制订委员会三位数代号为分类号的。

代号分配情况如下：

100——研究与管理

200——混凝土材料与性能

300——设计施工规程

400——结构分析

500——特殊产品与工艺过程期刊：

① ACI Materials Journal：包括混凝土用材料性能；材料和混凝土研究；混凝土的性能、使用和处理以及相关 ACI 标准和委员会报告。

② ACI Structural Journal：包括混凝土元素和结构的结构设计和分析；有关混凝土元素和结构研究；设计和分析理论；以及有关 ACI 标准和委员会报告。

4. 其他机构

这类机构主要包括美国土木工程师学会（ASCE）、美国深基础研究院（DFI）、美国机动工程师协会（SAE）、国家火灾保护协会（NFPA）、美国建筑师学会（AIA）、美国铁路协会（AAR）、预应力协会（PTI）、美国高层建筑与城市住宅协会（CTBUH）、美国绿色建筑协会（USGBC）等，他们都制定了相应的行业标准。

3.2.2.3 政府部门的标准制定活动

美国政府广泛地依赖和使用非政府机构制定的自愿标准，而且自愿标准一旦为政府部门的法律、法规采用，就具有强制性，必须严格遵守。联邦政府机构在自愿标准无法满足管理和采购要求时会自己制定标准。州和地方政府及机构在认为有必要时也会制定自己的标准。例如，美国国防部制定并实施了一整套标准化制度。美国军用标准曾经达到近50000 件，在历史上发挥过重要作用。政府标准制定活动中其他主要部门有农业部、食品与药物管理局、环保署、消费品安全委员会等联邦政府部门。它们制定了众多的涉及保护人身、动植物生命和财产安全和保护环境的标准。正是由于政府部门和私人标准机构所涉及的广泛领域，美国的标准化是世界上最复杂的标准体系之一。大量的联邦、州和地方政府标准化活动及专业和非专业标准制定组织、各行业协会和专业学会自我制定标准活动，产生了数目庞大的标准和采购要求，构成一个紧密联系的复杂体系。美国的自愿标准体系造成的结果是技术标准数量繁杂，要求比较苛刻，如果用来作为国际贸易的标准，经常会使人防不胜防。同时，美国技术标准的分散化也为标准的制定提供了多样化渠道，使制定者能根据一些特殊要求作出灵活反应，及时从标准角度出台限制性措施。

3.2.3 欧盟的标准体系

3.2.3.1 体系概述

欧洲标准是欧洲标准化组织为满足重复或持续使用的目的而制定的非强制性技术规范。欧洲标准必须在国家层次上进行转换，以代替相应的国家标准。协调标准不是欧洲标准体系中的特殊类别，欧共体理事会于 1985 年通过的《关于技术协调和标准化的新方法》的决议中采用这个术语是为了给作为技术规范存在的欧洲标准赋予一个法律地位。欧盟委员会通常书面要求欧洲标准化机构提交欧洲标准。标准的起草和发布是根据欧洲标准化机构与欧盟委员会签署的合作通用指南进行的。欧洲标准化机构负责确定并起草协调标准，而后提交欧盟委员会。标准的技术性内容完全是标准机构负责的。在特定的领域，如环境、卫生及安全，政府权力机构在技术层次上参与标准制定过程非常重要。欧洲标准化机构可以自己决定或在欧盟委员会的要求下对协调标准进行修改。

协调标准对于建筑行业不是强制性的，工程可以选择不采用协调标准（比如采用美国标准），但是采用其他标准给制造商带来额外的义务，就是使用者必须证明使用其他选择也可以满足规定的基本要求。证明途径可以通过技术文件、第三方的测试，或二者兼有。

3.2.3.2　欧洲标准化机构

欧盟指定三个主要的区域性标准化组织制定协调标准，即：欧洲标准化委员会（CEN）、欧洲电工委员会（CEN—ELEC）和欧洲电信标准协会（ETSI）。他们不仅为欧盟起草标准，还为各成员国的有关机构起草标准。通过欧洲标准化机构与 ISO 和 IEC 的两个关于技术合作的协议，CEN 和 CENEI．EC 将尽可能采用和执行国际标准，只有在国际标准不存在或不适用于欧盟时，才制定自己的标准。

1. 欧洲标准化委员会（CEN）

CEN 成立于 1961 年，是一个非营利性的区域性标准组织，负责除电工和电信领域的其他欧洲标准制定。CEN 的目标是消除由于国家标准差异而导致的贸易壁垒，通过制定协调标准和推动欧洲标准化工作，从而促进工业和贸易发展。CEN 在机械工程、信息技术、生物技术、质量认证和测试、环境、工作场所健康和安全、消费产品、食品、材料和化学等领域制定自愿性的欧洲标准（EN）。CEN 的 20 个正式成员有义务采用欧洲标准作为国家标准。

2. 欧洲电工委员会（CENELEC）

CENELEC 成立于 1972 年，目的是制定一系列的电工技术协调标准，包括支持欧盟指令的标准。CENELEC 与 IEC 有非常紧密的合作关系，完全转化 IEC 的标准或稍做修改，有 18 个成员。

3. 欧洲电信标准协会（ETSI）

ETSI 是一个非营利性机构，其任务是确定和制定电信标准以增强欧盟成员国之间的合作和联系。它成立于 1988 年，是电信领域最大的国际技术协会之一，制定了 4000 多个自愿标准。

欧盟规定，凡符合欧洲标准的产品，应贴有"CE"标志。某产品一经加贴 CE 标志，则表示加贴"CE"标志或对加贴"CE"标志负有责任的自然人或法人声明该产品符合所有必须遵循的法规和标准，并且已通过了必要的合格评定程序，该标志是强制性标志。

3.2.4　英国的标准体系

英国唯一官方标准制定和解释机构为英国标准学会（British Standards Institution，BSI）。英国标准学会（BSI）世界上第一个国家标准化机构。英国政府承认并支持的非营利性民间团体。BSI 成立于 1901 年，总部设在伦敦。目前共有捐款会员 20000 多个，委员会会员 20000 多个。由于英国是现代建筑业的鼻祖，因此 BS 标准在世界上许多国家和地区应用较为广泛，成为通行的"世界标准"。

1901 年，由英国土木工程师学会（IEC）、机械工程师学会（IME）、造船工程师学会（INA）与钢铁协会（ISI）共同发起成立英国工程标准委员会（ESC 或 BESC），并于同年 4 月 26 日在伦敦召开第一次会议。这是世界上第一个全国性标准化机构，它的诞生标志着人类的标准化活动进入一个新的发展阶段。1902 年电气工教师学会（IEE）加入该委员会，英国政府开始给予财政支持。1902 年 6 月又设立标准化总委员会及一系列专门委员会。总委员会的任务是在英联邦各国及其他一些国家筹建标准化地方委员会。这种地方委员会曾在阿根廷、巴西、智利、墨西哥、秘鲁、乌拉圭等国相继成立。专门委员会的任务是制定技术规格，如电机用异型钢材、钢轨、造船及铁路用金属材料等标准。1918 年，标准化总委员会改名为英国工程标准协会（BE-SA）。1929 年 BESA 被授予皇家宪章。颁发皇家宪章，是英国政府对某些自愿性、公益性组织予以特殊承认并赋予特殊地位的一种古老方法。直到今天，皇家宪章仍然是英国标准学会至高无上的荣誉。1931年颁布补充宪章，协会改用现名（BSI）。BSI组织机构下设电工技术、自动化与信息技术、建筑与土木工程、化学与卫生、技术装备、综合技术等6个理事会，以及若干个委员会。BSI每三年制定一次标准化工作计划，每年进行一次调整，并制定出年度实施计划。

1903年3月，英国制定了世界上第一个国家标准——英国标准规格BSS《轧钢断面》。到了1914年，英国钢铁标准规格在英国海军部、劳氏船级社、印度铁路得到了广泛采用。1914年至1918年第一次世界大战期间，标准化的最大贡献是制定了一批飞机材料标准。战争即将结束时，温斯顿·丘吉尔在一次会议上指出："对飞机材料进行如此深刻的标准化，说明了这样一条真理，即它们不仅在战争年代，而且在战争结束之后，都应当予以重视"。截至1998年底，BSI已经制定发布了13700多个标准，其中包括通用标准、实用规程、汽车专业标准、船舶专业标准、航天专业标准、发展草案、公布文献、手册、教育出版物等。1982年11月24日，英国政府与BSI签订了《联合王国政府和英国标准学会标准备忘录》。其中规定，政府各部门今后将不再制定标准，一律采用BSI制定的英国国家标准（BS）；政府参加BSI各种技术委员会的代表将以政府发言人身份出席会议。特别是在政府采购和技术立法活动中直接引用BS标准。

BSI是国际标准化组织（ISO）、国际电工委员会（IEC）、欧洲标准化委员会（CEN）、欧洲电工标准化委员会（CENELEC）、欧洲电信标准学会（ETSI）创始成员之一，并在其中发挥着重要作用。BSI在ISO中的贡献率为17%，仅次于德国DIN（19%）居第二位；在CEN/CENELEC中的贡献率为21%，居第三位（德国DIN为28%，法国AFNOR为22%）。根据1978年11月15日签订的《中华人民共和国和大不列颠及北爱尔兰联合王国政府科学技术合作协定》第二条规定，英国标准学会同中国标准化协会于1980年4月19日在北京签订了《中国标准化协会和英国标准学会合作协议》。双方开始了有益的合作。

BS标准的编号形式：

BS+顺序号—年份

如：BS 1069—1997，其名称为"棉制帆布传送带标准"。

BS+顺序号+分册号—年份

如：BS 6912pt.2—93，其名称为"土方机械安全（第二部分）"。

3.2.5 其他国家的标准体系

3.2.5.1 日本

从历史角度看，日本在经济赶超阶段，大部分技术及与此相关的工业规格几乎都是由国外引进的。日本的出口产品基本上都是根据进口国的标准规格生产的。日本的企业更重视得到市场消费者承认的事实上的标准规格，而不重视公认标准。因此日本对实行国际标准化并不十分积极。这样做的直接后果，就是给进入日本市场的国外产品带来了很多麻烦，日本标准在建筑行业影响范围不是很广，但日本的标准化建设经验值得我们学习。

日本有名目繁多的技术法规和标准，其中只有极少数是与国际标准一致的，当国外产品进入日本市场时，不仅要求符合国际标准，还要求与日本的标准相吻合。

在日本，负责工业技术标准的起草和修改的机构是隶属于经济产业省工业技术院的

"日本工业标准调查会"（JISC）。其成员来自产、学、官各个层面，由各有关省厅大臣或机构首长推荐，经济产业大臣任命。目前共有成员240名，任期为2年。工业标准调查会的职责除了起草和修改标准之外，还为各有关省厅大臣提供技术咨询和建议，推进标准化工作的开展和普及工作。日本的技术标准一般相隔5年修订一次。

3.2.5.2　法国

法国标准主要由法国标准化协会（AFNOR）组织制定和发布。AFNOR创立于1926年，是法国政府承认和资助的公益性非营利机构，国际标准化组织（ISO）的常任理事代表，国际认证联盟（IQNET）创始成员，国际人员认可组织（IPC）会员国代表，欧洲标准化委员会（CEN）的创始成员，法国标准化主管机构。负责法国国家标准的制定与发布，参与欧洲标准与国际标准的制定与推动。目前法国标准协会在全球90个国家和地区设有分支机构，为各业界提供全方位的服务。

3.2.5.3　德国

德国标准主要由德国标准化学会（Deutsches Institut fur Normung，简称DIN）组织制定和发布。DIN是德国的标准化主管机关，作为全国性标准化机构参加国际和区域的非政府性标准化机构。DIN是一个经注册的私立协会，大约有6000个工业公司和组织为其会员。目前设有123个标准委员会和3655个工作委员会。DIN于1951年参加国际标准化组织。由DIN和德国电气工程师协会（VDE）联合组成的德国电工委员会（DKE）代表德国参加国际电工委员会。DIN还是欧洲标准化委员会、欧洲电工标准化委员会（CEN-ELEC）和国际标准实践联合会（IFAN）的积极参加国。

1918年3月，德国工业标准委员会制定发布了第一个德国工业标准（DI-Norm I 锥形销）。目前DIN制定的标准几乎涉及建筑工程、采矿、冶金、化工、电工、安全技术、环境保护、卫生、消防、运输、家政等各个领域。截至1998年底，共制定发布了2.5万个标准，每年大约制定1500个标准。其中80%以上已为欧洲各国所采用。

3.2.5.4　俄罗斯（前苏联）

前苏联标准对我国标准影响深远，前苏联标准体系和我国非常相似。苏联解体后，在独联体内成立了独联体国家标准、计量和认证委员会。按照独联体决议，原苏联标准都转化为独联体的标准，但每个成员都有权制定本国的国家标准。1992年，俄罗斯颁布了《标准化法》。根据新法，俄罗斯不再有强制性标准。国家标准由俄罗斯国家标委会审批发布，各部委可以制定颁布如环境、安全等方面的一些技术规范、技术文件，但不是标准。

俄罗斯标准体系：

标准国家标准，约2万1千个；每年新制定、修订标准约500个；

行业标准，约4万个；

其他共和国的标准，数量较少；

企业标准，大约18万个（包技术文件）；

学会、协会及社团标准。

3.3　我国标准体系

我国标准化工作经过几十年建设，特别是改革开放后20多年的发展，初步形成了满足国民经济和社会发展需要的标准体系，这表现在以下几个方面：

3.3.1 标准化立法工作

1988年，我国颁布实施了《标准化法》。随后在1990年，国务院根据《标准化法》发布了《标准化法实施条例》，对标准化工作的管理体制、标准的制（修）订、强制性标准的范围、相关法律责任等作了更为具体的规定。其后标准化主管部门又对国家、行业、地方标准，企业、农业、能源、技术引进和设备进口标准化，标准档案、出版发行，全国专业标准化技术委员会设置，信息分类编码、商品条码、企业事业单位和社会团体代码，采用国际标准等方面颁布了部门规章。同时出入境检验检疫、机械、电子、化工等14个行业的主管部门也制定了本行业的标准化规章；各地方政府、人大也制定了15个关于标准化工作的地方性法规，初步构建了我国标准化法律法规体系。

近几十年来，在政府主管部门的强有力推动下，我国以《建筑法》、《招投标法》和《合同法》为母法，以《建设工程质量管理条例》、《建设工程安全管理条例》等配套法规、以《建筑业企业资质管理规定》、《建设工程勘察设计企业资质管理规定》等配套部门规章为子法的建筑法规体系基本形成。在此基础上，针对建筑市场中招投标行为不规范以及建筑活动中工程转包、违法分包问题，住房和城乡建设部又先后出台了《房屋建筑和市政基础设施工程施工招投标管理办法》和《房屋建筑和市政基础设施工程施工分包管理办法》等部门规章；为履行我国加入WTO承诺，同时又出台了《外商投资建筑业企业管理办法》、《外商投资工程设计企业管理办法》，弥补了建筑市场准入法规体系中对于外国企业的市场准入问题法律规定空白的状况，建筑市场对外开放的框架体系基本建立。

3.3.2 标准化工作的主管机构和管理体制

经过2001年的政府机构改革，为强化标准化工作的管理，参照国际通行做法，我国成立了国家标准化管理委员会（简称国家标准委）。国家标准委负责国家标准的统一计划、审查、编号、批准发布以及行业、地方标准的备案工作。国家标准的具体起草和审定工作交由国务院各部门归口管理的258个专业性标准化技术委员会承担，各委员会聘请2万多名专家、学者参与国家标准的起草工作。行业标准的制定发布由国务院各有关部门负责，其管辖范围、行业标准的代号由国家标准委批准授予。地方标准由各省（区、市）质量技术监督局负责计划、审批、编号、发布。企业标准由企业自行负责制定，并在当地质监局备案。

目前，我国的专业性的标准化研究机构主要由中国标准化研究院、机械标准化研究所、中国电子标准化研究所、中国航天标准化研究所等24家专业标准化研究所和140多个标准情报所或标准化研究院构成。这些标准研究部门承担了大量的标准化研究工作和各层级标准的研究、起草、制（修）定工作。

3.3.3 我国建设标准发展现状

3.3.3.1 我国建设标准体系

我国目前对技术标准实行的是强制性标准和推荐性标准相结合的管理体系，强制性标准相当于发达国家的技术法规，需强制执行；推荐性标准相当于发达国家的技术标准，无需强制执行，仅供选用。我国建设标准按照级别分为国家标准、行业标准、地方标准、协会标准、企业标准。

据不完全统计，现在我国工程建设标准约有4950项（企业标准除外），其中，国家标准（National standards）405 项，行业标准（Industrial standards）2704 项，地方标准（Local standards）1608 项，协会标准（Association standards）233 项。在各类标准中，国家标准、行业标准、地方标准又分为强制性标准和推荐性标准。强制性标准必须严格执行。

工程建设标准根据工程建设活动的范围和特点，涵盖了工程建设的各个领域、各个方面、各个环节。按工程类别，工程建设标准覆盖了土木工程、建筑工程、线路管道和设备安装工程、装修工程、拆除工程等等。按行业领域，工程建设标准可应用于房屋建筑、城镇建设、城乡规划、公路、铁路、水运、航空、水利、电力、电子、通讯、煤炭、石油、石化、冶金、有色、机械、纺织等。按建设环节，工程建设标准贯穿于建设环节：勘察、规划、设计、施工、安装、验收、运行维护、鉴定、加固改造、拆除等环节。

目前，我国建设行业大力发展标准化战略，努力建设如图 3-1 所示的标准体系。

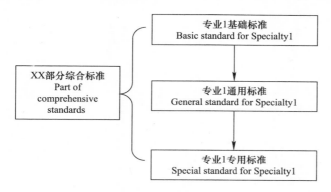

图 3-1　标准体系

如房屋建筑部分综合标准可含《住宅建筑规范》、《公共建筑规范》、《建筑防火规范》等系列全文强制标准，覆盖房屋建筑领域的所有需要强制的对象及环节。此部分综合标准体系相当于"房屋建筑技术法规体系"。以此类推，城乡规划部分可能有《城镇规划规范》、《村镇规划规范》等；而城镇建设部分可能依据专业设立有多项全文强制标准构成"城镇建设技术法规体系"，如包含《城镇燃气规范》、《城镇公交规范》、《城镇给排水规范》等。

3.3.3.2　我国企业海外市场的技术标准瓶颈

（1）中国标准与国际标准差异明显，国内大多数企业对国际通行的技术标准不熟悉。在国际工程承包中，许多国家往往采取英国和美国等发达国家的技术标准，而我国企业对国际通行的技术标准还不能应用自如。

（2）许多国际工程的难点不是施工技术，而是来自材料和设备等规范的制约。在一些专业领域国内外存在着非常大的技术差距，如机电安装、使用先进设备的大型高难度土木工程等，我国相应设备加工制造水平较欧美国家普遍落后，所用标准也不符合欧美国家的标准。

（3）缺乏国际采购网络系统和国际采购经验，在项目中标后往往要采用欧美标准的材料设备，而我国的机电设备及建筑材料由于标准不符合欧美标准较难进入国际市场。

（4）缺乏复合型的精通发达国家标准的国际工程承包管理人才。人才缺乏一直是影响我国对外工程的业务份额，因此很多项目不得不借助咨询公司的力量才能将工程做完。然而，借助咨询公司不仅定会增加项目的成本，对于公司人才的培养还是比较缓慢。

（5）中国还没有统一的、系统化的同时翻译成外文的规范标准，这很大程度上限制了海外工程市场中使用中国规范的可能，尤其是占领第三世界建筑市场的制高点需要成体系的标准。

第4章　重点区域海外标准研究

海外标准的研究，涉及面广，工程量大，系统性强，结合目前全球市场分布规律和中资企业发展现状，针对四大重点地区：美国、中东、阿尔及利亚及其他非洲地区等四大战略区域的标准特点和应用情况，按照"总体统筹、方便实用"的方针，组成研究小组，分别展开相应的研究。对于专业性较强的模板、钢结构、测量、脚手架等，组成相关的专业研究小组，展开研究工作。

4.1　中东地区标准研究

4.1.1　中东建筑工程规范体系概述

1. 工程项目规范形式

中东地区建筑工程项目一般在招标文件（Tender Document）中通用合同条件（General Condition）部分和特殊合同条件（Particular Condition）中对工程的结构规范、建筑规范、机电规范作出了概括性的说明，明确了工程范围、材料、试验、检测、施工等涉及规范、各分部分项的建造程度、承包商的职责等方面的内容。

针对不同分部分项工程，其招标文件中的规范条文一般分为三个部分阐述：

a. 此分部分项工程的总体说明；

b. 此分部工程涉及的产品、材料；

c. 工程施工的执行。

2. 项目规范文件涉及内容

a. 分部分项工程

地质勘察（地形测绘、水文地质、地质勘探、相关实验与报告）

降水（降水方案与布置）

开挖

测量

支护（支护形式、特点）

预应力锚杆

桩基础（地基处理、钻孔灌注桩）

垫层

防白蚁

底板防水

钢筋工程

模板工程

混凝土工程

钢结构工程

b. 专项施工方案

大体积混凝土、试块试验科目、组数

结构墙、柱、板、梁、核心筒、楼梯

c. 分部分项工程设备

设备：现场配置方案、塔吊、人货电梯、布料机布置、方案、验算专业部门校验合格文件

d. 供应商与专业分包

混凝土厂家报批、配合比、试验、试块；混凝土制备、运输、浇筑、养护、验收、质量缺陷修复、拆除重建等；

钢筋供货厂家报批、规范资料、钢筋物理、化学试验

模板脚手架材料规范、设计方案审批、图纸及计算书审批、现场验收

e. 材料试验及现场测试

规则中对材料特别是永久材料的质量控制比较细。首先要报厂家和供应商给咨询工程师进行审核，查验供应商的生产、质量管理证书，如ISO、近期的产品质量检测报告、以往的供应业绩清单等；审核合格后再提供样品并由被认可的第三方独立实验室进行检测（包括混凝土拌合物的检测），检测合格后才可以实施采购。这样一个材料从报批到批复一般耗时一周到几周，如材料试验有问题，会耗时更长。

钢筋、模架、混凝土试验

装修材料试验

幕墙样板间试验

钢结构试验

现场质量检验试验

4.1.2 中东标准规范收集、整理与研究

4.1.2.1 第一阶段：规范收集整理工作

项目规范资料收集工作是进行研究的基础性工作，第一阶段，研究人员按照混凝土、地基、防水、砌筑、屋面、钢结构、装修等分项工程进行各地区常用标准和规范的分类收集，重点调研区域、地区的施工过程，了解其规范、试验等标准规范体系的应用状况、特点、内容。

4.1.2.2 第二阶段：制定中东规范与中国规范对比研究方案

针对中东地区各国建筑市场进行研究分析，重点掌握当地规范体系应用现状，按工程建设类别，根据中东建筑市场的特点，结合中国建筑规范，有针对性地对中东地区各国规范进行研究分析。在此研究过程中，重点把握当地工程建设标准体系；对工程建设中涉及较多，应用较广的规范条款、标准做法等进行重点提炼，突出对照分析成果的实用性。

4.1.2.3 第三阶段：标准对比分析研究

1. 概述

（1）工程技术标准主要采用英标，其次为美标

在海湾地区，普遍采用英美标准规范，项目从开工建设到竣工验收，从施工详图涉及永久材料设备采购，自始至终都是由国际知名公司监理控制和管理，监理的内容和深度孜

孜以求，特别是执行过程的施工技术管理，必须是准确到位。与此相适应，承包商必须在投标阶段准确定位投标和项目战略，并在授标后立即建立起严格的技术管理制度。

（2）注重安全环保要求

海湾国家由于普遍采用英美标准，对安全环保要求很高，比如开挖施工的降水、弃渣涉及部门多，手续繁琐，而且要一事一申请，而政府主管部门并不是合同的一方，工作时间短，办事效率低。当地的宗教性公共假日很多，特别是斋月更是如此，据不完全统计，全年的有效工作时间只有一半。

2. 施工图纸

中东地区项目的施工设计细化度与国内不同。国内设计单位所提供的图纸是施工图设计，是可以直接进行施工的。但是国外设计单位只进行功能设计或概念设计，我们拿到图纸后还必须进行施工图设计，当然是要按照国外的规程规范进行设计，经过工程师批准后才可以开始施工。这里面需要注意几个问题。第一，施工图纸设计单位需要所在地认可或批准的资质，不具备认可资质的设计单位，施工图纸设计也会不被认可；第二，很多国外项目的设计深度不够，修改和变化很频繁，总包设计（可以采用分包方式）应该具备足够的力量，能够及时应对，否则施工图纸设计的延误是承包商自己的延误；第三，设计单位最好具备本项目所有专业的设计能力，不然有些专业就要另行找设计分包商，不同专业之间的协调难度很大，容易造成施工图纸各专业之间不匹配的延误或者导致工程发生返工，甚至发生工程矛盾事故；第四，要充分把握施工图纸自己设计的有利条件，在满足要求的前提下，尽量简化施工工艺，尽量有利于方便施工和降低成本。

3. 施工计划

在国外任何单项工程开始施工都必须首先要报施工方案和措施，经过工程师批准后才能够进行施工。所以施工方案和措施必须及早进行，否则各项准备都完成了，会因为方案和措施没有批复而不能开工。

在施工方案编制方面也有几个要点。一是依据要说清楚，包括引用的规范、标准；二是必须有切实可行的安全环保内容。三是报批的方案和实际实施必须一致。因此方案必须和施工图设计很好结合，必须和选择的施工工艺很好结合，必须和使用的材料设备很好结合，否则方案一经批准，而实际上又做不到，那就会自讨苦吃。四是方案必须有各个环节的实施责任人。在不同的国家，方案和措施也有一些规定的格式和规定的内容。五是涉及建筑物安全和施工安全的方案，要附有计算说明书，比如开挖边坡、模板构造、承重架子、临建建筑物的稳定和地基承载力计算等。这些众多的而且必须按照西方计算规则计算的工作，也常常是刚出国的技术人员遇到的一个难题。

另外，西方规则对方案的批复是按状态批复的。状态一是很好，完全可以执行；状态二是基本可以，适当修改后可以执行；状态三是基本不行，要作重大修改后再报批；状态四就是完全不行。他们并不给你指出是哪里不合格或哪项不符合要求，这也使刚出国的同志如坠五里云雾摸不着头脑。对此一是要注意格式，二是要明白他们的关注点，当然还可以请教国外工程师给予指点。

4. 材料与设备

规则中对材料特别是永久材料的质量控制比较细。首先要审报厂家和供应商。咨询工程师进行审核，查验供应商的生产、质量管理证书，如 ISO、近期的产品质量检测报告、以往的供应业绩清单等；审核合格后再提供样品并由被认可的第三方独立实验室进行检测（包括混凝土拌合物的检测），检测合格后才可以实施采购。这样一个材料从报批到批复一般耗时一周到几周，如材料试验有问题，会耗时更长。

材料资源的组织是国外项目比较重要的一个方面，也是容易发生变更索赔的一个很主要的方面。有些在合同中对产地是有约定的，但是相当一大部分没有约定，这就要工程师掌握。有时我们感觉合同价格很好，这是用国内的标准得出的结论，如果采用西方国家的材料设备，其结果差异就会很大。所以一定要注意合同或招标文件中在这方面的约定。当然，西方国家在合同文件中也是引用了众多的、而且一般是我们不熟悉的规程规范标准。也就是说我们这方面的风险比国内要大得多，如果没有行家把关难免会发生很多采购品不符合要求的问题，而有些国家材料设备是外国进口来的，一旦发生问题，不仅有经济损失，也会延误工程。据了解，常规问题有以下几种：

（1）等级和标准的问题。这里有对原合同文件理解所导致的差异，如文字理解差异、片面漏读差异、不同版本的规范变化而混淆使用的差异等；同时也有因设计修改变化而发生的等级和标准的变化问题。等级和标准的问题既是施工问题，也是商务问题。

（2）供应时间问题。鉴于材料采购程序繁琐、耗时长的特点，一般的做法是对本项目可能需要的常规材料在进场之初就首先报批，防止后续材料报批量过大而积压延误；对必须经过图纸确认的材料最好选几个备选供应商，防止独家试验不过而误事；另外，在有设计图纸的情况下，技术部门要及早决策，为材料采购留有时间。

（3）要深刻领会材料、配件采购在国外不方便的特点，尽力避免漏项或质量问题。一旦发生漏项、品种不齐、因为质量问题不能用等问题，那真会是"锣齐鼓不齐"了。在质量方面，一是在签合同时就应约定相应的检测办法，并要求供应商提供第三方机构检测证书；二是材料到场后立即进行验收并及时取样进行检测。

海湾国家的供货商比较习惯信用证支付，对于大额度采购，甚至要求全额滚动式信用证，这将增大项目资金账户的流动资金占用，加大了合同执行成本。

合同支付周期长。合同额大，而业主的工程款支付周期长，需要对项目资金流作出详细恰当的安排，财务成本必须计算得当，在项目执行前期，必须对资金缺口作出恰当安排等等。

业主提供的生产和辅助生产场地，也是严禁越界，否则就要给予赔偿或罚款。当然也不提供系统供电和生产生活用水。

（1）阿联酋

迪拜：业主可以提供住宿、仓储等临建场地；

阿布扎比：禁止营地建设，管理人员住宿需租用当地公寓、别墅等设施；

（2）卡塔尔

在卡塔尔，业主是不提供生活营地用地的，要承包商自己想办法解决，生活临建系统租地和建设花费很大，在卡塔尔一般规模的生活营地费用花费往往达数千万人民币。

5. 材料试验及检验

材料的试验检验要求根据中东地区各个国家的实际情况不同而有差异。主要是考虑材料的来源、国家的资源状况、试验室设备情况等因素的影响。

中东地区大部分建材均来自进口，根据国家的进出口规定，材料的试验要求不尽相同。例如，卡塔尔市场的钢筋、水泥国家有管控，必须购买从卡塔尔国家认可的钢筋、水泥生产企业的产品，即使是进口产品，也需要从这些生产企业购买。

中东地区大多为沙漠丘陵地区，当地生产的混凝土骨料根据产地有所不同。尤其是混凝土用砂，偏细，因此在设计混凝土配合比时，搅拌站会考虑此情况。在混凝土试验时，骨料的特征也会影响到试验的方法和验收标准。

混凝土试块的制作，根据与混凝土搅拌站的合同约定确定制作方。国内主要由施工单位试验人员负责制作和现场养护，而中东地区主要由搅拌站试验人员制作，养护主要在搅拌站的养护室进行。

6. 现场施工质量控制

对于现场的施工质量控制，中国规范和英标或欧标都有较为详细的描述。相比较而言，中国规范更体系化，要求全面而且详细。英标或欧标注重重点部位和施工方法的要求，要求更为具体，更注重工厂化加工。

7. 安全环保

在安全方面的围栏、标识、警戒、休息处、急救处、医护设施等必须齐全，配备什么样的安全员、什么样的医生、甚至有几张床位都有明确的要求，否则就很难获得开工批准。

在环保方面，对油、废水、化学物质的管理要求很高，生活废水和化粪池的污水都是要运走进行处理的。如果污染了土地，其处理代价十分昂贵。

在安全环保方面同样有措施和批复的问题。在本标段所涉及的各专项安全和环保，都必须编制具体的措施，并且要经过工程师的批复。安全环保体系文件和措施没有经过工程师的批复，同样也不允许施工。在卡塔尔这个项目上，先后共报批了 20 多个程序文件。

安全环保方面的规范要求高，也意味着所花费的费用比国内要高出很多。

4.1.2.4　BS 规范对比研究范例分析

1. 钢结构用钢材及土建用钢材（GB 1499—1998 与 BS 4449 对比）

钢结构用钢材：主要为低合金钢（Q345 系列）及普通结构钢（Q235 系列）板材，部分重要结构设计中要求钢材采用带有 Z15、Z25、Z35 等 Z 向性能要求的材料。轻钢主结构多采用 Q235 材料，重钢主结构多采用 Q345 材料，预埋地脚螺栓多采用 Q235 圆钢，拉条多为热轧钢筋，另外角钢、槽钢、H 型钢等型钢也有少量使用。

土建钢材：主要为螺纹钢、圆钢、线材及型钢等。

螺纹钢：热轧带肋钢筋的牌号由 HRB 和牌号的屈服点最小值构成。H、R、B 分别为热轧（Hotrolled）、带肋（Ribbbed）、钢筋（Bars）三个词的英文首位字母。热轧带肋钢筋分为 HRB335（老牌号为 20MnSi）、HRB400（牌号为 20MnSiV、20MnSiNb、20MnTi）、HRB500 三个牌号。

圆钢规格：10～42mm（10、12、14、16、18、20、22、25、28、30、32、34、35、36、38、40、42mm），钢种：Q215、Q235、45 号、50 号、HG3、20CrMnTi、20Cr、20CrMo、35CrMo、42CrMo、60Si2Mn、40Cr

盘条 steel wire rod（s）：盘条也叫线材，通常指成盘的小直径圆钢。盘条的直径在 5～19mm 范围内（通常为 6～9mm），其下限值是热轧钢材断面的最小尺寸。盘条的品种很多。碳素钢盘条中的低碳钢盘条俗称软线，中、高碳钢盘条俗称硬线。盘条主要供作拉丝的坯料，也可直接用作建筑材料和加工成机械零件。由于轧后热处理新工艺的开发，盘条表面的氧化铁皮明显减薄，组织性能也得到很大的改善。盘条就是直径比较小的圆钢，商品形态是卷成盘供货，在工地上常见的有直径 6、8、10、12mm 的，以低碳钢居多，一般不用于钢筋混凝土结构的主筋，多用于制钢筋套，还有小直径的用于砖混结构中的"砖配筋"。盘条在使用前需要用钢筋调直机调直下料，同时也在机器中去除氧化锈皮，也在反复的弯曲拉伸中，强度有一定的提高。没有调直机的小型工地，使用卷扬机拉直盘条，如果直接拉是不可取的，容易产生太大的塑性变形，应该一端用滑轮重锤，以控制拉力。

简单断面型钢如图 4-1 所示。

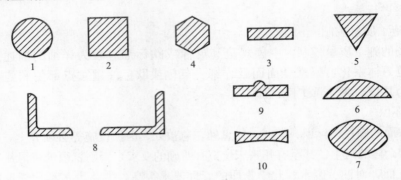

图 4-1　简单断面型钢

1 方钢——热轧方钢、冷拉方钢；2 圆钢——热轧圆钢、锻制圆钢、冷拉圆钢；3 线材；4 扁钢；
5 弹簧扁钢；6 角钢——等边角钢、不等边角钢；7 三角钢；8 六角钢；9 弓形钢；10 椭圆钢

复杂断面型钢如图 4-2 所示。

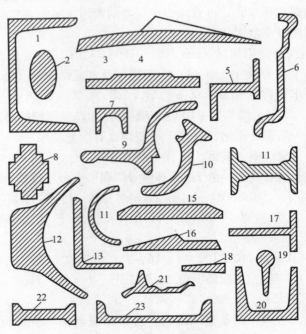

图 4-2　复杂断面型钢

1 工字钢——普通工字钢、轻型工字钢；2 槽钢——热轧槽钢（普通槽钢、轻型槽钢）、弯曲槽钢；
3 H 型钢（又称宽腿工字钢）；4 钢轨——重轨、轻轨、起重机钢轨、其他专用钢轨；5 窗框钢；
6 钢板桩；7 弯曲型钢——冷弯型钢、热弯型钢；8 其他

26

2. 钢筋混凝土用钢筋（GB 1499—1998 与 BS 4449 对比）

钢筋混凝土用钢筋是指钢筋混凝土配筋用的直条或盘条状钢材，其外形分为光圆钢筋和变形钢筋两种，交货状态为直条和盘圆两种。光圆钢筋实际上就是普通低碳钢的小圆钢和盘圆。变形钢筋是表面带肋的钢筋，通常带有 2 道纵肋和沿长度方向均匀分布的横肋。横肋的外形为螺旋形、人字形、月牙形 3 种。用公称直径的毫米数表示。变形钢筋的公称直径相当于横截面相等的光圆钢筋的公称直径。

钢筋的公称直径为 8-50 毫米，推荐采用的直径为 8、12、16、20、25、32、40 毫米。钢种：20MnSi、20MnV、25MnSi、BS20MnSi。钢筋在混凝土中主要承受拉应力。变形钢筋由于肋的作用，和混凝土有较大的粘结能力，因而能更好地承受外力的作用。钢筋广泛用于各种建筑结构、特别是大型、重型、轻型薄壁和高层建筑结构。

产品标准：（GB 1499—1991、BS 4449：1988）

规格：8、10、12、14、16、18、20、22、25、28、32、36、40、50mm

含钒新Ⅲ级螺纹钢筋（20MnSiV、400MPa）在生产过程中加入了钒、铌、钛等合金，与普通Ⅱ级螺纹钢筋相比，具有强度高、韧性好、焊接性能和抗震性能良好的优点。在欧洲等发达国家建筑市场、Ⅲ级螺纹钢筋占整个螺纹钢总量的 80%。在我国 1995 年原冶金部和原建设部联合发文推广应用，原建设部将新Ⅲ级螺纹钢筋技术条件纳入国家标准《混凝土结构设计规范》GBJ 10—89。

含钒Ⅲ级螺纹钢筋的优点：

① 经济。由于强度高，使用新Ⅲ级螺纹钢筋可比Ⅱ级螺纹钢筋节省钢材 10%～15%，因此可降低建筑工程的建设成本。

② 强度高、韧性好。采用微合金化处理，屈服点在 400MPa 以上，抗拉强度 570MPa 以上，分别比Ⅱ级螺纹钢筋提高 20%。

③ 抗震。含钒钢筋具有较高的抗弯度、时效性能，较高的低周疲劳性能，其抗震性能明显优于Ⅱ级螺纹钢筋。

④ 易焊接：由于碳含量≤0.54%，焊接性能好，适应各种焊接方法，工艺简单方便。

⑤ 施工方便：采用新Ⅲ级螺纹钢筋增大了施工间隙，为施工方便及施工质量提供了保证。

3. 月牙肋钢筋对比（GB 1499—1998 与 BS 4449 对比）

（1）规范 GB 1499—1998：钢筋混凝土用热轧带肋钢筋（图 4-3、表 4-1～表 4-4）

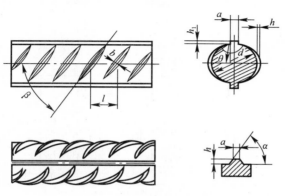

图 4-3 月牙肋钢筋表面及截面形状（一）

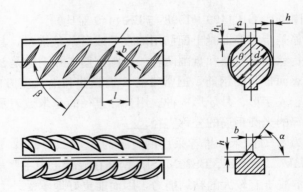

图 4-3　月牙肋钢筋表面及截面形状（二）

带肋钢筋的力学性能（GB 1499—1998）　　　　表 4-1

牌号	公称直径（mm）	σ_s（或 $\sigma_{p0.2}$）(MPa)	σ_b（MPa）	δ_5（%）
		≥		
HRB335	6～25　28～50	335	490	16
HRB400	6～25　28～50	400	570	14
HRB500	6～25　28～50	500	630	12

带肋钢筋的尺寸规格（mm）（GB 1499—1998）　　　　表 4-2

公称直径	内径 d		横肋高 h		纵肋高 h_1		横肋宽 b	纵肋宽 a	间距 f		横肋末端最大间隙（公称周长的10%弦长）
	公称尺寸	允许偏差	公称尺寸	允许偏差	公称尺寸	允许偏差			公称尺寸	允许偏差	
6	5.8	±0.3	0.6	+0.3　−0.2	0.6	±0.3	0.4	1.0	4.0		1.8
8	7.7		0.8	+0.4　−0.2	0.8	±0.5	0.5	1.5	5.5		2.5
10	9.6		1.0	+0.4　−0.3	1.0		0.6	1.5	7.0		3.1
12	11.5	±0.4	1.2		1.2		0.7	1.5	8.0	±0.5	3.7
14	13.4		1.4	±0.4	1.4		0.8	1.8	9.0		4.3
16	15.4		1.5		1.5	±0.8	0.9	1.8	10.0		5.0
18	17.3		1.6	+0.5　−0.4	1.6		1.0	2.0	10.0		5.6
20	19.3		1.7	±0.5	1.7		1.2	2.0	10.0		6.2
22	21.3	±0.5	1.9		1.9		1.3	2.5	10.5	±0.8	6.8
25	24.2		2.1	±0.6	2.1	±0.9	1.5	2.5	12.5		7.7
28	27.2		2.2		2.2		1.7	3.0	12.5		8.6
32	31.0	±0.6	2.4	+0.8　−0.7	2.4		1.9	3.0	14.0		9.9
36	35.0		2.6	+1.0　−0.8	2.6	±1.1	2.1	3.5	15.0	±1.0	11.1
40	38.7	±0.7	2.9	±1.1	2.9		2.2	3.5	15.0		12.4
50	48.5	±0.8	3.2	±1.2	3.2	±1.2	2.5	4.0	16.0		15.5

　　注：1. 纵肋斜角 θ 为 0°～30°。
　　　　2. 尺寸 a、b 为参考数据。

带肋钢筋的质量允许偏差（GB 1499—1998）　　　　　　　　表 4-3

公称直径（mm）	实际质量与理论质量的偏差（%）
6～12	±7
14～20	±5
22～50	±4

带肋钢筋的牌号和化学成分（GB 1499—1998）　　　　　　　　表 4-4

牌号	化学成分（质量分数）（%）≤					
	C	Si	Mn	P	S	Ceq
HRB335	0.25	0.80	1.60	0.045	0.045	0.52
HRB400	0.25	0.80	1.60	0.045	0.045	0.54
HRB500	0.25	0.80	1.60	0.045	0.045	0.55

（2）英标 BS 4449：Gr460 级碳素钢筋

Gr460 碳素钢筋执行标准为：BS 4449—Specification for Carben Steel Bars for the Re-inforcement of Concrete，混凝土用（碳）钢筋规范。

英标 BS 4449：《1988 钢筋混凝土用碳素钢筋》，与 GB 1499—1998 标准中的 HRB400 热轧带肋钢筋相比，有很大不同，其主要特点有：

强度级别高。BS 4449—1988 标准规定，其屈服强度不小于 460MPa，对钢筋的抗拉强度要求要比实测的屈服强度高 10%，或者比实测屈服强度高 5%～10%，此时实测屈服强度应不低于公式（1）计算结果：

$$460×(2.1-B) \tag{1}$$

式中　B——测定的抗拉强度与实际屈服强度比值。

而 GB 1499—1998 标准规定，其屈服强度不小于 400MPa，抗拉强度不小于 570MPa。

检验项目多，试验方法要求严格。BS 4449：1988 标准规定，Gr460 钢筋有与国标相同的检验项目，另外增加了疲劳和粘结性能检验。英标规定弯心直径为 3 倍的公称直径弯曲 180°，反弯试验在正弯 45°后，钢筋浸入沸水（100℃）中不少于 30min，才能做 23°反向弯曲，而国标 GB 1499—1998 中规定弯心直径为 4 或 5 倍的公称直径，反向弯曲没有在沸水中浸泡的要求。

钢筋的重量偏差严于国标：英标中规定超过 ϕ12mm 的钢筋重量偏差为 ±5%（用户要求为 ±2.0%），而国标对钢筋每米重量偏差无要求，只规定实际重量与理论重量允许偏差，ϕ12mm 钢筋 ±7%，ϕ14～ϕ20mm 钢筋 ±5%，所以说英标对钢筋尺寸要求略严于国标。英标对钢筋的化学成分要求只规定了 C 不大于 0.25%，S、P 不大于 0.05%，N 不大于 0.012%，碳当量不大于 0～51%，对合金元素无要求。国标对 C、Si、Mn、P、S、Ceq 的上限也作了明确规定，因此，英标、国标对化学成分要求基本一致。

英标对钢筋的外形尺寸无具体规定，而国标则规定明确。

（3）常用国内外钢材牌号对照表（表 4-5～表 4-7）

29

普通碳素结构钢国内外标准对比一览表

表 4-5

品名	中国	美国	日本	德国	英国	法国	前苏联	国际标准化组织
	GB	AST	JIS	DIN、DINEN	BS、BSEN	NF、NFEN	ГOCT	ISO 630
	牌号	牌号	牌号	牌号	牌号	牌号	牌号	
普通碳素结构钢	Q195	Cr. B	SS330 SPHC SPHD	S185	040A10 S185	S185	CT1KП CT1CП CT1ПC	
	Q215A	Cr. C Cr. 58	SS330 SPHC		040A12		CT2KП-2 CTCП-2 CT2ПC-2	
	Q235A	Cr. D	SS400 SM400A		080A15		CT3KП-2 CT3CП-2 CT3ПC-2	E235B
	Q235B	Cr. D	SS400 SM400A	S235JR S235JRG1 S235JRG2	S235JR S235JRG1 S235JRG2	S235JR S235JRG1 S235JRG2	CT3KП-3 CT3CП-3 CT3ПC-3	E235B
	Q255A		SS400 SM400A				CT4KП-2 CT4CП-2 CT4ПC-2	
	Q275		SS490				CT5П-2 CT5ПC-2	E275A

优质碳素结构钢国内外标准对比一览表

表 4-6

品名	中国	美国	日本	德国	英国	法国	前苏联	国际标准化组织
	GB	AST	JIS	DIN、DINEN	BS、BSEN	NF、NFEN	ГOCT	ISO630
	牌号	牌号	牌号	牌号	牌号	牌号	牌号	—
优质碳素结构钢	08F	1008 1010	SPHD SPHE	—	040A10	—	80KП	—
	10	1010	S10C S12C	CK10	040A12	XC10	10	C101
	15	1015	S15C S17C	CK15 Fe360B	08M15	XC12 Fe306B	15	C15E4
	20	1020	S20C S22C	C22	IC22	C22	20	C25E4
	25	1025	S25C S28C	C25	IC25	C25	25	C25E4
	40	1040	S40C S43C	C40	IC40 080M40	C40	40	C40E4
	45	1045	S45C S48C	C45	IC45 080A47	C45	45	C45E4
	50	1050	S50C S53C	C50	IC50 080M50	C50	50	C50E4
	15Mn	1019	—	—	080A15	—	15r	—

中国	美国	日本	德国	英国	法国	前苏联	国际标准化组织
Q345A	Cr50 GrB. C. D. AA808M	SPFC590	E335	S345GWH E335	E335	345	E355C HS355C
Q345B	Cr50	SPFC590	S355JR	S355JR	S355JR	345	E355CC HS355C
Q345D	Gr50 GrC. D. GrA TYPe7	SPFC590	S355JR	SE55JR	S355JR	345	E355CC
Q390A Q390B	—	STKT540	—	—	—	390	E390CC
Q390C Q390E	—	STKT540	—	—	—	390	E390DD HS390
Q420A	Gr60 GrE GrB	—	—	—	—	—	E420CC HS420D
Q460C Q460E	Gr65（450）	SM570 SMA570W SMA570P	S460NL S460ML	S460NL S460ML	S460NL S460ML	—	E460CC E460DD HS460D

4. 钢筋的加工与安装（GB 50204—2002 和 BS EN 1992-1—1：2004）

（1）受力钢筋的弯钩与弯折要求

① 中国规范要求：

在《混凝土结构工程施工质量验收规范》GB 50204—2002 中，对受力钢筋的弯钩与弯折（图 4-4）作如下规定：

HPB235 级钢筋末端应做 180°弯钩，其弯弧内直径不应小于钢筋直径的 2.5 倍，弯钩的弯后平直部分长度不应小于钢筋直径的 3 倍；

当设计要求钢筋末端需做 135°弯钩时，HRB335 级、HRB400 级钢筋的弯弧不应小于钢筋直径的 4 倍，弯钩的弯后平直部分长度应符合设计要求；

钢筋做不大于 90°弯折时，弯折处的弯弧内直径不应小于钢筋直径的 5 倍。

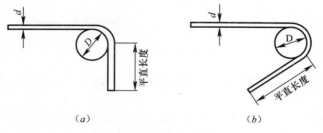

图 4-4 受力钢筋弯折

（a）90°；（b）135°

② 英标对钢筋加工成型的相关规定与要求

钢筋的弯钩与弯折要求：

英标设计规范 BS EN 1992-1—1：2004 中第 8.3 款内容对避免钢筋破坏的最小弯曲直径进行了规定，并在配套规范 NA to BS EN 1992-1—1：2004 中表 NA.6a（表 4-8）和表 NA.6b（表 4-9）中给出了英标规定的最小弯曲直径 ϕm，min。

避免钢筋和钢丝破坏的最小弯曲直径（mm）　　　　表 4-8

钢筋直径 ϕ	弯折、斜弯钩和半圆弯钩的最小弯曲直径 ϕm，min	图　例
$\leqslant 16$	4ϕ	
>16	7ϕ	

注：钢筋的准备、尺寸确定、弯曲和切断应符合 BS 8666：2005。

避免焊接钢筋和焊接后的钢筋网破坏的最小弯曲直径（mm）　　　　表 4-9

横向钢筋的位置（定义为钢筋直径 ϕ 的倍数）	最小弯曲直径 ϕm，min	图　例
横向钢筋在弯折处的内表面、外表面或横向钢筋的中心距弯折处 $\leqslant 4\phi$	20ϕ	
横向钢筋的中心距弯折处 $>4\phi$	对于 $\phi \leqslant 16$，取 4ϕ 对于 $\phi \leqslant 20$，取 7ϕ	

注：钢筋的准备、尺寸确定、弯曲和切断应符合 BS 8666：2005。原表详见 NA to BS EN1992-1-1：2004

另外，在 BS 8666：2005 第 7.2 节规定钢筋弯曲加工尺寸应符合规范表 4-10 的要求，钢筋末端弯钩和弯折后的平直部分长度应不小于 $5d$。弯折角度小于 150°时，钢筋末端弯钩和弯折后的平直部分长度应不小于 $10d$ 且不小于 70mm。在英标设计规范 BS EN 1992-1—1：2004 的基础上，BS 8666：2005 给出了在最小弯曲直径 ϕm，min 下各直径钢筋末端弯曲的最小尺寸 P。

32

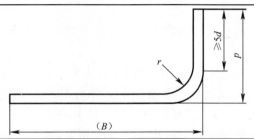

受弯钢筋公称直径 d（mm）	最小下料半径，r（mm）	最小弯弧内直径，M（mm）	钢筋末端弯曲最小值 p	
			通常（最小 5d 平直长度），弯钩≥150°（mm）	弯钩＜150°的情况（最小 10d 平直长度）（mm）
6	12	24	110a	110a
8	16	52	115a	115a
10	20	40	120a	130
12	24	48	125a	160
16	32	64	130	210
20	70	140	190	290
25	87	175	240	365
32	112	224	305	465
40	140	280	380	580
50	175	350	475	725

考虑成型钢筋的运输，英标中规定每根成型钢筋所占矩形区域的短边不大于 2750mm，一般情况下长度不大于 12m，特殊情况下不应大于 18m。

钢筋弯曲标准形状与长度计算：

英标 BS 8666：2005 中对于钢筋弯钩与弯折并没有区分钢筋等级与钢筋用途，而是以图表的形式规定了 34 种钢筋弯折形状和标准焊接钢筋网尺寸参数供设计施工使用。相比，中国行业标准中 JG/T 226—2008《混凝土结构用成型钢筋》则对成型钢筋给出了 67 种钢筋弯折形状。

（2）钢筋安装

① 钢筋保护层厚度控制：

中国国家标准中目前尚无关于钢筋保护层垫块产品的相关标准，仅地方上发布了相关规定，如广州市建委发布了穗建筑［2006］311 号《关于在建设工程中推广使用钢筋保护层塑料垫块的通知》，并在通知中提供了《钢筋保护层塑料垫块质量控制指引》，明确了钢筋保护层塑料垫块所用的材料、规格、技术要求、试验方法、检验规则和标志、包装、运输与贮存、使用等规定，要求在该地区施工时参照执行。

相比之下，英国标准 BS 7973-1—2001《Spacers and chairs for steelreinforcement and their specification—Part 1：Product performance requirements ICS 77.140.99》和 BS 7973-2—2001《Spacers and chairs for steel reinforcement and their specification—Part 2：Fixing and application of spacers and chairs and tying of reinforcement》则对钢筋保护层垫块及支撑马凳的材料、分类、规格、技术要求、试验方法、检验规则和标志、安装使用等

进行了明确要求。

② 钢筋间距

钢筋间距影响混凝土的浇筑和振捣，以及钢筋与混凝土的粘结性能。所以中英规范中对此都有所规定。

中国混凝土结构设计规范 GB 50010—2010 第 9.2.1 条分别对梁上、下部水平向钢筋、竖向各层钢筋的间距进行了规定（水平浇筑的预制柱其纵向钢筋的最小净间距亦按此规定），第 9.3.1 条规定了柱中纵向钢筋的净间距。其中，要求：

梁上部钢筋水平方向的净间距不应小于 30mm 和 $1.5d$；

梁下部钢筋水平方向的净间距不应小于 25mm 和 d。当下部钢筋多于 2 层时，2 层以上钢筋水平方向的中距应比下面 2 层的中距增大一倍；各层钢筋之间的净间距不应小于 25mm 和 d，d 为钢筋的最大直径。

在梁的配筋密集区域宜采用并筋的配筋形式。

柱中纵向钢筋的净间距。不应小于 50mm，且不宜大于 300mm。

英标在设计规范 BS EN 1992-1-1：2004 中规定，单排平行钢筋之间或各层平行钢筋之间的净距（水平和垂直）不小于 k_1 倍的钢筋直径、$(d_g + k_2)$ mm 或 20mm 中的较大者。其中 d_g 为骨料最大粒径，英标建议 k_1 和 k_2 的值分别为 1mm 和 5mm。当水平构件的钢筋分几层布置时，每层的钢筋应上下对齐。竖向构件每列钢筋之间应有足够的间距以插进混凝土振捣器。

对比后发现，中国规范对钢筋间距的要求大于英标中的规定，相对严格些。

③ 钢筋锚固

锚固长度是混凝土结构中保证钢筋向混凝土传力的一个基本概念，中国规范和欧洲规范的定义有所不同。

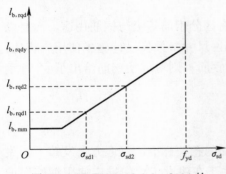

图 4-5　BS EN 1992-1-1：2004 的
钢筋基本锚固长度

国标 GB 50010—2010 中对锚固长度定义如下："受力钢筋依靠其表面与混凝土的粘结作用或端部构造的挤压作用而达到设计承受应力所需的长度"称之为锚固长度 l_a。英标 BS EN 1992-1-1：2004 中采用的基本锚固长度 $l_{b,rqd}$ 同中国规范的锚固长度概念不同。中国规范是以钢筋屈服为条件确定的，锚固长度从最大弯矩点算起，而英国规范的基本锚固长度是以钢筋应力 σ_{sd} 为基础的，不一定是屈服强度，锚固长度从应力为 σ_{sd} 的点算起，如图 4-5 示。

a. 国标中基本锚固长度的确定

普通纵向受拉钢筋具有规定可靠度的基本锚固长度计算公式如下：

$$l_{ab} = \alpha \frac{f_y}{f_t} d$$

式中　l_{ab}——受拉钢筋的基本锚固长度；

　　　f_y——普通钢筋的抗拉强度设计值，按规范 GB 50010—2010 中表 4.2.3-1 采用；

　　　f_t——混凝土轴心抗拉强度设计值，按规范 GB 50010—2010 中表 4.1.4-2 采用；

当混凝土强度等级高于 C60 时，按 C60 取值；

d——锚固钢筋的公称直径；

α——锚固钢筋的外形系数，按表 4-11（规范 GB 50010—2010 中表 8.3.1）取用。

规范 GB 50010—2010 中表 8.3.1 钢筋的外形系数　　　　　　表 4-11

钢筋类型	光面钢筋	带肋钢筋	螺旋肋钢丝	三股钢绞线	七股钢绞线
α	0.16	0.14	0.13	0.16	0.17

注：光面钢筋末端应做 180° 弯钩，弯后平直段长度不应小于 $3d$，但作受压钢筋时可不做弯钩。

b. 英标中基本锚固长度的确定

钢筋基本锚固长度 $l_{b,rqd}$ 按下式计算：

$$l_{b,rqd}=\frac{\phi}{4}\times\frac{\sigma_{sd}}{f_{bd}}$$

其中

$$f_{bd}=2.25\eta_1\eta_2 f_{ctd}$$

式中　ϕ——钢筋直径；

σ_{sd}——承载能力极限状态下锚固位置钢筋的设计应力；

f_{bd}——带肋钢筋的极限粘结应力设计值；

f_{ctd}——混凝土抗拉强度设计值，按 BS EN 1992-1—1：2004 中 3.1.6（2）确定；考虑高强混凝土脆性大，只限于 C60 以下值。

η_1——与粘结状态和浇筑混凝土时钢筋位置有关的系数，"好"的条件下 $\eta_1=1.0$，其他情况和用滑模制作的构件的钢筋 $\eta_1=0.7$；关于粘结状态的描述，可参考 BS EN 1992-1—1：2004 中图 8.2。

η_2——与钢筋直径有关的系数，钢筋直径不大于 32mm 时 $\eta_2=1.0$，钢筋直径大于 32mm 时 $\eta_2=(132-\phi)/100$。

④ 钢筋连接

a. 国标《混凝土结构工程施工质量验收规范》GB 50204—2002 中钢筋的连接方式有搭接、机械连接以及焊接三种；且连接的通则为：钢筋的接头宜设置在受力较小处；同一纵向受力钢筋不宜设置两个或两个以上接头；接头末端至钢筋弯起点的距离不应小于钢筋直径的 10 倍。

b. 英国规范 BS EN 1992-1—1：2004 中 8.8 条规定，除构件截面尺寸小于 1m 或应力不超过设计极限强度 80% 的情况，一般粗直径钢筋（欧洲规范中定义为直径大于 32mm 的钢筋；英国规范中定义为直径大于 40mm 的钢筋）不采用搭接连接。中英规范中对钢筋搭接范围的规定基本一致，相比之下，中国规范较英国规范要求严格些。

c. 国标焊接和机械连接：在施工现场，钢筋机械连接接头、焊接接头应分别按国家现行标准《钢筋机械连接通用技术规程》JGJ 107、《钢筋焊接及验收规程》JGJ 18 的规定对其试件力学性能和接头外观进行检查。当受力钢筋采用机械连接接头或焊接接头时，设置在同一构件内的接头宜相互错开。并且通过控制纵向钢筋接头面积百分率来控制相互错开，当设计无具体要求时，同一连接区段内，应符合下列要求：

在受拉区不宜大于 50%；

接头不宜设置在有抗震设防要求的框架梁端、柱端的箍筋加密区；当无法避开时，对等强度高质量机械连接接头，不应大于 50%；

直接承受动力荷载的结构构件中，不宜采用焊接接头；当采用机械连接接头时，不应大于 50%。

d. 英标中钢筋的连接方式同中国标准一样也有搭接、焊接和机械连接，BS 8110-1：1997 中规定"接头应避开高应力处并且尽量错开。当接头区域所受荷载主要为周期循环性质时，不应采用焊接连接"。对于焊接的要求，规定焊接应尽量在工厂加工完成，避免施工现场的临时焊接工作，焊接的类型分为三种：金属极电弧焊、闪光对接焊和电阻焊。对于焊接接头的位置要求如下：不宜在钢筋弯曲部位实施焊接，设置在同一构件内不同的受力主筋的接头宜相互错开，接头之间的距离不应小于钢筋的锚固长度。英标 BS EN ISO 17660-1 2006、BS EN ISO 17660-2 2006 对钢筋焊接有具体要求。

关于机械接头连接，英标中并无明确的技术规范，接头试验通过 BS 8110 规范相应力学要求即可，一般可在通过英国 CARES™ 认证的接头产品中选用。

5. 混凝土材料及实验方法：

（1）混凝土试件形式和尺寸办法：（GB 50081—2002 和 BS EN 12390-1-2000）

① 国标《普通混凝土力学性能试验方法标准》GB 50081—2002

第 3.2.1 款：抗压强度和劈裂抗拉强度试件的标准尺寸应该满足以下要求：1）边长为 150mm 的立方体试件是标准试件。2）边长为 100mm 和 200mm 的立方体试件是非标准试件。3）在特殊情况下，可采用 ϕ150mm×300mm 的圆柱体标准试件，和 ϕ100mm×200mm 或者 ϕ200mm×400mm 的圆柱体非标准试件。

第 3.2.2 款：轴心抗压强度和静力受压弹性模量试件应符合下列规定：1）边长为 150mm×150mm×300mm 的棱柱体试件是标准试件；2）边长为 100mm×100mm×300mm 和 200mm×200mm×400mm 的棱柱体试件是非标准试件。3）在特殊情况下，可采用 ϕ150mm×300mm 的圆柱体标准试件，和 ϕ100mm×200mm 或者 ϕ200mm×400mm 的圆柱体非标准试件。

第 3.2.3 款：抗折强度试件应符合下列规定：1）边长为 150mm×150mm×600mm（或 550mm）的棱柱体试件是标准试件；2）边长为 100mm×100mm×400mm 的棱柱体试件是非标准试件。

② 英标 BS EN 12390-1—2000

第 4 款：混凝土时间的形状有立方体、圆柱体、棱柱体，基本尺寸 d 至少为粗骨料公称直径的 3.5 倍。

试件的公称尺寸见表 4-12。

试件公称尺寸   表 4-12

试件形状	取值范围					图　示
立方体 d（mm）	100	150	200	250	300	

试件形状	取值范围						图　示
圆柱体 d（mm）	100	113 This has a load-bearing area of 10000 mm²		150	200	250	300
棱柱体 d（mm） （L≥3.5d）	100	150	200	250	300		

（2）混凝土试件的取样：（GB 50081—2002 和 BS EN 12350-1—2009）

① 国标《普通混凝土力学性能试验方法标准》（GB 50081—2002）

第 2.0.1 款：混凝土的取样应符合《普通混凝土拌和物性能试验方法标准》GB/T 50080—2002 中第 2 章中的相关规定。

同一组混凝土拌合物的取样应从同一盘混凝土或同一车混凝土中取样。取样量应多于试验所需量的 1.5 倍；且宜不小于 20L。

混凝土拌合物的取样应具有代表性，宜采用多次采样的方法。一般在同一盘混凝土或同一车混凝土中的约 1/4 处、1/7 处和 3/4 处之间分别取样，从第一次取样到最后一次取样不宜超过 15min，然后人工搅拌均匀。

第 2.0.2 款：普通混凝土力学性能试验应以三个试件为一组，每组试件所用的拌和物应从同一盘混凝土或同一车混凝土中取样。

② 英标 BS EN 12350-1-2009

第 5.1 款：针对样品，决定单点取样或复合取样，取样量应多于试验所需量的 1.5 倍；

第 5.2 款：复合取样，如果混凝土从搅拌机或罐车里流出，试件不应取自最初流出和最后流出的部分；如果从混凝土堆中取样，应从混凝土的深度和表面宽度上至少五个不同位置均匀取样；如果从流淌的混凝土中取样，取样遍布整个流体的深度和厚度。

第 5.2 款：单点取样，如果从流淌的混凝土中取样，取样遍布整个流体的深度和厚度。

6. 混凝土施工

主要是将英文规范《BS 8000 Section2.1 1990》、《BS 8000 Section2.2 1990》、《BS EN 13670》与中国的相关规范《〈混凝土结构工程施工规范〉征求意见稿》和《建筑施工手册》进行了对比，基本涵盖混凝土施工过程中的主要内容。主要包含：混凝土施工准备、商品混凝土的使用、现场混凝土搅拌、混凝土运输、混凝土浇筑、混凝土养护以及季节性混凝土施工等内容的对比。

（1）商品混凝土

对比分析：英国规范要求对商品混凝土进场浇注前要详细核审小票，且需做详细记录；如有必要时，可加入适量的水。中国规范《混凝土结构工程施工规范》（征求意见稿）中第8.1.3条规定：要求对配合比，坍落度，混凝土扩展度（必要时）进行检查；第8.1.4条规定：混凝土输送、浇筑过程中严禁加水。

经对比：1）英国规范中对小票的检查规定要比中国规范严格全面，并规定应进行详细记录；2）中国规范不允许在输送、浇筑过程中加水；英国规范一般情况也不允许加水；但在必要时，允许在运输过程中适量加水，但不得超过产生混凝土和易性所规定的水量。

（2）混凝土搅拌

投料顺序：英标没有严格要求投料顺序，但建议粗骨料先放入料斗中，可以防止出现水泥和砂子在料斗表面结块；中国标准未就投料顺序作出规定；

水泥：英标规定不可同时放入不同种水泥，中国标准对此条未见相关规定；材料重量允许误差：中国标准略高于英国标准（表4-13）。

混凝土原材料计量允许偏差（%）　　　　　　　　　　表4-13

原材料品种	水泥	砂	碎石	水	掺合料	外加剂
每盘计量允许偏差（国标）	±2	±3	±3	±2	±2	±2
累计计量允许偏差（国标）	±1	±2	±2	±1	±1	±1
英标	±3	±3	±3	±3	±3	±5

中国标准要求，对首次使用的配合比或配合比使用间隔时间超过三个月时应进行开盘鉴定；英国标准没有此项要求。

（3）混凝土的运输

英标中规定混凝土不可接触铝合金，产生气泡不认为是问题；中国标准中对此没有说明。

英标中规定：混凝土装入罐车或搅拌器后进行运输的时间不得超过2h，或者混凝土装入非搅拌器皿后运输的时间不得超过1h；中国建筑施工手册中规定见表4-14。

混凝土从搅拌机中卸出到浇筑完毕的延续时间　　　　　　表4-14

气温	延续时间（mm）			
	采用搅拌车		其他运输设备	
	≤C30	>C30	≤C30	>C30
≤25℃	120	90	90	75
>25℃	90	60	60	45

注：掺有外加剂或采用快硬水泥时延续时间应通过试验确定。

（4）混凝土的浇筑

英标对混凝土浇筑方法和要求没有国标中规定的细致完整。

国标中要求：混凝土浇筑时间有间歇时，次层混凝土应在前层混凝土初凝之前浇筑完毕；英标中未提及，但要求"浇筑下一层混凝土时不可耽搁，并将两层混凝土严实结合紧密"。

国标中规定，混凝土从搅拌完成到浇筑完毕的延续时间不宜超过表 4-15 的规定。混凝土运输、输送、浇筑及间歇的全部时间不应超过表 4-16 的规定。当不满足表 4-16 的规定时，应临时设置施工缝，继续浇筑混凝土时应按施工缝要求进行处理。在英标中没有提及。

混凝土从搅拌完成到浇筑完毕的延续时间限值（min）　　　　　表 4-15

条　件	混凝土强度等级	气　温	
		≤25℃	>25℃
不掺外加剂	≤C30	120	90
	>C30	90	60
掺外加剂	≤C50	180	150
	>C50	150	120

混凝土运输、输送、浇筑及间歇的全部时间限值（min）　　　　　表 4-16

条　件	混凝土强度等级	气　温	
		≤25℃	>25℃
不掺外加剂	≤C30	210	180
	>C30	180	150
掺外加剂	≤C50	270	240
	>C50	240	210

注：有特殊要求的混凝土，应根据设计及施工要求，通过试验确定允许时间。

国标规定，柱、墙模板内的混凝土倾落高度应满足表 4-17 的规定；当不能满足表 4-17 的规定时，宜加设串筒、溜槽、溜管等装置。英标中未提及。

柱、墙模板内混凝土倾落高度限值（m）　　　　　表 4-17

条　件	混凝土倾落高度
骨料粒径大于 25mm	≤3
骨料粒径小于等于 25mm	≤6

注：当有可靠措施能保证混凝土不产生离析时，混凝土倾落高度可不受上表限制。

分层浇筑最大厚度为 50cm，英标和国标的规定相同（参见英国混凝土学会出版的《PLACING and COMPACTING》中的规定）。

混凝土自高处倾落的自由高度不应大于 2m，英标和国标的规定相同（参见英国混凝土学会出版的《PLACING and COMPACTING》中的规定）。

（5）混凝土养护

采用硅酸盐水泥、普通硅酸盐水泥或矿渣硅酸盐水泥配制的混凝土不得少于 7d，这点英国标准和中国标准相同；但英国标准中，增加：当平均气温小于等于 7℃，养护或覆盖截面的厚度小于等于 300mm 时，养护 10d 的要求；

中国标准对添加缓凝型外加剂、大掺量矿物掺合料配制的混凝土、抗渗混凝土、高强

混凝土、高性能混凝土规定养护不得少于 14d；英标中未提及（需检索添加剂和高性能混凝土章节内容）

英标中详细规定了混凝土在养护期间不低于 5℃ 的时间，详见表；中国规范要求养护期间均不低于 5℃，中国规范更为保守。

英标规定：养护期间不可在冰冻天气泼洒水或采用湿的覆盖物。除非另有规定，需保持混凝土（普通波特兰水泥（OPC）和快硬性水泥（RHPC））不低于最低温度 5℃ 的时间，详见表 4-18。

表 4-18

Concrete grade（N/mm²）	OPC	RHPC
20 or less	5days	3days
25	3days	2days
30	3days	2days
40 or more	2 days	1½days

（6）施工缝和活动缝

楼板和梁的水平施工缝的留置，英标和国标中的规定相同，均在跨中三分之一处（参见 Design and construction of joints in concrete structures）。

竖向施工缝的留置，在柱子根部略有不同。英国规范中常设置在柱根处（楼板面上部）留置 75～200mm 高的踢台；而国内，柱子根部的施工缝留置在楼板面（参见 Design and construction of joints in concrete structures）。

（7）冬季混凝土施工

英标和国标均规定混凝土入模温度不应低于 5℃，要求相同。

国标中还要求混凝土拌合物的出机温度不宜低于 10℃。对预拌混凝土或需远距离输送的混凝土，混凝土拌合物的出机温度不宜低于 15℃，具体可根据运输和输送距离经热工计算确定。大体积混凝土的入模温度可不受上述限制。英标未提及。

英标规定加热材料过程中，水泥不可接触 60℃ 的水，如果水温超过 60℃，应先加入骨料进行搅拌，然后再加入水泥。国标未提及。

（8）夏季混凝土施工

英标规定混凝土浇注时其温度不超过 30℃；国标规定混凝土浇注入模温度不应大于 35℃；英标要求更为严格。

（9）雨季混凝土施工

英标和国标都规定，在大雨天不允许进行混凝土施工。

国标规定在小雨或中雨情况下，不宜露天进行混凝土施工，英标未提及。

国标详细描述并规定了雨期施工的各项措施，英标中只规定要制定预防措施保护材料，没有详细措施的规定条文说明。

4.1.2.5　中美英混凝土骨料规范对比分析

混凝土是以胶凝材料、水、细骨料、粗骨料，需要时掺入外加剂和矿物掺合料，按适当比例配合，经过均匀拌制、密实成型及养护硬化而成的人工石材。

细骨料通常为砂，粗骨料通常为碎石、卵石。

1. 砂

砂按其产源可分天然砂、人工砂。由自然条件作用而形成的，粒径在5mm以下的岩石颗粒，称为天然砂。天然砂可为河砂、湖砂、海砂和山砂。人工砂又分机制砂、混合砂。人工砂为经除土处理的机制砂、混合砂的统称。机制砂是由机械破碎、筛分制成的，粒径小于4.75mm的岩石颗粒，但不包括软质岩、风化岩石的颗粒。混合砂是由机制砂和天然砂混合制成的砂。按砂的粒径可分为粗砂、中砂和细砂，目前是以细度模数来划分粗砂、中砂和细砂，习惯上仍用平均粒径来区分，见表4-19。

砂的分类（中国）　　　　　　　　　　　　　　　表 4-19

粗细程度	细度模数 μ_i	平均粒径（mm）
粗砂	3.7～3.1	0.5 以上
中砂	3.0～2.3	0.35～0.5
细砂	2.2～1.6	0.25～0.35

（1）颗粒级配

中、美、英三国规范对于砂的颗粒级配均采用筛分法，均采用方孔筛，方孔筛尺寸一样。

我国混凝土用砂按0.630mm筛孔的累计筛余量可分为三个级配区，砂的颗粒级配应处于表中的任何一个区域内。美标均没有相应的分区，只要满足级配要求即可，采用的数值为过筛量。详见表4-20。

砂颗粒级配区　　　　　　　　　　　　　　　表 4-20

筛孔尺寸 （国标）	筛孔边长 （美标、英标）	国标 JGJ 52—2006 GB 14684—2001			美标 ASTM C33	
		I 区	II 区	III 区	过筛率 （%）	累计筛余 （%）
		累计筛余（%）				
10.00mm	9.50mm	0	0	0	100	0
5.00mm	4.75mm	10～0	10～0	10～0	95～100	0～5
2.50mm	2.36mm	35～5	25～0	15～0	80～100	20～0
1.25mm	1.18mm	65～35	50～10	25～0	50～85	50～15
0.63mm	600μm	85～71	70～41	40～16	25～60	75～40
0.315mm	300μm	95～80	92～70	85～55	5～30	95～70
0.16mm	150μm	100～90	100～90	100～90	0～10	100～90

注：我国采用累计筛余量，欧美采用过筛率；我国和美标筛的规格相同，我国采用筛孔的公称直径，欧美采用方孔筛筛孔边长。

我国配制混凝土时宜优先选用II区砂。II区宜用于强度等级C30～C60及有抗冻、抗渗或其他要求的混凝土；I区宜用于强度等级大于C60的混凝土；III区宜用于强度等级小于C30的混凝土和建筑砂浆。对于泵送混凝土用砂，宜选用中砂。

英标关于砂的级配和分类，详见欧盟标准EN 933-1和国际标准ISO 565：1990 R 20，在英标BS EN 12620中对于砂石级配的详情见表4-21。

骨料的级配要求（BS EN 12620）   表 4-21

Aggregate	Size	Percentage passing by mass					Category G^d
		2D	1，4$D^{a\&b}$	D^c	d^b	$d/2^{a\&b}$	
Coarse	$D/d \leqslant 2$ or $D \leqslant 11,2$mm	100 100	98 to 100 98 to 100	85 to 99 80 to 99	0 to 20 0 to 20	0 to 5 0 to 5	$G_C 85/20$ $G_C 80/20$
	$D/d > 2$ and $D > 11,2$mm	100	98 to 100	90 to 99	0 to 15	0 to 5	$G_C 90/15$
Fine	$D \leqslant 4$mm and $d = 0$	100	95 to 100	85 to 99	—	—	$G_F 85$
Natural graded 0/8	$D = 8$mm and $d = 0$	100	98 to 100	90 to 99	—	—	$G_{NG} 90$
All-in	$D \leqslant 45$mm and $d = 0$	100 100	98 to 100 98 to 100	90 to 99 85 to 99	—	—	$G_A 90$ $G_A 85$

a Where the sieves calculated are not exact sieve numbers in the ISO 565：1990 R 20 series then the next nearest sieve size shall be adopted.

b For gap graded concrete or other special uses additional requirements may be specified.

c The percentage passing D may be greater than 99% by mass but in such cases the producer shall document and declare the typical grading including the sieves D, d, $d/2$ and sieves in the basic set plus set 1 or basic set plus 2 intermediate between d and D. Sieves with a ratio less than 1，4 times the next lower sieve may be excluded.

d Other aggregate product standards have different requirements for categories.

    英标 BS EN 12620 是现行骨料标准，代替了 BS 882 标准。在英标中，将砂、石统一归类为骨料，仅是区分粗骨料（Coarse）和细骨料（Fine）。

    （2）砂的质量要求

    ① 国标（表 4-22）

砂的质量要求（GB 14684—2001）   表 4-22

质 量	项 目		质量指标
含泥量 （按重量计%）	混凝土强度等级	≥C30	≤3.0
		<C30	≤5.0
泥块含量 （按重量计%）		≥C30	≤1.0
		<C30	≤2.0
有害物质限量	云母含量（按重量计%）		≤2.0
	轻物质含量（按重量计%）		≤1.0
	硫化物及硫酸盐含量（折算成 SO_3 按重量计%）		≤1.0
	有机物含量（用比色法试验）		颜色不应深于标准色，如深于标准色，则应按水泥胶砂强度试验方法，进行强度对比试验，抗压强度比不应低于 0.95
坚固性	混凝土所处的环境条件	在严寒及寒冷地区室外使用并经常处于潮湿或干湿交替状态下的混凝土	循环后重量损失（%） ≤8
		其他条件下使用的混凝土	≤10

② 美标（表 4-23）

砂的质量要求（ASTM C33）　　　　　　　　　　　　　　表 4-23

项　目	允许值（%）
泥块含量和脆弱颗粒	3.0
直径小于 75μm 的细小颗粒（小于 200 目晒） 　　会受到表面磨损的混凝土 　　其他混凝土	 3.0 5.0
煤和褐煤 　　对外观有要求的混凝土 　　其他混凝土	 0.5 1

③ 英标

符合欧盟标准 EN 933—7。

由于英国为岛国，砂含有贝壳类物质，因此对贝壳类物质进行了限定，含量不大于 10%。

BS EN 12620 对于小粒径物质（63μm）的含量，不同类别的砂有不同的要求，详见表 4-24。

小粒径物质含量最大限额（BS EN 12620）　　　　　　表 4-24

Aggregate	0.063 mm sieve Percentage passing by mass	Category f
Coarse aggregate	$\leqslant 1.5$	$f_{1.5}$
	$\leqslant 4$	f_4
	>4	$f_{Declared}$
	No requirement	f_{NR}
Natural graded 0/8mm aggregate	$\leqslant 3$	f_3
	$\leqslant 10$	f_{10}
	$\leqslant 16$	f_{16}
	>16	$f_{Delclared}$
	No requirement	f_{NR}
All-in aggregate	$\leqslant 3$	f_3
	$\leqslant 11$	f_{11}
	>11	$f_{Declared}$
	No requirement	f_{NR}
Fine aggregate	$\leqslant 3$	f_3
	$\leqslant 10$	f_{10}
	$\leqslant 16$	f_{16}
	$\leqslant 22$	f_{22}
	>22	$f_{Declared}$
	No requirement	f_{NR}

关于氯化物，欧盟标准 EN 1744—1：1998 第 7 条有详细规定。

关于可溶于酸的硫物质（我国称为硫化物及硫酸盐），详见欧盟标准 EN 1744—1：1998 第 12 条有关规定，并符合 BS EN 12620 表 4-25 规定：

可溶于酸的硫物质限定标准（BS EN 12620）   表 4-25

Aggregate	Acid soluble sulfate content Percentage by mass	Category AS
Aggregates other than air-cooled blastfurnace slag	≤0, 2	$AS_{0.2}$
	≤0, 8	$AS_{0.8}$
	>0, 8	$AS_{Declared}$
	No requirement	AS_{NR}
Air-cooled blastfurnace slag	≤1, 0	$AS_{1.0}$
	>1, 0	$AS_{Declared}$
	No requirement	AS_{NR}

关于硫的总含量，详见欧盟标准 EN 1744-1：1998 第 11 条有详细规定。BS EN 12620 规定，气冷高炉矿渣集料中硫的总含量不得超过 2%，其他集料中不得超过 1%。

其他规定，详见欧盟标准 EN 1744-1：1998 相关条款。

④ 实例（某国外工程）

表 4-26 是某国外工程关于细骨料（Fine aggregate）的质量要求。

Use fine aggregate consisting of crushed gravel, crushed stone, or natural sand that is washed with water meeting the requirements of this Specification as necessary to comply with ASTM C 33 with the following additional requirements or modified acceptance criteria：

表 4-26

Test Description	Standard	Limit
Clay Lumps and Friable Particles	ASTM C 142	1. 0% maximum
Material Finer than 75 micron	ASTM C 117	3. 0% maximum
Organic Impurities	ASTM C 40	Lighter than Standard
Water Absorption	QCS	2. 3% maximum
Chlorides as Cl	BS 812	0. 06% maximum
Sulfates as SO_3	BS 812	0. 40% maximum
Shell Content	QCS	3. 0% maximum

2. 粗骨料

普通混凝土所用的石子可分为碎石和卵石。由天然岩石或卵石经破碎、筛分而得的粒径大于 5mm 的岩石颗粒，称为碎石；由自然条件作用而形成的粒径大于 5mm 的岩石颗粒，称为卵石。

（1）粗骨料的颗粒级配

① 国标（表 4-27）

碎石或卵石的颗粒级配范围 表 4-27

级配情况	公称粒径(mm)	累计筛余按重量计(%)											
		筛孔尺寸(圈孔筛)(mm)											
		2.50	5.00	10.0	16.0	20.0	25.0	31.5	40.0	50.0	63.0	80.0	100
连续粒级	5~10	95~100	80~100	0~15	0	—	—	—	—	—	—	—	—
	5~16	95~100	90~100	30~60	0~10	0	—	—	—	—	—	—	—
	5~20	95~100	90~100	40~70	—	0~10	0	—	—	—	—	—	—
	5~25	95~100	90~100		30~70	—	0~5	0	—	—	—	—	—
	5~31.5	95~100	90~100	70~90	—	15~45	—	0~5	0	—	—	—	—
	5~40	—	95~100	75~90	—	30~65	—	—	0~5	0	—	—	—
单粒级	10~20	—	95~100	85~100	0~15	0	—	—	—	—	—	—	—
	16~31.5	—	95~100	—	85~100	—	—	0~10	0	—	—	—	—
	20~40	—	—	95~100	—	80~100	—	—	0~10	0	—	—	—
	31.5~63	—	—	—	95~100	—	—	75~100	45~75	—	0~10	0	—
	40~80	—	—	—	—	95~100	—	—	70~100	—	30~60	0~10	0

注：公称粒级的上限为粒级的最大粒径。

② 美标

粗骨料的名义最大粒径应不大于：

a. 侧模之间最小尺寸的 1/5；

b. 板厚的 1/3；

c. 单根钢筋或钢丝、钢筋束、单根预应力束、预应力集束或管道之间最小净间距的 3/4。

注：若根据工程师的判断，工作性和振捣方法能使混凝土的浇筑无蜂窝或空穴，则上述 3 个限制条件不适用。

美标的级配要求详见表 4-28。

表 4-28

TABLE 2 Grading Requirements for Coarse Aggregates

Size Number	Nominal Size (Sieves with Square Openings)	Amounts Finer than Each Laboratory Sieve (Square-Openungs), Mass Percent													
		100mm (4in)	90mm (3½in)	75mm (3in)	63mm (2½in)	50mm (2in)	37.5mm (1½in)	25.0mm (1in)	19.0mm (¾in)	12.5mm (½in)	9.5mm (⅜in)	4.75mm (No. 4)	2.36mm (No. 8)	1.18mm (No. 16)	30μm (No. 50)
1	90 to 37.5mm (3½ to 1½in)	100	90 to 100	—	25 to 60	—	0 to 15	—	0 to 5	—	—	—	—	—	—
2	63 to 37.5mm (2½ to 1½in)	—	—	100	90 to 100	35 to 70	0 to 15	—	0 to 5	—	—	—	—	—	—
3	50 to 25.0mm (2 to 1in)	—	—	—	100	90 to 100	35 to 70	0 to 15	—	0 to 5	—	—	—	—	—
357	50 to 4.75mm (2in to NO. 4)	—	—	—	100	95 to 100	—	35 to 70	—	10 to 30	—	0 to 5	—	—	—
4	37.5 to 19.0mm (1½ to ¾in)	—	—	—	—	100	90 to 100	20 to 55	0 to 15	—	0 to 5	—	—	—	—
467	37.5 to 4.75mm (1½in to No. 4)	—	—	—	—	100	95 to 100	—	35 to 70	—	10 to 30	0 to 5	—	—	—
5	25.0 to 12.5mm (1 to ½in)	—	—	—	—	—	100	90 to 100	20 to 55	0 to 10	0 to 5	—	—	—	—
56	25.0 to 9.5mm (1 to ⅜in)	—	—	—	—	—	100	90 to 100	40 to 85	10 to 40	0 to 15	0 to 5	—	—	—
57	25.0 to 4.75mm (1in to No. 4)	—	—	—	—	—	100	95 to 100	—	25 to 60	—	0 to 10	0 to 5	—	—
6	19.0 to 9.5mm (¾ to ⅜in)	—	—	—	—	—	—	100	90 to 100	20 to 55	0 to 15	0 to 5	—	—	—
67	19.0 to 4.75mm (3/4in to No. 4)	—	—	—	—	—	—	100	90 to 100	—	20 to 55	0 to 10	0 to 5	—	—
7	12.5 to 4.75mm (½in to No. 4)	—	—	—	—	—	—	—	100	90 to 100	40 to 70	0 to 15	0 to 5	—	—
8	9.5 to 2.36mm (¾in to No. 8)	—	—	—	—	—	—	—	—	100	85 to 100	10 to 30	0 to 10	0 to 5	—
89	9.5 to 1.18mm (¾in to No. 16)	—	—	—	—	—	—	—	—	100	90 to 100	20 to 55	5 to 30	0 to 10	0 to 5
9[A]	4.75 to 1.18mm (No. 4 to No. 16)	—	—	—	—	—	—	—	—	—	100	85 to 100	10 to 40	0 to 10	0 to 5

A Size number 9 aggregate is defined in Terminology C 125 as a fine aggregate. It is included as a coarse aggregate when it is combined with a size number 8 material to create a size number 89, which is a coarse aggregate as defined by Terminology C 125.

③ 英标

英标关于砂的级配和分类，详见欧盟标准 EN 933—1 和国际标准 ISO 565：1990 R 20，在英标 BS EN 12620 中对于砂石级配的详情见表 4-29。

骨料的级配要求（BS EN 12620）

表 4-29

Aggregate	Size	Percentage passing by mass					Category G^d
		$2D$	$1，4D^{a\&b}$	D^c	d^b	$d/2^{a\&b}$	
Coarse	$D/d\leqslant 2$ or $D\leqslant 11，2$mm	100 100	98 to 100 98 to 100	85 to 99 80 to 99	0 to 20 0 to 20	0 to 5 0 to 5	$G_C85/20$ $G_C80/20$
	$D/d>2$ and $D>11，2$mm	100	98 to 100	90 to 99	0 to 15	0 to 5	$G_C90/15$
Fine	$D\leqslant 4$mm and $d=0$	100	95 to 100	85 to 90	—	—	G_F85
Natural graded0/8	$D=8$mm and $d=0$	100	98 to 100	90 to 99	—	—	$G_{NG}90$
All-in	$D\leqslant 45$mm and $d=0$	100 100	98 to 100 98 to 100	90 to 99 85 to 99	— —	— —	G_A90 G_A85

a　where the sieves calculated are not exact sieve numbers in the ISO 565：1990 R 20 series then the next nearest sieve size shall be adopted.

b　For gap graded concrete or other special uses additional requirements may be specified.

c　The percentage passing D may be greater than 99% by mass but in such cases the producer shall document and declare the typical grading including the sieves D，d，$d/2$ and sieves in the basic set plus set 1or basic set plus set 2 intermediate between d and D．Sieves with a ratio less than 1，4 times the next lower sieve may be excluded

d　Other aggregate product standards have different requirements for categories.

英标 BS EN 12620 是现行骨料标准，代替了 BS 882 标准。在英标中，将砂、石统一归类为骨料，仅是区分粗骨料（Coarse）和细骨料（Fine）。

（2）粗骨料的质量要求

① 国标（表 4-30）

JGJ 52—2006 普通混凝土用砂、石质量及检验方法标准对于粗骨料，我国规范考虑了卵石和碎石的区别，对于粗骨料的级配则认为其符合规范要求，并指出若为单粒级则砂率应适当增大。这些规定过于笼统、广泛。事实上，砂率取值的大小还与粒形和级配有关。

粗骨料粒形和级配对砂率的影响最终可归结为一个性质：空隙率。无论是粒形，还是级配都是因为其对空隙率的影响而间接对砂率产生影响。把粗骨料的捣实重度与其表观密度相比较就可求得粗骨料的空隙率，从而绕开纷繁复杂的种种细节表征出粗骨料的性质对砂率的总的影响。ACI 方法正是以简单易行的测捣实重度的试验取代了种种复杂而又无法囊括一切的表格和规定：对于粗骨料的各种粒形，好抑或不好的级配均能起到指导作用。

石子的质量要求

表 4-30

质量项目		质量指标
针、片状颗粒含量，按重量计（%）	混凝土强度等级	≥C30
		<C30
含泥量按重量计（%）		≥C30
		<C30
泥块含量按重量计（%）		≥C30
		<C30

质量项目		质量指标
针、片状颗粒含量，按重量计（%）	≥C30	≤15
	<C30	≤25
含泥量按重量计（%）	≥C30	≤1.0
	<C30	≤2.0
泥块含量按重量计（%）	≥C30	≤0.5
	<C30	≤0.7

续表

质量项目				质量指标
碎石压碎指标值（%）	混凝土强度等级	水成岩	C55~C40	≤10
			≤C35	≤16
		变质岩或深层的火成岩	C55~C40	≤12
			≤C35	≤20
		火成岩	C55~C40	≤13
			≤C35	≤30
卵石压碎指标值（%）	混凝土强度等级		C55~C40	≤12
			≤C35	≤16
坚固性	混凝土所处的环境条件	在严寒及寒冷地区室外使用，并经常处于潮湿或干湿交替状态下的混凝土	循环后重量损失（%）	≤8
		在其他条件下使用的混凝土		≤12
有害物质限量	硫化物及硫酸盐含量（折算成 SO_3 按重量计%）			≤1.0
	卵石中有机质含量（用比色法试验）			颜色应不深于标准色。如深于标准色，则应配制成混凝土进行强度对比试验，抗压强度比应不低于0.95

② 美标（表 4-31）

混凝土骨料技术规定 Specification for Normalweight：ASTM C33；

结构混凝土用轻骨料技术规定 Specification for Lightweight：ASTM C330。

注：其他经过专门试验验证的骨料及已正常使用的得到证明和被批准的骨料也可用于混凝土中。

Limits for Deleterious Substances and Physical Property Requirements of Coarse Aggregate for Concrete　表 4-31

Class Designation	Type or Location of Concrete Constrution	Maximum Allowable，%						
		Clay Lumps and Frible Particles	Chert (Less Than 2.40 sp gr SSD)	Sum of Clay Lumps, Friable Particles, and Chert (Less Than 2.40 sp gr SSD)	Material Finer Than $75\mu m$ (No. 200) Sieve	Coal and Lignite	Abrasion[A]	Magnesium Sulfate Soundness (5 cycles)[B]
		Severe Weathening Regions						
1S	Footing, foundations, columns and beams not exposed to the weather, interior floor slabs to be given coverings	100	—	—	1.0[C]	1.0	50	
2S	Interior floors without coverings	5.0	—	—	1.0[C]	0.5	50	—
3S	Foundation walls above grade, retaining walls, abutments, piers, girders, and beams exposed to the weather	5.0	5.0	7.0	1.0[C]	0.5	50	18

Class Designation	Type or Location of Concrete Constrution	Maximum Allowable,%						
		Clay Lumps and Frible Particles	Chert (Less Than 2.40 sp gr SSD)	Sum of Clay Lumps, Friable Particles, and Chert (Less Than 2.40 sp gr SSD)	Material Finer Than 75μm (No. 200) Sieve	Coal and Lignite	Abrasion[A]	Magnesium Sulfate Soundness (5 cycles)[B]
4S	Pavement, bridge decks, driveways and curbs, walks, pations, garage floors exposed floors and porches, or water front structures, subject to frequent wetting	30	5.0	5.0	1.0[C]	0.5	50	18
5S	Exposed architectural concrete	2.0	3.0	3.0	1.0[C]	0.5	50	18
	Moderate Weathering Regions							
1M	Footings, foundations, columns, and beams not exposed to the weather interior floor slabs to be given coverings	10.0	—	—	1.0[C]	0.5	50	—
2M	Interior floors without coverings	5.0	—	—	1.0[C]	0.5	50	—
3M	Foundation walls above grade, retaining walls abutments, piers, girders, and beams exposed to the weather	5.0	8.0	10.0	1.0[C]	0.5	50	16
4M	Pavements bridge decks, driveways and curbs walks patios, garage floors, exposed floors and porches or waterfront structures subject to frequent wetting	5.0	5.0	7.0	1.0[C]	0.5	50	18
5M	Exposed architectural concrete	3.0	3.0	5.0	1.0[C]	0.5	50	18
	Negligible Weathering Regions							
1N	Slabs subject to traffic abrasion, bridge decks, floos, sidewalks, pavements	5.0	—	—	1.0[C]	0.5	50	—
2N	All other classes of concrete	10.0	—	—	1.0[C]	1.0	50	—

③ 英标

由于英国为岛国，砂含有贝壳类物质，因此对贝壳类物质进行了限定，含量不大于 10%。

BS EN 12620 对于小粒径物质（63μm）的含量，不同类别的骨料有不同的要求，详见表 4-32。

小粒径物质含量最大限额（BS EN 12620）　　表 4-32

Aggregate	0.063mm sieve Percentage passing by mass	Category f
Coarse aggregate	$\leqslant 1,5$	$f_{1,5}$
	$\leqslant 4$	f_4
	>4	$f_{Declared}$
	No requirement	f_{NR}
Natural graded 0/8mm aggregate	$\leqslant 3$	f_3
	$\leqslant 10$	f_{10}
	$\leqslant 16$	f_{16}
	>16	$f_{Declared}$
	No requirement	f_{NR}
All-in aggregate	$\leqslant 3$	f_3
	$\leqslant 11$	f_{11}
	>11	$f_{Declared}$
	No requirement	f_{NR}
Fine aggregate	$\leqslant 3$	f_3
	$\leqslant 10$	f_{10}
	$\leqslant 16$	f_{16}
	$\leqslant 22$	f_{22}
	>22	$f_{Declared}$
	No requirement	f_{NR}

英标关于粗骨料的化学物质要求同细骨料。

④ 实例

以下是某国外工程关于粗骨料（Coarse aggregate）的质量要求（表 4-33）：

Use coarse aggregate consisting of crushed or uncrushed gravel or crushed stone that is selected，recrushed，finish screened and washed with water meeting the requirements of this Specification as necessary to comply with ASTM C 33 with the following additional requirements or modified acceptance criteria：

表 4-33

Test Description	Standard	Limit
Los Angeles Abrasion Loss (Grading A or B)	ASTM C 131	30% maximum
Clay Lumps and Friable Particles	ASTM C 142	1.0%maximum
Material Finer than 75 micron for natural or crushed gravel	ASTM C 117	1.0%maximum
Material Finer than 75 micron for crushed rock	QCS	1.0%maximum
Water Absorption	QCS	2.0% maximum
Chlorides as Cl	BS 812	0.03%maximum
Sulfates as SO_3	BS 812	0.4%maximum
Magnesium Sulfate Soundness Loss (5 cycles)	ASTM C 88	15%maximum
Flat and Elongated Particles	ASTM D 4791	$\leqslant$15%at a 3 : 1 ratio
Shell Content	QCS	3.0%maximum

国标含泥量分为 0.5％和 0.7％两个等级，美标为 1％，英标未规定。英标对于贝壳类物质的含量有规定，国标和美标未规定。

在国际化工程中，很多工程根据工程特点、所在国国情等多方面原因，综合采用英美标准的各条款，并进行适当修改，以适应工程的需要。

4.2 阿尔及利亚地区标准研究阶段

4.2.1 阿尔及利亚建筑工程市场概述

阿尔及利亚民主人民共和国（以下简称"阿"）是北非地中海沿岸的重要国家，拥有3300 万人口。油气资源储量居世界前列。得益于国际油价的上涨，经济发展较快，GDP在非洲仅次于南非列第二位。阿是与中国建立外交关系最早的非洲国家之一，中阿历来保持着传统的友好关系。2006 年 11 月两国元首在北京签署了《中华人民共和国和阿尔及利亚民主人民共和国关于发展两国战略合作关系的声明》，将双边关系推向一个新的高度。

受到近 10 年内乱的影响，阿尔及利亚建筑设施发展落后较多，严重阻碍了经济发展。布特弗利卡总统上任后，将交通、水资源、住房、电讯等领域作为建设重点。为改变阿尔及利亚基础设施的落后状况，政府近年来大幅扩大基建支出，大批工程建设项目陆续开工。随着国际原油价格不断攀升，以油气资源出口为主要经济来源的阿尔及利亚政府财政逐渐有了足够的资金投入到建筑及公共设施的建设上，使阿尔及利亚建筑市场的繁荣有了基本的资金保证。2005 年以来，阿每年承包工程发标合同额都在 200 亿美元以上，发布的国内和国际标达上千个。阿在《2005～2009 五年经济振兴计划》中将交通、水资源、住房、电讯等领域作为建设重点。根据规划，2005～2009 年间政府将投资 1450 亿美元用于一系列大型基础设施建设。

在公路方面，阿尔及利亚东西高速公路是政府规划的重点项目，布特弗利卡总统决定动用国库预算 70 亿美元解决该项目建设资金问题；在铁路方面，政府计划斥资约 70 亿美元用于建设 1500 公里的铁路新线、实施铁路电气化改造工程并购置车辆与信号装备；在水运和空运方面，政府规划了多个港口和机场的建设项目；为加大对电力基础设施项目的建设力度，阿计划 2010 年前投资 120 亿美元用于电站建设和电力配送；在水利方面，政府计划于 2005～2009 年 5 年间投入 100 亿美元资金，以加速水利设施建设；此外，政府还将在今后 5 年年均拨资 700 亿～800 亿第纳尔（折合 10 亿美元左右）用于住房建设。

我国承包企业自 20 世纪 80 年代进入阿尔及利亚，经过多年的市场培育，目前在阿已占据相当的市场份额。阿已成为我国在非洲地区最重要的承包工程市场之一。随着阿市场的快速发展和投资环境的逐步改善，我国承包企业在阿发展前景广阔。截至 2006 年年底，我国公司在阿累计签署承包工程合同额 140.2 亿美元，完成营业额 51.3 亿美元；累计签署劳务合作合同额 1.5 亿美元，完成劳务合作合同金额 1.4 亿美元。

应该说，阿尔及利亚建筑市场将在未来一段时间内成长为一个高速发展的市场领域，拥有较为光明的前景。

4.2.2 区域建筑市场竞争情况

随着阿尔及利亚承包工程市场的不断发展，众多本土和国际企业已经参与其中。我国企业在阿已具有一定的竞争优势，发展前景看好。

2005 年阿有本地承包工程企业 2.1 万家，住房设计局约 3000 个，高级技术人员约 5000 人。阿本地承包商技术和施工能力有限，为扶植本地企业，阿政府在招标建设过程中给予本地承包工程企业 15％的投标报价优惠，支持其积极参与各领域建设。COSIDER 集团和 JENISIDER 公司系阿知名工程承包企业，市场份额合计约占该国国内企业的四分之一。

阿地区大型项目多为外国公司所承揽。如在东西高速公路三个标段的招标中，我国承包公司中标两个。在水利工程建设方面，加拿大拉瓦兰等世界知名水利工程承包商依靠便利的资金、政治外交和地缘优势及强大的融资能力承揽了阿半数以上的大型水利建设工程。

阿境内主要外国承包商还有万喜（法国）、阿尔斯通（法国）、百瓦特（美国）、凯鲁格·布朗鹿特（美国）、西门子（德国）、阿尔斯达迪（意大利）、斯纳姆·普吉提（意大利）、赛班（意大利）、鹿岛（日本）、光辉（日本）等。上述公司在阿承接的主要是石油、天然气、电厂、地铁、高速路等大型项目。

自中国建筑总公司于 20 世纪 80 年代进入阿尔及利亚市场后，在阿承包工程业务从无到有、从小到大、不断发展。20 世纪 90 年代，阿经历了长达七、八年之久的社会动乱，西方公司纷纷撤离。而中建在阿国艰难困险的局面下仍继续留守，并承建了喜来登五星级饭店和机场宾馆等为阿民众所熟知的标志性工程，对巩固中阿传统友谊、恢复阿国经济建设作出了巨大贡献。中国工程企业以自己的实际行动赢得了阿人民的尊敬与信任。

2000 年后我国进入阿承包工程市场的企业逐步增加，凭借竞争优势获得了包括阿东西高速公路、自中部向南部供水等项目。2006 年，我国企业新签合同 140 份，合计约 80.5 亿美元，完成合同额合计近 17 亿美元。截止 2006 年年底，在阿中资承包工程企业共计 37 个，其中建筑 9 个、石油 9 个、水利 10 个、交通 3 个、电讯 3 个、矿业 3 个，项目管理、工程技术及劳务人员共 14500 人左右。在阿市场已形成规模的大型中资企业主要有中国建筑工程总公司、中远对外工程公司、中国地质工程公司、中信建设国华国际工程承包公司等。

我国公司在阿的承包工程广泛分布在交通运输、房屋建筑、供排水、石油化工、环保和电力等领域，2006 年表现突出的是交通运输和房屋建筑领域。其中，交通运输领域新签合同额达 64.2 亿美元，占总额近 80％，完成合同额也超过 0.7 亿美元；房屋建筑领域新签合同额达 10.65 亿美元，约占总额的 13.2％，完成合同额 8.6 亿美元，超过总额的一半。此外，在供排水和石油化工领域，我国企业也有较好的表现。

我国建筑企业在阿竞争优势主要体现在以下三个方面：

第一，中阿两国政治关系好，传统友谊经历了历史的考验，尤其是我在阿争取民族独立过程中所给予的支持，令阿领导人及人民念念不忘；

第二，通过一些项目的成功实施，我国企业影响得到了扩大，在阿建筑市场有了一定的知名度；

第三，我国企业同西方及当地企业相比，在工期、质量、价格上有一定的竞争优势。

综上所述，我国对外承包工程企业已经广泛参与到阿承包工程市场并取得了较好的发展，并在交通、房建、供排水等领域已经有较好的市场表现。随着阿投资环境的逐步改善、中阿关系的继续发展、我国相关企业实力的不断增强和国家支持力度的增大，我国对外承包工程企业在阿工程承包市场的前景较为广阔。

4.2.3 区域建筑标准应用情况

在阿尔及利亚多年的建筑市场经营的经验让我们体会到,很多工程实施的重难点可能不仅仅存在于工程本身的技术方面,往往也存在于建筑材料和设备以及施工方法等标准规范上的制约方面。在阿建筑工程的实施过程中,标准规范的差异往往是我承包商面临的最大壁垒。因此,我们有必要对阿尔及利亚地区的建筑标准规范情况进行一定程度的分析。这将有利于我公司更好地适应阿尔及利亚建筑市场,获得更多的市场份额,为中国建筑的国际化影响力的发展贡献力量。

阿尔及利亚作为非洲建筑欠发达国家和发展中国家之一,由于政治、经济等多方面因素没有较为系统性和完整性的国家规范和通行标准,因此在当地建筑工程施工的过程中较多地借鉴国际化程度较高的通用标准规范和其他国家的标准规范。

目前据我们的初步了解,在阿尔及利亚建筑市场中应用的规范体系主要有阿尔及利亚建筑技术条例(DTR 和 NA)、法国标准(NF)、中国建筑标准(GB)、欧洲标准(EN)和美国标准(ASTM 和 ACI)等本国建筑标准和其他国外标准规范。

4.2.3.1 阿尔及利亚建筑技术条例(DTR 和 NA)

阿尔及利亚建筑技术条例规定的建筑技术标准和规范文件由 DTR 和 NA 两部分组成。该技术条例由该国建筑质量检测中心于 2000 年 6 月编制完成。如同阿尔及利亚其他行业的运作一样,该建筑行业的技术条例由常设技术委员会(CTP)负责管理。该技术委员会由阿国技术监控、研发中心、设计院、规范协会、公共行政部等多个政府和民间机构组成。

阿尔及利亚建筑技术条例适用于该国建筑领域的各个方面,由以下各种类型的技术资料文件组成:

——技术条款(DTR);

——阿尔及利亚国家规范(NA);

——其他各种参照和介绍。

不过阿尔及利亚建筑规范体系发展的过程还很年轻,欠缺一定的完整性,很多条款的内容需要在实践过程中不断应用并逐渐发展。

正是由于本国规范体系的欠完整性,阿尔及利亚当地建筑主管部门也认识到,在当地的建筑市场,需要吸收借鉴一些国外的规范标准来进行必要的补充。因此规定,经该国公共行政部确认的一些国外技术条款可等同视为阿国现行规范,并已补充入阿尔及利亚建筑技术条例中。

4.2.3.2 法国标准(NF)

法国标准主要是由法国标准化协会(AFNOR)组织制定和发布。AFNOR 创立于1926 年,是法国政府承认和资助的公益性非营利机构,国际标准化组织的常人理事代表,欧洲标准化委员会的创始成员,是法国标准化的主管机构。负责法国标准的制定与发布,参与欧洲标准与国际标准的制定与推动。目前法国标准协会在全球 90 个国家和地区设有分支机构,为各业界提供全方位的服务。

由于曾是法国殖民地的历史原因,阿尔及利亚的各行业发展都受到法国相关行业的影响,建筑工程领域也不例外。因此法国标准对阿尔及利亚当地建筑工程所采用的标准规范体系有一定的影响力。不少当地建筑对材料或者施工工艺都要求采用法国标准来进行,甚至在阿尔及利亚建筑技术条例（DTR 和 NA）中有不少技术规范是直接沿用的法国 NF 标准。

4.2.3.3　美国标准（ASTM 和 ACI）和欧洲标准（EN）

由于欧洲标准和美国标准在国际工程领域的通用性，阿尔及利亚当地的一些建筑工程项目对部分材料设备以及施工工艺也采用了欧洲标准和美国标准。

4.2.3.4　中国国家标准（GB）

一方面由于中国建筑企业在阿尔及利亚市场占据较大的市场份额和建立的良好信誉，另一方面也由于阿尔及利亚本身建筑规范体系的不完善，中国国家标准（GB）中的相关建筑标准在阿尔及利亚地区的建筑工程项目，特别是在由我公司承建的很多项目中，也得到了较为广泛的应用，当地业主对中国标准的认同度也在逐步的上升中。

这一情况对我们推动中国标准的国际化，实行中国标准走出去的战略要求是十分有利的。只有在承建当地项目的实施过程中，有意识地推广中国建筑标准规范，进一步推动中国标准的认同范围，才能为我国企业在当地市场的发展奠定更为有利的基础。

但是也要看到由于中国标准与阿尔及利亚当地标准以及当地业主所熟悉的法国和欧洲标准存在着一定的差异性，给我们的建筑工程项目实施也造成了很大的困难，甚至在一些项目由于对当地技术标准的不熟悉和对标准差异考虑的不充分，造成了不必要的经济损失。

从以上两点来看，我们应该有必要对中国标准在阿尔及利亚建筑市场的应用状况进行调查研究，摸清楚究竟有哪些中国建筑标准规范可以在当地建筑市场得到应用，以及目前中国建筑标准规范在当地建筑市场的推广程度如何，另外也需要对中国标准和阿尔及利亚当地标准的差异性进行比较，以便于更好地推动中国标准在阿尔及利亚当地建筑市场的应用，更快地推动中国标准的国际化战略。

4.2.4　阿尔及利亚标准规范收集、整理与研究成果

4.2.4.1　第一阶段：规范收集整理工作

阿尔及利亚地区项目规范资料收集工作是进行研究的基础性工作，研究人员按照混凝土、地基、防水、砌筑、屋面、钢结构、装修等分项工程进行各地域常用的标准和规范分类，重点调研区域、地区的施工体系，了解其规范、试验等施工规范体系的状况、特点、内容。

4.2.4.2　第二阶段：制定阿尔及利亚规范与中国规范对比研究方案

本研究第二阶段针对阿尔及利亚建筑市场进行研究分析，重点掌握当地规范体系应用现状，按工程建设类别，根据阿尔及利亚建筑市场的特点，结合中国建筑规范，有针对性地对阿尔及利亚规范进行研究分析。在此研究过程中，课题组把握当地工程建设标准体系；对工程建设中涉及较多，应用较广的规范条款、标准做法等进行重点提炼，突出对照分析成果的实用性。

4.2.4.3　第三阶段：标准分析研究阶段成果

阿尔及利亚地区的规范体系是以本国建筑主管部门制定的标准（DTR 和 NA）为主，但由于自身建筑业发展的局限性，本国制定的标准（DTR 和 NA）难以涵盖建筑领域里设计、施工等各个方面。因此在本国标准（DTR 和 NA）的基础上，如有本国标准没有涉及，常常参照法国标准（NF）来实施。而且由于阿尔及利亚建筑行业发展的历史原因，其本国制定的标准（DTR 和 NA）也多参照法国标准（NF）。

考虑到阿尔及利亚地区规范的应用情况，课题研究者认为把阿尔及利亚本国标准

（DTR 和 NA）和法国标准（NF）作为一个标准体系，来与中国建筑标准体系进行应用情况的对比分析，对于本课题的研究显然更有现实意义。在今后的研究工作中，研究者将着力从规范体系特点、设计规范和施工规范等不同方面对这两个建筑标准体系的不同点进行对比。

以下一些对比内容为初步比较两个标准体系在设计、施工规范得出的不同点，以点概面地对阿尔及利亚标准（DTR 和 NA）、法国标准（NF）和中国标准进行比较分析。

1. 两个标准体系在设计规范上的对比

阿尔及利亚建筑标准（DTR 和 NA）在混凝土结构设计方面的规范主要有以下几个：DTR BC-2.2 Charges permanentes et charges d'exploitation（永久荷载和使用荷载）；DTR BC 2.41 Règles de conception et de calcul des structures en béton armé CBA 93（混凝土结构设计规范）；DTR C 2.47 Règlement neige et vent RNV 1999（风雪荷载规范）；DTR Règles Parasismique Algérienne RPA 99 Version 2003（抗震设计规范）等。

总体上来说，上述标准相对比较"简单"，一些条文不是很明确，同时又缺乏条文说明。

2. 混凝土

以混凝土结构设计中混凝土强度标准值为例，阿尔及利亚 CBA 93（混凝土结构设计规范）中规定的混凝土强度标准值同欧洲规范相同，其强度由圆柱体试块确定。在标准养护条件下，采用标准的试验方法得到的圆柱体试块抗压强度称为"圆柱体抗压强度特征值"。而我国的混凝土抗压强度采用立方体混凝土试块确定，用于设计的混凝土强度标准值采用棱柱体试块确定。

对于相同强度等级的混凝土，阿国规范规定的强度特征值比我国规范规定的强度特征值高。但应该注意的是，阿国规范规定的混凝土强度值是直接根据混凝土试块试验确定，表示的是混凝土试件的强度，尚没有考虑混凝土试件和构件的区别。而我国规范的抗压强度标准值由立方体抗压强度换算得到，已经用一个 0.88 的系数考虑到了混凝土试块和混凝土构件的差别。

在进行设计时，需要对混凝土强度标准值进行折减。我国规范中，混凝土强度设计值是将混凝土强度标准值除以混凝土材料分项系数得到的，分项系数取 1.4。阿国规范混凝土强度设计值同样采用了一系列系数，对强度标准值进行修正，这些系数考虑了不同的荷载工况、荷载长期效应及加载方式等的影响。对于通常情况下的混凝土构件，相当于除以 1.5 的折减系数。

对于混凝土材料的弹性模量，两国规范的取值比较接近。对于混凝土抗拉强度和抗折强度，两国规范采用的试验方法和实际设计值也都有所不同。

3. 钢筋

阿国规范和我国规范都是取具有 95％保证率的屈服强度作为钢筋的强度标准值。在承载能力极限状态计算时，我国钢筋强度设计值在标准值基础上除以 1.1 的钢筋材料分项系数。阿国规范钢筋强度设计值也是钢筋强度标准值除以钢筋材料分项系数，对于一般情况，材料分项系数取 1.15。

阿国钢筋的规格和强度等级与中国也有所不同，表 4-34 给出了两国常用钢筋的规格及对应的强度等级。

中国与阿尔及利亚常用钢筋规格及强度等级 表 4-34

规 范	种类（热轧钢筋）	直径 d（mm）	强度标准值或特征值 f_{yk}（N/mm²）
中国	HPB235	8～20	235
	HRB335	6～50	335
	HRB400	6～50	400
	RRB400	8～40	400
阿尔及利亚	E400	8～32	400
	E500	8～32	500

从表 4-34 可以看出，中国标准规定了 HPB235、HRB335、HRB400 和 RRB400 等四个级别的钢筋。阿国标准除了表 4-34 中所列 E400 和 E500 外，还有 E215 和 E240 两种低强度级别的钢筋。

需要在项目施工实践中注意的是，阿尔及利亚钢筋生产落后，主要依靠从意大利、乌克兰等国进口。因此市场上钢筋品种单一，通常只有 E500 强度等级的钢筋。

4. 设计荷载

对于设计荷载，阿尔及利亚荷载规范（DTR BC-2.2）和我国规范相同，按照时间，对作用在结构上的荷载分为永久作用、可变作用、偶然作用和地震作用几大类。

不同的是，阿国规范规定，建筑物上由人的活动所产生的竖向可变荷载称为"强加荷载"，并按自由可变作用分类。

（1）永久作用。对于框架结构中的轻质隔墙，阿尔及利亚荷载规范中规定按照楼面均布荷载来考虑，而我国则多折算为作用在结构上的线荷载来考虑。

（2）荷载分项系数。我国规范中规定，对于活荷载，荷载标准值乘以 1.4 的分项系数得到设计值，恒荷载乘以 1.2 的分项系数。阿国规范规定，活荷载乘以 1.5 的分项系数，恒荷载乘以 1.35 的分项系数。相对来说，阿国规范设计荷载较大。

（3）风荷载和雪荷载。两国均有相应的风雪荷载规范，但阿尔及利亚风雪荷载规范（DTR C 2.47）中对于普通混凝土结构，没有考虑雪荷载。

（4）地震作用。阿国抗震设计规范 RPA99 没有对抗震设防烈度进行分级，但对于不同的区域，给出了地震作用主要系数的取值。

5. 设计方法

我国设计规范和阿国设计规范对于结构设计采用的都是极限状态设计方法，包括承载能力极限状态和正常使用极限状态。在实用设计表达式上，我国和阿国规范都采用了多系数表达式。对于作用，都有作用标准值、作用分项系数和组合系数组成，用组合系数反映不同作用组合。对于抗力，采用材料强度标准值除以材料分项系数得到材料强度设计值。具体计算公式中，各项系数的含义和取值都有一些差别。

在具体的结构计算中，对于受扭、受剪构件等设计内容，两国设计规范都有一定差异。

6. 两个标准体系在施工规范中的对比

阿尔及利亚标准体系中关于混凝土施工的规范主要有《钢筋混凝土结构工程施工规范》（DTR E2.1Regles d'execution des travaux de contruction d'ouvrage en beton arme）。主要制定了混凝土材料和普通钢筋混凝土结构工程施工的一般规范，对混凝土工程所使用的模板、钢筋、混凝土材料、浇筑施工、检验以及混凝土工程允许的尺寸偏差和修整方法作出了一些指导性规定。

我国建筑标准体系中关于混凝土施工的规范主要是《混凝土结构工程施工质量验收规范》（GB 50204—2002），与阿国混凝土结构施工规范所涉及的内容类似，对混凝土结构施工中的模板、钢筋、混凝土材料、现浇施工以及验收作了具体规定。此外还对预应力混凝土结构、装配式混凝土结构的施工进行了相应规定。

以模板分项举例，对于混凝土结构施工中的拆摸时间，两国规范都作出了相关规定，但对拆摸时间的规定有不同的考虑角度。阿国《钢筋混凝土结构工程施工规范》DTR E2.1 主要从拆摸天数上作出规定，如规定 2～3 天可以拆除承受较少重量的壳、板和墙，6～8 天可以拆除板等承受本身重量的构件，12～15 天可以拆除挑梁或承重构件。而我国《混凝土结构工程施工质量验收规范》GB 50204—2002 主要是从构件混凝土强度方面对拆摸时间作出规定。如当构件混凝土强度达到设计混凝土抗压强度标准值的 50％时，可拆除跨度小于 2m 的板；当达到设计混凝土抗压强度标准值的 75％时，可以拆除跨度大于 2m、小于 8m 的板和跨度小于 8m 的梁、拱和壳；当达到设计混凝土抗压强度标准值 100％时才可拆除跨度大于 8m 的板、梁、拱和壳以及悬臂构件。

对于混凝土结构中钢筋安装位置允许偏差尺寸和检验方法，我国《混凝土结构工程施工质量验收规范》GB 50204—2002 中相关条款作了详细具体的规定。而在阿国《钢筋混凝土结构工程施工规范》DTR E2.1 中，对钢筋位置的要求是符合图纸设计的位置，并无具体允许偏差等量化的要求。

对于混凝土配合比的设计，阿国《钢筋混凝土结构工程施工规范》DTR E2.1 中有一些特殊的规定。它把建筑物根据层数和结构特点划分为五个级别，并规定施工前需依据建筑物等级划分的不同，分别确定混凝土的最低技术特性和成分比。而且混凝土相关的试验项目也依据建筑物等级的不同而有所区分。我国规定需按照《普通混凝土配合比设计规程》JGJ 55 的有关规定，按照混凝土等级、耐久性和工作性要求进行配合比设计。

关于混凝土浇筑后的养护时间，阿国《钢筋混凝土结构工程施工规范》DTR E2.1 规定养护应在混凝土凝固后就开始进行，对于正常条件下的养护应当持续一周，而干燥炎热条件下应持续至两周；我国《混凝土结构工程施工质量验收规范》GB 50204—2002 中规定需在混凝土浇筑完成 12h 内开始养护，对于普通硅酸盐水泥混凝土，养护时间不得少于 7d。对于掺有缓凝型外加剂或抗渗型混凝土，养护时间不得少于 14d。

7. 混凝土结构施工规范对比

（1）模板施工

① 模板等级

阿标中模板分为 4 个等级，按质量由低到高排列，分为：普通模板→精制模板→高级饰面模板→专用模板。

国标对模板并无具体分类要求，只是要求清水混凝土和装饰混凝土应使用达到设计要求的模板。

② 模板起拱

阿标中对模板起拱仅建议对于大跨度梁模板给予一定的凸度，根据拆模后的梁外观确定，并未规定具体数值；国标规定对跨度不小于 4m 的现浇钢筋混凝土梁、板，其模板应按设计要求起拱；当设计无具体要求时，起拱高度宜为跨度的 1/1000～3/1000。

③ 模板安装偏差要求

阿标中未规定预埋件和预留孔洞及现浇结构和预制构件模板安装的允许偏差，而国标中对此有严格规定，并明确了检验方法。

④ 模板拆除

阿标对一般混凝土模板拆除作了时限上的规定，在一般混凝土（无速凝剂和缓凝剂）的情况下：

——2～3 天，混凝土承受很少重量情况下，如薄壳、壁板、墙；

——6～8 天，零部件的模板，只承受本身的重量，如底板；

——12～15 天，对于挑梁或承重构件的模板和支架。

同时又对特殊性能结构物（如拱、挑梁、大跨度结构……）规定了要测量挠度；以及当结构物支有模板和适当支护装置时，可以显著缩短期限（这条与我国的早拆体系相对应）。

国标在底模及其支架拆除上作了混凝土强度规定见表 4-35。

底模拆除时的混凝土强度要求   表 4-35

构件类型	构件跨度（m）	达到设计的混凝土立方体抗压强度标准值的百分率（%）
板	≤2	≥50
	>2，≤8	≥70
	>8	≥100
梁、拱、壳	≤8	≥75
	>8	≥100
悬臂构件	—	≥100

（2）钢筋施工

① 钢筋加工

阿标规定除 Fe E215 和 Fe E240 钢种可热效应切断外，钢筋切断应采用机械；Fe E400 和 Fe E500 的硬钢钢筋弯折时，应当在常温下进行；

温度低于零度时，除软钢外禁止钢筋加工；

禁止反复弯折钢筋来调直钢筋；

国标规定钢筋调直宜采用机械方法，也可采用冷拉，并规定了各级钢筋的冷拉率，HPB235 不宜大于 4%，HRB335、HRB400 和 RRB400 级钢筋不宜大于 1%。

国标对钢筋加工提出了允许偏差，阿标未提出加工精度要求。

② 钢筋的连接方式

阿标对钢筋的连接方式有两种：绑扎和焊接，没有国内常用的机械连接。

③ 钢筋的安装和绑扎

阿标规定钢筋不得有片状老锈和起鳞皮，禁止使用钢制垫块，推荐使用塑料垫块，和中标基本一致。

阿标中仅规定钢筋的安装应符合图纸设计的位置，并无允许偏差的要求；中标对此要求较为细致，并提出检验的方法。

阿标中对钢筋绑扎仅要求钢筋相互间绑扎，并绑扎在固定于模板上的垫块上，浇筑混凝土时，不得发生偏移与明显的变形，无具体规定。中标对绑扎及焊接接头要求较为细致，具体条文详见 GB 50204—2002 条款 5.4 钢筋连接。

(3) 混凝土施工

阿标在混凝土等级是利用水泥用量划分，如 350kg 水泥混凝土，即规定每立方米施工用混凝土的水泥用量 350kg，阿国常见的混凝土等级为每立方米水泥用量在 250kg 和 350kg，对于一般钢筋混凝土浇筑，水泥用量一般为 350kg/m³，对于需要特殊防渗和特别密实的钢筋混凝土工程，以及预应力混凝土工程，水泥的用量在 400～500kg/m³.

国标考虑混凝土的耐久性对水胶比也有较为详细的规定，详见《GB 50010—2010 混凝土结构设计规范》条款 3.5.3。

4.3 美国地区标准研究阶段成果

4.3.1 美国建筑标准体系的组成

4.3.1.1 美国通用标准

美国建筑标准绝大部分由协会或标准组织制定，这些机构多属独立的非营利私有机构，不受任何机构和组织管理。这些机构不以赚钱为目的，如美国全国标准学会（ANSI）、全美供热、制热及空调工程师协会（ASHRAE）、美国材料测试协会（ASTM）美国燃气协会（AGA）、国家防火协会（NFPA）、美国森林及纸业协会（AF&PA）等。

这些私有机构的成员一般为政府机构、大学院校、研究机构、测试认证以及生产等方面的代表。在标准制定和审查方面，协会有比较严密的组织机构和工作程序，如美国材料测试协会（ASTM），有各技术委员会、各技术分委员会和协会标准委员会。标准制定审批后勤工作骤由起草标准的工作组提出草案，交相关分会审议，通过后提交相关委员会寓言，最后由协会标准委员会审查批准颁布为协会标准。协会分委员会和委员会人员组成的原则是各利益方代表的比例不超过总人数的 30%。

在美国主要有四个建筑法规：

《全国建筑规范》（National Building Code，简称 NBC），由建筑官员与规范管理人联合会（Building Officials and Code Administrators，简称 BOCA）颁发；

《标准建筑规范》（Standard Building Code，简称 SBC），由南方建筑规范国际委员会（Southern Building Code Congress International，简称 SBCCI）颁发；

《统一建筑法规》（Uniform Building Code，简称 UBC），由国际建筑官员委员会（International Conference of Building Officials，简称 ICBO）颁发；

《国际建筑规范》（International Building Code，简称 IBC），由国际规范委员会（International Code Council，简称 ICC）颁发。

美国各州通过法律分别选择这 4 本通用建筑规范中的一本作为该州具有法律效力的基本规范使用。到 2000 年，经美国各有关方面的协商，决定在美国全国统一用 IBC 规范来取代其他 3 本通用建筑规范，其余 3 本规范不再更新。目前，IBC（2009 版）是最新的美国通用规范。

4.3.1.2 各种协（学）会的标准制定

美国建筑标准大部分由独立的非营利性质的协会或者标准组织制定。标准的制定遵守开放、平衡和合法上述的原则。开放，就是让公众知道并积极地参与到标准的制定当中；平衡，指的是标准制定者的合理组成，各利益代表的比例力求均衡，通常，各协会人员的组成原则是各利益方代表的比例不超过总人数的30％；合法上述，指的是公众可以通过各种渠道对标准提出自己的意见。

由此出现的一个问题是，针对同一个领域，可能同时存在许多由各个协会制定的不同的标准，即各个协会之间会存在相互交叉、相互竞争的情况。此时，政府在标准制定体系中的作用就体现出来了。各种标准在政府的指导和调节下，通过在市场中的公平竞争和发展，实现合理的优胜劣汰。

美国标准体系的另一个特点是，美国的标准都由州政府颁布，作为本地的技术法规，且只对州政府和本州内的单位和个人投资的项目形成约束。而对于联邦政府投资的项目，无论在何地，都不受当地标准体系的限制，施行联邦标准。

在美国的标准体系中，还有一个很重要的组成部分，美国国家标准学会（American National Standards Institute）。它是由公司、政府和其他成员组成的自愿组织。它们协商与标准有关的活动，审议美国国家标准，并努力提高美国在国际标准化组织中的地位。美国国家标准学会是非赢利性质的民间标准化组织，是美国国家标准化活动的中心，许多美国标准化学协会的标准制修订都同它进行联合，ANSI批准标准成为美国国家标准，但它本身不制定标准，标准是由相应的标准化团体和技术团体及行业协会和自愿将标准送交给ANSI批准的组织来制定，同时ANSI起到了联邦政府和民间的标准系统之间的协调作用，指导全国标准化活动，遵循自愿公、公开性、透明性、协商一致性的原则，采用3种方式制定、审批ANSI标准（投票调查法、委员会法以及从专业协会标准中选拔）。

通过前面的讲述，可以知道，美国各行业的标准化协会可以说是整个标准制定体系的基石。这些协会根据市场需求，组织人员制定标准，供市场选择采纳，在这个过程中，实现资源的合理配置并不断推动标准水平向前发展。

常见的标准化协会有：美国混凝土协会（American Concrete Institute）、美国试验与材料协会（American Society for Testing and Materials）、美国钢结构协会（American Institute of Steel Construction）等。各个协会都有自己的标准制定方法和命名规则等，下面针对前一阶段工作中涉及最多的两个标准化协会进行简单介绍。

1. 美国混凝土协会 ACI

ACI成立于1904年，组织前身为全国水泥用户协会（NACU）。致力于有关混凝土和钢筋混凝土结构的设计、建造和保养技术的研究，传播有关领域的知识。ACI是一个拥有30000名会员和30多个国家的93个分会的技术和教育协会，制订了400多个有关混凝土的技术文件、报告、指南、规格和规范；每年召开150多个教育学术研讨会，有13个不同的混凝土专业人员认证计划，此外还有学术计划来促进工业发展。从1906年起制订标准；所有标准通过ANSI程序制订。

标准编号：ACI＋三位数字的委员会代号＋制订年份。ACI标准的分类是以其制订委员会三位数代号为分类号的。代号分配情况如下：100——研究与管理 200——混凝土材料与性能 300——设计施工规程 400——结构分析 500——特殊产品与工艺过程期刊。

2. 美国试验与材料协会 ASTM

ASTM成立于1898年，是世界上最早、最大的非盈利性标准制定组织之一，任务是制订材料、产品、系统和服务的特性和性能标准及促进有关知识的发展。ASTM前身是国际试验材料协会IATM，100多年以来，ASTM已经满足了100多个领域的标准制定需求，现有32000多名会员，分别来自于100多个国家的生产者、用户、最终消费者、政府和学术代表。

ASTM共有129个技术委员会，下共设有2004个分技术委员会，主要制定130多个专业领域的试验方法、规范、规程、指南、分类和术语标准，如钢铁制品、有色金属制品、金属试验方法和分析程序、建筑界、石油产品、润滑剂和矿物燃料、涂料、有关涂层芳香剂、纺织品、塑料、橡胶、电气绝缘和电子、水和环境技术、原子能、太阳能和地热能、医疗器械、通用方法和测试仪器、通用产品、化学特制品和最终产品等。目前ASTM已出版发布了10000多个标准。从这些数字可以看到，活动频繁，并且卓有成效。ASTM标准现分为15类（Section），各类所包含的卷数不同，标准分卷（Volume）出版，共有73卷，以ASTM标准年鉴形式出版发行。1999年的标准年鉴分类、各类卷数及标准数如下：

第一类　钢铁产品

第二类　有色金属

第三类　金属材料试验方法及分析程序

第四类　建设材料

第五类　石油产品、润滑剂及矿物燃料

第六类　油漆、相关涂料和芳香族化合物

第七类　纺织品及材料

第八类　塑料

第九类　橡胶

第十类　电气绝缘体和电子产品

第十一类　水和环境技术

第十二类　核能，太阳能

第十三类　医疗设备和服务

第十四类　仪器仪表及一般试验方法

第十五类　通用工业产品、特殊化学制品和消耗材料

ASTM标准分以下六种类型：

（1）标准试验方法（Standard Test Method）。它是为鉴定、检测和评估材料、产品、系统或服务的质量、特性及参数等指标而采用的规定程序。

（2）标准规范（Standard Specification）。它对材料、产品、系统，或项目提出技术要求并给出具体说明，同时还提出了满足技术要求而应采用的程序。

（3）标准惯例（Standard Practice）。它对一种或多种特定的操作或功能给予说明，但不产生测试结果的程序。

（4）标准术语（Standard Terminology）。它对名词进行描述或定义，符号、缩略语、首字缩写进行说明。

（5）标准指南（Standard Guide）。它对某一系列进行选择或对用法进行说明，但不介绍具体实施方法。

（6）标准分类（Classification）。它根据其来源、组成、性能或用途，对材料、产品、

系统，或特定服务进行区分和归类。

ASTM 总部没有技术研究和试验设备，这些工作由各地的 ASTM 成员自愿承担。由于 ASTM 标准质量高，适应性好，因此不仅被美国各工业界纷纷采用，而且被美国国防部和联邦政府各部门机构采用。

美国各协会既相互独立，又相互联系且职责上还有所区分。ANSI 不直接组织制定标准，而主要是定规则、定政策、搞技术论坛，帮助国家机构和私有机构以及美国与外国的合作，并对其他协会制定的标准进行认可。美国很多协会出版的标准都印有"本标准经 ANSI 认可"的字样。这样做的目的，一方面因为 ANSI 权威性高，得到它的认可，可提高标准的地位。另一方面，国际标准化组织 ISO 规定，所有美国标准要得到 ISO 的认可或备案，必须经 ANSI 的认可。因此，协会标准要走向世界，也需要得到 ANSI 的认可，但这种认可完全是自愿的，没有法律要求。在美国，一个协会的会员或董事可能同时是其他几个协会的会员或董事。在各个协会或组织之间，业务虽有相互交叉、相互竞争，但又相对独立与补充，从而形成一个在政府的指导和调节下进行公平竞争发展的社会环境。

协会制定的标准均在联邦登记册上刊登，即使修改中的标准也在此刊登，广泛征求意见。标准的制定遵守开放、平衡和合法上诉的原则。开放就是让公众知道，并积极参与标准的制定工作。平衡就是制定标准的参与者组成合理，各种利益代表的比例均衡。合法上诉就是公众有权通过各种渠道提出自己的意见。

4.3.1.3　美国性能标准（即以性能为基本的）的发展

在美国，有关建筑标准（包括建筑防火内容）有多个协会或组织制定，如 NFPA、ICBO、BOCA、SBCCI 等。根据美国宪法规定，各州有权根据本州情况立法及采纳任何协会的模式标准。目前，一些州采用 ICBO 的建筑标准，而另一些州则 BOCA 或 SBCCI 的建筑标准。由于各州采用的标准不同，给建筑设计者和其他有关建造者带来不便，因此，美国国际规范委员会（ICC）目前正与 ICBO、BOCA、SBCCI 等标准化组织合作，着手制定统一的建筑标准。

美国标准编制的趋势是从规格型逐步转向性能型，即改变目前标准的内容是告诉技术人员如何做，成为今后标准要告诉技术人员标准的最终要求（使用功能）是什么，至于如何实现功能，技术人员可以发挥自己的创造性。另外，美国的标准都是由州政府颁布，作为本州内的技术法规，只对州政府以及本州内的单位和个人投资项目具有约束力。对于联邦政府的项目。无论建以哪个州，都可以不受所在州的任何标准的限制。

4.3.2　美国地区建筑标准与中国标准现状对比研究

4.3.2.1　历史

人类制订有关建筑的法规已有长久的历史。中国先秦典籍《考工记·匠人》和西汉编纂的《礼记》，对城郭、宫室和祭祀建筑都从礼制方面提出了要求。国民革命时期，中国一些大城市内的租界，也公布有关建筑法规，如上海工部局出版的年鉴 CABC 载有建筑法规作为工程设计审查依据。20 世纪 50 年代，中国建筑工程部编订了《民用建筑设计通则》，并着手制定各类建筑设计规范。1984 年，城乡建设环境保护部成立了民用建筑设计标准审查委员会，专门组织民用建筑设计规范的编制和管理工作。

美国建筑标准绝大部分由各个协会或标准组织制定各相关专业范围内的标准。这些机构多属独立的非营利私有机构，不受任何机构和组织管理。如美国全国标准学会（AN-

SI）、全美供热、制热及空调工程师协会（ASHRAE）、美国材料测试协会（ASTM）美国燃气协会（AGA）、国家防火协会（NFPA）、美国森林及纸业协会（AF&PA）等。

中国目前制定的建筑规范、标准多属于"指令型"规范，即在各有关条款中作出明确、具体技术规定。而美国各协会制定的各行业标准多属"性能型"规范，即在规范中只对建筑物整体和各部分提出性能指标，而由设计人选择、确定符合性能指标的技术措施。

4.3.2.2 内容和体例

中美建筑法规的内容和体例没有太大的差别，一般分为行政实施部分和技术要求部分。行政实施部分规定建筑主管部门的职权，设计审查和施工、使用许可证的颁发，争议、上诉和仲裁等内容。技术要求部分主要包括：建筑物按用途和构造的分类分级；各类（级）建筑物的允许使用负荷、建筑面积、高度和层数的限制等；防火和疏散，有关建筑构造的要求；结构、材料、供暖、通风、照明、给水排水、消防、电梯、通信、动力等的基本要求（这些部分通常另有专业规范）；某些特殊和专门的规定等。

4.3.2.3 编制和监督

中国建筑规范、标准是由政府主管部门组织专家编制，由政府审查批准后公布；中国建筑设计规范由政府的专门机构制定公布后，由城市建设主管部门负责，设置专门人员按规范审查施工图，对不符合要求的设计责成设计人修改，然后颁发施工许可证。在建筑物的建造和使用过程中，主管部门按照建筑规范要求进行审查，主管部门权力以建筑设计规范规定的为限，不得对设计、施工或使用进行干预。设计、施工、使用者有权对主管部门的决定提出申诉，通过仲裁机关作出裁决。

而在美国，任何一个组织（包括协会、学会、制造商等），都可以编制自认为有市场需求的技术标准、指南及手册。美国标准学会（ANSI）或其他权威性机构通过一定的程序（公告、征询各方面意见修改）将某一标准认可为国家标准（仍为自愿采用的标准，这与我国的国家标准有本质区别）后，该标准才可能被采纳为某一方面或某一地区的标准。只有在联邦政府某些州、县、市被认定或在被认定的标准所引用时，才能在其行政管辖区内具有法律效力，而成为联邦政府或这些州、县、市政府的强制性标准（但一般除涉及人身安全、环境保护、建筑防火等方面的标准外，其他均为性能标准）。

美国政府机构不直接制定标准，但很多政府官员是各协会的会员，他们参与制定标准，提出意见，参加投票。如 NIST 是美国商务部下属的国家标准与技术研究机构，他们的成员很多参与各协会的工作，其研究成果为标准的研究制定和各领域的技术进步提供技术支持。NIST 官员在介绍情况时特别强调政府机构在标准化工作中的指导思想是努力提高企业的竞争力，这一观点值得借鉴。政府机构除采用协会标准外，还根据当地的情况，制定有关建筑监管条例，并监督实施。我们到过的盖城（Gaithersburg City，M A）市政厅有 50 多名标准官员主要负责市政建设，审批建筑规划和设计图纸，发放许可证等。并实地检查工程施工情况。

4.3.3 美国地区标准规范收集、整理与研究成果

4.3.3.1 第一阶段：规范收集整理工作

美国标准规范资料收集工作是进行研究的基础性工作，研究人员按照混凝土、地基、防水、砌筑、屋面、钢结构、装修等分项工程进行各地域常用的标准和规范分类，重点调研区域、地区的施工体系，了解其规范、试验等施工规范体系的状况、特点、内容。

4.3.3.2 第二阶段：制定美国规范与中国规范对比研究方案

针对美国建筑市场进行研究分析，重点掌握当地规范体系应用现状，按工程建设类别，根据美国建筑市场的特点，结合中国建筑规范，有针对性地对美国规范进行研究分析。在此研究过程中，重点把握当地工程建设标准体系；对工程建设中涉及较多，应用较广的规范条款、标准做法等进行重点提炼，突出对照分析成果的实用性。

4.3.3.3 第三阶段：标准分析研究阶段成果

1. Specifications 研究

在美国，实际的施工过程使用得最多的就是针对各个项目的 Project Specifications。它涵盖了项目实施过程中的各个专业的要求和操作指导，通常由业主方代表将它和 Construction Drawings 一并提供给承包方。

美国有一个专门研究 Specification 制定的组织——Construction Specification Institute。这个组织提供了组织 specification 的一种标准：Master format，它包括 50 个详细的分项（division），每一个 division 下又包含了若干 section，section 则由三个部分组成（general、products、execution）。其中包括了能够满足施工要求和其他相关活动的所有信息，通常一个项目的 Specification 只要根据这个标准添加内容就能够满足使用要求。与此同时，很多企业内部（如一些咨询公司）都会逐步形成最符合自己使用要求的 Specification 的标准格式和内容。作为承包方，就应该按照其要求进行操作。

Specification 包括了施工中对材料、施工工艺、装饰、设备、机械、电工等几乎所有方面的要求。它最终将与承包商在 Construction Drawings 的基础上深化得到的 Shop Drawings 一起，对施工形成指导和要求，严格意义上，二者不存在优先级别上的关系，而应该是相辅相成的一种联系。

对每一个规范条款的框架有了一定的认识，与此同时，一些规范条款的叙述规律也浮现出来。例如：ACI 惯用的一种叙述格式：three-part section format of the construction specification institute （general、products、execution）。

从大量的项目规范（Project Specifications）中萃取所参考的标准规范条目，经过整理的内容为如表 4-36 所列举内容。

主要选用的对比标准规范表 表 4-36

规范编号	名 称	中文翻译
ACI 315	Manual of Standard Practice for Detailing Reinforced Concrete Structure	钢筋混凝土详细设计标准施工手册
ACI318	Building Code Requirement for Reinforced Concrete	混凝土质量规定
CRSI	Manual of Standard Practice	混凝土质量规定
ACI 347	Recommended Practice for Concrete Form	模板承载力要求
ACI 304	Concrete Placement	混凝土浇注

2. 中美规范差异对比整理

课题组针对美国当地的规范和标准条款，结合国内的实际操作经验，得出与美国规范条款相对应的中国的规范列表，如表 4-37 所列举。

规范编号	名　称	中文翻译	规范编号	名　称
ACI 315	Manual of Standard Practice for Detailing Reinforced Concrete Structure	钢筋混凝土详细设计标准施工手册	GB/T 50476—2008	混凝土结构耐久性设计规范
			GB 50010—2002	混凝土结构设计规范
			JGJ 3—2002	高层建筑混凝土结构技术规程
			JGJ 3—2002	钢筋混凝土高层建筑结构设计与施工规程
			CECS 104：99	高强混凝土结构技术规程

3. 美标及国标标准对比研究内容框架

对美国和国内的规范在逐一查阅后，总结出其内容框架。在查找这些国内规范的过程中，也对两国的标准规范体系加深了相应的认识。

美标及国标部分如表 4-38 所举例。

部分美标和国标的内容框架　　　　　　　　表 4-38

规范编号	名　称	主要内容
ACI 309	Consolidate placed concrete	1. 合理的混凝土固结的重要性； 2. 混凝土成分配合比的影响； 3. 固结的方法； 4. 振捣的过程和使用的设备； 5. 对模板的要求； 6. 针对各种混凝土类型的对材料和方法等的具体要求
GB/T 50476—2008	混凝土结构耐久性设计规范	1. 混凝土结构耐久性设计的基本原则； 2. 环境作用类别与等级的划分； 3. 设计使用年限； 4. 混凝土材料的基本要求； 5. 有关的结构构造措施； 6. 在一般环境、冻融环境、氯化物环境、和化学腐蚀环境下的耐久性设计方法

4.4　专业工程类标准研究

除了按照四个重点区域的划分进行标准国际化的研究外，结合工程的施工特点和实际情况，对于工程经常涉及的专业内容，如：钢结构、模板、脚手架、测量等，组成专业研究小组，进行较为深入的研究。对比中国标准和专业工程常用的国外标准，从材料、安装、验算、拆除等多个角度详细的进行研究。

4.4.1　钢结构工程

钢结构工程主要对比中国标准规范和海外项目常用的美国标准规范之间的差异，研究内容共分为六大部分。

4.4.1.1　中美欧钢结构材质规范对比研究

本部分主要从中美欧材质的化学成分、力学性能（屈服强度、抗拉强度、断后伸长率、冲击韧性等方面）及材质替换方面进行对比研究。

例如化学成分对比如表 4-39 所示。

例如屈服强度对比如表 4-40 所示。

表 4-39

Q235、S275JR、ASTM A36/A36M 钢材化学成分的对比表

序号	化学成分[a] (max)	Q235 (GB/T 700—2006)				S275JR (BSEN10025—2005) 有冲击要求扁平与长材 产品公称厚度 (mm)			ASTM A36/A36M									
		A	B	C	D	≤16	16~40	>40[e]	型钢[i] 全部	钢板 (mm)[k] ≤20	20~40	40~65	65~100	>100	钢棒 (mm) ≤20	20~40	40~100	>100
1	C, %	0.22	0.20[b]	0.17	0.17	0.21	0.21	0.22	0.26	0.25	0.25	0.26	0.27	0.29	0.26	0.27	0.28	0.29
2	Si, %	0.35	0.35	0.35	0.35	0.40	0.40	0.40	0.40	0.15~0.40	0.15~0.40	0.15~0.40	0.15~0.40	0.15~0.40	0.40	0.40	0.40	0.40
3	Mn, %	1.40	1.40	1.40	1.40	1.50	1.50	1.50	—			0.80~1.20	0.85~1.20	0.85~1.20	0.60~0.90	0.60~0.90	0.60~0.90	0.60~0.90
4	P, %	0.045	0.040	0.040	0.035	0.035[f]	0.035[f]	0.035[f]	0.04	0.04	0.04	0.04	0.04	0.04	0.04	0.04	0.04	0.04
5	S, %	0.050	0.045	0.040	0.035	0.035[f,g]	0.035[f,g]	0.035[f,g]	0.05	0.05	0.05	0.05	0.05	0.05	0.05	0.05	0.05	0.05
6	Cu, %	0.30[c]	0.30[c]	0.30[c]	0.30[c]	0.55[h]	0.55[h]	0.55[h]	≥0.2[j]	≥0.2[j]	≥0.2[j]	≥0.2[j]	≥0.2[j]	≥0.2[j]	≥0.2[j]	≥0.2[j]	≥0.2[j]	≥0.2[j]
7	Ni, %	0.30	0.30	0.30	0.30	—	—	—	—	—	—	—	—	—	—	—	—	—
8	Cr, %	0.30	0.30	0.30	0.30	—	—	—	—	—	—	—	—	—	—	—	—	—
9	Als, %	≥0.015[d]	≥0.015[d]	≥0.015[d]	≥0.015[d]	—	—	—	—	—	—	—	—	—	—	—	—	—

a — 钢材的化学成分按照熔炼分析确定，其为质量分数。表格中相关化学成分的含量除指明范围及有明确要求外，其余均为最大值。
b — 经需方同意，Q235B的碳含量可不大于0.22%。
c — 经需方同意，A级钢的铜含量可不大于0.35%。此时，供应方应做铜含量的分析，并在质量证明书中注明其含量。
d — 当采用铝脱氧时，钢中酸溶铝含量应不小于0.015%，或全铝含量应不小于0.020%。GB/T 700—2006。
e — 对于公称厚度>100mm的型钢，C含量见规范中任选项26。
f — 对于长材产品，P和S的含量可高出0.005%。
g — 对于长材产品，当改进硫结构对钢进行处理且化学成分显示最小0.002%Ca时，为改进机械加工性能，S最大含量可增加0.015%见规范任选项27。
h — Cu含量在0.40%以上时可引起热成形期间的热脆性。
i — 型钢翼缘板厚度大于75mm时，Mn含量为0.85%~1.35%，Si含量为0.15%~0.40%。
j — 如指定为加铜钢，则铜最低含量0.2%。
k — 较比规范中规定的最大碳含量，每减少0.01%，允许最大Mn含量增加0.06%，最大不超过1.35%。

Q345、S355JR、ASTM A572/A572M 钢材屈服强度对比表

表 4-40

Q345[a,b]	板厚 (mm)	Q345[b] 屈服强度 R_{eH} (N/mm²)/钢板厚度 (mm) (GB/T 1591—2008)								
		≤16	>16~40	>40~63	>63~80	>80~100	>100~150	>150~200	>200~250	>250~400
	f_y (N/mm²)	≥345	≥335	≥325	≥315	≥305	≥285	≥275	≥265	≥265[c]

a—Q345 钢材质量等级包括 A、B、C、D、E 级。

b—当屈服不明显时，可测量 $R_{F0.2}$ 代替下屈服强度。

c—A、B、C 级屈服强度不用考虑，D、E 级的屈服强度为 265 (N/mm²)。

S355JR	板厚 (mm)	S355JR 屈服强度[a] (MPa)[b]/公称厚度 (mm) (EN 10025—2005)								
		≤16	>16~40	>40~63	>63~80	>80~100	>100~150	>150~200	>200~250[c]	>250~400[c]
	f_y (N/mm²)	355	345	335	325	315	295	285	275	—

a—关于宽度≥600mm 钢板、带钢和宽扁材，适用于横向。关于其他产品，这些值适用于纵向。

b—1MPa=1N/mm²。

c—这些值适用于对不扁平材产品。

ASTM A572/A572M	板厚 (mm)	ASTM A36/A36M 屈服强度 R_{eH} (N/mm²)/钢板厚度 (mm)								
		≤100	—	—	—	—	—	—	—	—
Gr50 [345]	f_y (N/mm²)	≥345	—	—	—	—	—	—	—	—

4.4.1.2 中美型钢规范对比研究

本部分主要针对中美热轧与冷弯型钢，从型钢截面的规格、截面尺寸及垂直度的允许偏差方面来进行对比，例如中美热轧工字钢与槽钢允许偏差的对比如表4-41所示。

中美热轧工字钢与槽钢垂直度允许偏差对比表 　　　　表 4-41

美标热轧 S、M 型工字钢与 C、MC 型槽钢垂直度			中国热轧工字钢与槽钢垂直度			
变量	公称尺寸A（mm）	允许值（mm）	变量	型钢分类	每米弯曲度（mm）	总弯曲度（mm）
弯曲度	＜75	4×总长度的米数	弯曲度	工字钢	≤2mm	≤总长度的 0.20%
	≥75	2×总长度的米数		槽钢	≤3mm	≤总长度的 0.30%
镰刀弯	全部	由于这些型钢挠度的极限偏差，对于各种型钢的镰刀弯允许偏差由供需双方协商	适用范围	适用于上下、左右大弯曲		

4.4.1.3 中美钢结构焊接规范对比研究

由于中美钢结构焊接内容很多，故本课题中只对中国 JGJ 81—2002《建筑钢结构焊接技术规程》与美国 AWS D1.1/D1.1M：2008《钢结构焊接规范》从内容上进行宏观比较。

1. 中美焊接规范内容说明

AWS D1.1/D1.1M：2008 与 JGJ 81—2002 主要技术内容接近，结构及章节的安排有差异。美国 AWS D1.1/D1.1M：2008 内容分为 8 个部分，见表 4-42 美国 AWS D1.1/D1.1M：2008 主要内容概述；JGJ 81—2002《建筑钢结构焊接技术规程》的主要内容分为 9 个部分，见表 4-43 中国 JGJ 81—2002《建筑钢结构焊接技术规程》主要内容。

AWS D1.1/D1.1M：2008《钢结构焊接规范》主要内容 　　　　表 4-42

序号	技术内容	概述或说明
1	总则	规范适用范围和限度的基本资料，关键性定义和钢结构制作有关各方的主要责任
2	焊接连接设计	有关管材、或非管材、构件制成品组成的焊接连接设计的要求
3	WPS 的免除评定	本规范 WPS 评定要求中免除 WPS（焊接工艺规程）评定的要求
4	评定	有关 WPS 评定试验以及按照本规范实行焊接的所有焊接人员（焊工、自动焊工和定位焊工）需要通过的评定试验
5	制作	由本规范管辖、适用于焊接钢结构的一般制作和安装要求，这些要求包括：母材，焊接材料，焊接技术，焊接的细节，材料准备和装配，焊接修补，以及其他要求

序号	技术内容	概述或说明
6	检验	包括检验员资格评定和职责的准则、产品焊缝的认可准则，以及进行外观检查和NDT（无损检测）的标准工艺
7	螺栓焊	螺柱焊于结构钢的要求
8	现有结构的补强与加固	有关现有钢结构用焊接方法补强或加固的基本知识

中国 JGJ 81—2002《建筑钢结构焊接技术规程》主要内容　　　　表 4-43

序号	技术内容	概述或说明
1	总则	扩充了适用范围，明确了建筑钢结构板厚下限、类型和适用的焊接方法
2	基本规定	明确规定了建筑钢结构焊接施工难易程度区分原则、制作与安装单位资质要求、有关人员资格职责和质量保证体系等
3	材料	钢材、焊材的复验要求及钢板厚度方向性能要求等应符合国家标准
4	焊接节点构造	包括不同焊接方法、焊接坡口的形状和尺寸、管结构各种接头形式与坡口要求、防止板材产生层状撕裂的节点形式、构件制作与工地安装焊接节点形式、承受动载与抗震焊接节点形式以及组焊构件焊接节点的一般规定以及焊缝的计算厚度
5	焊接工艺评定	包括焊接工艺评定规则、试件试样的制备、试验与检验、焊接工艺评定的一般规定和重新进行焊接工艺评定的规定等内容
6	焊接工艺	包括焊接工艺的一般规定、各种焊接方法选配焊接材料示例、焊接预热、后热及焊后消除应力要求、防止层状撕裂和控制焊接变形的工艺措施
7	焊接质量检查	包括焊缝外观质量合格标准、不同形式焊缝外形尺寸允许偏差及无损检测要求、焊接检验批的划分规定、圆管 T、K、Y 节点的焊缝超声波探伤方法和缺陷分级标准以及箱形构件隔板电渣焊焊缝焊透宽度的超声渡检测方法
8	焊接补强与加固	包括编制钢结构补强及加固设计方案的前提；钢结构补强及加固的方法及影响因素等
9	焊工考试	包括焊工考试内容和分类

2. 中美焊接规范主要技术内容的对比（表 4-44）

中美钢结构焊接规范主要技术内容对照表　　　　表 4-44

序号	内容及要求	AWS D1.1/D1.1M：2008	JGJ 81—2002
A	总体要求	1. 总则	1. 总则及 2. 基本规定
B	材料	5. 制作	3. 材料
C	节点连接	2. 焊接连接设计	4. 焊接节点构造
D	免除工艺评定	3. WPS 的免除评定	没有此项规定
E	工艺评定	4. 评定	5. 焊接工艺评定
F	施工要求	5. 制作	6. 焊接工艺
G	质量检查	6. 检验	7. 焊接质量检查
H	螺栓焊接	螺柱焊	本规程没有，另见《圆柱头焊钉》（GB 10433）的规定
I	结构加固和补强	8. 现有结构的补强与修理	8. 焊接补强与加固
J	焊接修理	8. 现有结构的补强与修理	6. 焊接工艺
K	焊工考试	4. 评定	9. 焊工考试

3. 中美母材与焊材对比

AWS D1.1/D1.1M、2008 和 JGJ 81—2002 母材对比表　　　　　表 4-45

序号	对比名称	AWS D1.1/D1.1M：2008	JGJ 81—2002
1	母材	1. 合同文本必须指定所用母材的规格和类别 2. 当结构用到焊接时，无论何处都应尽可能采用列于表 3.1 或表 4.9 中认可的母材	1. 合同文本必须指定所用母材的规格和类别 2. 当结构用到焊接时，无论何处都应尽可能采用列于表 6.3.1-1 表 6.3.1-2、6.3.1-3 中认可的母材
2	引弧板	1. 当用于表 3.1 或表 4.9 所示的认可钢材焊接时，引弧板、引出板可为表 3.1 或表 4.9 中的任何钢材 2. 当用于按 4.7.3 要求评定了钢材的焊接时，引弧板、引出板可为：该种已评定的钢材，或列于表 3.1 或有 4.9 中的任何钢材	引弧板与引出板的材质要与被焊母材相同，坡口形式要与被焊焊缝相同，禁止使用其他材质的材料充当引弧板或引出板
3	衬垫	1. 当用于表 3.1 或表 4.9 所示的认可钢材的焊接时，衬垫可为表 3.1 或表 4.9 中的任何钢材 2. 当用于按 4.7.3 要求评定了的钢材的焊接时，衬垫可为：该种已评定的钢材，或列于表 3.1 或表 4.9 中的任何钢材 3. 符合 ASTMA109 T3 和和 T4 的要求	垫板的材质要与被焊母材相同，禁止使用其他材质的材料充当垫板
4	嵌条	使用的嵌条必须与母材相同	使用的嵌条必须与母材相同
备注		1. 表 3.1、表 4.9 见本规范中的相应表格内容； 2. 条款 4.7.3 见本规范中相应的条款内容	表 6.3.1-1、表 6.3.1-2、6.3.1-3 见本规范中相应的表格内容

AWS D1.1/D1.1M、2008 和 JGJ 81—2002 焊材对应表　　　　　表 4-46

序号	对比名称	AWS D1.1/D1.1 M：2008	JGJ 81—2002
1	药皮焊条手工电弧焊	药皮焊条手工电弧焊（SMAW）的焊条必须符合最新版 AWS A5.1/A5.1 M SMAW 用碳钢焊条技术条件或 AWS A5.5/A5.5M SMAW 用低合金钢焊条技术条件的要求	焊条应符合现行国家标准《碳钢焊条》（GB/T 5117）、《低合金钢焊条》（GB/T 5118）的规定
2	气保焊焊丝及埋弧焊焊丝与焊剂	1. GMAW/FCAW 焊条（丝）用于 GMAW 和 FCAW 的焊条（丝），适用时必须符合 5.3.4.1 或 5.3.4.2 的要求。 2. 用于钢材埋弧焊的裸焊丝和焊剂的组合必须符合最新版 AWSA5.17 埋弧焊用碳钢焊丝和焊剂技术条件或最新版 AWSA5.23 埋弧焊用低合金钢焊丝和焊剂技术条件。 3. GTAW：钨极必须符合 AWSA5.12 电弧焊接和切割用钨和钨合金电极的技术条件。填充金属：填充金属必须符合最新版的 AWSA5.18 或 AWS5.28 和 AWSA5.30 熔化填充丝的技术条件	1. 气保焊焊丝应符合现行国家标准《熔化焊用钢丝》（GB/T 14957）、《气体保护电弧焊用碳钢、低合金钢焊丝》（GB/T 8110）及《碳钢药芯焊丝》（GB/T 10045）、《低合金钢药芯焊丝》（GB/T 17493）的规定。 2. 埋弧焊用焊丝和焊剂应符合现行国家标准《埋弧焊用碳钢焊丝和焊剂》（GB/T 5293）、《低合金钢埋弧焊用焊剂》（GB/T 12470）的规定

4.4.1.4　中美钢结构用高强度螺栓连接规范对比

本部分主要从中美高强螺栓的性能等级、材料使用要求、连接副、施工及验收等方面来进行对比研究，主要对比内容如下：

1. 分类与性能对比（表 4-47）

中美高强螺栓的分类及性能对比表　　　　　　　　表 4-47

国家	规范	性能等级	螺栓类别	抗拉强度（MPa）	断后伸长 A%	断后收伸率 Z%
中国	GB 1231	8.8级	大六角头	830～1030	10	45
		10.9级		1040～1240	12	42
	GB 3633	10.9级	扭剪型	1040～1240	10	
美国	A 325	8.8S	大六角头	830（公称直径≤25.4mm）；725（25.4mm＜公称直径≤38.11mm）	14	35
	A 490	10.9S 或 10.93S		1034～1193	14	40
	F 1852	8.8S	扭剪型	830（公称直径≤25.4mm）；725（25.4mm＜公称直径≤38.11mm）	14	35
	F 2280	10.9S		1034～1193	14	40

2. 连接副等级匹配对比（表 4-48）

中美高强度螺栓连接副性能等级匹配对比表　　　　　　表 4-48

中国高强度螺栓连接副性能等级匹配			
类别	螺栓	螺母	垫圈
型式尺寸	按 GB/T 1228 规定	按 GB/T 1229 规定	按 GB/T 1230 规定
性能等级	10.9S	10H	35HRC～45HRC
	8.8S	8H	35HRC～45HRC

美国高强度螺栓连接副性能等级匹配				
ASTM 标准	螺栓类型	螺栓表面处理	ASTM 563 螺母	ASTM F436 垫圈类型及表面处理d
A325	1	光面（无镀层）	C、C3、D、DHc 和 DH3；光面	1；光面
		镀锌	DHc；镀锌与上润滑面	1；镀锌
	3	光面	C3 和 DH3；光面	3；光面
F1852	1	光面（无镀层）	C、C3、D、DHc 和 DH3；光面	1；光面b
		机械镀锌	DHc；机械镀梓与上润滑油	1；机械镀梓b
	3	光面	C3 和 DH3；光面	3；光面b
A490	1	光面	DHc 和 DH3；光面	1；光面
	3	光面	DH3；光面	3；光面
F2280	1	光面	DH 光面	1；光面
	3	光面	DHC 光面	3；光面

a　只有在第 6 部分要求用垫圈时才适用；

b　根据第 6 部分，螺母的所有情形下都有此要求；

c　许用 ASTM A194 2H 级螺母代替 ASTM A563 DH 级螺母；

d　表中所用的"镀锌"指的是根据 ASTM A153 的热浸镀锌或根据 ASTM B695 的机械镀锌。

3. 孔径及允许偏差对比（表4-49）。

中美高强度螺栓施工时螺栓孔径及其允许偏差 表4-49

国标螺栓孔径及允许偏差							
名称		直径及允许偏差（mm）					
螺栓	直径	12	16	20	22	24	27	30
	允许偏差	±0.43		±0.52			±0.82	
螺栓孔	直径	13.5	17.5	22	(24)	26	(30)	33
	允许偏差	+0.43 0		+0.52 0			+0.84 0	
圆度（最大直径与最小直径之差）		1.00			1.50			
中心线倾斜度		应不大于板厚3%，且单层不得大于2.0mm，多层迭组合不得大于3.0mm。						

美标螺栓孔径及允许偏差				
公称螺栓尺寸，d_b，(in)	公称螺栓孔尺寸^{a,b}，(in)			
	标准（直径）	特大型（直径）	短开槽（宽×长）	长开槽（宽×长）
1/2	9/16	5/8	9/16×11/16	9/16×11/4
5/8	11/16	13/16	11/16×7/8	11/16×19/16
3/4	13/16	15/16	13/16×1	13/16×17/8
7/8	15/16	11/16	15/16×11/8	15/16×23/16
1	11/16	11/4	11/16×15/16	11/16×21/2
≥11/8	db+1/16	db+5/16	(db+1/16)×(db+3/8)	(db+1/16)b×(2.5db)

a 表格中公称尺寸的上偏差，不超过1/32in，例外：开槽螺栓孔的宽度和槽的深度不得超过1/18in；

b 锥形孔由冲床加工自然产生，必须是准确匹配的冲床模具是合格的。

4. 施工空间对比（表4-50）

中美高强度螺栓可操作空间或拧紧螺栓所需的最小净距对比表 表4-50

国标高强度螺栓施工时可操作空间尺寸		
扳手种类	最小尺寸（mm）	
	a	b
手动定扭矩扳手	45	140+c
扭剪型电动扳手	65	530+c
大六角电动扳手	60	

美标高强度螺栓施工时拧紧螺栓所需要的最小紧距 A				
螺栓直径（mm）	螺帽高度（mm）	常用最小净空（mm）	拧紧螺栓所需最小净距（mm）	
			小型工具	大型工具
15.88	15.88	25.4	41.28	—
19.05	19.05	31.75	41.28	47.63
22.23	22.23	34.93	41.28	47.63
25.40	25.40	36.51		47.63
28.58	28.58	39.69		—
31.75	31.75	42.86		

4.4.1.5 中美钢结构安装规范对比研究

美标安装规范 AISC 303—5 相对于国标 GB 50205—2001 来说，综合性较强，在强调具体操作的同时更特别注重相关责任界定划分以及工序和协调等。本课题主要就现场安装要求方面对中美规范进行对比。包括地脚螺栓与支撑面的对比、钢柱安装精度对比、钢屋架、钢梁、桁架及受压杆件的对比。

1. 地脚螺栓

（1）国标地脚螺栓要求（表 4-51）

国标地脚螺栓及支承面安装允许偏差 表 4-51

项　目		允许偏差
支承面	标高	±3.0mm
	水平度	1/1000mm
地脚螺栓（锚栓）	螺栓中心偏移（单层）	5.0mm
	露出长度	0mm≤ΔL≤30mm
	螺纹长度	0mm≤ΔL≤30mm
	螺栓中心偏移（多高层）	2.0mm
预留孔	孔中心偏移	10.0mm

（2）美标地脚螺栓要求

地脚螺栓等埋件的安装必须与已经由业主设计代表批复完成埋件图纸相一致，其相对于图纸标注的位置偏差要求如下：

在一个螺栓组内地脚螺栓中心距离不得大于 3mm；

相邻两个螺栓组中心距离不得大于 6mm；

地脚螺栓顶标高不得大于 13mm；

在同一柱中心线的地脚螺栓组中心距离累计偏差不大于 6mm（每 2500m）且总计不大于 25mm；

螺栓组中心距离柱中心线偏差不大于 6mm；

支承面美标 AISC 303—5 第 7.6 条规定如下：

责任：如合同未明确指出为安装方责任则主要为业主责任，当人工不能直接就位时安装方有帮助业主利用机械进行粗步就位义务，但最终定位和固定责任为业主，制造商责任为对相应零部件进行清晰标识以便现场安装就位。

具体要求为：水平度不大于 3mm 且当底板规格大于 550mm×550mm 时，二次浇筑混凝土面积应该适当扩大以保证安装稳定性。

2. 钢柱安装精度

（1）国标钢柱安装精度（表 4-52、表 4-53）。

国标单层钢柱安装精度 表 4-52

项　目	允许偏差	图　例
柱脚底座中心线对定位轴线偏移	5.0mm	

项　目		允许偏差	图　例
柱基准点标高	有吊车梁的柱	$-5.0\sim+3.0$	基准点
	无吊车梁的柱	$-8.0\sim+5.0$	
弯曲矢高		$H/1200$ 且大于 15mm	
柱垂直度	单层柱 $\leqslant10\mathrm{m}$	$H/1000$	
	单层柱 $>10\mathrm{m}$	$H/1000$ 且不大于 25mm	
	柱全高 单节柱	$H/1000$ 且不大于 10mm	
	柱全高 多节柱	35mm	

国标多层及高层钢柱安装精度　　　　　　　　　　　　表 4-53

项　目	允许偏差（mm）	图　例
柱接头连接处错口	3.0	
同一层柱的备柱顶高度差	5.0	
同一根梁两端顶面的高差	$L/1000$ 且不大于 10.0	
主次梁高差	$\pm2.0\mathrm{mm}$	

（2）美标钢柱安装精度

美标钢柱安装依据美标规范 AISC 303—5 第 7.13 条款规定如下：

首先对检测内容及观测关键点线进行界定描述，陈述了检测关键控制点的一般要求：

除水平构件外其他构件作用点为实际运输段起止端中心点；

水平构件工作点为上翼缘或者上平面；

构件作用线以直线方式连接工作点；

需要对沉降量和温度变形等再设计和施工过程中给予充分考虑。

海运分节的单节柱的垂直度不大于1/500，测量以最近轴线为参照其他限制条件如下：

靠近电梯的单节柱在前20层范围内对于柱子中心线的位移累计偏差不大于25mm，超过20层后每层允许累计偏差可增加1mm，但总体累计误差不能超过50mm。

外围独立钢柱在前20层范围内对柱子中心线位移累计偏差不大于25mm，对建筑红线不大于50mm，高于20层以上对钢柱中心线每层累计偏差可增加2mm但不得大于50mm，对于建筑红线累计偏差不大于75mm。

建筑物宽度在90m以下时外围钢柱每层平行于建筑红线柱的中心线距离偏差不得大于38mm，宽度大于90m时每增加30m允许偏差增加13mm，但总误差不得大于75mm。

外围钢柱对于确定的平行于建筑红线的柱中心线的偏差在20层内不大于50mm，20层以上每层累积误差增加2mm，但是不得大于75mm

其他内容等见附件钢结构专项课题专项研究。

4.4.2 模板工程

模板工程的研究主要分为两个部分：设计计算和施工。现阶段模板工程的设计验算部分已经完成，施工部分的研究尚未开始。

设计计算部分共分十个方面进行中国规范和国外规范的对比。

4.4.2.1 成本与经济效益分析

介绍不同结构（竖向结构和水平结构）在施工时的投入产出效益比。国标中并未对此类数据作详细介绍，在模板协会的资料中介绍了一个投资效益公式，$(S+A)/(B-C)=K$，式中 S 为模板收入（包括混凝土部分分项工程模板费用，技术措施费），K 模板投资效益系数。A 综合技术经济效益，B 模板投资总额，C 模板剩余价值。当 $K>1$，投资效益好，$K<1$ 则投资不合理。但我们会发现一个问题，里面的各种费用和效益很难具体量化。为此，这个效益公式也很难准确判断模板的投资效益比。美标则采用不同结构的各种人工和材料投入比，来分析模板的经济效益。相比较来说，较为客观和直接。

4.4.2.2 模板设计总体规划

每个新开工程施工前必须认真规划模板施工的大体计划及可能面临的问题，从计划到施工，从材料采购到生产加工，从运输保养到废物处理等各个环节都需要完善而周到的前期计划。相比之下，在中国的规范中对施工前的各种问题及解决措施没有作为重点，且大部分规范没有这方面的内容，造成了很多中国承包商在海外施工时无从下手的被动局面。

4.4.2.3 模板主要材料

中国规范按照常用材料依次列举了如钢材、冷弯薄壁型钢、木材、铝合金型材、竹胶板及胶合板模板等主要模板材料。美标中排在第一位的是木材、胶合板、钢材、铝合金及玻璃塑料纤维等。

4.4.2.4 模板配件系统

模板配件系统包括：对拉螺栓、埋件系统（爬锥、预埋螺栓、埋件板等）、吊钩（环）。中国标准中并没有对埋件系统进行介绍。对拉螺栓也仅局限于锥形螺栓，通丝螺栓，及分段式止水螺栓。美标中则介绍了各种类型的螺栓，值得我们专业厂家借鉴。

4.4.2.5 模板支撑系统

综合整理了国内外比较常用的几种支撑系统：独立钢支撑系统、早拆支撑系统、斜撑系统、桁架支撑系统、碗扣架支撑系统、门式架支撑系统、钢管架支撑系统、塔架支撑等。

4.4.2.6 模板脱模剂

脱模剂在不同模架结构中，应用有所不同，详见表4-54。

脱膜剂应用 表4-54

编　号	模板面板类别	使用条件
1	木模板	宜用加表面活性剂的油类、油包水、化学类、油漆类石蜡乳类脱模剂
2	胶合板	可用水溶性、油漆类、油类及化学脱模剂
3	玻璃纤维板	宜用油水乳液和化学脱模剂，或使用以水为介质的聚合物类乳液
4	橡胶内衬	宜用石蜡乳、禁用油类脱模剂
5	钢模板	宜用加表面活性剂的油类、石蜡乳或溶剂石蜡和化学火星脱模剂，慎用水包油型乳液、若采用应加防锈剂

美标中将脱模剂分为几类：（1）净油、不渗水油类（通常是矿物油，机油等）；（2）添加表面活性剂的净油类；（3）铸造乳液、膏类；（4）水溶性乳液（水性脱模剂）；（5）化学脱模剂；（6）涂料、油漆类和表面涂料；（7）石蜡。

在国标中，胶合板类面板适合用水溶性脱模剂，而在美标中，水溶性脱模剂因很容易在表面产生黑色污迹，不建议使用。

4.4.2.7 模板荷载及取值

模板荷载通常分为固定荷载和可变荷载；固定荷载包括模板自重、钢筋自重、新浇筑混凝土的重量。可变荷载包括工人自重、设备自重、材料堆放重量、道路及通道压力、冲击荷载等。美标中将模板荷载设计值规定如表4-55所示。

美标中模板荷载设计值 表4-55

Formwork designed loads	Not used motorized carts	used motorized carts
Live load	$\geqslant 50\text{lb/ft}^2$	$\geqslant 75\text{lb/ft}^2$
Dead load plus live load	$\geqslant 100\text{lb/ft}^2$	$\geqslant 125\text{lb/ft}^2$

国标中将荷载分为标准值和设计值。计算强度和稳定性时用设计值，计算极限状态下的变形值（表4-56、表4-57）。

计算极限状态下的变形值 表4-56

永久载荷类别	分项系数
模板及支架自重标准值（G1K）	永久荷载的分项系数：
新浇混凝土自重标准值（G2K）	（1）当其效应对结构不利时，对由可变荷载效应控制的组合，应取 1.2；对由永久荷载效应控制的组合，应取1.35。
钢筋自重标准值（G3K）	（2）当其效应对结构有利时，一般情况取1。
新浇混凝土对模板的侧压力标准值（G4K）	（3）对结构的倾覆、滑移演算、应取0.9

分项系数 表4-57

可变载荷类别	分项系数
施工人员及施工设备标准值（Q1K）	可变荷载的分项系数： 一般情况下应取1.4； 对标准值大于4kN/m² 的活载应取1.3； 风荷载取1.4

对于模板荷载设计值，国标中做如下分类：

对比国标和美标，在固定荷载和可变荷载的取值范围大致相同，美标较简洁，其没有根据不同的荷载情况进行单独取值及规定系数，而是在综合各个荷载情况后给予一个设计最低值，在设计时只需按照最低值取值即可，从而在一定程度上简化了计算程序。

另美标中在可变荷载中考虑到了道路及通道压力给模架施工带来的影响。而中国规范没有类似数据。

4.4.2.8 现浇混凝土侧压力计算

国标中对侧压力的计算采用如下公式：

$$F = 0.22 r_c t_0 B_1 B_2 V^{\frac{1}{2}} \qquad \text{两者取其中较小值}$$
$$F = r_c H$$

F——最大测压力（kN/m^2）。

t_0——新浇筑混凝土初凝时间（h）。$t_0 = 200/(T+15)$，T 为混凝土温度。

B_1——外加剂影响校正系数。不掺加外加剂时取 1.0，掺加缓凝剂作用时的外加剂时取 1.2。

B_2——坍落度影响校正系数。坍落度小于 30mm，取 0.85；坍落度为 50~90mm 时，取 1.0；坍落度为 110~150mm 时，取 1.15；

V——混凝土的浇筑速度（m/h）。

美标中对侧压力计算分成两个版本：英尺磅版本和 SI 版本。

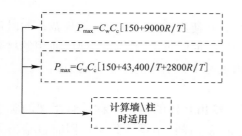

P_{max}：最大侧压力（lb/ft^2）；
R：混凝土浇筑速度（ft/h）；
T：混凝土入模温度（°F）；
C_w：混凝土比重系数；
C_c：化学系数

P=lateral pressure in psf, w is unit weight of the fresh concrete in pcf

英尺磅版本计算侧压力的两个公式，在应用时需要根据表 4-58 内容判定。

表 4-58

英尺磅版本侧压力计算公式的使用判定

$P_{max} = C_w C_c [150 + 9000R/T]$	浇筑高度小于 14ft；浇筑速度小于 7ft/h
$P_{max} = C_w C_c [150 + 43400/T + 2800R/T]$	浇筑高度大于 14ft；浇筑速度大于 7ft/h 但小于 15ft/h

SI 版本的计算侧压力，不作重点介绍。

4.4.2.9 模板设计及其演算

1. 竖向模板设计

竖向面板的选择和计算，主次龙骨的间距及跨度演算。穿墙螺栓的选择，支撑设计等。

2. 水平模板设计

水平模板面板的选择和计算，主次龙骨的间距及跨度演算，支撑设计及演算。

3. 基础模板设计

基础模板的几种常见类型：条形基础，伐板基础，独立基础，杯型独立基础，塔形独立基础等。

独立基础的设计步骤及考虑因素。

4.4.2.10 模板施工图设计

1. 模板施工图的几种类型：模板现场施工图，模板加工图，模板节点图，模板演示图。

2. 完美施工图应该具备的几大要素及要求。

3. 模板施工图的设计步骤。

4. 模板施工图设计注意事项。

4.4.3 脚手架工程

4.4.3.1 脚手架相关的中国标准

中国主要的脚手架规范分为《建筑施工扣件式钢管脚手架安全技术规范》JGJ 130—2001、《建筑施工门式钢管脚手架安全技术规范》JGJ 128—2010、《建筑施工碗口式钢管脚手架安全技术规范》JGJ 166—2008，结合国内脚手架规范，从脚手架的材料、设计、施工、使用等方面与国外脚手架进行对比。

欧洲标准主要以 EN 和 BS 为主，对比材料、生产、分类、设计等方面的差异。

4.4.3.2 立面脚手架的预制组件产品说明

1. 适用范围

国内脚手架规范主要是从设计、施工、验收和使用这几个方面进行规范，同时从材料上给予要求，欧洲规范从设计和评估上给予指导，同时也限定了脚手架所使用的材料仅限定为钢质和铝质材料，这点和国内不同，国内规范中脚手架的主要材质为钢质。

2. 组件定义

国内脚手架规范直接以具体的类型出现，给出具体的构件名称，脚手架的类型，构造方式如双排或者单排以及常见构造等。欧洲标准进行了系统分类，同时也给出了构件的基本名称，相比之下欧洲规范范围较宽，对构建主要是以指导性为主，这主要是由于欧洲脚手架制造程度较高，构件较为齐全。中国的扣件式钢管脚手架的构件就相对较少，虽然碗口式脚手架和门式脚手架范围中也给出具体的杆件，但没有从系统上指导构件的设计，使得构件扩展类型较少。

3. 欧洲标准脚手架的分类等级

欧洲标准的脚手架按照荷载等级、平台和支撑，系统宽度、净空、覆盖和垂直通道的形式进行分类，具体要求见表4-59，国内脚手架按照荷载分为两类（参见 JGJ 130—2001 的 4.2 条）。

分别是装修脚手架和结构脚手架，同时限定了施工均布活荷载标准值；同时对于平台的支撑、覆盖、净高也作了规定，"50m 以下的常用敞开式单双排脚手架当采用本规范第6.1.1 条规定的构造尺寸且符合本规范表 5.1.7 注、第 6 章构造规定时，其相应杆件可不再进行设计计算。但连墙件、立杆地基承载力等仍应根据实际荷载进行设计计算。"（参见 JGJ 130—2001 的 5.1.5 条、6.1.1 条、6.1.2 条）。

欧洲标准的脚手架按照荷载等级、平台和支撑   表 4-59

分类依据	分 类
荷载	2,3,4,5,6 按照 EN 12811-1：2003 的表3
平台和支撑	(D) 设计，(N) 不设计，但做冲击测试
系统宽度	SW06，SW09，SW12，SW15，SW18，SW21，SW24
净空	H1 和 H2，按照 EN 12811-1：2003 的表3
覆盖	(B) 有覆盖，(A) 没覆盖
垂直通道形式	(LA) 梯子，(ST) 楼梯，(LS) 两者都有

中国脚手架施工均布活荷载标准值   表 4-60

类 别	标准值（kN/m²）
装修脚手架	2
结构脚手架	3

4. 钢管材质和规格的差异

对于脚手架使用的杆件材料，欧洲标准采用的钢质和铝质两种杆件材质，国内规范主要采用钢质材料，这是材质的主要差异。另外就是材料的规格，欧洲标准钢管外径 48.3mm，厚度按照钢材等级 235N/mm² 和 335N/mm² 分为两个壁厚范围，英国常用的为 4.0mm 厚脚手架；国内脚手架用钢管外径也是 48.3mm，且钢材应符合 GB/T 700 的等级为 Q235A 的钢管（即钢材强度等级为 235N/mm²），现行标准 JGJ 130—2001 中的 3.1.2 条规定，壁厚为 3.5mm，重量不大于 25kg，根据 2011 年版的 JGJ 130—2011（于 2011 年 12 月 1 日实施）的规定，厚度为 3.6mm，重量为 25.8kg。可以看出，中英脚手架采用的钢管材料差异较大，特别是材料等级和壁厚，英国使用两个等级的钢管，而中国主要使用 Q235A 级的材料，近年来新型材料如铝合金管材，使用中应按照现场材料实际情况选择计算参数。铝合金钢管脚手架在国内属于新型材料，还没有专门规范，实际应用一般参照钢管的要求进行设计。钢管性能抗拉屈服强度 215N/mm²。检验根据厂家提供的出场检验报告，并对钢管的物理指标进行现场抽检。

5. 杆件的组成要求

欧洲脚手架的构件分类较为详细，并给出了厂家生产的常用组件。包括基本组件，临边防护组件、通道组件、辅助组件。基本组件主要包括组成脚手架的基本单元的构件，有底座，可调底座、水平框架、竖直框架、基本跨域单元（悬空单元）、连墙件、斜撑、地面抛撑等；还有系统防护组件，包括各种栏杆、挡脚板等；另外还有通道组件，包括单段楼梯、活动板门等。国内脚手架不同的类型有不同的构件，扣件式脚手架组件为钢管、直角扣件、旋转扣件、对接构件、底座等；碗扣架组件有立杆、横杆、斜杆、底座、碗扣等；门式架组件有门式单元、交叉斜撑、底座等，这三种脚手架均辅助组件较少，相比国外脚手架构件标准化程度不高。

6. 构造要求

欧洲脚手架的构造要在步距、立杆间分级较详细见表 4-62，净空范围为 1.75～ 1.9m，宽度从 SW06～SW24 等 7 种宽度类型，国内双排扣件式、门式、碗扣式脚手架立杆指导间距为 1.2～1.8m，宽度国内一般为 1.05～1.55m，这个与国外指定的范围不同，存在这些差异也与构造形式和杆件类型规格有关，国外的构件类型相比国内更加丰富，但两者也都有需满足各自的设计强度要求，欧洲的脚手架荷载等级分为6级，详见荷载分类表 4-61。国内脚手架等级主要分为 2 级，装修脚手架和结构脚手架，见表 4-60。

欧洲标准荷载分类

表 4-61

荷载类型	均布荷载 q_1（kN/m²）	集中荷载作用在 500mm×500mm F_1（kN）	集中荷载作用在 500mm×500mm F_1（kN）	局部区域均布荷载 q_2（kN/m²）	局部区域荷载因子 a_p
1	0.75	1.50	1.00	—	—
2	1.50	1.50	1.00	—	—
3	2.00	1.50	1.00	—	—
4	3.00	3.00	1.00	5.00	0.4
5	4.50	3.00	1.00	7.50	0.4
6	6.00	3.00	1.00	10.00	0.5

欧洲标准净空分类表

表 4-62

等级	顶部净空		
	作业区间距	作业区和连墙件	作业区最小水平肩高
H_1	$h_3 \geqslant 1.9\text{m}$	$1.75\text{m} \leqslant h_{1a} \leqslant 1.90\text{m}$ $1.75\text{m} \leqslant h_{1b} \leqslant 1.90\text{m}$	$h_2 \geqslant 1.60\text{m}$
H_2	$h_2 \geqslant 1.9\text{m}$	$h_{1a} \geqslant 1.9\text{m}$ $h_{1b} \geqslant 1.9\text{m}$	$h_2 \geqslant 1.75\text{m}$

7. 结构设计

1）基本要求

每个脚手架在设计，施工和维护中都要考虑确保其不会坍塌或者意外移动，以便其能够安全地使用。这在所有阶段都要考虑，包括施工和装修过程，直到脚手架最终拆除。脚手架构件应该进行设计，使得其能够安全地运输，施工，使用，维护，拆除以及储存。

2）外部作用

工作脚手架应有支撑或者基础以抵抗设计荷载和限制位移。在不同设计力（比如风力）的作用下需要检验脚手架结构整体和局部的侧向稳定性。中国规范一般是连墙件来实现这个外部作用。

3）荷载分类

荷载分为永久荷载、活荷载和意外荷载，其中意外荷载是指侧面护栏或者保护件要能承受 1.25kN 的点荷载（6.2.5.1 条），中国规范没有对这个有专门的规定；永久荷载和活荷载的划分基本与中国规范相似，另外这前面的三种类型的荷载都不包括人从高处坠落到平台或者侧面护栏上产生的冲击荷载（6.2.1 条）。

为了满足不同的工作条件需求，规范规定了六种荷载等级和七种脚手架宽度等级。工作荷载列于表 4-63。

工作区域内的工作荷载

表 4-63

Load class	Uniformly distributed load q_1 （kN/m^2）	Concentrated load on area 500mm×500mm F_1 （kN）	Concentrated load on area 200mm×200mm F_2 （kN）	Partial area load	
				q_2 （kN/m^2）	Partial area factor a_p^1
1	0.75^2	1.50	1.00	—	—
2	1.50	1.50	1.00	—	—
3	2.00	2.00	1.00	—	—
4	3.00	3.00	1.00	5.00	0.4
5	4.50	3.00	1.00	7.50	0.4
6	6.00	3.00	1.00	10.00	0.5

1 See 6.2.2.4
2 See 6.2.2.1

4）设计方法

采用极限状态概念设计，包括承载力极限状态和正常使用极限状态，同时这些设计方法还要满足刚性假定。中国规范的设计方法和欧洲规范相同也是采用极限状态概念设计。

承载力极限状态：

$E_d \leqslant R_d$　　　E_d 为内力或者弯矩，R_d 为抗力值。

正常使用极限状态：

$E_d \leqslant C_d$　　　E_d 为内力或者弯矩，C_d 为正常使用时，规范规定的抗力值。

4.4.4　测量工程

在国外工程施工中，工程测量多采用英国标准作为测量作业质量检查的依据。因此，本国际标准化课题工程测量部分主要针对中国标准（工程测量规范 GB 50026—2007）与英国标准（BS 5964-1—1990；ISO 4463-1—1989）进行对比研究，共分为场区平面控制网、建筑物施工平面控制网及建筑物细部放样验收标准三部分。

4.4.4.1　场区平面控制网验收标准

1. 英国标准（BS 5964-1—1990；ISO 4463-1—1989）

第一阶段：测量的距离与角度之间的关系及坐标调整后经过检查所发现的差异不得超过下列允许偏差：

For distances：$\pm 0.75\sqrt{L}$；with a minimum of 4mm

For angles：

in degrees：$\pm \dfrac{0.09}{\sqrt{L}} \left(\text{或} \pm \dfrac{5'24''}{\sqrt{L}}\right)$

in gon：$\pm \dfrac{0.1}{\sqrt{L}}$

or as offset：$\pm 1.5\sqrt{L}$mm

L 是基准点之间的距离（以米为单位）。

第二阶段：从已知的坐标所测得的距离、角度及随后观测的距离和角度之间所发现的差异，这些偏差不得超过下列允许偏差：

For distances：$\pm 1,5\sqrt{L}$；with a minimum of 8mm

For angles:

in degrees: $\pm\dfrac{0.09}{\sqrt{L}}$ （或$\pm\dfrac{5'24''}{\sqrt{L}}$）

in gon: $\pm\dfrac{0.1}{\sqrt{L}}$

2. 中国标准（工程测量规范 GB 50026—2007）

点位偏离直线应在 $180°\pm5''$ 以内，格网直角偏差应在 $90°\pm5''$ 以内，轴线交角的测角中误差不应大于 $2.5''$；

点位归化后，必须进行角度和边长的复测检查。角度偏差值，一级方格网不应大于 $90°\pm8''$，二级方格网不应大于 $90°\pm12''$，距离偏差值，一级方格网不应大于 $D/25000$，二级方格网不应大于 $D/15000$（D 为方格网的边长）。

4.4.4.2 建筑物施工平面控制网验收标准

1. 英国标准（BS 5964-1—1990，ISO 4463-1—1989）

第一阶段：规定或已计算的距离与满足要求的距离之间的差异不得超过下列允许偏差：

小于等于 7m 的距离：±4mm

大于 7m 的距离：$\pm1.5\sqrt{L}$mm

L 是以 m 为单位的距离。

一个规定或已计算的角度与满足要求的角度之间的差异不得超过下列允许偏差：

角度制：$\pm\dfrac{0.09}{\sqrt{L}}$（或$\pm\dfrac{5'24''}{\sqrt{L}}$）

百分度制：$\pm\dfrac{0.1}{\sqrt{L}}$

或者按照偏移量：$\pm1.5\sqrt{L}$mm

第二阶段：角度的测量与放样应该精确到 10mgon（$1'$）或者更高的精度，计算的距离与图纸上的距离以及规定的距离之间的差异不得超过下列允许偏差：

小于等于 4m 的距离：$\pm2K_1$mm

大于 4m 的距离：$\pm K_1\sqrt{L}$mm

或者按照偏移量：$\pm1.5\sqrt{L}$mm

K_1 常数详见表 4-64。

常数 K_1　　　　表 4-64

Example of application on site	K_1
Earthwork without any particular accuracy requirements, for example excavations, slopes	10
Earth work subject to normal accuracy requirements, for example road works, pipe trenches	5
In situ cast concrete structures, precast concrete structures, steel structures	1.5

2. 中国标准（工程测量规范 GB 50026—2007）

建筑物施工平面控制网技术要求详见表 4-65。

建筑物施工平面控制网的主要技术要求

表 4-65

等　级	边长相对中误差	测角中误差
一级	≤1/30000	$7''/\sqrt{n}$
二级	≤1/15000	$15''/\sqrt{n}$

4.4.4.3　建筑物细部放线验收标准

1. 英国标准（BS 5964-1-1990，ISO 4463-1-1989）

楼层轴线竖直投递的允许偏差为：

当高度小于 4m 时：$D_t = \pm 3mm$

当高度大于 4m 时：$D_t = \pm 1.5\sqrt{H}mm$

其中 H 指原点和转换点之间的垂直距离。

水准测量的允许偏差详见表 4-66。

水准测量的允许偏差

表 4-66

Measurement	Permitted deviation mm
between an official bench mark and a primary benchmark	±5
between any two primary benchmarks	±5
between a primary and a secondary benchmark	±5
between two adjacent secondary benchmarks—	
for differences in level up to 4m	±3
for differences in level larger than 4m, where H is the vertical distance in metres	$\pm 1.5\sqrt{H}$
between a secondary benchmark and a level of a position point the level of which has been set out from that secondary benchmark, where K_2 is a constant according to Table 3	$\pm K_2$
between two position points the level of which has been set out from the same secondary benchmark, where K_2 is a constant according to Table3	$\pm K_2$

Table 3

Example of application on site	K_2
Earthwork without any particular accuracy requirements, for example excavations and slopes	30
Earthwork subject to normal accuracy requirements, for example road works, pipe trenches	10
In situ cast concrete structures, precast concrete structures, steel structures	3

2. 中国标准（工程测量规范 GB 50026—2007）

建筑物细部放样的允许误差详见表 4-67。

建筑物细部放样的允许偏差

表 4-67

项　目	内　容		允许偏差（mm）
基础桩位放样	单排桩或群桩中的边桩		±10
	群桩		±20
各施工层上放线	外廓主轴线长度 L（m）	$L \leq 30$	±5
		$30 < L \leq 60$	±10
		$60 < L \leq 90$	±15
		$90 < L$	±20
	细部轴线		±2
	承重墙、梁、柱边线		±3
	非承重墙边线		±3
	门窗洞口线		±3

项　目	内　容		允许偏差（mm）
轴线竖向投测	每层		3
	总高 H（m）	$H\leqslant30$	5
		$30<H\leqslant60$	10
		$60<H\leqslant90$	15
		$90<H\leqslant120$	20
		$120<H\leqslant150$	25
		$150<H$	30
标高竖向传递	每层		±3
	总高 H（m）	$H\leqslant30$	±5
		$30<H\leqslant60$	±10
		$60<H\leqslant90$	±15
		$90<H\leqslant120$	±20
		$120<H\leqslant150$	±25
		$150<H$	±30

混凝土工程规范应用对比

　　混凝土，是以水泥作胶凝材料、水、细骨料、粗骨料，需要时掺入外加剂和矿物掺合料，按适当比例配合，经过均匀拌制、密实成型及养护硬化而成的人工石材。混凝土是土木工程中用途最广、用量最大的一种建筑材料，它的使用是伴随着水泥的发展。1824 年英国人 Joseph Aspdin 获得了波特兰水泥的专利。1867 年法国技师 Joseph Monier 取得了用格子状配筋制作桥面板的专利。1887 年德国的 Konen 提出了用混凝土承担压力和用钢筋承担拉力的设计方案。19 世纪末钢筋混凝土结构开始进入中国，至今钢筋混凝土结构在中国及世界范围内得到了广泛的应用。混凝土结构是在欧洲出现并且被发展，早期的混凝土标准都是欧洲人制定的，特别是英国，制定了许多关于混凝土结构的标注，随着混凝土在世界各国的广泛使用，各国都制定了混凝土结构相关的标准，标准数量庞大，从世界范围来看比较有影响力的混凝土规范主要有欧盟标准（或英标）、美国标准，他们的标准系统发展较为成熟，许多国家都有借鉴他们的标准来制定自己本国的标准，所以本篇对比主要以这两个地区标准为主与中国规范进行对比分析，并且考虑到公司阿尔及利亚市场的重要性，也对中阿法标准进行了简单分析，希望为更多中国公司海外项目的实施提供参考，其他国家和区域的规范可参照这些内容去理解和分析。

第5章 中英混凝土材料规范研究

5.1 材料的试验

5.1.1 英标规范（表5-1）

英标规范

表 5-1

规范编号	规范名称
BS 1881-5—1970	混凝土试验．第5部分：混凝土硬化（非强度）测试法，混凝土最原始表面的吸收性测试
BS 1881-112—1983	混凝土试验．第112部分：立方体试块的加速养护方法
BS 1881-113—1983	混凝土试验．第113部分：无细料混凝土立方体试块的制备和养护方法
BS 1881-119—1983	混凝土试验．第119部分：用部分弯曲断裂梁测定抗压强度的方法（与立方体方法等效）
BS 1881-121—1983	混凝土试验．第121部分：静态压缩弹性模量的测定方法
BS 1881-122—1983	混凝土试验．第122部分：吸水性的测定方法
BS 1881-124—1988	混凝土试验．第124部分：硬化混凝土的分析方法
BS 1881-125—1986	混凝土试验．第125部分：实验室新浇混凝土的搅拌和取样方法
BS 1881-127—1990	混凝土试验．第127部分：采用立方块比较试验法检定混凝土立方块压缩机的性能方法
BS 1881-128—1997	混凝土试验．第128部分：新搅拌混凝土分析方法
BS 1881-129—1992	混凝土试验．第129部分：部分压实半干新拌混凝土稠密度的测定方法
BS 1881-130—1996	混凝土试验．第130部分：混凝土试样固化温度对比方法
BS 1881-131—1998	混凝土试验．第131部分：混凝土试样水泥含量测试方法
BS 1881-201—1986	混凝土试验．第201部分：硬化混凝土的无损试验方法的应用指南
BS 1881-204—1988	混凝土试验．第204部分：电磁式保护层厚度计使用的推荐方法
BS 1881-206—1986	混凝土试验．第206部分：混凝土应力测定的推荐方法
BS 1881-207—1992	混凝土试验．第207部分：用接近面层试验法评定混凝土强度的推荐方法
BS 1881-208—1996	混凝土试验．第208部分：混凝土初期表面吸水性推荐测定方法
BS 1881-209—1990	混凝土试验．第209部分：动态弹性模量测定的推荐方法
BS EN 12350-1—2009	取样
BS EN 12390-1—2000	试件尺寸
BS EN 12390-2—2009	试件制作和养护
BS EN 12390-3—2009	试件抗压强度试验
BS EN 12390-4—2000	试验机
BS EN 12390-5—2009	弯曲强度试验
BS EN 12390-6—2000	劈裂强度试验
BS EN 13791 2007	现浇及预制混凝土抗压强度评价
BS 6089：2010	强度统计指南
BSEN 12620：2002	混凝土骨料

5.1.2 国标规范（表5-2）

国标规范 表5-2

规范编号	规范名称
GB/T 50080—2002	普通混凝土拌合物性能试验方法标准
GB/T 50081—2002	普通混凝土力学性能试验方法标准
GB/T 50082—2009	普通混凝土长期性和耐久性试验方法
GB/T 50107—2010	混凝土强度检验评定标准
GB 50152—2012	混凝土结构试验方法标准
GB 50164—2011	混凝土质量控制标准
GB 50010—2010	混凝土结构设计规范
GB 50476—2008	混凝土结构耐久性设计规范
JGJ/T 193—2009	混凝土耐久性检测评定标准
JGJ/T 15—2008	早期推定混凝土强度试验方法
GB/T 14684—2011	建设用砂
GB/T 14685—2011	建设用卵石、碎石
JGJ 52—2006	普通混凝土用砂、石质量及检验方法标准

5.2 骨料

5.2.1 骨料测试的规范（表5-3、表5-4）

5.2.1.1 英国标准

英国标准 表5-3

规范编号	规范名称
BS EN 12620：2002	混凝土骨料

5.2.1.2 中国标准

中国标准 表5-4

规范编号	规范名称
GB/T 14684—2011	建设用砂
GB/T 14685—2011	建设用卵石、碎石
JGJ 52—2006	普通混凝土用砂、石质量及检验方法标准

5.2.2 砂

砂按其产源可分天然砂、人工砂。由自然条件作用而形成的，粒径在5mm以下的岩石颗粒，称为天然砂。天然砂可为河砂、湖砂、海砂和山砂。人工砂又分机制砂、混合砂。人工砂为经除土处理的机制砂、混合砂的统称。机制砂是由机械破碎、筛分制成的，粒径小于4.75mm的岩石颗粒，但不包括软质岩、风化岩石的颗粒。混合砂是由机制砂和天然砂混合制成的砂。按砂的粒径可分为粗砂、中砂和细砂，目前是以细度模数来划分粗砂、中砂和细砂，习惯上仍用平均粒径来区分，见表5-5。

砂的分类（中国）　　　　　　　　　　表 5-5

粗细程度	细度模数 μ_i	平均粒径（mm）
粗砂	3.7～3.1	0.5 以上
中砂	3.0～2.3	0.35～0.5
细砂	2.2～1.6	0.25～0.35

5.2.2.1　颗粒级配

中、英规范对于砂的颗粒级配均采用筛分法，均采用方孔筛，方孔筛尺寸一样。

我国混凝土用砂按 0.630mm 筛孔的累计筛余量可分为三个级配区，砂的颗粒级配应处于表中的任何一个区域内。详见表 5-6。

砂颗粒级配区　　　　　　　　　　表 5-6

筛孔尺寸 （国标公称直径）	筛孔边长 （国标、英标）	国标 JGJ 52—2006；GB/T 14684—2011		
		Ⅰ 区	Ⅱ 区	Ⅲ 区
		累计筛余（%）		
10.00mm	9.50mm	0	0	0
5.00mm	4.75mm	10～0	10～0	10～0
2.50mm	2.36mm	35～5	25～0	15～0
1.25mm	1.18mm	65～35	50～10	25～0
0.63mm	600μm	85～71	70～41	40～16
0.315mm	300μm	95～80	92～70	85～55
0.16mm	150μm	100～90	100～90	100～90

注：我国采用累计筛余量，欧美采用过筛率；我国和美标筛的规格相同，我国采用筛孔的公称直径，欧美采用方孔筛筛孔边长。

我国配制混凝土时宜优先选用Ⅱ区砂。Ⅱ区宜用于强度等级 C30～C60 及有抗冻、抗渗或其他要求的混凝土；Ⅰ区宜用于强度等级大于 C60 的混凝土；Ⅲ区宜用于强度等级小于 C30 的混凝土和建筑砂浆。对于泵送混凝土用砂，宜选用中砂。

英标关于砂的级配和分类，详见欧盟标准 EN 933-1 和国际标准 ISO 565：1990 R 20，在英标 BS EN 12620 中对于砂石级配的详情见表 5-7。

骨料的级配要求（BS EN 12620）　　　　　　表 5-7

Aggregate	Size	Percentage passing by mass					Category
		2D	1,4D[a&b]	D[c]	d[b]	d/2[a&b]	G[d]
Coarse	$D/d \leqslant 2$ or $D \leqslant 11$，2mm	100	98 to 100	85 to 99	0 to 20	0 to 5	$G_C85/20$
		100	98 to 100	80 to 99	0 to 20	0 to 5	$G_C80/20$
	$D/d > 2$ and $D > 11$，2mm	100	98 to 100	90 to 99	0 to 15	0 to 5	$G_C90/15$
Fine	$D \leqslant 4mm$ and $d=0$	100	95 to 100	85 to 90	—	—	G_F85
Natural graded 0/8	$D = 8mm$ and $d=0$	100	98 to 100	90 to 99	—	—	$G_{NG}90$
All-in	$D \leqslant 45mm$ and $d=0$	100	98 to 100	90 to 99	—	—	G_A90
		100	98 to 100	85 to 99	—	—	G_A85

a　Where the sieves calcuated are not exact sieve numbers in the ISO 565：1990 R 20 series then the next nearest sieve size shall be adopted.

b　For gap garded concrete or other special uses additional requirements may be specified.

c　The percentage passing D may be greater than 99% by mass but in such cases the producer shall document and declare the typical grading including the sieves D，d，d/2 and sieves in the basic set plus set 1 or basic set plus set 2 intermediate between d and D. Sieves with a ratio less than 1，4 times the next lower sieve may be excluded.

d　Other aggregate product standards have different requirements for categories.

英标 BS EN 12620 是现行骨料标准，代替了 BS 882 标准。在英标中，将砂、石统一归类为骨料，仅是区分粗骨料（Coarse）和细骨料（Fine）。

5.2.2.2 砂的质量要求

1. 国标（表 5-8）

砂的质量要求（GB/T 14684—2011）   表 5-8

质　量	项　　目		质量指标
含泥量（按重量计%）	混凝土强度等级	≥C30	≤3.0
		<C30	≤5.0
泥块含量（按重量计%）		≥C30	≤1.0
		<C30	≤2.0
有害物质限量	云母含量（按重量计%）		≤2.0
	轻物质含量（按重量计%）		≤1.0
	硫化物及硫酸盐含量（折算成 SO_3 按重量计%）		≤1.0
	有机物含量（用比色法试验）		颜色不应深于标准色，如深于标准色，则应按水泥胶砂强度试验方法，进行强度对比试验，抗压强度比不应低于 0.95
坚固性	混凝土所处的环境条件	在严寒及寒冷地区室外使用并经常处于潮湿或干湿交替状态下的混凝土	循环后重量损失（%） ≤8
		其他条件下使用的混凝土	≤10

2. 英标

符合欧盟标准 EN 933—7。

由于英国为岛国，砂含有贝壳类物质，因此对贝壳类物质进行了限定，含量不大于 10%。

BS EN 12620 对于小粒径物质（63μm）的含量，不同类别的砂有不同的要求，详见表 5-9。

小粒径物质含量最大限额（BS EN 12620）   表 5-9

Aggregate	0.063mm sieve Percentage passing by mass	Category f
Coarse aggregate	≤1.5	$f_{1.5}$
	≤4	f_4
	>4	$f_{Declared}$
	No requirement	f_{NR}
Natual graded 0/8mm aggregate	≤3	f_3
	≤10	f_{10}
	≤16	f_{16}
	>16	$f_{Declared}$
	No requirement	f_{NR}

Aggregate	0.063mm sieve Percentage passing by mass	Category f
All-in aggregate	≤3	f_3
	≤11	f_{11}
	>11	f_{Declared}
	No requirement	f_{NR}
Fine aggregate	≤3	f_3
	≤10	f_{10}
	≤16	f_{16}
	≤22	f_{22}
	>22	f_{Declared}
	No requirement	f_{NR}

关于氯化物，欧盟标准 EN 1744-1：1998 第 7 条有详细规定。

关于可溶于酸的硫物质（我国称为硫化物及硫酸盐），详见欧盟标准 EN 1744-1：1998 第 12 条有关规定，并符合 BS EN 12620 表 5-10 规定。

可溶于酸的硫物质限定标准（BS EN 12620）   表 5-10

Aggregate	Acid soluble sulfate content Percentage by mass	Category AS
Aggregates other than aircooled blastfurnace slag	≤0.2	$AS_{0.2}$
	≤0.8	$AS_{0.8}$
	>0.8	AS_{Declared}
	No requirement	AS_{NR}
Air-cooled blastfurnace slag	≤1.0	$AS_{1.0}$
	>1.0	AS_{Declared}
	No requirement	AS_{NR}

关于硫的总含量，详见欧盟标准 EN 1744-1：1998 第 11 条有详细规定。BS EN 12620 规定，气冷高炉矿渣集料中硫的总含量不得超过 2%，其他集料中不得超过 1%。

其他规定，详见欧盟标准 EN 1744-1：1998 相关条款。

3. 实例（某国外工程）

以下是某国外工程关于细骨料（Fine aggregate）的质量要求（表 5-11）。

Use fine aggregate consisting of crushed gravel, crushed stone, or natural sand that is washed with water meeting the requirements of this Specification as necessary to comply with ASTM C 33 with the following additional requirements or modified acceptance criteria：

细骨料质量要求   表 5-11

Test Description	Standard	Limit
Clay Lumps and Fribble Particles	ASTM C 142	1.0%maximum
Material Finer than 75 micron	ASTM C 117	3.0%maximum
Organic Impurities	ASTM C 40	Lighter than Standard
Water Absorption	QCS	2.3%maximum
Chlorides as Cl	BS 812	0.06%maximum
Sulfates as SO_3	BS 812	0.40%maximum
Shell Content	QCS	3.0%maximum

5.2.3 粗骨料

普通混凝土所用的石子可分为碎石和卵石。由天然岩石或卵石经破碎、筛分而得的粒径大于 5mm 的岩石颗粒，称为碎石；由自然条件作用而形成的粒径大于 5mm 的岩石颗粒，称为卵石。

5.2.3.1 粗骨料的颗粒级配

1. 国标（表 5-12）

表 5-12

碎石或卵石的颗粒级配范围

级配情况	公称粒径（mm）	累计筛余按重量计（%）											
		筛孔尺寸（圈孔筛）（mm）											
		2.50	5.00	10.0	16.0	20.0	25.0	31.5	40.0	50.0	63.0	80.0	100
连续粒级	5～10	95～100	80～100	0～15	0								
	5～16	95～100	90～100	30～60	0～10	0							
	5～20	95～100	90～100	40～70		0～10	0						
	5～25	95～100	90～100		30～70		0～5	0					
	5～31.5	95～100	90～100	70～90		15～45		0～5	0				
	5～40		95～100	75～90		30～65			0～5	0			
单粒级	10～20		95～100	85～100		0～15	0						
	16～31.5		95～100		85～100			0～10	0				
	20～40			95～100		80～100			0～10	0			
	31.5～63					95～100		75～100	45～75		0～10	0	
	40～80					95～100			70～100		30～60	0～10	0

注：公称粒级的上限为粒级的最大粒径。

2. 英标

英标关于砂的级配和分类，详见欧盟标准 EN 933-1 和国际标准 ISO 565：1990 R 20，在英标 BS EN 12620 中对于砂石级配的详情见表 5-13。

		Percentage passing by mass					Category
Aggregate	Size	2D	1，4D[a&b]	D[c]	d[b]	d/2[a&b]	G[d]
Coarse	D/d≤2or D≤11，2mm	100 100	98 to 100 98 to 100	85 to 99 80 to 99	0 to 20 0 to 20	0 to 5 0 to 5	G$_C$85/20 G$_C$80/20
	D/d>2and D>11，2mm	100	98 to 100	90 to 99	0 to 15	0 to 5	G$_C$90/15
Fine	D≤4mm and d＝0	100	95 to 100	85 to 90	—	—	G$_F$85
Natural graded 0/8	D＝8mm and d＝0	100	98 to 100	90 to 99	—	—	G$_{NG}$90
All-in	D≤45mm and d＝0	100 100	98 to 100 98 to 100	90 to 99 85 to 99	— —	— —	G$_A$90 G$_A$85

骨料的级配要求（BS EN 12620）　　　表 5-13

a Where the sieves calculated are not exact sieve numbers in the ISO 565：1990 R 20 series then the next nearest sieve size shall be adopted.

b For gap garded concrete or other special uses additional requirements may be specified.

c The percentage passing D may be greater than 99% by mass but in such cases the producer shall document and declare the typical grading including the sieves D，d，d/2 and sieves in the basic set plus set 1 or basic set plus set 2 intermediate between d and D. Sieves with a ratio less than 1，4 times the next lower sieve may be excluded.

d Other aggregate product standards have different requirements for categories.

英标 BS EN 12620 是现行骨料标准，代替了 BS 882 标准。在英标中，将砂、石统一归类为骨料，仅是区分粗骨料（Coarse）和细骨料（Fine）。

5.2.3.2　粗骨料的质量要求

1. 国标

JGJ 52—2006 普通混凝土用砂、石质量及检验方法标准对于粗骨料，我国规范考虑了卵石和碎石的区别，对于粗骨料的级配则认为其符合规范要求，并指出若为单粒级则砂率应适当增大。这些规定过于笼统、广泛。事实上，砂率取值的大小还与粒形和级配有关。

粗骨料粒形和级配对砂率的影响最终可归结为一个性质：空隙率。无论是粒形，还是级配都是因为其对空隙率的影响而间接对砂率产生影响。把粗骨料的捣实重度与其表观密度相比较我们就可求得粗骨料的空隙率，从而绕开纷繁复杂的种种细节表征出粗骨料的性质对砂率的总的影响。ACI方法正是以简单易行的测捣实重度的试验取代了种种复杂而又无法囊括一切的表格和规定：对于粗骨料的各种粒形，好抑或不好的级配均能起到指导作用（表 5-14）。

石子的质量要求　　　表 5-14

质量项目			质量指标
针、片状颗粒含量，按重量计（%）	混凝土强度等级	≥C30	≤15
		<C30	≤25
含泥量按重量计（%）		≥C30	≤1.0
		<C30	≤2.0
泥块含量按重量计（%）		≥C30	≤0.5
		<C30	≤0.7

质量项目				质量指标
碎石压碎指标值（%）	混凝土强度等级	水成岩	C55～C40	≤10
			≤C35	≤16
		变质岩或深层的火成岩	C55～C40	≤12
			≤C35	≤20
		火成岩	C55～C40	≤13
			≤C35	≤30
卵石压碎指标值（%）	混凝土强度等级		C55～C40	≤12
			≤C35	≤16
坚固性	混凝土所处的环境条件	在严寒及寒冷地区室外使用，并经常处于潮湿或干湿交替状态下的混凝土	循环后重量损失（%）	≤8
		在其他条件下使用的混凝土		≤12
有害物质限量	硫化物及硫酸盐含量（折算成 SO_3 按重量计%）			≤1.0
	卵石中有机质含量（用比色法试验）			颜色应不深于标准色。如深于标准色，则应配制成混凝土进行强度对比试验，抗压强度比应不低于0.95

2. 英标

由于英国为岛国，砂含有贝壳类物质，因此对贝壳类物质进行了限定，含量不大于10%。

BS EN 12620 对于小粒径物质（63μm）的含量，不同类别的骨料有不同的要求，详见表5-15。

小粒径物质含量最大限额（BS EN 12620）　　　　表 5-15

Aggregate	0.063mm sieve Percentage passing by mass	Category f
Coarse aggregate	≤1,5	$f_{1,5}$
	≤4	f_4
	>4	$f_{Declared}$
	No requirement	f_{NR}
Natural graded 0/8mm aggregate	≤3	f_3
	≤10	f_{10}
	≤16	f_{16}
	>16	$f_{Declared}$
	No requirement	f_{NR}
All-in aggregate	≤3	f_3
	≤11	f_{11}
	>11	$f_{Declared}$
	No requirement	f_{NR}

Aggregate	0.063mm sieve Percentage passing by mass	Category f
Fine aggregate	≤3	f_3
	≤10	f_{10}
	≤16	f_{16}
	≤22	f_{22}
	>22	$f_{Declared}$
	No requirement	f_{NR}

英标关于粗骨料的化学物质要求同细骨料。

3. 实例

以下是某国外工程关于粗骨料（Coarse aggregate）的质量要求（表5-16）：

Use coarse aggregate consisting of crushed or uncrushed gravel or crushed stone that is selected, recrushed, finish screened and washed with water meeting the requirements of this Specification as necessary to comply with ASTM C 33 with the following additional requirements or modified acceptance criteria：

粗骨料质量要求   表 5-16

Test Description	Standard	Limit
Los Angeles Abrasion Loss (Grading A or B)	ASTM C 131	30%maximum
Clay Lumps and Friable Particles	ASTM C 142	1.0%maximum
Material Finer than 75 micron for natural or crushed gravel	ASTM C 117	1.0%maximum
Material Finer than 75 micron for crushed rock	QCS	1.0%maximum
Water Absorption	QCS	2.0%maximum
Chlorides as Cl	BS 812	0.03%maximum
Sulfates as SO_3	BS 812	0.4%maximum
Magnesium Sulfate Soundness Loss (5 cycles)	ASTM C 88	15%maximum
Flat and Elongated Particles	ASTM D 4791	≤15%at a 3 : 1 ratio
Shell Content	QCS	3.0%maximum

国标含泥量分为 0.5% 和 0.7% 两个等级，英标未规定。英标对于贝壳类物质的含量有规定，国标未规定。

在国际化工程中，很多工程根据工程特点、所在国国情等多方面原因，综合采用英标准的各条款，并进行适当修改，以适应工程的需要。

第6章 中英混凝土配合比设计规范研究

混凝土配合比是建设工程生产、施工的关键环节之一,对保证混凝土工程的质量和节约相关资源具有重要的意义。混凝土配合比设计是一个传统课题,它是指以适当比例的水泥、活性矿物掺合料、骨料、水和外加剂配合以获得合乎规范要求的混凝土。配合比设计不仅是要得到符合性能的混凝土,关键是要在尽可能低的成本下获得满足性能要求的混凝土。合理的混凝土配合比设计应该在符合相关规范给出的包括强度、耐久性、均匀性、和易性、渗透性和经济性等要求的前提下,确定各种成分的用量,获得最经济和适用的混凝土。因此配合比设计的过程是一个能使各种相抵触的作用相互得到平衡的技术。本章就中英两国现行混凝土配合比设计规范进行对比和分析,以便众多海外工程技术人员了解和掌握。

6.1 中英两国混凝土配合比设计规范概述

"配合比设计"主要是确定混凝土中各组成材料的用量,即每 m^3 混凝土各成分的质量,以单位 kg/m^3 表示。

我国长期沿用前苏联的水泥混凝土配合比设计方法,继承了保罗米(Bolomey)强度理论,混凝土的配合比设计主要依据《普通混凝土配合比设计规程》JGJ 55—2011 进行。

目前我国普通混凝土的定义是按干表观密度范围确定的,即干表现密度为 2000~2800kg/m^3 的抗渗混凝土、抗冻混凝土、高强混凝土、泵送混凝土和大体积混凝土等均属于普通混凝土范畴。在建筑工程行业,普通混凝土简称混凝土,是指水泥混凝土。所以,普通混凝土配合比设计适用范围非常广泛,除一些专业工程以及特殊构筑物的混凝土外,一般混凝土工程都可以采用。普通混凝土的配合比设计应根据原材料性能及对混凝土的技术要求经过计算、试配、调整三个阶段后确定。

关于混凝土配合比设计,英标中主要涉及 BS EN 206—1《Concrete. Part 1:Specification,performance,production and conformity》和 BS 8500《Complementary British Standard to BS EN 206—1》系列规范。BS EN 206—1 属框架标准,适用于欧洲范围,而对英国的具体要求则在 BS8500 中体现。英标中相关规范如图 6-1 所示。

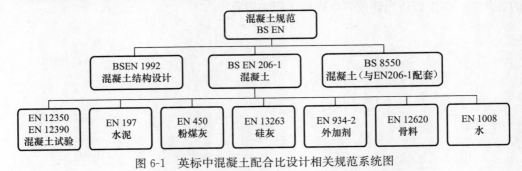

图 6-1 英标中混凝土配合比设计相关规范系统图

6.2 混凝土配合比设计程序

常用到的配合比设计方法是"计算——试配法"，其计算准则基于逐级填充原理，即水与胶材组成水泥浆，水泥浆填充砂的空隙组成砂浆，砂浆填充石子的空隙组成混凝土，设计原则基于"假定容重法"或"绝对体积法"。计算得到粗略配合比，再按照所确定的材料用量，制备混凝土试件标准养护到 28d 龄期，测试试件的有关性能；试件的性能若符合要求，即采用这组配合比；若不满足要求，进一步调整配合比。"绝对体积法"认为混凝土材料的 1m³ 体积等于水泥、砂、石和水四种材料的绝对体积和含空气体积之和，过程较繁，但适用范围广，理论较完整，有实用价值。"假定容重法"的原理基于绝对体积法，所不同的是不以各种原材料的比重为依据，而完全借助于混凝土拌合物经振捣密实后测定的湿重度为依据，其简便易行，但要有充分的经验数据，需测定大量的混凝土湿重度。这两种方法都是以经验为基础的半定量设计方法，主要以满足强度和工作性能为主，配合比设计相对简单，也比较成熟。

混凝土配合比设计一般步骤：

1. 明确混凝土的设计强度等级值 $f_{cu,k}$；

2. 计算确定混凝土配制强度 $f_{cu,0}$；

3. 确定所采用水泥的品种、强度等级值 $f_{ce,g}$；

4. 明确粗骨料品种、碎石或卵石的最大公称粒径；

5. 矿物掺合料种类、粉煤灰及炉渣级别和掺量百分比 β_f；

6. 计算确定混凝土水胶比 W/B，同时应满足规范最大水胶比要求；

7. 明确要配置混凝土的分类，如硬性混凝土提供维勃稠度，塑性混凝土提供坍落度，流动性混凝土提供外加剂减水率 β、掺量百分比 β_a 等；

8. 确定用水量 m_{w0}；

9. 计算确定每 m³ 混凝土中的胶凝材料用量 m_{b0}；

10. 计算确定每 m³ 混凝土中的外加剂用量 m_{a0}；

11. 计算确定每 m³ 混凝土中的矿物掺合料用量 m_{f0}；

12. 确定每 m³ 混凝土中的水泥用量 m_{c0}；

13. 根据试验或经验数据确定砂率 β_s；

14. 采用"假定容重法"计算较多，先假定每 m³ 混凝土拌合料的质量 m_{cp}；计算得出粗骨料用量 m_{g0}；细骨料用量 m_{c0}；从而进一步得到"计算配合比"；

15. 试配，宜调整外加剂用量和砂率，保持水胶比不变（用水量不变），得出"试配配合比"；

16. 根据三种不同水胶比（"试配水胶比"±0.05，且用水量不变），试配并试压 28d 强度；

17. 根据试验结果，调整后明确"确定的胶水比" B/W；

18. 明确"确定的外加剂用量" m_a 和用水量 m_w；

19. 明确"确定的胶凝材料用量" m_b；

20. 明确"确定的粗骨料和细骨料用量" m_g 和 m_s；

21. 对拟确定的混凝土配合比的氯离子含量、耐久性试验验证，合格后采用。

6.3 混凝土配置强度的确定

中、英混凝土配合比设计中，混凝土配制强度的确定方法如表 6-1 所示。JGJ 55 的强度保证率较高，而英标中可以根据工程的重要性、结构部位等参数调整强度保证率。

混凝土配制强度的确定方法对比　　　　　　　　　　　　　表 6-1

方　法	英　标	中国标准
配制强度确定方法	$f_{mc}28 \geqslant f_{ck} + K \cdot \delta$	$f_{cu,0} \geqslant f_{cu,k} + 1.645\sigma$
评价	适用于 15 个试验结果，K 值可以根据保证率调整	强度保证率 P 较高，为 95%

6.4 水胶比的确定

中、英混凝土配合比设计中，水胶比的确定方法如表 6-2 所示。英标中在确定水胶比时考虑的因素较多，对使用环境的划分更细致；JGJ 55—2011 参照 GB 50010 中的规定，相对较为粗糙。

混凝土水胶比的确定方法对比　　　　　　　　　　　　　表 6-2

方　法	英　标	中国标准
水胶比确定方法	由耐久性、渗透性、早期强度、抗折强度或抗拉强度等分别确定水胶比，选取最小值	由强度、混凝土结构类型及使用环境等确定水胶比，选取最小值
评价	欧洲规范对水胶比的确定更为细致，特别是耐久性，对使用环境的划分更具体	对使用环境的划分相对粗糙

6.5 用水量的确定

中、英混凝土配合比设计中，用水量的确定方法如表 6-3 所示。JGJ 55 使用的骨料为气干状态，而英标中使用骨料为饱和面干状态。由于骨料气干状态的含水率并不稳定，因而采用饱和面干状态骨料进行配合比设计能更准确地确定混凝土的用水量，使混凝土的浇筑质量更有保证。

混凝土用水量的确定方法对比　　　　　　　　　　　　　表 6-3

方　法	英　标	中国标准
用水量确定方法	由坍落度、骨料种类及最大粒径确定	由坍落度、骨料种类及最大粒径确定，见 JGJ 55—2011 中表 5.2.1-1 和 5.2.1-2 确定
评价	骨料为饱和面干状态，更准确地确定混凝土的用水量	骨料为气干状态

6.6 胶凝材料的确定

中、英混凝土配合比设计中，胶凝材料用量的确定方法如表 6-4 所示。英标和 JGJ

55—2011 考虑了耐久性对水泥用量的限值要求。

混凝土胶凝材料用量的确定方法对比　　　　　表 6-4

方　法	英　标	中国标准
水泥用量确定方法	由用水量和水胶比计算得出，同时应提出不同使用环境的最小水泥用量限值	
评价	考虑耐久性对水泥用量限值的要求	

6.7　砂率的确定

欧洲混凝土配合比设计中，没有砂率的概念，而是直接采用图像法或数值法搭配不同粒径的骨料，使骨料的颗粒级配达到最优。JGJ 55—2011 则提出了砂率概念。两者对比见表 6-5。

混凝土砂率的确定方法对比　　　　　表 6-5

方　法	英　标	中国标准
砂率确定方法	没有砂率的概念，采用图像法或数值法搭配不同粒径的骨料，使骨料的颗粒级配达到最优	主要取决于水胶比和骨料最大粒径，见 JGJ 55—2011 中表 5.4.2 确定
评价	把砂、石整体考虑，直接优化骨料级配	考虑了砂率，配合比设计中要找到最佳砂率

6.8　混凝土配合比的计算方法

英标混凝土配合比设计计算方法只采用体积法，而 JGJ 55—2011 同时采用体积法和质量法，在方法上更丰富。两国混凝土配合比计算方法基本一致（表 6-6）。由于英标中把砂、石整体看作骨料，配合比计算时相对更简单，但前期的砂、石骨料搭配结合也需计算。

混凝土配合比计算方法对比　　　　　表 6-6

方　法	英　标	中国标准
混凝土配合比计算方法	体积法	重量法、体积法
评价	配合比计算方法基本一致。由于英标中把砂、石整体看作骨料，配合比计算时相对更简单，但前期的砂、石骨料搭配结合也需计算	

6.9　混凝土配合比设计方法总体对比

混凝土随着材料科学的不断发展，其用途也越来越广泛，已到了跨行业、跨学科、互相渗透的非常广泛的领域。混凝土配合比设计牵涉多方面的内容：一要保证混凝土硬化后的强度和所要求的其他性能和耐久性；二要满足施工工艺易于操作而又不遗留隐患的工作性；三是在符合上述两项要求下选用合适的材料和计算各种材料用量；四是对上述设计的结果进行试配、调整，使之达到工程的要求；五是达到上述要求的同时，设法降低成本。

中英混凝土在配合比设计目的相同，都应注意以下几个问题：

1. 配合比设计前的准备工作应充分；

2. 区分数理统计及非数理统计方法评定混凝土强度的不同；

3. 生产配合比的调整及施工中的控制；

4. 在保证质量的前提下，应注重经济效益。

不同在于，英国乃至欧洲的混凝土配合比设计主要是基于数学模型，他们通过大量的试验，明确了很多原材料的性质及其对混凝土性能的影响，构建了混凝土性能（如流变性能、力学性能、弹性性能、化学性能、干缩性能、徐变性能、热学性能）及骨料颗粒粒径分布等众多数学模型。根据这些数学模型，按照简易配合比设计和复杂配合比设计的程序，可以设计满足不同性能要求的混凝土。国内的混凝土配合比设计（JGJ 55—2011）主要是基于室内试验，通过试验确定水胶比与强度、耐久性等之间的关系，确定用水量、砂率等参数，然后再进行试拌调试，调试后的混凝土仍然以试验检测其强度、抗渗性、耐久性等，最后再确定混凝土配合比。整个混凝土配合比设计都是以试验为基础，以性能试验调整和验证配合比。

传统混凝土配合比设计方法（如绝对体积法和假定容重法）是以强度为基础的半定量计算方法，不能全面满足现代混凝土的性能要求。与英国混凝土配合比设计相比，国内在这方面还有很多工作需要加强，特别是确定常用原材料的性质及其对混凝土性能的影响，建立混凝土相关性能的数学模型。如果我们的配合比设计能以数学模型为基础，就可以省去很多试验环节，节省时间和成本，并保证配制的混凝土能够满足设计要求。由于模型的普遍适用性，基于数学模型的全计算法不仅用于高性能混凝土的配比设计，而且还能用于流态混凝土、高强混凝土、泵送混凝土、自密实混凝土、商品混凝土以及防渗抗裂混凝土等现代混凝土的配合比设计。

第7章 英标关于混凝土搅拌与浇筑的规定

本章节主要是将英文规范《BS 8000Section2.1 1990》、《BS 8000 Section2.2 1990》、《BS EN 13670》与中国规范《混凝土结构工程施工规范》GB 50666—2011 和《建筑施工手册》进行了对比,基本涵盖混凝土施工过程中的主要内容。主要包含:混凝土施工准备、商品混凝土的使用、现场混凝土搅拌、混凝土运输、混凝土浇筑、混凝土养护以及季节性混凝土施工等内容的对比。

7.1 混凝土施工准备工作

7.1.1 BS EN 13670

1. 根据实施技术规程预先编制混凝土浇筑计划。

2. 施工前应进行预浇注并进行初次混凝土试验(试配),试验结果的证明文件应在混凝土施工实施前完成。

3. 所有准备工作需在混凝土浇筑前完成,应进行检查并有书面证明文件。

4. 根据实施技术规程的要求设置施工缝,施工缝应潮湿、无浮浆并清理干净。

5. 模板内应无碎石、冰、雪和滞留水。

6. 当混凝土直接浇筑在地面上时,需防止混凝土与底层土混合。

7. 在混凝土浇筑过程中,如有雨水或流水冲刷分离混凝土中的水泥和骨料的风险时,应制定相应的预防措施防止混凝土损害出现缺陷。

8. 在混凝土达到足够的强度可抵抗严寒不受冰冻影响前,浇筑区域的地表土、岩石或建筑物结构的自身温度不能使混凝土冻结。

9. 如果外界气温过低或是天气预报在混凝土浇筑和养护过程中气温过低,应制定预防措施防止混凝土冻坏。

10. 如果外界温度在浇筑和养护过程中过高,应制定预防措施防止防止混凝土损害出现缺陷。

7.1.2 BS 8000 Section2.2 1990

1. 建筑物定位

放出相关的定位标记,定位桩、线,以及水平标高,保证相关设备能适合现场环境并安全使用。

2. 气温记录

现场安装温度计,位置需设置在阴凉处不受日晒,并不受建筑物温度和阴影变化影响,持续记录以下信息:

a. 每日最高和最低气温;

b. 每日开始施工和施工完毕时的气温。

现场应持续进行温度记录并可进行检查。

对比分析：英标中主要包括混凝土浇筑计划、各项检查记录、建筑定位、现场模板和施工缝检查，冬雨季施工措施等作出了规定；中国标准《混凝土结构工程施工规范》中，主要对方案制定、隐检、技术交底、混凝土现场检查、模板和钢筋的检查等作出规定，《建筑施工手册》中，主要对方案制定、机具准备、水电材料准备、天气掌控、隐预检等作出了规定。

经对比，此部分英国规范与中国规范的差异不大，所涵盖内容基本相同。

7.2　商品混凝土

7.2.1　BS 8000 Section 2.1 1990

1. 根据技术规程要求检查混凝土运输小票以及相关证明文件，如有必要可立即通知供应商。检查要点如下：

　　a. 搅拌站的名称或编号；

　　b. 小票的编号；

　　c. 日期；

　　d. 罐车编号；

　　e. 买方单位名称；

　　f. 浇注地点的位置名称；

　　g. 混凝土等级或搅拌说明；

　　h. 规定的和易性；

　　i. 最小水泥用量，如规定；

　　j. 水泥类型及强度等级；

　　k. 高炉矿渣（GGBS）或粉煤灰（PFA）的限定比例，如规定；

　　l. 最大水灰比，如规定；

　　m. 骨料的最大粒径；

　　n. 添加剂的类型和名称，如包含；

　　o. 混凝土方量；

　　p. 装入罐车的时间或未及时装入而加水的时间；

　　q. 规范规定的其他事项。

注释：如无其他规定，混凝土温度最高不得高于30℃，最低不得低于5℃。

2. 应记录以下要点内容：

　　a. 罐车卸料完毕时间；

　　b. 在施工现场，混凝土浇筑部位；

　　c. 额外加入混凝土中的水，如必要。

如无指导，在卸料前加水量不得超过产生混凝土和易性的所规定水量。

对比分析：英国规范要求对商品混凝土进场浇筑前要详细核审小票，且需做详细记录；如有必要时，可加入适量的水。中国规范 GB 50666—2011 中第8.1.3条规定：混凝土输送、浇筑过程中严禁加水。

经对比，（1）英国规范中对小票的检查规定要比中国规范严格全面，并规定应进行详细记录；（2）中国规范不允许在输送、浇筑过程中加水；英国规范一般情况也不允许加水；但在必要时，允许在运输过程中适量加水，但不得超过产生混凝土和易性所规定的水量。

7.3 混凝土搅拌

7.3.1 材料搬运及储存

7.3.1.1　BS 8000 SECTION2.1 1990

1. 检查

根据技术说明，检查运输小票和证明文件；并检查标记、标签以及材料条件。如果不满意，应立即通知供应商。

重点检查以下内容：

a. 水泥型号是否正确、防雨防潮保护措施是否有效；如果是袋装，袋子是否受损。

b. 粗骨料和细骨料是否正确，或级配材料的尺寸和类型是否清晰。

2. 搬运和现场储存

（1）散装水泥

储存在适当的水泥筒仓等储存装置内，并确保：

a. 水泥储存装置的机械设备应根据规定按时清洁，并符合厂商的现场指导说明。

b. 每次运送后，空气过滤器是否清洁干净。

c. 入口管处的混凝土类型标识。

d. 不同类型的水泥应储存在不同的储存装置中。

（2）袋装水泥

a. 水泥应储存在干燥的、防风雨的、防霜的、封闭的棚屋中，或是建筑物的干燥的楼板上。如果楼板是混凝土的，应搭建木制平台储放水泥。

b. 堆放水泥应靠紧堆放，并远离墙体，堆放高度不可超过 8 袋水泥。

c. 堆放水泥时，应保证能按使用顺序运输水泥。

d. 当要取走储存的水泥时，应检查其衰变情况；不允许使用结块或是没有使用说明的水泥。

注：应着重注意，水泥应保持干燥，并远离空气，直至使用。空气中含有的湿气可导致水泥硬化，因此，应保持储存间的门窗关闭，以减少空气湿气进入。即使在很好的储存条件下，4～6周后水泥强度也会下降20%，因此必须检查库存。

（3）集料，确保：

a. 搬运不可导致不同粒径的成分颗粒分离；

b. 储存在坚硬、干净的、可天然排水的基础上；

c. 不可被树叶、垃圾、污垢或其他有害物质污染；

d. 在冰冻条件下，库存必须进行覆盖以防止骨料受冻；

e. 在热天光照时间延长时，库存需进行覆盖并时不时地用清洁的水进行泼洒，降低骨料的温度。

注：如果允许在材料运送后将湿骨料排水不少于 16h，允许在长时间下雨期间保持覆盖，这将对控制混凝土含水量非常有益。如果堆料的下部 300～600mm 的材料比其余的部分更潮湿，不使用这部分材

料也是非常有益的。

（4）水

使用市政水网供水，如不能使用，需寻求指导。使用前，应保护水不受污染。

（5）其他材料

储存所有材料时，如掺合料、颜料等，需让材料容易区分，不可使其混合或污染。

对比分析：英标对材料的储存方式方法描述比中国标准更为细致，管理较为规范，有些数据进行了量化管理，如：袋装水泥堆放高度不可超过 8 袋；湿集料排水宜不少于 16h；宜不使用潮湿堆料下部 300～600mm 的材料等。中国标准在储存和搬运的方面描述较少，更多注重材料批次的检测。

7.3.2 搅拌

7.3.2.1　BS 8000 SECTION2.1 1990

1. 按质量配料

a. 确定材料选择正确；

b. 按质量量取骨料和水泥，水按质量或体积量取；

c. 量取骨料质量时，允许骨料中含水；

d. 记录每一种拌合材料的数量。

注：1 升水重 1kg，作为指导，骨料中的水含量可以假定为：

沙子中：按重量为 6%～7%；

粗骨料中：按重量为 1.5%～2.5%；

骨料中总和为：按质量为 4%～5%。

如需更精确的含量，湿度应进行考虑。

2. 按体积配料

a. 确认材料选择正确；

b. 如有规定，按体积量取骨料；

c. 使用标准规格的盒子、桶或类似的标准容器，按比例配料时，必须根据要求满填到位。

3. 拌合指导书

提供清晰的书面指导书，说明所有拌合材料的用量，以及每批混凝土搅拌要求的拌合顺序。

注：对于拌合顺序，没有相关规定，但是每批应采用相同的顺序，否则混凝土的一致性将出现差异。一般来说，希望将粗骨料先放入料斗中，这样可以防止出现水泥和砂子在料斗表面结块。

4. 拌入不同类型的水泥

不可同时拌入不同类型的水泥，除非有技术规范要求。

5. 掺合料

a. 不可使用规范和技术规定要求以外的掺合料；

b. 量取、准备和与混凝土混合，应严格厂家的现场操作说明书。

6. 颜料

使用颜料时，应严格遵守厂家的现场使用说明书。确保颜料通过搅拌均匀地分布到混凝土中。

7. 搅拌方法

除非批准采用人工搅拌，应采用机械搅拌；人工搅拌只限于少量的混凝土搅拌。如人工搅拌获得批准，应在干净的平台板上进行骨料的搅拌，并在加水前获得必要的工作性能。

8. 搅拌机打底

允许在装入第一批料的时候，给搅拌机的料罐内部表面打底。

注：第一批材料水泥和砂子将贴附在料罐内表面和扇叶表面，如无补偿这批料将会过干；因此，允许在第一批料中减少粗骨料 50%。

9. 搅拌时间

a. 应给与充分的时间进行成分材料的搅拌，确保材料分布均匀。保证搅拌时间不少于厂家现场技术指导书给出的时间。

b. 在卸料前，检查每一批混凝土是否均匀一致；如果不是，继续搅拌直至均匀一致。

c. 在将每一批料全部卸倒完毕前，不能再进行装料。

注：转动式搅拌器通常要搅拌 1.5～2min，锅式搅拌器为 30～40s。

10. 工作性能

a. 保证混凝土的工作性能，可以很容易的流到模板的角和边内，并能包裹住钢筋而不出现离析和泌水汇集在混凝土表面的现象。

b. 可在搅拌时通过少量调整水含量，来控制混凝土工作性能的一致性。

11. 搅拌机和搅拌设备的保养、维护

a. 每 2 天检查一次搅拌设备，确保符合标准；

b. 不可超过厂商规定的额定功率和产量；

c. 当料斗是空的时候，调整重量指针读零；

d. 在所有刻度范围内用已知重量的砝码检测测量设备，并使其读数准确；

e. 每周检查一次搅拌罐的转速，并根据厂家说明书进行调准；

f. 在每天的工作完成后，需清理搅拌罐；当材料更换或是工作中断后，也需进行清理；

g. 保持设备清洁，不允许活动部件受到水泥或混凝土阻碍；

h. 在任何时候，均需保持搅拌罐及其下面的地面清洁；

i. 保证称台板清洁，防止附着在上面的材料影响称重；

j. 根据厂家的保养手册，按规定定时给活动部件上油润滑，并检查齿轮和钢索磨损情况。

12. 重量允许偏差

测量设备测量水泥、水和骨料的测量误差应在 3% 以内；添加剂的测量误差应在 5% 以内。

对比分析（表 7-1）：

（1）投料顺序：英标没有严格要求投料顺序，但建议粗骨料先放入料斗中，可以防止出现水泥和砂子在料斗表面结块；中国标准未就投料顺序作出规定；

（2）水泥：英标规定不可同时放入不同种水泥，中国标准对此条未见相关规定；

（3）材料重量允许误差：中国标准略高于英国标准。

混凝土原材料计量允许偏差（%）   表 7-1

原材料品种	水泥	砂	碎石	水	掺合料	外加剂
每盘计量允许偏差（国标）	±2	±3	±3	±2	±2	±2
累计计量允许偏差（国标）	±1	±2	±2	±1	±1	±1
英标	±3	±3	±3	±3	±3	±5

（4）中国标准要求，对首次使用的配合比或配合比使用间隔时间超过三个月时应进行

开盘鉴定；英国标准没有此项要求。

7.4 混凝土输送

7.4.1 BS 8000 SECTION2.1 1990

混凝土从搅拌机运送至浇注地点时应尽可能减少耽搁或尽可能靠近浇注地点，避免出现混凝土难以浇注和振捣密实的情况。

a. 混凝土运输过程中不能出现骨料离析。

b. 保持容器干净。

注：混凝土运输至料斗或是手推车等容器内，如果在粗糙的路面上运输，由于撞击很容易出现石子沉积至底部，所以应尽可能避免在粗糙路面上运输。在湿、热气候条件下，运输时应进行遮盖。

7.4.2 BS EN 13670

1. 现场接收混凝土时，应在卸料前检查混凝土运送小票。

2. 混凝土卸料时应进行目测检查，如根据经验发现异常应停止卸料。

3. 应将混凝土在运输、装卸过程中出现的离析、泌水、稠度损失等不利变化降至最低。

4. 根据技术规程，浇注地点或者商品混凝土运送地点需进行试块取样。

5. 除非技术规程另有规定，混凝土不可接触铝合金；产生气泡不认为是问题。

7.4.3 BS 8500-2—2006

除非另有规定，混凝土装入罐车或搅拌器后进行运输的时间不得超过 2h，或者混凝土装入非搅拌器皿后运输的时间不得超过 1h。

对比分析：

（1）英标中规定混凝土不可接触铝合金，产生气泡不认为是问题；中国标准中对此没有说明。

（2）英标中规定：混凝土装入罐车或搅拌器后进行运输的时间不得超过 2h，或者混凝土装入非搅拌器皿后运输的时间不得超过 1h；建筑施工手册中规定见表 7-2。

混凝土从搅拌机中卸出到浇筑完毕的延续时间　　　　　　　表 7-2

气温	延续时间（min）			
	采用搅拌车		其他运输设备	
	≤C30	>C30	≤C30	>C30
≤25℃	120	90	90	75
>25℃	90	60	60	45

注：掺有外加剂或采用快硬水泥时延续时间应通过试验确定。

7.5 混凝土浇筑

7.5.1 混凝土浇注准备工作

7.5.1.1 BS 8000 SECTION2.1 1990

1. 清理

a. 清理浇注部位表面的所有垃圾、碎渣和水。

b. 另外，清理干净模板上的废钉、废铁丝和废螺丝钉等。

c. 清理干净所有包裹在结构钢筋表面的氧化皮和铁锈。

注：铁丝、钉子和铁锈等容易导致混凝土表面和模板表面污染。

2. 常规检查

a. 确定以下资源是否满足要求：

◇材料，包括商品混凝土；

◇工人；

◇机械设备；

◇备用设备及零件。

b. 确定测量放线已经过检验。

c. 确定先前的永久性工作已经过检验。

d. 如果适当，获取天气预报。

e. 核查是否有足够通道至卸料点，以及足够的停靠车位。

f. 确认搅拌机是否准备就绪。

g. 检查通信系统。

h. 确认是否符合安全规范。

i. 确认混凝土运输、浇注、振捣密实、抹光、养护和试验工作的安排情况。

3. 地表情况。当混凝土直接浇筑在地表时，检查：

a. 斜坡土体的稳定性；

b. 施工机械施工时，地表土的安全情况；

c. 排水工作的安排情况。

4. 其他表面情况。当混凝土浇筑到其他表面时，检查：

a. 检查脚手架是否符合设计，并检查其稳定性、支撑、刚度以及预起拱。

b. 模板：

◇尺寸是否在允许偏差范围内；

◇强度和刚度；

◇使用是否正确以及模板拉杆数量；

◇模板表面是否符合规定，包括脱模剂的使用情况；

◇模板接缝处紧固和密封情况；

◇浇筑前，最后的清理情况；

◇模板拆除的安排情况。

5. 接缝、埋件和开洞，检查：

a. 施工缝、销钉、挡水板和滑移层；

b. 埋件和预留盒的准确度及安全情况；

c. 管线收头的安装；

d. 模板支腿的安排；

e. 凝固混凝土面的准备工作。

6. 钢筋，检查：

a. 钢筋直径、型号、标识、安装位置以及保护层厚度是否正确；

b. 锚固和搭接是否正确；

c. 是否安全可靠；

d. 表面条件；

e. 间隔控制件的使用，包括其型号及尺寸。

7. 混凝土试块取样及检测：当需要进行混凝土试块取样和进行检测以满足规范要求时，需确保采用正确的程序，设备应在正确的操作规程下使用，以及：

　　a. 试块取样的所有见证工作，标准试块的制作、养护和测试以确定是否符合规范要求。

　　b. 运送试块至试验室时，需保证试块的湿度、不受损坏并在最短的时间内运送至试验室。

8. 浇注时，应防止出现混凝土偏移。封堵所有开洞和管根，防止混凝土进入。

9. 运输过程中的防护：使用适当的工具、通道和手推车以保护钢筋及混凝土。

10. 如果混凝土被规定直接浇注到硬实的混凝土表面或疏松垫层表面时，需在浇筑前立即湿润混凝土表面。

11. 地下施工

　　a. 在浇筑基槽内直接与土接触的条形基础、基座和板时，应检查基槽土表面是否稳定和正确。如果不正确，请寻求（咨询工程师）指导。

　　b. 浇注混凝土采用的方法不能导致基槽边坡位移。

　　c. 如混凝土表面是以基槽为模板，需保证钢筋保护层厚度不小于 75mm。

7.5.2　混凝土浇注

7.5.2.1　BS 8000 SECTION2.1 1990

1. 浇注混凝土

　　a. 在施工缝间或其他约束条件间进行混凝土浇注时，应保持连续浇注直至完成。

　　b. 倾倒混凝土穿越钢筋或其他障碍物时，应小心防止出现混凝土过度分散、离析以及成分损失。

　　c. 如混凝土过密，浇注时采用溜槽或中继的方式将混凝土浇注到位。

2. 浇注混凝土产生的位移：确保没有位移或破坏产生，损坏防潮层、钢筋、模板或预埋件。

3. 混凝土振捣密实，应确保：

　　a. 形成坚实统一的块体，不产生偶然的空洞；

　　b. 紧密包裹在钢筋周围；

　　c. 充满模板和坑槽的所有部分；

　　d. 无离散现场；

　　e. 新旧混凝土结合紧密；

　　f. 不损坏周围已硬化的混凝土；

　　g. 要求的混凝土抹光工作将完成；

　　h. 如需机械振捣，其型号应符合环境要求，振捣工应是熟练操作人员。

4. 分层浇注，对于墙和梁等构件：

　　a. 混凝土分层浇筑密实时，确保每个分层均延伸至浇注区域所有范围；

b. 浇注下一层混凝土时不可耽搁,并将两层混凝土严实结合紧密;

c. 检查塑性混凝土沉降缝,如需要,重新振捣。

5. 混凝土完成面:

a. 使模板稳固以便可以承担充分的混凝土振捣压实,同时需避免在后续混凝土浇注过程中出现冷缝;

b. 不允许振捣棒接触模板表面;

c. 振捣要充分;

d. 如有规定,可提供不规则的混凝土完成面。

7.5.3 混凝土浇筑完成的后续工作

7.5.3.1 BS 8000 SECTION2.1 1990

1. 一般要求

(1) 当混凝土强度上升到足够强度时,可进行并非常有利于进行混凝土的修剪和修整工作。

(2) 应防止以下混凝土的伤害:

a. 表面损伤:雨水刷痕或其他物理损伤;

b. 防止混凝土表面暴露在已完成的工序中,防止表面污染、锈蚀、跑浆和其他污染表面的情况;

c. 防止未完全凝结的混凝土遭受温度急升、物理撞击、过载、移动和振动;

d. 确保在冰冻条件下,制定预防措施防止水进入在混凝土中的螺栓等孔洞。留置聚苯板、洞口处覆盖临时胶合板或类似材料,并用沥青或砂浆密封。

注:如果水驻留在孔洞中并结冰,将很有可能损害混凝土。

(3) 当混凝土受到损害时,如有必要应寻求指导和经同意的适当的修补方案。

2. 表面处理

(1) 新浇混凝土

a. 不可浇湿混凝土表面,以协助混凝土表面处理工作;

b. 除非有特殊规定,不可泼洒材料在即将进行处理的混凝土表面。

(2) 表面凿毛:凿毛混凝土板表面,以及板和梁的边缘,使表面结构均匀。

(3) 表面拉毛:在混凝土表面平整且光泽刚刚消失后,在混凝土表面平行拉动刷子使表面均匀,每条刷痕不可中断。

(4) 找平、抹灰:找平混凝土表面至标高。进行试验以确定进行抹灰的最佳时间。

(5) 混凝土楼板控制:检索技术标准中关于楼板的控制程度,并确定这些要求已经完成。

(6) 表面控制:如果预先没有指定,应同意使混凝土表面粗糙的方法,以便形成面层处理的办法。

(7) 开洞、槽:在混凝土上开洞或槽前,应先获得许可,并寻求开洞、槽方法上的指导以便应用。

对比分析:

(1) 英标对混凝土浇筑方法和要求没有国标中规定的细致完整。

(2) 国标中要求:混凝土浇筑时间有间歇时,次层混凝土应在前层混凝土初凝之前浇筑完毕；英标中未提及，但要求"浇注下一层混凝土时不可耽搁，并将两层混凝土严实结合紧密"。

（3）国标中规定，混凝土从搅拌完成到浇筑完毕的延续时间不宜超过表 8.3.4-1（表 7-3）的规定。混凝土运输、输送、浇筑及间歇的全部时间不应超过表 8.3.4-2（表 7-4）的规定。当不满足表 8.3.4-2 的规定时，应临时设置施工缝，继续浇筑混凝土时应按施工缝要求进行处理。在英标中没有提及。

（表 8.3.4-1）混凝土从搅拌完成到浇筑完毕的延续时间限值（min）　　　表 7-3

条　件	混凝土强度等级	气　温	
		≤25℃	>25℃
不掺外加剂	≤C30	120	90
	>C30	90	60
掺外加剂	≤C50	180	150
	>C50	150	120

（表 8.3.4-2）混凝土运输、输送、浇筑及间歇的全部时间限值（min）　　　表 7-4

条　件	混凝土强度等级	气　温	
		≤25℃	>25℃
不掺外加剂	≤C30	210	180
	>C30	180	150
掺外加剂	≤C50	270	240
	>C50	240	210

注：有特殊要求的混凝土，应根据设计及施工要求，通过试验确定允许时间。

（4）国标规定，柱、墙模板内的混凝土倾落高度应满足表 8.3.6（表 7-5）的规定；当不能满足表 8.3.6 的规定时，宜加设串筒、溜槽、溜管等装置。英标中未提及。

（表 8.3.6）柱、墙模板内混凝土倾落高度限值（m）　　　表 7-5

条　件	混凝土倾落高度
骨料粒径大于 25mm	≤3
骨料粒径小于等于 25mm	≤6

注：当有可靠措施能保证混凝土不产生离析时，混凝土倾落高度可不受上表限制。

（5）分层浇筑最大厚度为 50cm，英标和国标的规定相同（参见英国混凝土学会出版的《PLACING and COMPACTING》中的规定）。

（6）混凝土自高处倾落的自由高度不应大于 2m，英标和国标的规定相同（参见英国混凝土学会出版的《PLACING and COMPACTING》中的规定）。

7.6　混凝土养护

7.6.1　BS 8000 SECTION2.2 1990

1. 养护方法：在混凝土抹光后，应立即进行养护工作，并最少保持以下规定时间：

a. 混凝土表面直接遭受磨损和侵蚀，需养护 7d；

b. 当平均气温小于等于7℃，养护或覆盖截面的厚度小于等于300mm时，养护10d；

c. 其他情况4d。

2. 覆盖混凝土方法。无论何种情况，都需确保采用的方法：

a. 必须有效地阻止水分的蒸发；

b. 在混凝土浇筑完成后，出现可见的划痕；

c. 不能影响混凝土和其他结构或完成面间的连接件；

d. 在冷天中，提供充分的保温隔热覆盖；

e. 安全防风，并能防止被风吹动移位。

不可在覆盖养护面上行走，直至养护结束。

3. 热天。养护期间，需提供遮蔽物或覆盖，防风、防晒，以防止过快被风干或晒干。

注：使用湿的粗麻布进行养护混凝土总是有些风险。水分的蒸发会在部分混凝土中导致不规律的冷却，这将使裂缝增长，泼加冷水会助长这种趋势；粗麻布可能不能在整个养护过程中保持适度的湿度，除非有非常细心的指导和监督；而且粗麻布还有可能导致混凝土变色。所以，在实践中，最好避免使用粗麻布。像聚乙烯这种不渗透性材料是非常适宜的。

4. 冷天。养护期间不可在冰冻天气泼洒水或采用湿的覆盖物。除非另有规定，需保持混凝土（普通波特兰水泥（OPC）和快硬性水泥（RHPC））不低于最低温度5℃的时间，详见表7-6。

表 7-6

Concrete grade（N/mm^2）	OPC	RHPC
20 or less	5 days	3 days
25	3 days	2 days
30	3 days	2 days
40 or more	2 days	1½ days

其他水泥请参见水泥使用说明。

注：以下内容是在寒冷天气不同温度条件下，可采用的方法。

（1）温度低于5℃，但没有结冰：

模板需保持在原位，以便有更长的时间补偿混凝土强度缓慢上升而强度不足；

（2）夜间少量结冰：

除了（1）外，混凝土顶部应覆盖保温材料，采用金属模板时应对模板起拱。

（3）白天和夜晚严重结冰：

除了（1）和（2）外，

a. 所有模板应进行保温；

b. 混凝土和建筑物应进行持续加热。而且，如果混凝土浇注时的温度是10℃，并在浇筑完立即进行了保温措施，可能可以不必加热混凝土或是建筑物。

对比分析：

（1）采用硅酸盐水泥、普通硅酸盐水泥或矿渣硅酸盐水泥配制的混凝土不得少于7d，这点英国标准和中国标准相同；但英国标准中，增加：当平均气温小于等于7℃，养护或覆盖截面的厚度小于等于300mm时，养护10d的要求；

（2）中国标准对添加缓凝型外加剂、大掺量矿物掺合料配制的混凝土、抗渗混凝土、高强混凝土、高性能混凝土规定养护不得少于14d；英标中未提及（需检索添加剂和高性能混凝土章节内容）。

（3）英标中详细规定了混凝土在养护期间不低于5℃的时间，详见表7-7；中国规范要求养护期间均不低于5℃，中国规范更为保守。

英标规定：养护期间不可在冰冻天气泼洒水或采用湿的覆盖物。除非另有规定，需保持混凝土（普通波特兰水泥（OPC）和快硬性水泥（RHPC））不低于最低温度5℃的时间，详见表7-7。

表 7-7

Concrete grade（N/mm²）	OPC	RHPC
20 or less	5 days	3 days
25	3 days	2 days
30	3 days	2 days
40 or more	2 days	1½ days

7.7 施工缝和活动缝

7.7.1 BS 8000 SECTION2. 1 1990

1. 施工缝

（1）构成。设置施工缝必须确保：

a. 水平缝在模板拆除后为同一标高，并为一条直线；

b. 竖向缝应为一条直线，并在模板中设置牢固的收头；设计时应能适应突出钢筋的情况，并不产生弯曲和位移；

c. 在突出的钢筋穿过模板的位置，应采用泡沫胶条和胶带环绕钢筋进行密封，防止漏浆。

（2）二次浇注的准备工作。当混凝土未完全凝固时，施工缝应准备好，并且：

a. 清除所有水泥浮浆；

b. 暴露出粗骨料并不扰动；

c. 从模板中清除所有松散的杂物；

d. 在新浇注混凝土前，清理混凝土表面并进行湿润；同时确保所有积水已清除。

2. 活动缝

（1）构造要求

a. 禁止混凝土进入模板内的任何缝隙或地方，从而导致活动缝失效；

b. 不允许混凝土充满或穿过可压缩的作为接缝料的任何材料；

c. 不可同时在活动缝两侧浇注混凝土。

（2）片状接缝材料。安装可压缩的接缝材料准确到位，并确保在使用临时模板时留出足够的空间进行密封。

对比分析：

（1）楼板和梁的水平施工缝的留置，英标和国标中的规定相同，均在跨中三分之一处

（参见 Design and construction of joints in concrete structures）。

（2）竖向施工缝的留置，在柱子根部略有不同。英国规范中常设置在柱根处（楼板面上部）留置75～200mm高的踢台；而国内，柱子根部的施工缝留置在楼板面（参见 Design and construction of joints in concrete structures）。

7.8　冬季混凝土施工

7.8.1　BS 8000 SECTION2.1 1990

1. 在浇注混凝土前，应获得天气预报；

2. 制定预防措施，确保在搅拌和运输过程中，混凝土温度不低于5℃；

3. 不可在冻结或覆冰的表面上浇注混凝土。

注：用来确定寒冷天气程度的简要方法：

气温低于5℃，但预计不会结冰：

a. 检查运送至浇注地点的混凝土温度不应低于5℃，最好不低于10℃；这对混凝土中暴露的细小的成分非常重要。

b. 应使用42.5R 或52.5R 的波特兰水泥；

晚间轻度结冰时，除包含 a，b 外：

c. 混凝土必须快速地进行运输。

白天和夜间严重冰冻时，除包含 a，b，c 外：

d. 水需加热，如有必要，骨料也需加热；

e. 浇注混凝土时不应过快，不仅混凝土而且建筑物也需持续进行加热。如果可以确定混凝土在浇注时温度为10℃，然后进行了保温措施，可能就没有必要加热混凝土和建筑物。

加热水比加热骨料更为经济，水泥不能加热。

水泥不可接触超过60℃的水。如果水温超过60℃，应先加入骨料进行搅拌，然后再加入水泥。

如果骨料被冻结或被冰覆盖就不能使用。如去除上层冻结的材料，下面的材料经常是没有被冻结的。在潮湿的天气覆盖骨料，有助于防止冰冻。

浇注混凝土前，加热溜槽、手推车和模板是很有必要的。

对比分析：

（1）英标和国标均规定混凝土入模温度不应低于5℃，要求相同。

（2）国标中还要求混凝土拌合物的出机温度不宜低于10℃。对预拌混凝土或需远距离输送的混凝土，混凝土拌合物的出机温度不宜低于15℃，具体可根据运输和输送距离经热工计算确定。大体积混凝土的入模温度可不受上述限制。英标未提及。

（3）英标规定加热材料过程中，水泥不可接触60℃的水，如果水温超过60℃，应先加入骨料进行搅拌，然后再加入水泥。国标未提及。

7.9　夏季混凝土施工

7.9.1　BS 8000 SECTION2.1 1990

1. 制定预防措施，确保混凝土浇注时其温度不超过30℃。

注：如日照时间延长和日照强烈，在搅拌罐、倾倒装置、手推车和溜槽等设备上，不时的喷洒干净的冷水将是十分有益的。

2. 如日照时间延长和日照强烈，库存需进行覆盖并时不时地用清洁的水进行泼洒，降低骨料的温度。

对比分析：

英标规定混凝土浇注时其温度不超过 30℃；国标规定混凝土浇筑入模温度不应大于 35℃；英标要求更为严格。

7.10 雨季混凝土施工

7.10.1 BS 8000 SECTION2.1 1990

1. 除非另有指示，不能在大雨天无遮蔽的条件下浇注混凝土。如果在下大雨时混凝土已经开始浇注，需采取可行的预防措施保护材料。

对比分析：

（1）英标和国标都规定，在大雨天不允许进行混凝土施工。

（2）国标规定在小雨或中雨情况下，不宜露天进行混凝土施工，英标未提及。

（3）国标详细描述并规定了雨期施工的各项措施，英标中只规定要制定预防措施保护材料，没有详细措施的规定条文说明。

第8章 中英混凝土试验方法规范对比

8.1 试件形式和尺寸要求

8.1.1 国标《普通混凝土力学性能试验方法标准》GB/T 50081—2002

第3.2.1款：

抗压强度和劈裂抗拉强度试件的标准尺寸应该满足以下要求：（1）边长为150mm的立方体试件是标准试件。（2）边长为100mm和200mm的立方体试件是非标准试件。（3）在特殊情况下，可采用ϕ150mm×300mm的圆柱体标准试件，和ϕ100mm×200mm或者ϕ200mm×400mm的圆柱体非标准试件。

第3.2.2款：

轴心抗压强度和静力受压弹性模量试件应符合下列规定：（1）边长为150mm×150mm×300mm的棱柱体试件是标准试件；（2）边长为100mm×100mm×300mm和200mm×200mm×400mm的棱柱体试件是非标准试件。（3）在特殊情况下，可采用ϕ150mm×300mm的圆柱体标准试件，和ϕ100mm×200mm或者ϕ200mm×400mm的圆柱体非标准试件。

第3.2.3款：

抗折强度试件应符合下列规定：（1）边长为150mm×150mm×600mm（或550mm）的棱柱体试件是标准试件；（2）边长为100mm×100mm×400mm的棱柱体试件是非标准试件。

8.1.2 英标 BS EN 12390-1-2000

第4款：

混凝土时间的形状有立方体、圆柱体、棱柱体，基本尺寸d至少为粗骨料公称直径的3.5倍。

试件的公称尺寸见表8-1。

试件的公称尺寸 表8-1

试件形状	取值范围					图 示
立方体 d（mm）	100	150	200	250	300	

试件形状	取值范围						图 示
圆柱体 d (mm)	100	113 This has a load-bearing area of 10000mm²	150	200	250	300	
棱柱体 d (mm) ($L \geqslant 3.5d$)	100		150	200	250	300	

注：除非另有规定，否则应按上述 3 中标准模型尺寸制作试块。如若按照非标准模型制作试块，需通过相关检查，详见 BS 12390-1-2000 第 4.5 款。

8.2　试件取样方法

8.2.1　国标《普通混凝土力学性能试验方法标准》GB/T 50081—2002

第 2.0.1 款

混凝土的取样应符合《普通混凝土拌合物性能试验方法标准》GB/T 50080—2002 中第 2 章中的相关规定。

（1）同一组混凝土拌合物的取样应从同一盘混凝土或同一车混凝土中取样。取样量应多于试验所需量的 1.5 倍；且宜不小于 20L。

（2）混凝土拌合物的取样应具有代表性，宜采用多次采样的方法。一般在同一盘混凝土或同一车混凝土中的约 1/4 处、1/7 处和 3/4 处之间分别取样，从第一次取样到最后一次取样不宜超过 15min，然后人工搅拌均匀。

（3）从取样完毕到开始做各项性能试验不宜超过 5min。

第 2.0.2 款

普通混凝土力学性能试验应以三个试件为一组，每组试件所用的拌合物应从同一盘混凝土或同一车混凝土中取样。

8.2.2　英标 BS EN 12350-1—2009

第 5.1 款

针对样品，决定单点取样或复合取样，取样量应多于试验所需量的 1.5 倍。

第 5.2 款复合取样

如果混凝土从搅拌机或罐车里流出，试件不应取自最初流出和最后流出的部分；如果从混凝土堆中取样，应从混凝土的深度和表面宽度上至少五个不同位置均匀取样；如果从流淌的混凝土中取样，取样遍布整个流体的深度和厚度。

第 5.3 款单点取样

如果从流淌的混凝土中取样，取样遍布整个流体的深度和厚度。

8.3　试件浇筑养护

8.3.1　国标《普通混凝土力学性能试验方法标准》GB/T 50081—2002

8.3.1.1　第 5.1 款　试件的制作

取样的混凝土应该在拌制后尽量短的时间内成型，一般不宜超过 15min；振捣方法亦有相关规定；

8.3.1.2　第 5.2 款　试件的养护

采用标准养护的试件，应在温度为 20±5℃的环境中静止一昼夜至两昼夜，然后编号、拆模。拆模后应立即放入温度为 20±2℃，相对湿度 95％以上的标准养护室中养护，或在温度为 20±2℃的不流动的 $Ca(OH)_2$ 饱和溶液中养护。标准养护室内的试件应放在支架上，彼此间隔 10～20mm，试件表面应保持潮湿，并不得被水直接冲淋。

标准养护龄期为 28d。

8.3.2　英标 BS EN 12390-2—2009

8.3.2.1　入模

第 5.1.2 款

混凝土入模方法取决于混凝土的稠度和密实方法，可分为一次入模或分层入模。如果是自密实混凝土，可一次入模，不必振捣。

第 5.1.3 款

如果采用充填框，混凝土应分层入模，每层厚度应为试模高度的 10％～20％。

8.3.2.2　振捣

第 5.2 款　机械振捣

机械振捣分振捣棒振捣和振动台振捣。

第 5.3 款　人工振捣

振捣过程中，不能碰到模底，振捣次数要保证。直至用小锤敲打侧模时，表面无气泡冒出为止。

8.3.2.3　刮平表面

去除高出试模表面的混凝土，刮平试件表面。

8.3.2.4　养护

第 5.5.1 款

在 20±5℃（或炎热地区在 25±5℃）的温度下，将试件静止保存至少 16h，且不超过 3d，避免震动。

第 5.5.2 款

拆模后，在 20±2℃的水中或在温度为 20±2℃且相对湿度≥95％的养护室内养护，直至试验前。

8.4 试块的加速养护方法

8.4.1 国标 JGJ/T 15—2008《早期推定混凝土强度试验方法标准》

1. 试验方法

55℃温水法，80℃热水法，沸水法。

2. 加速养护箱

试块间距≥50mm，试块底部与热源距离≥100mm，试块顶面与水面距离≥50mm。

3. 试验步骤

a. 55℃温水法，从试块制作至静置共 1h±10min，放入 55℃温水中，在 55±2℃水中养护 23h±15min，取出后冷却 1h±10min，于龄期 25h±15min 进行抗压试验；

b. 80℃热水法，从试块制作至静置共 1h±10min，放入 80℃温水中，在 80±2℃水中养护 5h±5min，取出后冷却 1h±10min，于龄期 7h±15min 进行抗压试验；

c. 沸水法，从试块制作至静置、脱模共 24h±15min，在沸水中养护 4h±5min，取出后冷却 1h±10min，于龄期 29h±15min 进行抗压试验。

8.4.2 英标 BS 1881-112—1983

1. 试验方法

35℃，55℃，82℃。

2. 加速养护箱

试块间距≥30mm，试块底部与热源距离≥30mm。

3. 试验步骤

a. 35℃，试块应在池中养护 24h±15min；

b. 55℃，进入养护池之前应把试块放在 20±5℃的环境中至少 1h。然后在浇筑试块后 1h+30min～3h+30min 时间之内将试块放入注满水的养护池中。养护时间不应少于 19h+50min，在养护不超过 20h+10min 之前将试块放入冷却池中，放置时间为 1h～2h 之间；

c. 82℃，进入养护池之前应把试块放在 20±5℃的环境中至少 1h，但不超过 12h。随即将试块放入空养护池中，随即注入 5～20℃的水，随即在 2h±15min 之内将水升温至 82±2℃，然后养护 14h±15min。在 5min 之内把水放干，拆模做标签，随即趁热进行试块试验，应在水放完 1h 之内完成试验。

8.5 抗压强度试验

8.5.1 国标《普通混凝土力学性能试验方法标准》GB/T 50081—2002

第 6.0.4 款

在试验过程中应连续均匀地加荷，混凝土强度等级<C30 时，加荷速度取每秒钟 0.3～0.5MPa；混凝土强度等级≥C30，且<C60 时，加荷速度取每秒钟 0.5～0.8MPa；混凝土强度等级≥C60 时，取每秒钟 0.8～1.0MPa。

第 6.0.5 款

1. 混凝土立方体抗压强度应按下式计算：

$$f_{cc} = \frac{F}{A}$$

式中　f_{cc}——混凝土立方体试件抗压强度（MPa）；

　　　F——试件破坏荷载（N）；

　　　A——试件承压面积（mm^2）。

2. 强度值的确定应符合下列规定：

a. 三个试件测值的算术平均值作为该组试件的强度值（精确至 0.1MPa）；

b. 三个测值中的最大值或最小值中如有一个与中间值的差值超过中间值的 15% 时，则把最大值及最小值一并舍除，取中间值作为该组试件的抗压强度值；

c. 如最大值和最小值与中间值的差均超过中间值的 15%，则该组试件的试验结果无效。

3. 强度等级<C60 时，用非标准试件测得的强度值均应乘以尺寸换算系数，其值为对 200mm×200mm×200mm 试件为 1.05；对 100mm×100mm×100mm 试件为 0.95。当混凝土强度等级≥C60 时，宜采用标准试件；使用非标准试件时，尺寸换算系数应由试验确定。

8.5.2　英标 BS EN 12390-3—2009

第 6.2 款

在试验过程中应连续地加荷，加荷速度为 0.6±0.2MPa/s（N/mm²·s）。施加初始加荷后，其值不应超过破坏荷载的 30%，施加荷载过程中不应振动且以±10% 的速度持续提高荷载，直至没有更大的荷载施加位置。

第 7 款　试验结果

混凝土立方体抗压强度应按下式计算：

$$f_{cc} = \frac{F}{A_c}$$

式中　f_{cc}——混凝土立方体试件抗压强度（MPa）；

　　　F——试件最大破坏荷载（N）；

　　　A_c——试件横截面面积（mm^2），对试件指定尺寸的计算见 EN 12390-1 或按照本规范（BS EN 12390-3—2009）附件 B 中的规定测量。

8.6　抗折强度试验

8.6.1　国标《普通混凝土力学性能试验方法标准》GB/T 50081—2002

第 10.0.4 款

施加荷载应保持均匀、连续，当混凝土强度等级<C30 时，加荷速度取每秒钟 0.02～0.05MPa；混凝土强度等级≥C30，且<C60 时，取每秒钟 0.05～0.08MPa；混凝土强度等级≥C60 时，取每秒钟 0.08～0.10MPa。至试件接近破坏时，应停止调整试验机油门，直至试件破坏，然后记录破坏荷载。

第 10.0.5 款

1. 若试件下边缘断裂位置处于两个集中荷载作用线之间，则试件的抗折强度 f_f（MPa）按下式计算：

$$f_f = \frac{Fl}{bh^2}$$

式中 f_f——混凝土抗折强度（MPa）；

　　　F——试件破坏荷载（N）；

　　　l——支座间跨度（mm）；

　　　h——试件截面高度（mm）；

　　　b——试件截面宽度（mm）。

抗折强度计算应精确至 0.1MPa。

2. 三个试件中若有一个折断面位于两个集中荷载之外，则混凝土抗折强度值按另两个试件的试验结果计算。若这两个测值的差值不大于这两个测值的较小值的 15％，则该组试件的抗折强度值按这两个测值的平均值计算，否则该组试件的试验无效。若有两个试件的下边缘断裂位置位于集中荷载作用线之外，则该组试件试验无效。

3. 当试件尺寸为 100mm×100mm×400mm 非标准试件时，应乘以尺寸换算系数 0.85；当混凝土强度等级≥C60 时，宜采用标准试件；使用非标准试件时，尺寸换算系数应由试验确定。

8.6.2　英标 BS EN 12390-5—2000

第 6.2 款

在试验过程中应连续地加荷，加荷速度为 0.04～0.06MPa/s［N/(mm² · s)］。初始加荷后，其值不应超过破坏荷载的 20％，施加荷载过程中不应振动且以±10％的速度持续提高荷载，直至没有更大的荷载施加位置（图 8-1）。

加荷速度的计算公式如下：

$$R = \frac{s \times d_1 \times d_2^2}{I}$$

式中 R——要求加荷速度（N/S）；

　　　s——压力速度（MPa/s）；

d_1、d_2——试件侧面尺寸（mm）；

　　　I——下部轮子的间距。

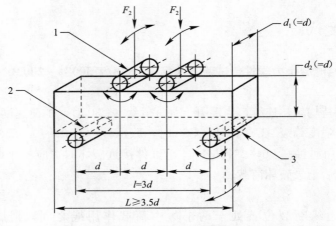

图 8-1　抗折试验装置

第 7 款　试验结果

抗折强度应按下式计算：

$$f_{cf} = \frac{FI}{d_1 \times d_2^2}$$

式中　f_{cf}——混凝土抗折强度（MPa）；

F——试件破坏荷载（N）；

I——两支撑轮之间的距离（mm）；

d_1、d_2——试件侧面尺寸（mm）。

抗折强度计算结果应精确至 0.1MPa。

8.7　试样取样批次

8.7.1　国标《混凝土结构工程施工质量验收规范》（GB 50204—2002）

第 7.4.1 款

结构混凝土的强度等级必须符合设计要求。用于检查结构构件混凝土强度的试件，应在混凝土的浇筑地点随机抽取。取样与试件留置应符合下列规定：

1. 每拌制 100 盘且不超过 100m³ 的同配合比的混凝土，取样不得少于一次；

2. 每工作班拌制的同一配合比的混凝土不足 100 盘时，取样不得少于一次；

3. 当一次连续浇筑超过 1000m³ 时，同一配合比的混凝土每 200m³ 取样不得少于一次；

4. 每一楼层、同一配合比的混凝土，取样不得少于一次；

5. 每次取样应至少留置一组标准养护试件，同条件养护试件的留置组数应根据实际需要确定。

8.7.2　英标 BS EN 206-1 2000

第 8.2.1.2 款（表 8-2）

混凝土强度评定最少抽样比率　　　　　　　　　　　　　　表 8-2

产　品	取样最少比率		
	先行生产的 50m³ 混凝土	后续生产的超过 50m³ 的混凝土	
		有生产控制合格证	无生产控制合格证
初始生产（至少获得 35 个测试结果）	3 次	1 次/200m³ 或者 2 次/生产周	1 次/150m³ 或者 1 次/生产日
连续生产（等至少获得 35 个合格测试结果后）		1 次/400m³ 或者 1 次/生产周	

注：1. 取样应分散随机取样，每 25m³ 取样不超过 1 次。

　　2. 如果上一批 15 个测试值得标准偏差超过 1.37σ，下一次取样比率应按照初始生产的要求增加至 35 个测试值。

8.8　混凝土强度评定

8.8.1　国标 GB 50107—2010《混凝土强度检验评定标准》

1. 一般规定

3.0.3 混凝土强度应分批进行检验评定。一个检验批的混凝土应由强度等级相同、试验龄期相同、生产工艺条件和配合比基本相同的混凝土组成。

3.0.4 对大批量、连续生产混凝土的强度应按本标准统计方法评定。对小批量或零星生产混凝土的强度应按非统计方法评定。

2. 混凝土试件的试验

4.3.1 混凝土试件的立方体抗压强度试验根据国家标准《普通混凝土力学性能试验方法标准》GB/T 50081 的规定执行。每组混凝土试件强度代表值得确定，应符合下列规定：

a. 取 3 个试件强度的算术平均值作为每组试件的强度代表值；

b. 当一组试件中强度的最大值或最小值与中间值之差超过中间值的 15% 时，取中间值作为该组试件得强度代表值；

c. 当一组试件中强度的最大值和最小值与中间值之差均超过中间值的 15% 时，该组试件强度不应作为评定的依据。

4.3.2 当采用非标准尺寸试件时，应将其抗压强度乘以尺寸折算系数，折算成边长为 150mm 的标准尺寸试件抗压强度，尺寸折算系数按下列规定采用：

a. 当混凝土强度等级低于 C60 时，对边长为 100mm 的立方体试件取 0.95，对边长为 200mm 的立方体试件取 1.05；

b. 当混凝土强度等级不低于 C60 时，宜采用标准尺寸试件；使用非标准尺寸试件时，尺寸折算系数应由试验确定，其试件数量不应少于 30 对组。

3. 混凝土强度的检验评定

5.1 统计方法评定

5.1.1 采用统计方法评定时，应按下列规定进行：

a. 当连续生产的混凝土，生产条件在较长时间内保持一致，且同一品种，同一强度等级混凝土的强度变形性保持稳定时，应按 5.1.2 条的规定进行评定。

b. 其他情况应按 5.1.3 条的规定进行评定。

5.1.2 一个检验批的样本容量应为连续的 3 组试件，其强度应同时符合下列规定：

$$m_{f_{cu}} \geqslant f_{cu,k} + 0.7\sigma_0$$
$$f_{cu,min} \geqslant f_{cu,k} - 0.7\sigma_0$$

检验批混凝土立方体抗压强度的标准差应按下式计算：

$$\sigma_0 = \sqrt{\frac{\sum\limits_{i=1}^{n} f_{cu,i}^2 - nm_{i_{cu}}^2}{n-1}}$$

当混凝土强度等级不高于 C20 时，其强度的最小值尚应满足下式要求：

$$f_{cu,min} \geqslant 0.85 f_{cu,k}$$

当混凝土强度等级高于 C20 时，其强度的最小值尚应满足下列要求：

$$f_{cu,min} \geqslant 0.90 f_{cu,k}$$

式中　$m_{f_{cu}}$——同一检验批混凝土立方体抗压强度的平均值（N/mm²），精确到 0.1（N/mm²）；

　　　$f_{cu,k}$——混凝土立方体抗压强度标准值（N/mm²），精确到 0.1（N/mm²）；

　　　σ_0——检验批混凝土立方体抗压强度的标准差（N/mm²），精确到 0.01（N/mm²）；

当检验批混凝土强度标准差 σ_0 计算值小于 2.5N/mm^2 时，应取 2.5N/mm^2；

$f_{\text{cu},i}$——前一个检验期内同一品种，同一强度等级的第 i 组混凝土试件的立方体抗压强度代表值（N/mm^2），精确到 0.1（N/mm^2）；该检验期不应小于 $60d$，也不大于 $90d$；

n——前一检验期内的样本容量，在该期间内样本容量不应少于 45；

$f_{\text{cu,min}}$——同一检验批混凝土立方体抗压强度的最小值（N/mm^2），精确到 0.1（N/mm^2）。

5.1.3 当样本容量不少于 10 组时，其强度应同时满足下列要求：

$$mf_{\text{cu}} \geqslant f_{\text{cu,k}} + \lambda_1 \cdot S_{f_{\text{cu}}}$$

$$f_{\text{cu,min}} \geqslant \lambda_2 \cdot f_{\text{cu,k}}$$

同一检验批混凝土立方体抗压强度的标准差应按下式计算：

$$S_{f_{\text{cu}}} = \sqrt{\frac{\sum_{i=1}^{n} f_{\text{cu},i}^2 - nm_{f_{\text{cu}}}^2}{n-1}}$$

式中 $S_{f_{\text{cu}}}$——同一检验批混凝土立方体抗压强度的标准差（N/mm^2），精确到 0.1（N/mm^2）；

当检验批混凝土强度标准差 $S_{f_{\text{cu}}}$ 计算值小于 2.5N/mm^2 时，应取 2.5N/mm^2；

λ_1，λ_2——合格评定系数，按表 8-3 取用；

n——本检验期内的样本容量。

混凝土强度的合格评定系数 表 8-3

试件组数	10～14	15～19	≥20
λ_1	1.15	1.05	0.95
λ_2	0.90	0.85	

5.2 非统计方法评定

5.2.1 当用于评定的样本容量小于 10 组时，应采用非统计方法评定混凝土强度。

5.2.2 按非统计方法评定混凝土强度时，其强度应同时符合下列规定：

$$m_{f_{\text{cu}}} \geqslant \lambda_3 \cdot f_{\text{cu,k}}$$

$$f_{\text{cu,min}} \geqslant \lambda_4 \cdot f_{\text{cu,k}}$$

式中 λ_3，λ_4——合格评定系数，应按表 8-4 取用。

混凝土强度的非统计法合格评定系数 表 8-4

混凝土强度等级	<C60	≥C60
λ_3	1.15	1.10
λ_4	0.95	

5.3 混凝土强度的合格性评定

5.3.1 当检验结果满足第 5.1.2 条或第 5.1.3 条或第 5.2.2 条的规定时，则该批混凝土强度应评定为合格；当不能满足上述规定时，该批混凝土应评定为不合格。

5.3.2 对评定为不合格的混凝土，可按国家现行的有关标准进行处理。

8.8.2 英标 BS EN 206-1—2000

第 8.2.1.3 款

混凝土抗压强度合格评定选取的测试值应在一个不超过 12 个月的评估周期内。

混凝土抗压强度评定的试件必须为 28d 标准试件，并要符合 5.5.1.2 条的规定：

——不重叠或者重叠连贯测试值 f_{cm}（标准 1）；

——单个独立的测试值 f_{ci}（标准 2）。

初始生产或者连续生产的测试值满足表 8-5 中两个标准，即可认为混凝土抗压强度合格。

表 8-5

抗压强度合格评定标准

生 产	一个批次抗压强度测试值数量 n	标准 1	标准 2
		N 个测试值的平均值 (f_{cm}) N/mm^2	其他独立的测试值 (f_{ci}) N/mm^2
初始生产	3	$\geq f_{ck}+4$	$\geq f_{ck}-4$
连续生产	不少于 15	$\geq f_{ck}+1.48\sigma$	$\geq f_{ck}-4$

8.9 静力受压弹性模量试验

8.9.1 国标 GB/T 50081—2002《普通混凝土力学性能试验方法标准》

1. 标准试件

棱柱体（150mm×150mm×300mm）。

2. 试件数量

6 个。

3. 试验控制应力上下限

下限：0.5MPa；上限：$f_c/3$（f_c 为轴心抗压强度）。

4. 加载速率

混凝土强度等级＜C30 时，加载速率为 0.3～0.5MPa/s；C30～C60 时，加速速率为 0.5～0.8MPa/s；≥C60 时，加载速率为 0.8～1.0MPa/s。

5. 对中误差允许值

20%。

6. 试验步骤

预压 3 次，做完弹性模量试验后加载至破坏。

7. 计算公式

$$E_c = \frac{F_a - F_0}{A} \times \frac{L}{\Delta n}$$

式中　E_c——混凝土弹性模量（MPa）；

　　　F_a——应力为 1/3 轴心抗压强度时的荷载（N）；

　　　F_0——应力为 0.5MPa 时的初始荷载（N）；

　　　A——试件承压面积（mm^2）；

　　　L——测量标距（mm）；

$$\Delta n = \varepsilon_a - \varepsilon_0$$

　　　ε_a——F_a 时试件两侧变形的平均值（mm）；

ε_0——F_0 时试件两侧变形的平均值（mm）。

8.9.2 英标 BS 1881-121—1983

1. 标准试件

圆柱体（$\phi 150\text{mm} \times 300\text{mm}$）。

2. 试件数量

$\geqslant 4$ 个。

3. 试验控制应力上下限

下限：0.5MPa；上限：$f_c/3$（f_c 为轴心抗压强度）。

4. 加载速率

$0.6 \pm 0.4\text{N}/(\text{mm}^2 \cdot \text{s})$，参考值为 $0.6\text{N}/(\text{mm}^2 \cdot \text{s})$。

5. 对中误差允许值

10%。

6. 试验步骤

预载 3 次，做完弹性模量试验后加载至破坏。

7. 计算公式

$$E_c = \frac{\Delta_\sigma}{\Delta_\varepsilon} = \frac{\sigma_a - \sigma_b}{\varepsilon_a - \varepsilon_b}$$

式中　$\sigma_a = f_c/3$；$\sigma_b = 0.5\text{MPa}$；ε_a 为应力上限下平均应变；ε_b 为基准应力下平均应变。

8.10 混凝土吸水率试验

1. 国标 GB/T 50082—2009《普通混凝土长期性能和耐久性能试验方法标准》
2. 英标 BS 1881-122—1983（表 8-6）

表 8-6

对比点	英标 BS 1881-122-1983	国标 GB/T 50082—2009
1. 试件来源	现场钻芯取样	试模制作
2. 试件数量	3 个圆柱体	3 个圆柱体
3. 试件尺寸	$\phi 75 \pm 3\text{mm}$，长度不限	$\phi 100 \times 200\text{mm}$
4. 试验试件龄期	$28 \sim 32\text{d}$	28d
5. 烘干箱温度	$105 \pm 5\text{℃}$	$110 \pm 5\text{℃}$
6. 烘干时间	$72 \pm 2\text{h}$	烘干至恒重：24h 质量损失率小于 0.1%
7. 冷却要求	在干燥室中冷却 $24 \pm 0.5\text{h}$	冷却到室温，无时间限制
8. 吸水试验	冷却至室温后立即浸泡在水中，水温 $20 \pm 1\text{℃}$。水面高出试件顶部 $25 \pm 5\text{mm}$，浸泡时间为 $30 \pm 0.5\text{min}$，随即取出擦去表面水分，称重	将称量过干燥质量的试件半浸泡在水中，水温 $20 \pm 2\text{℃}$。水位高度在试件高度一半位置（$100 \pm 10\text{mm}$）；试件半浸泡 24h 后加水使其完全浸泡在水中，水面高出试件顶部 $50 \pm 10\text{mm}$，全浸泡 24h 后取出，用干净的湿布擦去表面水分，称量试件重量
9. 长度修正系数	因试件长度不同对计算结果进行修正	无修正系数
10. 计算结果	三个试件吸水率取平均值	同英标

8.11 混凝土耐久性参数测定方法

8.11.1 氯离子含量测定方法

8.11.1.1 国标 GB/T 50476—2008《混凝土结构耐久性设计规范》

硝酸银滴定水溶氯离子，5g 粉末溶于 100mL 蒸馏水，磁力搅拌 2h，取 50mL 溶液。

用吸管准确吸取 25mL 氯化钠标准溶液于 250mL 锥形瓶中，加蒸馏水 25mL。另取一锥形瓶，量取蒸馏水 50mL 作空白。各加入 1mL 络酸钾溶液，在不断的摇动下用硝酸银标准溶液滴定至砖红色沉淀刚刚出现为终点。计算每毫升硝酸银溶液所相当的氯化物量，然后校正其浓度，再做最后标定。

计算公式为：

$$C = \frac{(V_2 - V_1) \times M \times 35.45 \times 1000}{V}$$

式中 V_1——蒸馏水消耗硝酸银标准溶液量（mL）；

V_2——试样消耗硝酸银标准溶液量（mL）；

M——硝酸银标准溶液浓度（mol/L）；

V——试样体积（mL）。

8.11.1.2 BS 1881-124—1988

500mL 锥形烧瓶中放入 5g 粉末，加蒸馏水 50mL、硝酸 10mL；然后加入 50mL 热水，加热 4～5min，冷却至室温加入硝酸银标准溶液。加入 2～3mL 3,5,5-壬醇，塞紧烧杯，摇匀。加入 1mL 指示剂，随即用硝酸银溶液进行滴定至砖红色沉淀刚刚出现为终点。计算氯化物量，计算公式为：

$$J = \left\{ V_5 - \frac{V_6 m}{0.1} \right\} \frac{0.3545}{M_c} \times \frac{100}{C_1}$$

式中 M_c——混凝土粉末质量（g）；

V_5——硝酸银标准溶液体积（mL）；

V_6——硫氰酸铵溶液体积（mL）；

m——硫氰酸铵溶液摩尔浓度（mol/L）；

C_1——水泥用量百分比（%）。

8.11.2 硫酸根离子含量测定方法

8.11.2.1 国标 GB/T 50476—2008《混凝土结构耐久性设计规范》

量取适量可滤态试料置于 500mL 烧杯中，加两滴甲基红指示剂用适量的盐酸或者氨水调至显橙黄色，再加 2mL 盐酸，加水使烧杯中溶液的总体积至 200mL，加热煮沸至少 5min。在不断搅拌下缓慢加入 10±5mL 热氯化钡溶液，直到不再出现沉淀，然后多加 2mL，在 80～90℃下保持不少于 2h，或在室温至少放置 6h，最好过夜以陈化沉淀。然后灼烧或者烘干沉淀。

计算公式为：

$$c = \frac{m \times 411.6 \times 1000}{V}$$

式中 m——沉淀出来的硫酸钡质量（g）；

V——试料的体积（mL）；

411.6——$BaSO_4$ 质量换算为 SO_4 因数。

8.11.2.2 BS 1881-124-1988

400mL 烧杯中放入 5g 混凝土粉末，加蒸馏水 50mL、浓盐酸 10mL，然后加入 50mL 热水，盖好烧杯，缓慢加热 5～10min。加三滴甲基红指示剂并加热煮沸滤液，用稀氨水调至显橙黄色，加入浓盐酸 1mL，在不断搅拌下缓慢加入 10 ± 5mL 热氯化钡溶液，直到不再出现沉淀，在低于沸点的温度下加热 30min，随后冷却至室温，保持 12～24h。在 800～900℃温度下灼烧沉淀直至恒重。

计算公式为：

$$G = \frac{L}{M_d} \times 34.3 \times \frac{100}{C_1}$$

式中　M_d——混凝土粉末质量（g）；

C_1——水泥用量百分比（%）；

L——沉淀出来的硫酸钡质量（g）。

8.11.3　碱含量测定方法

8.11.3.1　国标 GB/T 50476—2008《混凝土结构耐久性设计规范》

试样用约 80℃的热水溶解，以氨水分离铁、铝；以碳酸钙分离钙、镁。滤液中的碱，采用相应的滤光片，用火焰光度计进行测定。分别向 100mL 容量瓶中注入 0.00，1.00，2.00，4.00，8.00，12.00mL 的氯化钾、氯化钠标准溶液（分别相当于氯化钾、氯化钠各 0.00，0.50，1.00，2.00，4.00，6.00mg），用水稀释至标线，摇匀，然后分别于火焰光度计上按仪器使用规程进行测定，根据测得的检流计读数与溶液的浓度关系，分别绘制氯化钾及氯化钠的工作曲线。

氯化钾含量按下式计算：

$$X_{K_2O} = \frac{C_1 \cdot n}{m \times 1000} \times 100$$

氯化钠含量按下式计算：

$$X_{Na_2O} = \frac{C_2 \cdot n}{m \times 1000} \times 100$$

总含量按下式计算：

$$X_{总碱量} = 0.658 \times X_{K_2O} + X_{Na_2O}$$

8.11.3.2　BS 1881-124—1988

取 5g 试样，放入容积为 400mL 的烧杯中，加水 150mL，浓硝酸 20mL 进行稀释，加热煮沸 10min 后移入 500mL 容量瓶中，用水稀释至标线，用中速滤纸滤出 100mL 滤液。吸取 25mL 滤液至 100mL 容量瓶中，加入 10mL 铝溶液，稀释至标线。然后分别于火焰光度计上按仪器使用规程进行测定，根据测得的检流计读数与溶液的浓度关系，依据 BS 4550-2：1970，计算溶液的浓度关系。计算公式如下：

$$H = \frac{0.2k}{M_n}$$

混凝土中等当量氧化钠含量，以占水泥用量百分比计算公式如下：

$$N_e = \frac{(u + w \times 0.658) \times 100}{C_1}$$

8.12 通过试压混凝土立方体试块检验压力试验机性能

1. 国标 GB/T 3159—2008《液压式万能试验机》
2. BS 1881-127—1990（表 8-7）

表 8-7

对比点	英标 BS 1881-127—1990	国标 GB/T 3159—2008
1. 检验手段	试压混凝土立方体试块，通过与标准压力试验机的偏差判定压力试验机性能	标准测力仪器，标准测力仪器实际力值与压力试验机读数偏差来判定试验机性能
2. 试件数量	18 个立方体试块为一组。a. 6 个边长 150mm（平均抗压强度在 70~85N/mm²）；b. 6 个边长 100mm（平均抗压强度在 70~85N/mm²）；c. 6 个边长 100mm（平均抗压强度在 14~19N/mm²）	对试验力应采用递增力进行三组测量，每组应在每级最大试验力的 20% 至最大试验力之间均匀选择五个力值测量点（一般可在每级最大试验力的 20%、40%、60%、80%、100%）
3. 加载速率	0.30 ± 0.05 N/（mm²·s）	混凝土强度等级<C30 时，加载速率为 $0.3 \sim 0.5$ MPa/s；C30~C60 时，加速率为 $0.5 \sim 0.8$ MPa/s；$\geqslant$ C60 时，加载速率为 $0.8 \sim 1.0$ MPa/s
4. 计算公式	$$l = d - e \quad (1)$$ $$u = d + e \quad (2)$$ $$d = 100(\bar{x} - \bar{x}_r)/\bar{x}_r \quad (3)$$ $$e = \frac{91 \sqrt{(s^2 + s_r^2)}}{\bar{x}_r} \quad (4)$$ 其中 l、u 为概率满足 T 形分布置信度为 95% 的区间上下限。$\bar{x}$、s、$\bar{x}_r$、s_r 为每一组 6 个试件抗压强度平均值，标准差	$$q = \frac{\overline{F}_i - F}{F} \times 100\% \quad (1)$$ $$b = \frac{F_{imax} - F_{imin}}{F} \times 100\% \quad (2)$$ $$u = \frac{|F'_i - F_i|}{F} \times 100\% \quad (3)$$ $$\frac{|F_{ic} - F|}{F} \leqslant 1.5 |q| \quad (4)$$

第9章 中英结构用钢筋规范对比

9.1 中英常用钢筋标准规范

了解、熟悉中英钢筋混凝土结构用钢筋所涉及的常用标准规范是进行两国相应标准对比研究的基础，便于使用时追本溯源。

在中国，钢筋混凝土用钢需符合 GB 1499 相关材料规定；钢筋在混凝土结构设计、施工中主要涉及 GB 50010《混凝土结构设计规范》、GB 50204《混凝土结构工程施工质量验收规范》和 GB 50666《混凝土结构工程施工规范》三大规范；钢筋的机械连接要求符合 JGJ 107《钢筋机械连接技术规程》；钢筋焊接要求符合 JGJ 18《钢筋焊接及验收规程》。其中，GB 50010《混凝土结构设计规范》包括了钢筋材料的基本规定，钢筋混凝土保护层厚度的要求，钢筋的锚固与连接及结构构件配筋要求等；GB 50204《混凝土结构工程施工质量验收规范》包括了对钢筋分项工程的一般规定，对钢筋原材检验、钢筋加工、连接、安装原则等施工内容进行了规范，明确了验收标准；JGJ 107《钢筋机械连接技术规程》对各种机械连接接头（含套筒挤压接头、锥螺纹接头、镦粗直螺纹接头、滚轧直螺纹接头、熔融金属充填接头、水泥灌浆充填接头等）的设计原则、性能等级、质量要求、应用范围以及检验评定方法、加工与安装方面的内容作出了统一规定；JGJ 18《钢筋焊接及验收规程》规定了各种焊接方法的使用范围及质量检验与验收规定。

而英国标准中，对混凝土结构用钢筋的规定主要涉及 BS 4449、BS 4483、BS EN 10060、BS EN 10080 等材料标准，BS EN ISO 15630-1 等试验标准，BS 8666 加工标准，BS 8110-1、BS EN 1992、BS EN 13670 等设计施工标准。其中 BS 8110-1 已非现行标准，但可被引用，其已被 BS EN 1992-1-1、BS EN 13670 等取代。

中英混凝土结构用钢筋主要相关规范列表详见表 9-1 和表 9-2。

混凝土结构中钢筋相关标准规范列表（中国）　　　　　　表 9-1

序号	规范号	名　称	说　明
1	GB/T 222—2006	钢的成品化学成分允许偏差	规定了非合金钢（沸腾钢除外）、低合金钢、合金钢的成品钢材（包括钢坯）的化学成分相对于规定熔炼化学成分界限值的允许偏差，并给出了相关术语的定义。本标准适用于钢的产品标准、技术规范对成品化学成分允许偏差的规定
2	GB1499.1—2008	钢筋混凝土用钢第1部分热轧光圆钢筋	规定了钢筋混凝土用热轧光圆钢筋的术语和定义、分类、牌号、订货内容、尺寸、外形、重量及允许偏差、技术要求、试验方法、检验规则、包装、标志及质量证明书；适用于钢筋混凝土用热轧直条、盘卷光圆钢筋。本部分不适用于由成品钢材再次轧制成的再生钢筋

序号	规范号	名　称	说　明
3	GB 1499.2—2007	钢筋混凝土用钢第2部分热轧带肋钢筋	规定了钢筋混凝土用热轧带肋钢筋的定义、分类、牌号、订货内容、尺寸、外形、重量及允许偏差、技术要求、试验方法、检验规则、包装、标志及质量证明书；适用于钢筋混凝土用普通热轧带肋钢筋和细晶粒热轧带肋钢筋。不适用于由成品钢材再次轧制成的再生钢筋及余热处理钢筋
4	GB 50010—2010	混凝土结构设计规范	适用于房屋和一般构筑物的钢筋混凝土、预应力混凝土以及素混凝土结构的设计。本规范不适用于轻骨料混凝土及其他特种混凝土结构的设计。本规范是对混凝土结构设计提出的基本要求。混凝土结构的设计除应符合本规范外，尚应遵守国家现行有关标准的规定
5	GB 50011—2010	建筑抗震设计规范	适用于抗震设防烈度为6、7、8和9度地区建筑工程的抗震设计及隔震消能减震设计抗震设防烈度大于9度地区的建筑和行业有特殊要求的工业建筑其抗震设计应按有关专门规定执行。建筑的抗震设计除应符合本规范要求外尚应符合国家现行的有关强制性标准的规定
6	GB 50300—2001	建筑工程施工质量验收统一标准	适用于建筑工程施工质量的验收并作为建筑工程各专业工程施工质量验收规范编制的统一准则；本标准依据现国家有关工程质量的法律法规管理标准和有关技术标准编制建筑工程各专业工程施工质量验收规范必须与本标准配合使用
7	GB 50204—2002（2010年版）	混凝土结构工程施工质量验收规范	适用于建筑工程混凝土结构施工质量的验收，不适用于特种混凝土结构施工质量的验收。本规范应与国家标准《建筑工程施工质量验收统一标准》GB 50300—2001配套使用。混凝土结构工程施工质量的验收除应执行本规范外，尚应符合国家现行有关标准的规定
8	GB 50666—2011	混凝土结构工程施工规范	
9	JGJ 18—2011	钢筋焊接与验收规范	适用于建筑工程混凝土结构中的钢筋焊接施工及质量检验与验收。在进行钢筋焊接施工及质量检验与验收时，除按本规程规定执行外，尚应符合国家现行有关强制性标准的规定
10	JGJ 107—2010	钢筋机械连接技术规程	适用于房座建筑与一般构筑物中各类钢筋机械连接接头的设计、应用与验收。用于机械连接的钢筋应符合现行国家标准《钢筋混凝土用钢第2部分·热轧带肋钢筋》GB 1499.2的规定。钢筋机械连接除应合本规程外，尚应符合国家现行有关标准的规定。原行业标准《钢筋机械连接通用技术规程》JGJ 107—2003、《带肋钢筋套筒挤压连接技术规程》JGJ 108—96和《钢筋锥螺纹接头技术规程》JGJ 109—96同时废止
11	JG/T 226—2008	混凝土结构用成型钢筋	本标准适用于混凝土结构用以各种方式加工并满足设计和施工要求的成型钢筋。

混凝土结构中钢筋相关标准规范列表（英国）　　　　表 9-2

序号	规范号	名称	说明	对应中国标准规范参考
1	BS 4449：2005 ＋ A2：2009	Steel for the reinforcement of concrete- Weldable reinforcing steel-Bar, coil and recoiled product-Specification	混凝土配筋用钢-可焊钢筋-直条、盘卷和开卷产品．规范（适用于钢筋直径6～50mm屈服强度500MPa的带肋可焊钢筋）	GB 1499.2—2007《钢筋混凝土用钢第2部分热轧带肋钢筋》

序号	规范号	名称	说明	对应中国标准规范参考
2	BS 4482：2005	Steel wire for the reinforcement of concrete products-Specification	混凝土配筋用钢丝．规范（适用钢丝直径2.5～12mm；屈服强度等级250MPa的盘卷光圆钢丝或钢筋，500MPa的光圆或带肋、压痕钢丝）	GB 1499.1—2008《钢筋混凝土用钢第1部分热轧光圆钢筋》GB/T 701—2008《低碳钢热轧圆盘条》GB/T 14981—2004《热轧盘条尺寸、外形、重量及允许偏差》YB/T 5294—2009《一般用途低碳钢丝》
3	BS 4483：2005	Steel fabric for the reinforcement of concrete-Specification	混凝土配筋用钢筋网．规范	GB/T 1499.3—2002《钢筋混凝土用钢筋焊接网》JGJ 114—2003《钢筋焊接网混凝土结构技术规程》
4	BS 6744：2001	Austenitic stainless steel bars for the reinforcement of concrete-Specification	用于混凝土的加筋用不锈钢棒．要求和试验方法	
5	BS 8110-1：1997	Structural use of concrete-Part 1：Code of practice for design and construction	混凝土结构使用-第1部分：设计和施工实用规程（＊非现行规范但可被引用）	GB 50010—2010《混凝土结构设计规范》GB 50204（2010年版）《混凝土结构工程施工质量验收规范》
6	BS EN 13670：2009	Execution of concrete structures	混凝土结构工程实施规范	GB 50010—2010《混凝土结构设计规范》GB 50204（2010年版）《混凝土结构工程施工质量验收规范》
7	BS 8666：2005	Scheduling, dimensioning, bending and cutting of steel reinforcement for concrete-Specification	混凝土结构用钢筋的任务单代制、尺寸计算、弯曲和切断技术规范	JG/T 226—2008《混凝土结构用成型钢筋》
8	BSEN 10020：2000	Definition and classification of grades of steel	钢材规定与分类	
9	BSEN 10060：2003	Hot rolled round steel bars for general purposes—Dimensions and tolerances on shape and dimensions	热轧光圆钢筋—形状和规格方面的规定和允许偏差	GB 1499.1—2008《钢筋混凝土用钢第1部分热轧光圆钢筋》
10	BS EN 10080：2005	Steel for the reinforcement of concrete-Weldable reinforcing steel-General	混凝土结构用钢．可焊接钢筋—总则	
11	BS EN ISO 15630-1：2002	Steel for the reinforcement and prestressing of concrete—Test methods—Part 1：Reinforcing bars, wire rod and wire	钢筋混凝土及预应力钢筋混凝土结构用钢筋—试验方法—第1部分：钢筋、盘条和钢丝	
12	BS EN 1992-1-1：2004	Eurocode 2：Design of concrete structures-Part 1.1：General rules and rules for buildings	欧洲法规2. 混凝土结构设计．第1.1部分总原则和对建筑结构的规定（＊将会完全取代BS 8110-1：1997）	GB 50010—2010《混凝土结构设计规范》

对比中英两国混凝土结构用钢筋相关规范列表，会初步发现英国标准分类更加细致，故选用英标时需严格按其适用范围选用相关规范标准，避免引用不适用的标准。

9.2 钢筋品种与规格比较

普通钢筋混凝土用钢筋包括中国现行国家标准《钢筋混凝土用钢第 1 部分：热轧光圆钢筋》GB 1499.1 的光圆钢筋、《钢筋混凝土用钢第 2 部分：热轧带肋钢筋》GB 1499.2 中的各种热轧带肋钢筋及现行国家标准《钢筋混凝土用余热处理钢筋》GB 13014 中的 KL400 带肋钢筋。《混凝土结构设计规范》GB 50010—2010 第 4.2.1 条规定：普通纵向受力钢筋宜采用 HRB400、HRB500、HRBF400、HRBF500 钢筋；也可采用 HRB335、HRBF335、HPB300 和 RRB400 钢筋；预应力筋宜采用钢丝、钢绞线和精轧螺纹钢筋；普通箍筋宜采用 HRB400、HRBF400、HRB500、HRBF500 钢筋；也可采用 HRB335、HRBF335 和 HPB300 钢筋。并在条文说明中推广 400MPa、500MPa 级高强钢筋；限制 335MPa 级钢筋；淘汰低强 235MPa 级钢筋，代之以 300MPa 级光圆钢筋。

鉴于中国国家现行钢筋相关标准在修订时已参考了 ISO 相应的国际标准，中国标准 GB 与英国标准 BS 之间的差异日益缩小。下面就将中英标准在钢筋材料方面的主要要求进行一些对比。

9.2.1 混凝土用钢筋分类及牌号

根据现行中国国家标准《钢筋混凝土用钢第 1 部分：热轧光圆钢筋》GB 1499.1、《钢筋混凝土用钢第 2 部分：热轧带肋钢筋》GB 1499.2，钢筋按屈服强度特征值分为 235、300、335、400、500 五级，详见表 9-3。

混凝土结构用钢筋分类及牌号（中国）　　　　　　　　表 9-3

产品名称	牌　号	符号	钢筋表面标志符号	公称直径 d（mm）	屈服强度标准值 f_{yk}（N/mm²）	极限应变 ε_{su}（%）	备注
普通热轧光圆钢筋	HPB235	Φ	无	6～22	235	不小于 10.0	HPB：Hot rolled Plain Bars
	HPB300			6～22	300		
普通热轧带肋钢筋	HRB335	Φ	3		335		HRB：Hot rolled Ribbed Bars；一至三级抗震结构适用牌号为：已有牌号后加 E，如 HRB400E
	HRB400	Φ	4	6～50	400		
	HRB500	Φ	5		500	不小于 7.5	
细晶粒热轧钢筋	HRBF335	ΦF	C3		335		HRBF：Hot rolled Ribbed Bars Fine；一至三级抗震结构适用牌号为：已有牌号后加 E，如 HRBF400E
	HRBF400	ΦF	C4	6～50	400		
	HRBF500	ΦF	C5		500		

英国标准中钢筋分类及等级划分主要涉及《Definition and classification of grades of steel》BS EN 10020：2000、《混凝土结构用钢．可焊接钢筋-总则》BS EN 10080：2005、

《混凝土配筋用钢-可焊钢筋-直条、盘卷和开卷产品．规范》BS 4449：2005＋A2：2009 等标准规范。

英标对混凝土结构用钢筋按几何或者特性试验分级，没有明确的分级规定。如：

（1）BS EN 10080：2005 "does not define technical classes. Technical classes should be defined in accordance with this document by specified values for R_e，A_{gt}，R_m/R_e，$R_{e,act}/R_{e,nom}$（if applicable），fatigue strength（if required），bendability，weldability，bond strength，strength of welded or clamped joints（for welded fabric or lattice girders）and tolerances on dimensions"。

（2）英标混凝土结构设计和施工规范 BS 8110-1：1997 中对热轧低碳钢筋和高屈服强度钢（热轧或冷加工）规定的特征强度 f_y 分别为 250MPa 和 500MPa。

（3）BS EN 1992-1-1：2004《Eurocode 2：Design of concrete structures-Part 1.1：General rules and rules for buildings》（欧洲法规 2. 混凝土结构设计．第 1.1 部分 总原则和对建筑结构的规定，其将会完全取代 BS 8110-1：1997）中对钢筋屈服强度 f_y 的要求为 400～600MPa。

（4）英标混凝土结构用钢筋标准 BS 4449：2005＋A2：2009 中对 500MPa 级别的钢筋根据延度又分为 B500A、B500B、B500C 三类（* "B" 为英文 "bar" 的缩写）。

从这些规范可以看出英国标准中混凝土结构用钢筋多采用屈服强度特征值为 500N/mm² 的高强度钢筋，其常用钢筋分级及代码见表 9-4。

混凝土结构用 Grade 500MPa 钢筋分类　　　　　　　　表 9-4

产品名称	等级分类	公称直径 d（mm）	屈服强度标准值 R_e（N/mm²）	最大力总伸长率 A_{gt}（%）
带肋可焊钢筋	B500A	6～50	500	2.5（$d<8$mm 时，取 1.0）
	B500B		500	5.0
	B500C		500	7.5

9.2.2　强度级别

英国标准钢筋混凝土结构设计规范 BS 8110-1：1997 中 3.1.7.4 条对钢筋特征强度予以规定，如表 9-5 所示。设计基于适当的特征强度，或者如果为降低挠度或控制裂缝需要而基于较低值。

英标钢筋强度　　　　　　　　表 9-5

名　称	规定的特征强度 f_y（N/mm²）
热轧低碳钢	250
高屈服强度钢（热轧或冷加工）	500

各国标准中对钢筋的强度级别或牌号的设置不尽相同，但大致可分为 300MPa（低）、400MPa（中）、500MPa（高）三组，我国 335 级钢筋实际用量为 70% 左右，主力强度属低强度级别；日本与美国的主力强度级别是 400MPa，属中强度级别；欧洲、英国主力强度级别是 500MPa，属高强度级别。中英钢筋强度级别对比见表 9-6。

表 9-6		中英钢筋强度级别对比表			

国　别	规　范	钢筋强度级别		
中国	GB 1499.2—2007	HRB335、 HRBF335	HRB400、 HRBF400	HRB500、 HRBF500
英国	BS 4449-2005	—	—	B500A、B500B、B500C
	BS 4482：2005	Grade 250		Grade 500

英标将 B500 钢筋又细分为 A、B、C 三级，三者主要是最大力总伸长率与强屈比不同，详见表 9-4。

9.2.3 结构设计中的强度

9.2.3.1 中国规范

中国混凝土结构设计规范 GB 50010—2010 取具有 95％以上保证率的屈服强度作为钢筋的强度标准值 f_{yk}，钢筋强度标准值是规定等级钢筋强度的代表值，按表 9-7 取值。

钢筋的强度设计值为其标准值除以材料分项系数 γ_s 的数值。延性较好的热轧钢筋 γ_s 取 1.10。按此原则，GB 50010—2010 补充确定了新增品牌钢筋的强度设计值，但对 500MPa 级钢筋适当提高了安全储备，γ_s 取 1.15。由于构件中混凝土受配箍约束，受压钢筋可以达到较高的强度，其抗压强度 y_f' 取与抗拉强度相同。

钢筋的抗拉强度设计值及抗压强度设计值应按表 9-7 采用；当构件中配有不同种类的钢筋时，每种钢筋应采用各自的强度设计值计算。横向钢筋抗拉强度的设计值 f_{yv} 应按表中抗拉设计强度 f_y 取值；但用作受剪、受扭、受冲切承载力计算时，其数值不应大于 $360N/mm^2$。

表 9-7		中国钢筋强度标准值及设计值（N/mm^2）			

种　类	材料分 项系数 γ_s	屈服强度标 准值 f_{yk}	极限强度标 准值 f_{stk}	抗拉强度设计 值 f_y	抗压强度设计 值 f_y'
HPB300	1.1	300	420	270	270
HRB335、HRBF335	1.1	335	455	300	300
HRB400、HRBF400	1.1	400	540	360	360
HRB500、HRBF500	1.15	500	630	435	435

注：$f_{yk} = \gamma_s f_y$。

9.2.3.2 英国规范

英国规范 BS EN1992-1-1：2004 中也取具有 95％保证率的屈服强度作为钢筋的强度标准值 f_{yk}，且规定钢筋屈服强度 f_{yk} 取值在 400～600MPa 之间，其上限值为 600MPa。在承载能力极限状态计算中，采用钢筋强度设计值 f_{yd}（抗拉）和 f_{yd}'（抗压）。与中国标准 GB 50010—2010 类似，钢筋的强度设计值为其标准值除以材料分项系数 γ_s 的数值。英国规范建议，持久和短暂状况 $\gamma_s = 1.15$；偶然状况下，则 $\gamma_s = 1.0$；对于使用极限状态，$\gamma_s = 1.0$。

同混凝土的材料分项系数一样，英国规范 BS EN1992-1-1：2004 允许在一定条件下对

材料分项系数 γ_s 进行调整。

1. 若施工中实施了质量控制，保证构件截面尺寸的不利偏差在表 9-8 给出的减小偏差范围内，则钢筋的分项系数可折减为 $\gamma_{s,red1}=1.1$。

混凝土构件减小的偏差　　　　　　　　　表 9-8

h 或 b (mm)	减小的偏差 (mm)		图　例
	截面尺寸 $\pm\Delta h$，$\pm\Delta b$	钢筋位置 $+\Delta c$	
≤150	5	5	
400	10	10	
≥2500	30	20	

注：1. 中间值可取线性插值；
　　2. $+\Delta c$ 指截面内或 1m 宽度内（如板和墙）钢筋或预应力筋的平均值。

2. 当设计承载力按偏差减小的临界尺寸进行计算，或通过对竣工的结构进行测量的临界尺寸为基础进行计算时，包括有限高度，钢筋的分项系数可折减为 $\gamma_{s,red2}=1.05$。

根据英国规范 BS EN1992-1-1：2004 规定，英国普通钢筋的强度标准值、设计值见表 9-9 所列。

英标普通钢筋强度标准值及设计值（N/mm²）　　　　　　表 9-9

种　类	材料分项系数 γ_s	屈服强度标准值 f_{yk}	抗拉强度设计值 f_y	抗压强度设计值 f_y'
Grade A、B、C	1.15	400	350	—
	1.15	500	435	—
	1.15	600	520	—

9.3　钢筋性能对比

9.3.1　化学成分

9.3.1.1　碳当量计算公式

对碳当量值 C_{eq} 的计算，中英两国标准规定的计算公式一致，见下式：

$$C_{eq} = C + \frac{Mn}{6} + \frac{Cr + Mo + V}{5} + \frac{Ni + Cu}{15}$$

9.3.1.2　钢筋化学成分（熔炼分析）

英标 BS 4449 和 BS 4482 中规定各个成分的值和碳当量，不得超过表 9-10 中所示的极限值。在进行产品分析时，在表 9-10 所示的最大极限之外的棒材，应视为不符合本标准。

中国标准 GB 1499 要求钢筋牌号及化学成分和碳当量（熔炼分析）应符合表 9-10 的

规定，根据需要，钢中还可加入 V、Nb、Ti 等元素，其化学成分允许偏差应符合 GB/T 222—2006 的规定，详参见表 9-11。

中英钢筋化学成分及碳当量要求比较　　　　　　　　　　表 9-10

牌　号		化学成分（质量分数）(%)，不大于							
		C	Si	Mn	P	S	N	Cu	C_{eq}
英国规范	熔炼分析	0.22			0.05	0.05	0.012	0.80	0.42 (BS 4482)
									0.50 (BS 4449)
	成品分析	0.24			0.055	0.055	0.014	0.85	0.44 (BS 4482)
									0.52 (BS 4449)
中国规范	HPB235	0.22	0.30	0.65	0.045	0.050			
	HPB300	0.25	0.55	1.50					
	HRB335 HRBF335	0.25	0.80	1.60	0.045	0.045	0.012		0.52
	HRB400 HRBF400								0.54
	HRB500 HRBF500								0.55

中英钢筋化学成分允许偏差（单位：质量分数）　　　　　　表 9-11

牌　号		化学成分						
		C	Si	Mn	P	S	N	Cu
英国规范	熔炼分析	当该批钢筋碳当量值小了 0.02% 时，C_{max}% 可上偏差 0.03%			0	0	0	0
	成品分析				0	0	0	0
中国规范 GB/T 222—2006	HPB235	+0.02, −0.02	+0.03, −0.03	+0.03, −0.03	+0.005, 0	+0.005, 0	+0.005, −0.005	
	HPB300							
	HRB335 HRBF335		+0.05, −0.05	+0.06, −0.06				
	HRB400 HRBF400							
	HRB500 HRBF500							

　　从表 9-11 可知英国规范比中国规范在化学成分的允许偏差要求更严格。

9.3.2　力学性能

　　钢筋的五大基本力学性能是：屈服强度 R_e、抗拉强度 R_m、断后伸长率 A、最大力总伸长率 A_{gt}、抗拉强度与屈服强度的比 R_m/R_e。屈服强度 R_e 是决定钢筋混凝土结构承载力与结构设计的主要指标，世界各国都用屈服强度来命名钢的强度等级。强屈比 R_m/R_e 是评价钢材使用可靠性的一个参数，强屈比越大，钢材受力超过屈服点工作时的可靠性越大，安全性越高。最大力总伸长率 A_{gt} 表示在结构不断裂的情况下钢筋能够承受塑性变形的能力；断后伸长率 A 仅能反映钢筋的颈缩断口局部区域的残余变形能力，而最大力总伸长率 A_{gt} 不仅反映了钢筋的颈缩断口的残余变形，还考虑了恢复的弹性变形。

中国 GB 1499.2—2007 规定的钢筋基本力学性能为四大指标，没有强屈比的规定，具体见表 9-12。

GB 1499 中规定的钢筋力学性能　　　　　表 9-12

牌　号	屈服强度 R_e （N/mm^2）	抗拉强度 R_m （N/mm^2）	断后伸长率 A （%）	最大力总伸长率 A_{gt} （%）
	不小于			
HPB235	235	370	25	10
HPB300	300	420	25	10
HRB335 HRBF335	335	455	17	7.5
HRB400 HRBF400	400	540	16	7.5
HRB500 HRBF500	500	630	15	7.5

注：1. GB 1499 规定：钢筋的屈服强度 R_e、抗拉强度 R_m、断后伸长率 A、最大力总伸长率 A_{gt} 等力学性能特征值应符合上表的规定。表中所列各力学性能特征值，可作为交货检验的最小保证值。

2. 直径 28～40mm 各牌号钢筋的断后伸长率 A 可降低 1%；直径大于 40mm 各牌号钢筋的断后伸长率 A 可降低 2%。

3. 中国《混凝土结构设计规范》GB 50010—2010 中 11.2.2 条规定"梁、柱、墙、支撑中的受力钢筋宜采用热轧带肋钢筋"；第 11.2.3 条规定"按一、二、三级抗震等级设计的框架和斜撑构件，其纵向受力钢筋应符合下列要求：1 钢筋的抗拉强度实测值与屈服强度实测值的比值不应小于 1.25；2 钢筋的屈服强度实测值与屈服强度标准值的比值不应大于 1.30；3 钢筋的极限应变不应小于 9%。"

和国标相比，英标采用屈服强度、强屈比、最大力总伸长率三大指标。英标 BS 4449—2009 中规定如表 9-13 所示。

BS 钢筋力学性能特征值　　　　　表 9-13

产品名称	等级分类	屈服强度标准值 R_e （N/mm^2）	抗拉强度/屈服强度比值 R_m/R_e	最大力总伸长率 A_{gt} （%）
盘卷光圆钢筋 直径 $d \leqslant 12mm$	Grade250	250	1.15	5.0
带肋可焊钢筋	B500A	500	1.05 （$d<8mm$ 时，取 1.02）	2.5 （$d<8mm$ 时，取 1.0）
	B500B	500	1.08	5.0
	B500C	500	$\geqslant 1.15$，<1.35	7.5

对比中英规范，可以看出中国Ⅰ级钢筋的延伸率大于英国 250 级钢筋，中国Ⅱ级和Ⅲ级钢筋的延伸率大于英国 B500A 和 B500B 级钢筋。

9.3.3　弯曲性能

中国标准 GB 1499 规定按表 9-14 规定的弯芯直径弯曲 180°后钢筋受弯曲部位表面

不得产生裂纹。根据需方要求，热轧带肋钢筋可进行反向弯曲性能试验。反向弯曲试验的弯芯直径比弯曲试验相应增加一个钢筋公称直径。先正向弯曲 90°后再反向弯曲 20°。两个弯曲角度均应在去载之前测量。经反向弯曲试验后，钢筋受弯曲部位表面不得产生裂纹。

弯曲试验弯芯直径（单位：mm）　　　　　　　　　表 9-14

牌　号	公称直径 d	弯芯直径
HPB235	6～22	d
HPB300		
HRB335 HRBF335	6～25	3d
	28～40	4d
	>40～50	5d
HRB400 HRBF400	6～25	4d
	28～40	5d
	>40～50	6d
HRB500 HRBF500	6～25	6d
	28～40	7d
	>40～50	8d

英标 BS 4449：是通过再弯曲试验来证明热轧带肋钢筋弯曲性能。将试件（其弯芯直径不得超过表 9-15 中的规定值）弯成 90°，对试件进行时效处理，然后再至少向回弯 20°。试验后，试件上应无可见裂纹或裂缝。

再弯曲试验弯芯直径　　　　　　　　　表 9-15

热轧带肋钢筋公称直径 d（mm）	最大弯芯直径
≤16	4d
>16	7d

9.3.4　疲劳性能

虽然大型建筑结构的梁柱和吊车梁等处于静止状态，但它们中的混凝土构件承受的是多次重复交变载荷的作用，而混凝土中的钢筋往往在低于材料许用应力的服役条件下产生疲劳破坏。因此，英国、德国、美国和日本在其建筑用钢性能标准中，将疲劳强度作为材料使用能力的重要指标。而目前中国国内基本上研究钢筋混凝土构件的静态下的强度，还没有建筑用钢筋疲劳试验的统一标准，GB 1499 中对热轧带肋钢筋规定"如需方要求，经供需双方协议，可进行疲劳性能试验。疲劳试验的技术要求和试验方法由供需双方协商确定"（可参考国标《金属材料疲劳试验轴向力控制方法》GB/T 3075—2008）。中国混凝土结构设计规范 GB 50010—2010 中表 4.2.6-1 对钢筋疲劳应力幅限值（N/mm²）进行了规定。该规范条文说明中补充说明对承受疲劳荷载作用的构件，延性较差的细晶粒 HRBF 钢筋应该控制应用；RRB400 钢筋不宜用于直接承受疲劳荷载的构件。由于缺乏足够的试验研究，HRB500 级带肋钢筋疲劳应力幅限值暂缺，有待通过试验补充。

而英国混凝土中碳素钢筋标准 BS 4449 明确规定了认证必须的疲劳性能的要求，规定：在轴向等幅力控制，以 0.2 的应力比（$\sigma_{min}/\sigma_{max}$）和表 9-16 所给应力范围条件下，带肋钢筋的疲劳寿命必须达到 500 万次。

钢筋疲劳试验条件	表 9-16
钢筋公称直径 d（mm）	应力范围（MPa）
$d \leqslant 16$	200
$20 \geqslant d > 16$	185
$25 \geqslant d > 20$	170
$32 \geqslant d > 25$	160
$d > 32$	150

9.4 中英规范对钢筋尺寸、外形、重量及允许偏差要求对比

9.4.1 公称直径范围与推荐直径

中英两国规范的热轧带肋钢筋公称直径均是从 6～50mm，都推荐使用钢筋的公称直径是 8、10、12、16、20、25、32、40mm。但"英国规范"中没有 14、18、22、28、36mm 的钢筋，使用时应尽量避免使用。

9.4.2 公称直径截面面积及理论重量

常用热轧带肋钢筋的公称横截面面积与理论重量   表 9-17

公称直径（mm）	英国规范 BS 4449：2005＋A2：2009		中国规范 GB 1499.2—2007	
	公称横截面面积（mm²）	理论重量（kg/m）	公称横截面面积（mm²）	理论重量（kg/m）
8	50.3	0.395	50.27	0.395
10	78.5	0.617	78.54	0.617
12	113	0.888	113	0.888
16	201	1.58	201	1.58
20	314	2.47	314	2.47
25	491	3.85	491	3.85
32	804	6.31	804	6.31
40	1257	9.86	1257	9.87
备注	理论重量中英两国规范均按密度 0.00785kg/mm² 计算			

对于钢筋截面积和钢筋的重量，从表 9-17 对比可知中英两国规范基本相同，需要注意的是中国规范 GB 50010—2010 表 A.1 对单根钢筋计算截面面积与 GB 1499.2—2007 表 2 中钢筋公称横截面面积数值略有不同，使用中国规范结构设计时应取对值。

9.4.3 钢筋表面形状

带肋钢筋通常带有纵肋，也可不带纵肋。通过对比英标 BS 4449：2005＋A2：2009 第 7.4.2 条和中国标准 GB 1499.2—2007，英标对钢筋的外形尺寸的规定没有国标明确、具体、详细，国标规定了各公称直径钢筋表面形状的尺寸和允许偏差，英标则相对笼统些。

9.4.4 长度、重量及允许偏差

中英规范常用热轧带肋钢筋重量的允许偏差比较   表 9-18

公称直径（mm）	英国规范 BS 4449：2005＋A2：2009	中国规范 GB 1499.2—2007
	每米长度实际重量与理论重量的偏差（%）	每批次实际重量与理论重量的偏差（%）
6～8	±6.0	±7
10～12	±4.5	±7
14～20	±4.5	±5
22～50	±4.5	±4

中英规范热轧带肋钢筋长度允许偏差对比　　　　　　表 9-19

每根钢筋要求的长度尺寸允许偏差	英国规范 BS 4449：2005＋A2：2009	中国规范 GB 1499.2—2007
	+100，-0mm	±25mm
备注		当要求最小长度时，允许偏差为＋50mm，0；当要求最大长度时，允许偏差为-50mm，0

中英相应规范均要求钢筋的标称长度和重量应符合订单或合同的要求交货。通过表 9-18 和表 9-19 的对比可知，对重量的允许偏差，英标要求较严格，中国规范没有限制单根钢筋重量的允许偏差，而是按批次计量；英国规范不允许钢筋长度小于所需长度尺寸，其严于中国标准规定。

9.5　混凝土保护层

钢筋的混凝土保护层是指结构中最外层钢筋（包括箍筋、构造筋、分布筋等）外边缘至混凝土表面的距离。中英两国标准对其定义相同，但要求却有不同。

9.5.1　中国标准规范中对混凝土保护层厚度的要求

根据近年我国对于混凝土结构耐久性的科研试验及调查分析，并参考《混凝土结构耐久性设计规范》GB/T 50476 和《工业建筑防腐蚀设计规范》GB 50046 以及国外相应规范、标准的有关规定，出于对混凝土结构耐久性的考虑，《混凝土结构设计规范》GB 50010—2010 新规范对混凝土保护层的厚度作了较大的调整。

9.5.1.1　混凝土结构耐久性设计及环境作用等级

国标《混凝土结构耐久性设计规范》GB/T 50476—2008 对常见环境作用下房屋建筑、城市桥梁、隧道等市政基础设施与一般构筑物中普通混凝土结构及其构件的耐久性设计进行了较为详细的规定（轻骨料混凝土及其他特种混凝土结构除外）。

考虑混凝土结构的耐久性问题十分复杂，不仅环境作用本身多变，带有很大的不确定与不确知性，而且结构材料在环境作用下的劣化机理也有诸多问题有待进一步明确。我国幅员辽阔，各地环境条件与混凝土原材料均存在很大差异，目前除个别特殊工程以外，一般建筑结构的耐久性问题只能采用经验性的方法解决。所以 GB/T 50476—2008 还只是推荐性标准，在应用该规范时，设计师需充分考虑当地的实际情况。

国标《混凝土结构设计规范》GB 50010—2010 在参考 GB/T 50476—2008 及其他相关规范情况下，针对房屋混凝土结构特点，在 3.5 节专门介绍了混凝土结构耐久性定性设计的主要内容，对影响混凝土结构耐久性的外部因素——环境等级进行了分类，对恶劣条件下的环境等级在表注中作了较详细的说明，见表 9-20。

GB 50010—2010 表 3.5.2 混凝土结构的环境类别　　　　　　表 9-20

环境类别	条　件
一	室内干燥环境；无侵蚀性静水浸没环境
二 a	室内潮湿环境； 非严寒和非寒冷地区的露天环境； 非严寒和非寒冷地区与无侵蚀性的水或土壤直接接触的环境； 严寒和寒冷地区的冰冻线以下与无侵蚀性的水或土壤直接接触的环境

环境类别	条 件
二b	干湿交替环境；水位频繁变动环境； 严寒和寒冷地区的露天环境； 严寒和寒冷地区冰冻线以上与无侵蚀性的水或土壤直接接触的环境
三a	严寒和寒冷地区冬季水位变动区环境； 受除冰盐影响环境；海风环境
三b	盐渍土环境； 受除冰盐作用环境；海岸环境
四	海水环境
五	受人为或自然的侵蚀性物质影响的环境

注：1 室内潮湿环境是指构件表面经常处于结露或湿润状态的环境；
2 严寒和寒冷地区的划分应符合现行国家标准《民用建筑热工设计规范》GB 50176 的有关规定；
3 海岸环境和海风环境宜根据当地情况，考虑主导风向及结构所处迎风、背风部位等因素的影响，由调查研究和工程经验确定；
4 受除冰盐影响环境是指受到除冰盐雾影响的环境；受除冰盐作用环境指被除冰盐溶液溅射的环境以及使用除冰盐地区的洗车房、停车楼等建筑；
5 暴露的环境是指混凝土结构表面所处的环境。

9.5.1.2 混凝土保护层厚度的要求

GB 50010—2010 中 8.2 款有详细规定，引文如下：

8.2.1 构件中受力钢筋的保护层厚度应不小于钢筋的公称直径。设计使用年限为 50 年的混凝土结构，最外层钢筋的保护层厚度应符合表 9-21 的规定；设计使用年限为 100 年的混凝土结构，最外层钢筋的保护层厚度应不小于表 9-21 数值的 1.4 倍。

GB 50010—2010 表 8.2.1 钢筋的混凝土保护层最小厚度（mm） 表 9-21

环境类别及耐久性作用等级	板、墙、壳	梁、柱
一	15	20
二a	20	25
二b	25	35
三a	30	40
三b	40	50

注：1 混凝土强度等级不大于 C25 时，表中保护层厚度数值增加 5mm；
2 钢筋混凝土基础宜设置混凝土垫层，基础中钢筋的混凝土保护层厚度应从垫层顶面算起，且不应小于 40mm；
3 混凝土建筑结构的环境类别和耐久性作用等级，可按表 9-20 确定。

8.2.2 当有充分依据并采取下列有效措施时，可适当减小混凝土保护层的厚度。

1 构件表面有可靠的防护层；

2 采用工厂化生产的预制构件；

3 在混凝土中掺加阻锈剂或采用阴极保护处理等防锈措施；

4 当对地下室墙体采取可靠的建筑防水做法或防腐措施时，与土壤接触一侧钢筋的保护层厚度可适当减少，但不应小于 25mm。

8.2.3 梁、柱、墙中纵向受力钢筋的保护层厚度大于 50mm 时，宜对保护层采取有效的构造措施。当在保护层内配置防裂、防剥落的钢筋网片时，网片钢筋的保护层厚度不应小于 25mm。

9.5.2 英国/欧盟标准规范对混凝土保护层厚度的要求

英国标准对钢筋混凝土保护层厚度的要求主要体现在《Structural use of concrete-Part 1：Code of practice for design and construction》BS 8110-1：1997、《Concrete-Complementary British Standard to BS EN 206-1—Part 1：Method of specifying and guidance for the specifier》BS 8550-1：2006、《Eurocode 2：Design of concrete structures-Part 1.1：General rules and rules for buildings》BS EN 1992-1-1：2004、《UK National Annex to Eurocode 2：Design of concrete structures—Part 1-1：General rules and rules for buildings》NA to BS EN 1992-1-1：2004 这几个规范中。

按照 BS EN 1992-1-1：2004 规范前言所述，BS 8110-1：1997 与 BS EN 1992-1-1：2004 将有 3 年的共存期，此后 BS 8110-1：1997 将被 BS EN 1992-1-1：2004 完全替代。故英国标准对钢筋混凝土保护层厚度的要求在本书中将以现行 BS EN 1992-1-1：2004 及其配套的 NA to BS EN 1992-1-1：2004 这两个规范为主进行说明。

9.5.2.1 混凝土结构耐久性设计及环境作用等级

钢筋混凝土保护层厚度的要求与环境类别密切相关，与中国标准 GB 50010—2010 表 3.6.2 一样，英标 BS EN 1992-1-1：2004 亦根据混凝土的暴露条件进行分级，如表 9-22 所示。

符合 EN 206-1 环境条件的混凝土环境作用等级　　　　　　　　表 9-22

	环境类别及作用等级		环境条件	结构构件示例
1	无侵蚀作用	X0	素混凝土：除冻融、腐蚀或化工侵害的环境；钢筋或劲性混凝土：干燥环境	处于室内空气湿度很低的混凝土构件
2	碳化侵蚀作用	XC1	干燥或永久的静水浸没状态下	处于室内空气湿度低的混凝土；混凝土所有表面均永久处于静水下的构件
		XC2	湿，很少干	混凝土表面长期与水接触的构件；基础
		XC3	中湿度	处于室内高或中湿度环境中的混凝土构件；遮挡雨水的室外混凝土构件
		XC4	干湿交替环境	除 XC2 情况外，混凝土表面与水接触的构件
3	氯化物侵蚀作用	XD1	中湿度	表面受空气中氯化物侵蚀的混凝土构件
		XD2	湿，很少干	游泳池；受工业用水中氯化物侵蚀的混凝土构件
		XD3	干湿交替环境	桥梁中受含氯的浪花冲蚀的部分构件；硬路面；停车场路面
4	海水中氯化物侵蚀作用	XS1	盐雾，不与海水直接接触	海岸上或紧邻海岸的混凝土结构
		XS2	永久浸没在海水中	海工建筑物的部分构件
		XS3	潮汐区和浪溅区	海工建筑物的部分构件
5	冻融侵害作用	XF1	中度饱水，未用除冰剂	立面受雨淋和冰冻的混凝土构件
		XF2	中度饱水，用除冰剂	立面受冰冻和除冰剂作用的道路结构
		XF3	高度饱水，未用除冰剂	水平面受雨淋和冰冻的混凝土构件
		XF4	高度饱水，用除冰剂	结构层受除冰剂作用的路桥构件；表面直接遭受除冰剂作用和冰冻作用的混凝土构件；处于浪溅区受除冰剂作用的海工建筑物构件

环境类别及作用等级		环境条件	结构构件示例
6	化工侵害作用	XA1	低侵蚀性化工环境 （见 EN206-1，表 2）	天然土壤和地下水
		XA2	中侵蚀性化工环境 （见 EN206-1，表 2）	天然土壤和地下水
		XA3	高侵蚀性化工环境 （见 EN206-1，表 2）	天然土壤和地下水

9.5.2.2 满足耐久性要求的混凝土强度等级

满足耐久性要求的混凝土强度等级在 BS EN 1992-1-1：2004 中的要求见表 9-23。

满足耐久性要求的混凝土强度等级　　　　　　　　　　表 9-23

环境类别及作用等级			对应要求的混凝土强度等级	说　明
腐蚀作用	碳化	XC1	C20/25	条件：设计使用年限 50 年，结构等级 S4
		XC2	C25/30	
		XC3	C30/37	
		XC4		
	氯化	XD1	C30/37	
		XD2		
		XD3	C35/45	
	海水氯化	XF1	C30/37	
		XF2	C35/45	
		XF3		
对混凝土的损害	无危害	X0	C12/15	
	冻融	XF1	C30/37	
		XF2	C25/30	
		XF3	C30/37	
	化学侵害	XA1	C30/37	
		XA2		
		XA3	C35/45	

9.5.2.3 钢筋的混凝土保护层厚度要求

在耐久性分析的基础上，BS EN 1992-1-1：2004 结合考虑粘结条件、附加要求、是否采用不锈钢、外加保护措施等多个方面，提出了确定混凝土土保护层厚度的方法。

1. 钢筋的混凝土保护层厚度需在设计图中标明，其计算如下式：

$$c_{\text{nom}} = c_{\text{min}} + \Delta c_{\text{dev}}$$　　　　　　（式 5.1）

式中　c_{nom}——规范要求的钢筋的混凝土保护层设计厚度；

　　　c_{min}——规范要求的钢筋的混凝土保护层的最小设计厚度（见式 5.2）；

　　　Δc_{dev}——规范规定的钢筋的混凝土保护层设计厚度的修正值，英标 NA to BS EN 1992-1-1：2004 中规定同欧盟标准 EN 1992-1-1：2004，其值一般为 10mm。

2. 钢筋的混凝土保护层的最小厚度 c_{min}

钢筋的混凝土保护层的最小厚度 c_{min} 应满足：①保证握裹层混凝土对受力钢筋的锚固作用；②对钢筋的防腐保护满足混凝土结构耐久性要求；③防火要求。

a. 钢筋的混凝土保护层的最小厚度 c_{min} 的计算，可按下式进行：

$$c_{min} = \max\{c_{min,b}; c_{min,dur} + \Delta c_{dur,\gamma} - \Delta c_{dur,st} - \Delta c_{dur,add}; 10mm\} \qquad (式 5.2)$$

式中　c_{min}——规范要求的钢筋的混凝土保护层的最小设计厚度；

$c_{min,b}$——考虑握裹层混凝土对受力钢筋的锚固作用的最小保护层厚度，见表 9-25；

$c_{min,dur}$——考虑环境条件对结构耐久性影响的最小保护层厚度，见表 9-25；

$\Delta c_{dur,\gamma}$——结构耐久性安全附加值，英标 NA to BS EN 1992-1-1：2004 与欧盟标准 EN 1992-1-1：2004 中相同，其值为 0mm；

$\Delta c_{dur,st}$——当采用不锈钢材时，钢筋保护层最小设计厚度的可减小值，英标 NA to BS EN 1992-1-1：2004 与欧盟标准 EN 1992-1-1：2004 中相同，其值一般为 0mm；

$\Delta c_{dur,add}$——当采用其他可提高结构耐久性的措施时，钢筋保护层最小设计厚度的可减小值，英标 NA to BS EN 1992-1-1：2004 与欧盟标准 EN1992-1-1：2004 中相同，其值一般为 0mm。

b. 在其他混凝土构件（预制的或现浇的）表面现浇混凝土时，若混凝土强度不小于 C25/30，混凝土表面暴露在室外环境中的时间小于 28d 且交界面粗糙时，则到界面的最小保护层厚度 $c_{min,b}$ 可被减小到表 9-24 中规定的要求。

c. 若基层表面粗糙（如基层为外露的骨料），最小保护层厚度 $c_{min,b}$ 应至少应另增加 5mm。

d. 英标 BS EN 1992-1-1：2004 中对易遭受磨损的混凝土表面进行了磨损等级划分，并建议了相应表面保护层厚度增加值，供设计人员参考。

考虑握裹层混凝土对受力钢筋的锚固作用的最小保护层厚度 $c_{min,b}$　　表 9-24

配筋方式	最小保护层厚度 $c_{min,b}$ *	备　注
单筋排列	钢筋直径 d	*：如果公称最大骨料直径大于 32mm，$c_{min,b}$ 则需另增加 5mm
钢筋束排列	当量直径 ϕ_n	

考虑环境因素和混凝土结构等级作用的最小保护层厚度 $c_{min,dur}$　　表 9-25

结构等级	环境作用等级						
	X0	XC1	XC2/XC3	XC4	XD1/XS1	XD2/XS2	XD3/XS3
S1	10	10	10	15	20	25	30
S2	10	10	15	20	25	30	35
S3	10	10	20	25	30	35	40
S4	10	15	25	30	35	40	45
S5	15	20	30	35	40	45	50
S6	20	25	35	40	45	50	55

说明：1. 环境作用等级划分详见表 9-19；
　　　2. 结构等级划分见表 9-23。一般情况下，按设计使用年限 50 年、混凝土强度按表 9-20 中的规定的结构等级为 S4，其他情况下的结构等级 S 则在此基础上按表 9-26 上下浮动计算，且最小结构等级为 S1。

<table>
<thead>
<tr>
<th rowspan="2">依 据</th>
<th colspan="7">环境作用等级</th>
</tr>
<tr>
<th>X0</th>
<th>XC1</th>
<th>XC2/XC3</th>
<th>XC4</th>
<th>XD1</th>
<th>XD2/XS1</th>
<th>XD3/XS2/XS3</th>
</tr>
</thead>
<tbody>
<tr>
<td>设计使用年限 100 年</td>
<td>S+2</td>
<td>S+2</td>
<td>S+2</td>
<td>S+2</td>
<td>S+2</td>
<td>S+2</td>
<td>S+2</td>
</tr>
<tr>
<td>混凝土强度等级</td>
<td>≥C30/37
S-1</td>
<td>≥C30/37
S-1</td>
<td>≥C35/45
S-1</td>
<td>≥C40/50
S-1</td>
<td>≥C40/50
S-1</td>
<td>≥C40/50
S-1</td>
<td>≥C45/55
S-1</td>
</tr>
<tr>
<td>符合平板几何条件的构件（钢筋位置不受施工工序影响）</td>
<td>S-1</td>
<td>S-1</td>
<td>S-1</td>
<td>S-1</td>
<td>S-1</td>
<td>S-1</td>
<td>S-1</td>
</tr>
<tr>
<td>经特殊质量控制的保证质量的混凝土构件</td>
<td>S-1</td>
<td>S-1</td>
<td>S-1</td>
<td>S-1</td>
<td>S-1</td>
<td>S-1</td>
<td>S-1</td>
</tr>
</tbody>
</table>

混凝土结构等级的定义　　　　　　　　　　　　表 9-26

注：S——结构等级。

通过分析中英规范，可以发现两国标准均按照结构设计使用年限、结构环境类别及耐久性作用等级对钢筋的保护层厚度进行了规定，但英标中的要求比中国现行标准更加明确和详细。

英标中对钢筋保护层厚度的要求主要与结构耐久性、结构等级有关，设计使用年限、混凝土强度等级、结构平板几何条件、构件加工质量都对钢筋保护层厚度进行了明确约束。而中国标准则简化考虑，按平面构件及杆形构件分两类确定保护层厚度，简化了混凝土强度的影响，C30 以上统一取值，其主要按设计使用年限、结构耐久性、构件类别对钢筋保护层厚度进行了明确。英标中规定了并筋（钢筋束）的混凝土保护层厚度，而现行中国标准对此尚未提及，亟待规范修订时予以明确。

9.6　钢筋锚固

9.6.1　锚固长度的概念

锚固长度是混凝土结构中保证钢筋向混凝土传力的一个基本概念，中国规范和欧洲规范的定义有所不同。

9.6.1.1　中国规范

国标 GB 50010—2010 中对锚固长度定义如下："受力钢筋依靠其表面与混凝土的粘结作用或端部构造的挤压作用而达到设计承受应力所需的长度"称之为锚固长度 l_a。

9.6.1.2　英国标准

英标 BS EN 1992-1-1：2004 中采用的基本锚固长度 $l_{b,rqd}$ 同中国规范的锚固长度概念不同。中国规范是以钢筋屈服为条件确定的，锚固长度从最大弯矩点算起，而英国规范的基本锚固长度是以钢筋应力 σ_{sd} 为基础的，不一定是屈服强度，锚固长度从应力为 σ_{sd} 的点算起，如图 9-1 所示。

9.6.2　锚固长度的确定

9.6.2.1　中国标准

1. 基本锚固长度

普通纵向受拉钢筋具有规定可靠度的基本锚固长度计算公式如下：

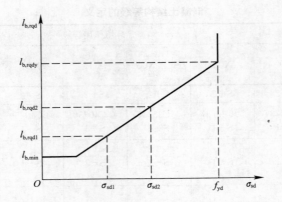

图 9-1　BS EN 1992-1-1：2004 的钢筋基本锚固长度

$$l_{ab} = \alpha \frac{f_y}{f_t} d$$

式中　l_{ab}——受拉钢筋的基本锚固长度；

f_y——普通钢筋的抗拉强度设计值，按规范 GB 50010—2010 中表 4.2.3-1 采用；

f_t——混凝土轴心抗拉强度设计值，按规范 GB 50010—2010 中表 4.1.4-2 采用；当混凝土强度等级高于 C60 时，按 C60 取值；

d——锚固钢筋的公称直径；

α——锚固钢筋的外形系数，按表 9-27（规范 GB 50010—2010 中表 8.3.1）取用。

规范 GB 50010—2010 中表 8.3.1 钢筋的外形系数　　　　表 9-27

钢筋类型	光面钢筋	带肋钢筋	螺旋肋钢丝	三股钢绞线	七股钢绞线
α	0.16	0.14	0.13	0.16	0.17

注：光面钢筋末端应做 180°弯钩，弯后平直段长度不应小于 3d，但作受压钢筋时可不做弯钩。

2. 锚固长度的修正

在实际工程中，由于锚固条件和锚固强度的变化，锚固长度也应作相应的调整。为此，中国规范对各种锚固长度修正的情况作出了规定，受拉钢筋的锚固长度计算公式如下：

$$l_a = \xi_a l_{ab}$$

式中　l_a——受拉钢筋的锚固长度，不小于 200mm；

ξ_a——锚固长度修正系数，可按规范 GB 50010—2010 中 8.3.2 条的规定取用，当多于一项时，可按连乘计算，但不应小于 0.6。

对于公称直径大于 25mm 的带肋粗直径钢筋，考虑其相对肋高减小对锚固作用降低的影响，中国标准中规定其锚固长度修正系数 ξ_a 取值 1.10，使其锚固长度适当加大。

3. 受压钢筋的锚固长度

柱及桁架上弦等构件中的受压钢筋也存在着锚固问题。受压钢筋的锚固长度为相应受拉锚固长度的 70%。这是根据工程经验、试验研究及可靠度分析，并参考国外规范确定的。受压钢筋不应采用末端弯钩和一侧贴焊锚筋的锚固措施。规范 GB 50010—2010 中对受压钢筋锚固区域的横向配筋也提出了要求。

在实际工程应用中，中国《混凝土结构施工图平面整体表示方法制图规则和构造详图》G101 系列图集对混凝土结构中常用各级钢筋与各强度等级的混凝土相配合时的受拉钢筋最小锚固长度值和受拉钢筋抗震锚固长度值分别编制成表，方便设计施工中直接取用。

9.6.2.2 英国/欧盟标准

1. 钢筋锚固方法

BS EN1992-1-1：2004 中，钢筋锚固计算包括基本锚固长度和设计锚固长度。钢筋锚固方法参考图 9-2。

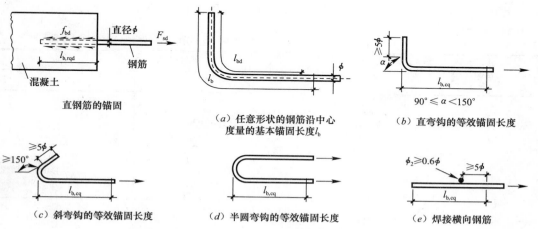

直钢筋的锚固

（a）任意形状的钢筋沿中心度量的基本锚固长度 l_b

（b）直弯钩的等效锚固长度

（c）斜弯钩的等效锚固长度

（d）半圆弯钩的等效锚固长度

（e）焊接横向钢筋

图 9-2 BS EN 1992-1-1：2004 的钢筋锚固方法

2. 钢筋基本锚固长度

钢筋基本锚固长度 $l_{b,rqd}$ 按下式计算：

$$l_{b,rqd} = \frac{\phi}{4} \times \frac{\sigma_{sd}}{f_{bd}}$$

其中

$$f_{bd} = 2.25 \eta_1 \eta_2 f_{ctd}$$

式中　ϕ——钢筋直径；

　　σ_{sd}——承载能力极限状态下锚固位置钢筋的设计应力；

　　f_{bd}——带肋钢筋的极限粘结应力设计值；

　　f_{ctd}——混凝土抗拉强度设计值，按 BS EN 1992-1-1：2004 中 3.1.6（2）确定；考虑高强混凝土脆性大，只限于 C60 以下值。

　　η_1——与粘结状态和浇筑混凝土时钢筋位置有关的系数，"好"的条件下 $\eta_1 = 1.0$，其他情况和用滑模制作的构件的钢筋 $\eta_1 = 0.7$；关于粘结状态的描述，可参考 BS EN1992-1-1：2004 中图 8.2。

　　η_2——与钢筋直径有关的系数，钢筋直径不大于 32mm 时 $\eta_2 = 1.0$，钢筋直径大于 32mm 时 $\eta_2 = (132-\phi)/100$。

3. 设计锚固长度

钢筋设计锚固长度 l_{bd} 按下式计算：

$$l_{bd} = \alpha_1 \alpha_2 \alpha_3 \alpha_4 \alpha_5 l_{b,rqd} \geqslant l_{b,min}$$

式中　α_1——采用适当的保护层时考虑钢筋品种的影响系数；

α_2——保护层厚度影响系数；

α_3——横向钢筋约束影响系数；

α_4——沿设计锚固长度 l_{bd} 焊接一根或多根横向钢筋（$\phi_t \geqslant 0.6\phi$）的影响系数；

α_5——沿设计锚固长度传递到劈裂面压力的影响系数；

$l_{b,rqd}$——钢筋基本锚固长度；

$l_{b,min}$——当无其他限制时的最小锚固长度，受拉锚固时 $l_{b,min} \geqslant \max \{0.3l_{b,rqd}$；$10\phi$；100mm\}；受压锚固时 $l_{b,min} \geqslant \max \{0.6l_{b,rqd}$；$10\phi$；100mm\}

式中 α_1、α_2、α_3、α_4、α_5 取值见表9-28，其中乘积 $\alpha_2\alpha_3\alpha_5 \geqslant 0.7$。

系数 α_1、α_2、α_3、α_4 和 α_5 的取值　　　　　　表9-28

影响因素	锚固类型	钢　筋	
		受拉	受压
钢筋弯钩形式	直锚	$\alpha_1 = 1.0$	$\alpha_1 = 1.0$
	除直锚外的其他锚固形式（图2中b、c、d）	$\alpha_1 = 0.7 \ (c_d > 3\phi)$ $\alpha_1 = 1.0 \ (c_d \leqslant 3\phi)$	$\alpha_1 = 1.0$
混凝土保护层	直锚	$\alpha_2 = 1 - 0.15 \ (c_d - \phi)/\phi$ $\geqslant 0.7$ $\leqslant 1.0$	$\alpha_2 = 1.0$
	除直锚外的其他锚固形式（图9-2中b、c、d）	$\alpha_2 = 1 - 0.15 \ (c_d - 3\phi)/\phi$ $\geqslant 0.7$ $\leqslant 1.0$	$\alpha_2 = 1.0$
受未焊在主筋的横向钢筋约束	所有类型	$\alpha_3 = 1 - K\lambda$ $\geqslant 0.7$ $\leqslant 1.0$	$\alpha_3 = 1.0$
受焊接横向钢筋约束	所有类型（位置和尺寸见图9-2中e）	$\alpha_4 = 0.7$	$\alpha_4 = 0.7$
受横向压力约束	所有类型	$\alpha_5 = 1 - 0.04p$ $\geqslant 0.7$ $\leqslant 1.0$	—

注：c_d、K、λ、p 值详参考 BS EN1992-1-1：2004 中表8.2。

按 6.2.2.3 节中的公式确定受拉钢筋的锚固长度比较复杂，BS EN 1992-1-1：2004 也允许采用简化方法取值。图 9-2 示意出了不同钢筋弯钩时的等效锚固长度 $l_{b,eq}$，对于图 9-2 中（b）、（c）、（d）中的钢筋形式，$l_{bd} = \alpha_1 l_{b,rqd}$，对于图 9-2 中（e）中的钢筋形式，$l_{bd} = \alpha_4 l_{b,rqd}$。

考虑粗直径钢筋（英标定义为 $\phi > 40mm$，欧标建议为 32mm）产生的劈裂应力高，销栓作用大，其锚固性能较细钢筋差，BS EN 1992-1-1：2004 规定粗直径钢筋使用时应采用机械装置进行锚固，具体内容可参考该规范第 8.8 条。

总之，BS EN 1992-1-1：2004 对钢筋锚固长度定义、计算方法和公式与中国标准 GB 50010 不同，其考虑的因素比较多，计算也相对复杂。在框架结构梁柱节点处的钢筋锚固和连接，中英标准也有一定差异，BS EN 1992-1-1：2004 还分别给出了框架节点承受张开弯矩和闭合弯矩情况下的压杆-拉杆模型。

9.7 钢筋连接

钢筋连接的基本要求是保证接头区域应有的承载力、刚度、延性、恢复性能以及疲劳性能。钢筋连接的形式（搭接、机械连接、焊接）各自适用于一定的工程条件。各种类型钢筋接头的传力性能（强度、变形、恢复力、破坏状态等）均不如直接传力的整根钢筋，任何形式的钢筋连接均会削弱其传力性能。因此钢筋连接的基本原则为：

连接接头设置在受力较小处；同一受力钢筋上宜少设连接接头；限制钢筋在构件同一跨度或同一层高内的接头数量；避开结构的关键受力部位，如柱端、梁端的箍筋加密区，并限制接头面积百分率；在钢筋连接区域应采取必要的构造措施等。

9.7.1 中国标准规定与要求

《混凝土结构工程施工质量验收规范》GB 50204—2002 中钢筋的连接方式有搭接，机械连接以及焊接三种；且连接的通则为：钢筋的接头宜设置在受力较小处；同一纵向受力钢筋不宜设置两个或两个以上接头；接头末端至钢筋弯起点的距离不应小于钢筋直径的10 倍。

9.7.1.1 钢筋接头搭接连接

1. 搭接应用范围

由于近年钢筋强度提高及各种机械连接技术的发展，在《混凝土结构设计规范》GB 50010—2010 中对绑扎搭接连接钢筋的应用范围及直径限制较之前适当加严，规定"轴心受拉及小偏心受拉杆件的纵向受力钢筋不得采用绑扎搭接；其他构件中的钢筋采用绑扎搭接时，受拉钢筋直径不宜大于 25mm，受压钢筋直径不宜大于 28mm。"

2. 搭接接头连接区段及接头面积百分率

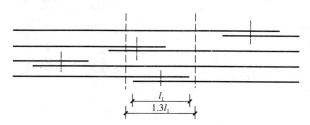

注：图中所示同一连接区段内的搭接接头钢筋为两根，当钢筋直径
相同时，钢筋搭接接头面积百分率为50%

图 9-3 同一连接区段内纵向受拉钢筋的绑扎搭接接头

同一构件中相邻纵向受力钢筋的绑扎搭接接头宜相互错开。绑扎搭接接头中钢筋的横向净距不应小于钢筋直径，且不应小于 25mm。钢筋绑扎搭接接头连接区段为 1.3 倍的搭接长度 l_l，即相邻两个搭接接头中心的间距需大于 $1.3l_l$ 时才算不在同一连接区段，也就是钢筋端部相距要大于 $0.3l_l$，如图 9-3 示意。

同一连接区段内，纵向受拉钢筋搭接接头面积百分率应符合设计要求；当设计无具体要求时，应符合下列规定：

（1）对梁类、板类及墙类构件，不宜大于 25%；

（2）对柱类构件，不宜大于 50%；

（3）当工程中确有必要增大接头面积百分率时，对梁类构件，不应大于 50%；对于其他构件，可根据实际情况放宽。

3. 搭接区域内构造要求

在梁、柱类构件的纵向受力钢筋搭接长度范围内，应按设计要求配置箍筋。当设计无具体要求时，应符合下列规定：

（1）箍筋直径不应小于搭接钢筋较大直径的 0.25 倍；

（2）受拉搭接区域的箍筋间距不应大于搭接钢筋较小直径的 5 倍，且不应大于 100mm；

（3）受压搭接区域的箍筋间距不应大于搭接钢筋较小直径的 10 倍，且不应大于 200mm；

（4）当柱中纵向受力钢筋直径大于 25mm 时，应在搭接接头两个端面外 100mm 范围内各设置两个箍筋，其间距宜为 50mm。

4. 受拉钢筋的搭接长度

受拉钢筋绑扎搭接接头的搭接长度 l_l 应根据位于同一连接区段内的钢筋搭接接头面积百分率按下列公式计算，且不应小于 300mm。

$$l_l = \xi_l l_a \geqslant 300\text{mm}$$

式中　l_l——纵向受拉钢筋的搭接长度；

ξ_l——搭接长度修正系数，可按表 9-29 取用，即规范 GB 50010—2010 中表 8.4.4；

l_a——纵向受拉钢筋的锚固长度。

规范 GB 50010—2010 中纵向受拉钢筋搭接长度修正系数　　　　表 9-29

纵向钢筋搭接接头面积百分率（%）	≤25	50	100
ξ_l	1.2	1.4	1.6

5. 受压钢筋的搭接长度

构件中的纵向受压钢筋当采用搭接连接时，其受压搭接长度 l_l' 为纵向受拉钢筋搭接长度 l_l 的 0.7 倍，且不应小于 200mm。即：

$$l_l' = 0.7 l_l \geqslant 200\text{mm}$$

9.7.1.2　钢筋接头机械连接或焊接连接

在施工现场，钢筋机械连接接头、焊接接头应分别按国家现行标准《钢筋机械连接通用技术规程》JGJ 107、《钢筋焊接及验收规程》JGJ 18 的规定对其试件力学性能和接头外观进行检查。

当受力钢筋采用机械连接接头或焊接接头时，设置在同一构件内的接头宜相互错开。并且通过控制纵向钢筋接头面积百分率来控制相互错开，当设计无具体要求时，同一连接区段内，应符合下列要求：

（1）在受拉区不宜大于 50%；

（2）接头不宜设置在有抗震设防要求的框架梁端、柱端的箍筋加密区；当无法避开时，对等强度高质量机械连接接头，不应大于 50%；

（3）直接承受动力荷载的结构构件中，不宜采用焊接接头；当采用机械连接接头时，不应大于50％。

9.7.2 英标规定与要求

9.7.2.1 搭接接头连接

1. 搭接应用范围

英国规范 BS EN 1992-1-1：2004 中 8.8 条规定，除构件截面尺寸小于 1m 或应力不超过设计极限强度80％的情况，一般粗直径钢筋（欧洲规范中定义为直径大于32mm的钢筋；英国规范中定义为直径大于40mm的钢筋）不采用搭接连接。中英规范中对钢筋搭接范围的规定基本一致，相比之下，中国规范较英国规范要求严格些。

2. 搭接接头连接区段及接头面积百分率

英国规范 BS EN 1992-1-1：2004 中 8.7 条规定，两根搭接钢筋之间的横向净间距不超过 4ϕ 或 50mm，否则应增加搭接长度，增加的长度为超过 4ϕ 或 50mm 处钢筋的净距。相邻两组搭接钢筋之间的纵向距离不小于 0.3 倍的搭接长度 l_0。对于相邻搭接的情况，两组搭接钢筋之间的净距不小于 2ϕ 或 20mm，如图 9-4 示意。

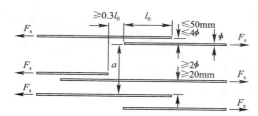

图 9-4　BS EN 1992-1-1：2004 规范中对纵向受拉钢筋的绑扎搭接要求

当符合上面的规定时，若所有钢筋分布在一层，手拉钢筋允许的搭接率为100％；如果钢筋多层布置，搭接率减小为50％。所有受压钢筋和次钢筋（分布筋）可在一个截面内搭接。

3. 搭接区域内构造要求

英国规范 BS EN 1992-1-1：2004 中 8.7.4 条规定，搭接区需要配置横向钢筋来抵抗横向拉力。对于横向受拉钢筋，当搭接钢筋的直径 ϕ_1 小于20mm 或任何截面上搭接钢筋的百分比小于25％时，由其他原因而配置的横向钢筋或箍筋足以抵抗横向拉力而不要检验。当搭接钢筋的直径大于或等于20mm 时，横向钢筋的总面积 A_{st}（平行于搭接钢筋层的所有肢）不小于一组搭接钢筋的总面积 A_s（$\Sigma A_{st} \geq 1.0 A_s$）。横向钢筋的布置应垂直于搭接钢筋且在搭接钢筋与混凝土表面之间，并在搭接截面的外侧，如图 9-5（a）所示。当超过50％的钢筋搭接在一个接头且一个截面相邻搭接间的距离 $a \leq 10\phi$ 时（图 9-4），横向钢筋应做成箍筋或 U 型钢筋锚固在截面内。

对于永久受压钢筋的横向钢筋，除对受拉钢筋的相关规定外，应有一根横向钢筋布置在搭接长度每端的外侧，且在搭接长度端部 4ϕ 的范围内，如图 9-5（b）示意。

4. 受拉钢筋的搭接长度

搭接长度均以锚固长度为基础进行计算。

英国规范 BS EN 1992-1-1：2004 中 8.7.3 条规定，钢筋设计搭接长度 l_0 按下式计算：

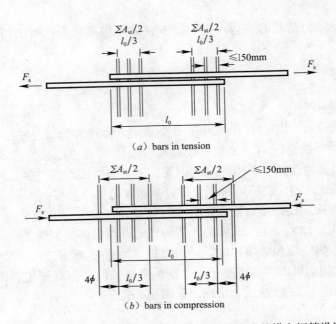

（a）bars in tension

（b）bars in compression

图 9-5　BS EN 1992-1—1：2004 规范中搭接接头的横向钢筋设置

$$l_0 = \alpha_1 \alpha_2 \alpha_3 \alpha_5 \alpha_6 l_{b,rqd} \geqslant l_{0,min}$$

式中　α_1——采用适当的保护层时考虑钢筋品种的影响系数；

　　　α_2——保护层厚度影响系数；

　　　α_3——横向钢筋约束影响系数；

　　　α_5——沿设计锚固长度传递到劈裂面压力的影响系数；

　　　α_6——同一连接区段内搭接接头面积百分率的影响系数；

　　　$l_{b,rqd}$——钢筋基本锚固长度；

　　　$l_{0,min}$——当无其他限制时的最小搭接长度，$l_{0,min} \geqslant \max\{0.3\alpha_6 l_{b,rqd}; 15\phi; 200mm\}$；

　　　式中 α_1、α_2、α_3、α_5 取值见表 9-28；α_6 按表 9-30 取值，不超过 1.5。

BS EN 1992-1—1：2004 中系数 α_6 取值　　　　　　　　　表 9-30

搭接钢筋占钢筋总截面面积的百分率（%）	<25	33	50	>50
ξ_1	1	1.15	1.4	1.5

5. 受压钢筋的搭接长度

构件中的纵向受压钢筋的搭接长度计算与受拉钢筋的搭接长度计算公式相同，但系数 $\alpha_1 \sim \alpha_5$ 按表 9-28 中受压情况取值。

9.7.2.2　钢筋接头机械连接或焊接连接

英标中钢筋的连接方式同中国标准一样也有搭接、焊接和机械连接，BS 8110-1：1997 中规定"接头应避开高应力处并且尽量错开。当接头区域所受荷载主要为周期循环性质时，不应采用焊接连接"。

对于焊接的要求，规定焊接应尽量在工厂加工完成，避免施工现场的临时焊接工作，焊接的类型分为三种：金属极电弧焊、闪光对焊和电阻焊。对于焊接接头的位置要求如下：不宜在钢筋弯曲部位实施焊接，设置在同一构件内不同的受力主筋的接头宜相互错开，接头之间的距离不应小于钢筋的锚固长度。英标 BS EN ISO 17660-1 2006、BS EN ISO 17660-2 2006 对钢筋焊接有具体要求。

关于机械接头连接，英标中并无明确的技术规范，接头试验通过 BS 8110 规范相应力学要求即可，一般可在通过英国 CARES™ 认证的接头产品中选用。

9.8 钢筋加工

9.8.1 中国标准对钢筋加工成型的相关规定与要求

9.8.1.1 受力钢筋的弯钩与弯折要求

在《混凝土结构工程施工质量验收规范》GB 50204—2002 中，对受力钢筋的弯钩与弯折（图 9-6）作如下规定：

（1）HPB235 级钢筋末端应做 180°弯钩，其弯弧内直径不应小于钢筋直径的 2.5 倍，弯钩的弯后平直部分长度不应小于钢筋直径的 3 倍；

（2）当设计要求钢筋末端需做 135°弯钩时，HRB335 级、HRB400 级钢筋的弯弧不应小于钢筋直径的 4 倍，弯钩的弯后平直部分长度应符合设计要求；

（3）钢筋做不大于 90°弯折时，弯折处的弯弧内直径不应小于钢筋直径的 5 倍。

9.8.1.2 箍筋弯钩要求

除焊接封闭环式箍筋外，箍筋的末端应做弯钩，弯钩形式应符合设计要求；当设计无具体要求时，应符合下列规定：

1. 箍筋弯钩的弯弧内直径除应满足上面规定外，尚应不小于受力钢筋直径；

2. 箍筋弯钩的弯折角度：对一般结构，不应小于 90°；对有抗震等要求的结构，应为 135°（图 9-7）；

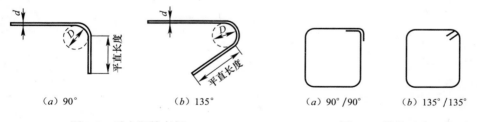

| (a) 90° | (b) 135° | (a) 90°/90° | (b) 135°/135° |

图 9-6　受力钢筋弯折　　　　　　图 9-7　箍筋示意

3. 箍筋弯后平直部分长度：对于一般结构，不宜小于箍筋直径的 5 倍；对有抗震等要求的结构，不应小于箍筋直径的 10 倍。

9.8.1.3 钢筋其他加工要求

钢筋调直宜采用机械方法，也可采用冷拉方法。当采用冷拉方法调直钢筋时，HPB235 级钢筋的冷拉率不宜大于 4%，HRB335 级、HRB400 级和 RRB400 级钢筋的冷拉率不宜大于 1%。

钢筋加工的形状、尺寸应符合设计要求，其偏差应符合表 9-31（即规范 GB 50204—2002 表 5.3.4）的规定。

钢筋加工的允许偏差 表 9-31

项　目	允许偏差（mm）
受力钢筋顺长度方向全长的净尺寸	±10
弯起钢筋的弯折位置	±20
箍筋内净尺寸	±5

9.8.1.4 混凝土结构用成型钢筋行业标准

在上述要求基础上，中国行业标准 JG/T 226—2008《混凝土结构用成型钢筋》对按规定尺寸、形状加工成型的混凝土结构用非预应力钢筋制品的产品标记、加工要求、试验方法、检验规则、包装、标志、贮运等进行了明确的规定，进一步指导工程施工。

9.8.2 英标对钢筋加工成型的相关规定与要求

9.8.2.1 钢筋的弯钩与弯折要求

英标设计规范 BS EN 1992-1-1：2004 中第 8.3 款内容对避免钢筋破坏的最小弯曲直径进行了规定，并在配套规范 NA to BS EN 1992-1-1：2004 中表 NA.6a）和表 NA.6b）中给出了英标规定的最小弯曲直径 $\phi_{m,min}$（表 9-32）。

避免钢筋和钢丝破坏的最小弯曲直径（mm） 表 9-32（a）

钢筋直径 ϕ	弯折、斜弯钩和半圆弯钩的最小弯曲直径 $\phi_{m,min}$	图　例
≤16	4ϕ	
>16	7ϕ	

注：钢筋的准备、尺寸确定、弯曲和切断应符合 BS 8666：2005。

避免焊接钢筋和焊接后的钢筋网破坏的最小弯曲直径（mm） 表 9-32（b）

横向钢筋的位置（定义为钢筋直径 ϕ 的倍数）	最小弯曲直径 $\phi_{m,min}$	图　例
横向钢筋在弯折处的内表面、外表面或横向钢筋的中心距弯折处≤4ϕ	20ϕ	
横向钢筋的中心距弯折处>4ϕ	对于 ϕ≤16，取 4ϕ 对于 ϕ≤20，取 7ϕ	

注：钢筋的准备、尺寸确定、弯曲和切断应符合 BS 8666：2005。原表详见 NA to BS EN 1992-1-1：2004 中表 NA.6b）。

154

另外，在 BS 8666：2005 第 7.2 节规定钢筋弯曲加工尺寸应符合该规范表 2（表 9-33）的要求，钢筋末端弯钩和弯折后的平直部分长度应不小于 $5d$（表 9-32a，d 为受弯钢筋直径，下同）。弯折角度小于 $150°$ 时，钢筋末端弯钩和弯折后的平直部分长度应不小于 $10d$ 且不小于 $70mm$（图 9-8）。在英标设计规范 BS EN 1992-1-1：2004（表 9-32a）的基础上，BS 8666：2005 给出了在最小弯曲直径 $\phi_{m,min}$ 下各直径钢筋末端弯曲的最小尺寸 P（表 9-33）。

最小弯曲直径 $\phi_{m,min}$ 下各直径钢筋末端弯曲的最小尺寸 P　　　　　　　　表 9-33

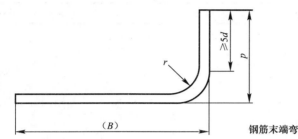

钢筋末端弯曲最小值 p

受弯钢筋公称直径 d（mm）	最小下料半径 r（mm）	最小弯弧内直径 M（mm）	钢筋末端弯曲最小值 P	
			常规（最小 $5d$ 平直长度），含弯钩＞150（mm）	弯钩＜150°的情况（最小 $10d$ 平直长度）（mm）
6	12	24	110[a]	110[a]
8	16	32	115[a]	115[a]
10	20	40	120[a]	130
12	24	48	125[a]	160
16	32	64	130	210
20	70	140	190	290
25	87	175	240	365
32	112	224	305	465
40	140	280	380	580
50	175	350	475	725

表 9-33 中，当弯折角度≥150°时，$P \geqslant 5d+r+d$；当弯折角度＜150°时，$P \geqslant (10d+r+d,\ 70mm+r+d)$。另外，对于英标 BS EN 1992—1.1：2004 中的相应规定不适用于 BS 4449：2005 中 B500A 级直径小于 8mm 的钢筋。

英标 BS EN1992-1—1：2004 中第 8.5 款内容对箍筋弯折和弯钩的弯后平直部分长度进行了规定，参见图 9-8。

考虑成型钢筋的运输，英标中规定每根成型钢筋所占矩形区域的短边不大于 2750mm，一般情况下长度不

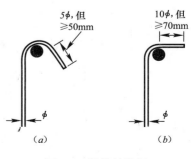

图 9-8　箍筋的锚固

大于 12m，特殊情况下不应大于 18m。

9.8.2.2 钢筋弯曲标准形状与长度计算

英标 BS 8666：2005 中对于钢筋弯钩与弯折并没有区分钢筋等级与钢筋用途，而是以图表的形式规定了 34 种钢筋弯折形状，和标准焊接钢筋网尺寸参数供设计施工使用。现引用部分图表在本节中，如表 9-34 所示，剩余部分见原规范规定。相比，中国行业标准中 JG/T 226—2008《混凝土结构用成型钢筋》则对成型钢筋给出了 67 种钢筋弯折形状。

部分钢筋弯曲标准形状与长度计算　　　　　表 9-34

Shape code	Shape	Total length of bar, L measured along centre line
15	（图：带 A、B、（C）尺寸标注的弯折形状）	$A+$ （C） Neither A nor (C) shall be less than P in Table 2. See Note 1
21	（图：带 A、B、（C）尺寸标注的 U 形）	$A+B+$ （C） $-r-2d$ Neither A nor (C) shall be less than P in Table 2
22	（图：带 A、B、C、（D）尺寸标注的形状） Key 1　Semi-circular	$A+B+C+$ （D） $-1.5r-3d$ C Shall not be less than 2 （r+d）. Neither A nor (D) shall be less than P in Table 2. (D) shall not be less than $C/2+5d$
23	（图：带 A、B、（C）尺寸标注的 Z 形）	$A+B+$ （C） $-r-2d$ Neither A nor (C) shall be less than P in Table 2

Shape code	Shape	Total length of bar, L measured along centre line
24	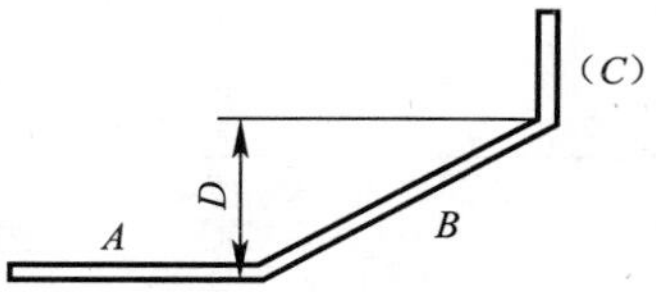	$A+B+(C)$ A and (C) are at $90°$to one another
25	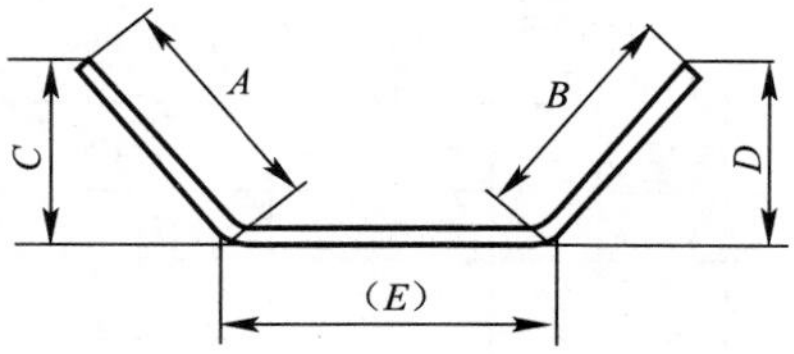	$A+B+(E)$ Neither A nor B shall be less than P in Table 2. If E is the critical dimension, schedule a 99 and specify A or B as the free dimension. See Note 1
26	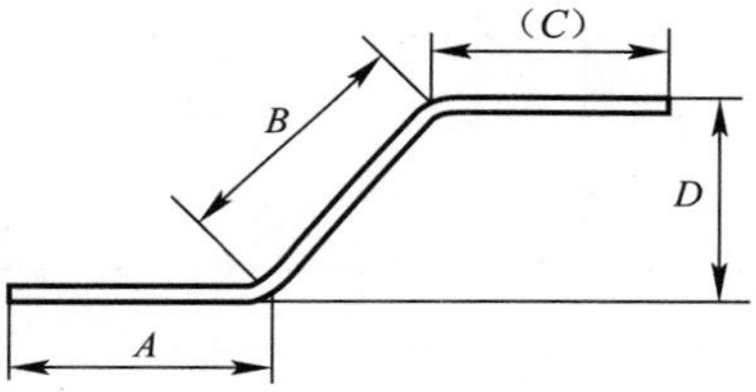	$A+B+(C)$ Neither A nor (C) Shall be less than P in Table 2. See Note 1
27	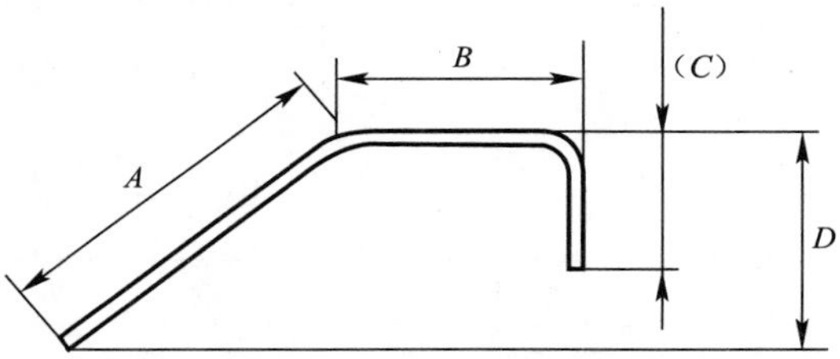	$A+B+(C)-0.5r-d$ Neither A nor (C) shall be less than P in Table 2. See Note 1
28	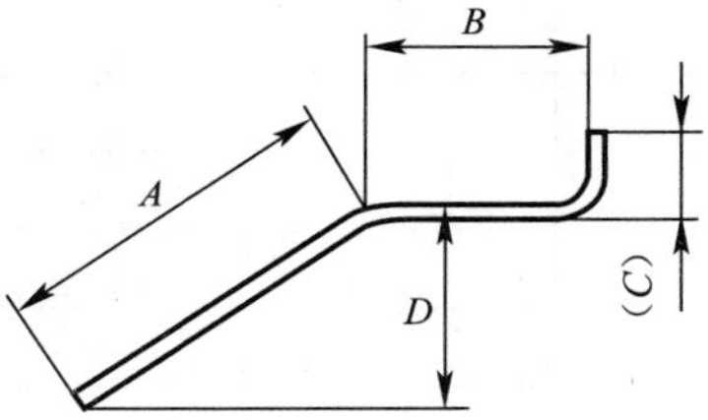	$A+B+(C)-0.5r-d$ Neither A nor (C) shall be less than P in Table 2. See Note 1

9.8.2.3 钢筋加工质量检验

对于钢筋加工，英国规范中建议在专业加工厂家进行切割和弯曲作业，尽量避免现场加工。钢筋加工前需确认加工单与最新的钢筋设计文件一致，加工时要求严格按照加工单进行。钢筋加工单应满足规范 BS 8666：2005 中第 5 节的规定，如图 9-9 所示。

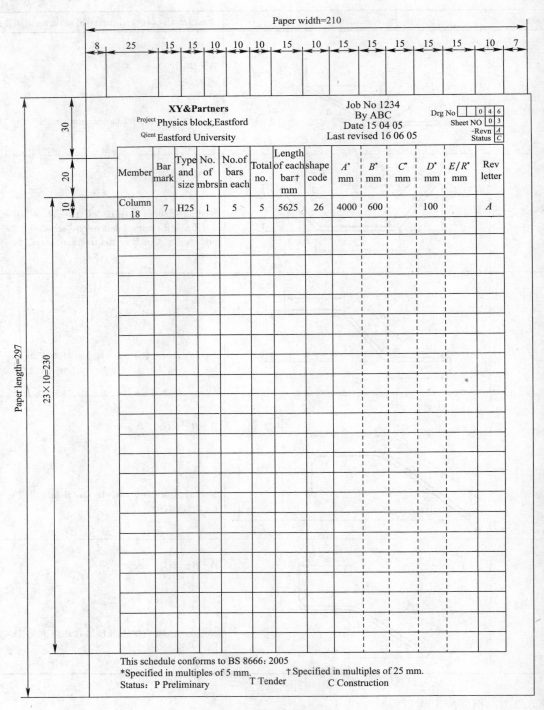

Paper width=210

8　25　15　15　10　10　10　15　10　15　15　15　15　15　10　7

Paper length=297

23×10=230

30 20 10

Member	Bar mark	Type and size	No. of mbrs	No.of bars in each	Total no.	Length of each bar† mm	shape code	A* mm	B* mm	C* mm	D* mm	E/R* mm	Rev letter
Column 18	7	H25	1	5	5	5625	26	4000	600		100		A

XY&Partners
Project Physics block,Eastford
Qient Eastford University

Job No 1234
By ABC
Date 15 04 05
Last revised 16 06 05

Drg No ☐ ☐ 0 4 6
Sheet NO 0 3
-Revn A
Status C

This schedule conforms to BS 8666: 2005
*Specified in multiples of 5 mm.　†Specified in multiples of 25 mm.
Status：P Preliminary　　T Tender　　C Construction

图 9-9　钢筋加工单

英国规范 BS 8666：2005 中第 9 节对钢筋切割和弯曲加工作业中的允许偏差值进行了规定，详见表 9-35。

158

钢筋切割和弯曲加工作业中的允许偏差值（mm）　　表 9-35

钢筋切割和弯曲加工	允许偏差
平直钢筋切割长度（含待弯曲的平直钢筋）	+25，-25
弯曲： ≤1000mm >1000mm，≤2000mm >2000mm	+5，-5 +5，-10 +5，-25
钢筋网片中的钢筋长度	±25 或钢筋长度的 0.5% 中的较大值

9.9　钢筋安装

9.9.1　钢筋保护层厚度控制

中国国家标准中目前尚无关于钢筋保护层垫块产品的相关标准，仅地方上发布了相关规定，如广州市建委发布了穗建筑［2006］311 号《关于在建设工程中推广使用钢筋保护层塑料垫块的通知》，并在通知中提供了《钢筋保护层塑料垫块质量控制指引》，明确了钢筋保护层塑料垫块所用的材料、规格、技术要求、试验方法、检验规则和标志、包装、运输与贮存、使用等规定，要求在该地区施工时参照执行。

相比之下，英国标准 BS 7973-1—2001《Spacers and chairs for steel reinforcement and their specification—Part 1：Product performance requirements ICS 77. 140. 99》、BS 7973-2—2001《Spacers and chairs for steel reinforcement and their specification—Part 2：Fixing and application of spacers and chairs and tying of reinforcement》则对钢筋保护层垫块及支撑马凳的材料、分类、规格、技术要求、试验方法、检验规则和标志、安装使用等进行了明确要求。

9.9.2　钢筋间距

钢筋间距影响混凝土的浇筑和振捣，以及钢筋与混凝土的粘结性能。所以中英规范中对此都有所规定。

中国混凝土结构设计规范 GB 50010—2010 第 9.2.1 条分别对梁上、下部水平向钢筋、竖向各层钢筋的间距进行了规定（水平浇筑的预制柱其纵向钢筋的最小净间距亦按此规定），第 9.3.1 条规定了柱中纵向钢筋的净间距。其中，要求：

（1）梁上部钢筋水平方向的净间距不应小于 30mm 和 $1.5d$；

（2）梁下部钢筋水平方向的净间距不应小于 25mm 和 d。当下部钢筋多于 2 层时，2 层以上钢筋水平方向的中距应比下面 2 层的中距增大一倍；各层钢筋之间的净间距不应小于 25mm 和 d，d 为钢筋的最大直径。

（3）在梁的配筋密集区域宜采用并筋的配筋形式。

（4）柱中纵向钢筋的净间距。不应小于 50mm，且不宜大于 300mm。

英标在设计规范 BS EN 1992-1-1：2004 中规定，单排平行钢筋之间或各层平行钢筋之间的净距（水平和垂直）不小于 k_1 倍的钢筋直径、（$d_g + k_2$）mm 或 20mm 中的较大者。其中 d_g 为骨料最大粒径，英标建议 k_1 和 k_2 的值分别为 1mm 和 5mm。当水平构件的钢筋分几层布置时，每层的钢筋应上下对齐。竖向构件每列钢筋之间应有足够的间距以插进混凝土振捣器。

中英规范对纵向水平钢筋搭接接头连接范围内搭接接头钢筋之间的净距规定可参见本书"钢筋连接"部分章节内容。

对比后发现，中国规范对钢筋间距的要求大于英标中的规定，相对严格些。

9.9.3 钢筋安装位置的允许偏差

中国混凝土结构工程施工质量验收规范 GB 50204—2002 中规定，钢筋安装时，受力钢筋的品种、级别、规格和数量必须符合设计要求。钢筋安装位置的偏差应符合表 9-36 的规定。

钢筋安装位置的允许偏差 表 9-36

项 目			允许偏差（mm）
绑扎钢筋网	长、宽		±10
	网眼尺寸		±20
绑扎钢筋骨架	长		±10
	宽、高		±5
受力钢筋	间距		±10
	排距		±5
	保护层厚度	基础	±10
		柱、梁	±5
		板、墙、壳	±3
绑扎箍筋、横向钢筋间距			±20
钢筋弯起点位置			20
预埋件	中心线位置		5
	水平高差		+3,0

英国规范 BS EN 13670：2009 第 10.6 节 表 4 对钢筋安装位置允许偏差进行了规定，在实施中首先要满足项目相应具体的技术规范要求。

第 10 章　混凝土结构现场质量检验与验收

10.1　概述

混凝土结构现场质量应按照相应的施工技术标准、质量管理体系、施工质量控制、质量检验制度等方面来控制管理，国内通常从模板、钢筋、混凝土、预应力、现浇结构和装配结构等分项进行控制，具体到项目要求有经审查批准的施工组织设计和施工技术方案。英国没有专门的混凝土质量验收规范，但是英国混凝土规范包含了设计和施工验收的内容，如英国混凝土结构工程执行规范（BS EN 13670—2209），是一个整体性指导混凝土工程实施的规范，混凝土结构控制也包括了管理体系、技术标准、现场施工检查等方面的要求，主要项目包括模板与支撑、钢筋、预应力、混凝土、预制混凝土构件施工、允许偏差等，另外施工的质量管理及验收要结合分项工程相应的规范要求，制定项目规范，并且通过工程师的批准，施工过程中主要按照批准的项目规范的要求来检查执行，英标没有完全与中国相对应的验收规范，所以下面对比主要是 BS EN 13670—2209 规范和中国混凝土质量验收规范 GB 50204—2002（2011 年版）之间的对比。

10.2　验收规范

10.2.1　英国规范
BS EN 13670—2009 混凝土结构执行（Execution of concrete structures）。

10.2.2　中国规范
GB 50204—2002（2011 年版）混凝土结构工程施工质量验收规范。

10.3　基本要求

英标混凝土结构执行规范给出了一些基本假定，说明了适用规范，对管理的人员，使用的设备、管理体系都作了要求，需要编制项目规范，也对需要的文档资料作了说明，这点和中国不同，主要是规范的体系不同，英标质量规范引用较多，需要相互参考使用。中国的《混凝土结构工程施工质量规范》规定较为具体，操作性较强。

对于质量验收规范的一般要求，英国规范一般规定中说明了规范依据的基本假定、文档要求、执行检查及不合格处理，中国没有明确提出这些基本的假定，但是也指明了使用范围，并且实际执行中也应该遵循了一些假定条件；英标关于项目规范、施工方案和质量计划有明确要求，对于一些特殊的项目还应该有专门的文档记录，中国规范也对施工方案作了要求，但与英国不同的是对于文档资料要求等更详细，并附带有有专门的检查表格资料要求，更易于操作。实施检查方面英国规范是分三级，第三级要求最高，同时对检查方法要求作了基本规定，中国规范分为主控项目和一般项目，对每一项的要求和检查方法规定得比较具体，同时 3.0.6 条一般项目的对合格点率应达到 80% 以上，且不得有严重缺陷。英国规范对缺陷的处理也给出了原则。对比内容见表 10-1。

中英规范对比 表 10-1

对比项目	英国标准 BS EN 13670—2009	中国标准 GB 50204—2002
假定条件	1. 规范基本假定包括设计已经完成，项目管理人员能够遵照标准执行，并能管理应用设备材料；2. 预制构件使用的附加假设；3. 有符合欧洲标准的设备和材料；4. 承包商能够遵守国际规则和标准；5. 能够按照设计生命周期维护	规范没有基本假设，但是实际执行中也需要满足这些条件。同时规范说明不包括混凝土结构设计、使用和维护方面的内容
文档要求	项目执行规范；质量计划包括总体计划和分项计划；执行文件；专门的文档记录	施工前要求施工组织设计、施工技术方案、质量计划等；过程中有检验批和质量验收记录、材料、试件的检验检测
执行检查	检查项目分为三个等级，以及一级最低，三级最高，详见等级划分说明；检查内容包括材料和产品的检查、过程检查；检查分为三级，一级为自检，二三级为规定程序的检查	检查划分不同，国内分为一般项目和主控项目；检查内容包括实物检查、资料检查；三检制度，自检、交接检、专检
不合格情况处理	采取合理措施；某些情况下需要调查处理	没有专门的规定

10.4　模板工程

模板工程应该经过设计，能够满足承载力、刚度及稳定性的要求，这些中英规定基本相似，对于材料的检查英国规范规定按照材料相应的规范，中国规范主要检查证明文件，同时做必要的复试及检验检查记录；英国规范对支撑设计的不同情况进行了描述，中国规范要求保证承载力，同时要求楼层间的上下层支撑应该对准，以减小对浇筑后结构的影响；模板和支撑的设计英标对模板的允许偏差与中国标准不同，如英标附录 G.10.8 条孔洞和预埋件的允许偏差 a 条款预留洞规定中心线偏差 ±25mm，中国的规定是中心线偏差是 10mm，这些偏差差距较大，说明了控制要求不同，两规范的允许误差的具体差距可查看相应规范。模板的拆除阶段，英国规范规定需要到结构有足够的强度，能够承受拆除过程中的各种作用，规定了回顶需要专门设计，但是并没有像中国规范规定出底模拆除时的混凝土强度要求表。对比内容见表 10-2。

模板工程中英规范对比 表 10-2

对比项目	英国标准 BS EN 13670—2009	中国标准 GB 50204—2002
基本要求	承载力满足要求；结构偏差在允许范围；拆模后结构能够满足外形、功能、耐久性要求	模板及其支架应具有足够的承载能力、刚度和稳定性；模板使用前应该验收，安装和浇筑施工时应对模板及其支架进行观察和维护，发生异常情况，应按照施工技术方案进行处理；模板及支架拆除顺序应该按照方案

对比项目	英国标准 BS EN 13670—2009	中国标准 GB 50204—2002
材料要求	材料满足英国规范要求，没有标准的材料应提供特征值； 脱模剂应该选用对其部分没有危害的产品	实物检查：按照原材料、构配件和器具的检验批次及抽检方案进行； 资料检查：检查合格证、性能检验报告、进场复试报告等
支撑设计及安装	施工方案中给出设计参数和类别，以及支撑和拆除的方法； 设计应该考虑有害裂缝、张拉期的弹性变形、及后期回填	4.1.1 支架应按照工程条件进行设计，4.2.1 下层楼板应该有足够承载力，并且规定上下层支架立柱应该对准
模板设计及安装	施工方案给出支撑、建造和拆除方法； 要保证模板的变形、缝隙、吸水性、表面干净； 挠度要求； 不能约束后张法施工的弹性变形； 若使用滑膜的预先控制。 模板垫板和嵌入式组件的要求（Annex G 中 G.10.8 条的规定）； 凹陷和孔洞的修补方法	模板应按照工程条件进行设计，脱模剂施工应防止污染，跨度小于 4m 应按照设计要求起拱，设计无要求是，宜按照跨度的 1/1000～3/1000 起拱。 模板上预留预埋允许偏差； 地坪及胎膜等的平整光洁要求； 模板安装偏差要求
模板和支撑的拆除	施工方案给出拆除时间是结构有足够的强度； 限制拆除表面损坏；避免偏差超过允许值；拆除荷载的大小；气候影响的毁坏；拆除击打方式；支撑和拆除的顺序。回顶方法说明	模板拆除时的强度要求； 预应力的拆模要求； 后浇带的拆模要求

中国规范规定底模拆除时的强度要求见表 10-3。

表 10-3

构件类型	构件跨度（m）	达到设计的混凝土立方体抗压强度标准值的百分率（%）
板	≤2	≥50
	>2, ≤8	≥75
	>8	≥100
梁、拱、壳	≤8	≥75
	>8	≥100
悬臂构件	—	≥100

10.5 钢筋

英国规范规定适用于钢筋的加工和安装，钢筋的材质应该符合 EN 10080 规范要求，有清晰编号及表面锈蚀情况，钢筋的加工及安装给出了原则性要求，但给出的具体检验参数较少，执行需要参考相应的材料等其他规范；中国规范与英标的不同是专门指出了抗震结构钢筋的材质要求及钢筋的最大伸长率不能小于 9% 的要求，给出了钢筋加工和安装阶段的检验项目和检验参数要求，便于规范在实际中的应用。

表 10-4

对比项目	英国标准 BS EN 13670—2009	中国标准 GB 50204—2002
基本要求	适用于预先加工和现场安装	中国规范包括钢筋加工、连接和安装，同时给出了管理要求如钢筋的品种、等级或者规格需要做变更时，应办理设计变更
材料要求	材料满足英国规范 EN 10080 要求；有清晰的编号；锚具和扣件应该按照执行规范的规定来使用；表面光滑，无锈蚀；避免镀锌层与水泥的作用；钢筋以外的其他材料被用来作为加强筋时，应符合规范要求	明确规定了一、二、三级抗震等级设计的框架和斜撑构件中的纵向受力钢筋应采用型号末尾带 E 的钢筋，如 HRB335E，同时最新的规范规定钢筋的最大总伸长率不应小于 9%；钢筋应检查产品合格证、出厂检验报告和按规定批次抽检的进场复试报告
钢筋加工	英国规范规定了弯曲、剪切、运输及存储等方面的要求，如弯曲应该一次成型，无裂纹，除规范规定外禁止加热弯曲，钢筋的弯曲半径应符合规范要求；焊接钢筋和织物的弯曲应符合，心轴应符合规范要求；且弯曲钢筋禁止调直，除非规范要求	中国规范中未对钢筋运输和存储作出规定，仅就加工中的弯曲和剪切调整作出了规定，并且规定给出了具体要求参数和偏差值
焊接	焊接应该在钢材允许焊接的钢材等级；焊接钢筋和钢结构的承重连接应符合 EN ISO 17660—1 规范要求，点焊的非支撑连接应符合 EN ISO 17660—2 规范要求	中国规范规定焊接应该按照 JGJ 18 的规定进行性能检验和外观检查，同时对接头区域的分布作出了明确规定。直接承受动力荷载的结构中不宜采用焊接节
连接	钢筋的放置应符合规范要求，包括覆盖、分割、连接、接头、搭接及排布；规范允许按照延米放置，重叠区不能超过截面的 25%；钢筋的绑扎和焊接应该在同一高度；规范涉及适用的标称值，适用于任何钢筋	规范同一连接区内，纵向受力钢筋的接头面积百分率应符合设计要求，如在受拉区不宜大于 50%，搭接长度范围内应按照设计要求配置箍筋

10.6 混凝土工程

英国规范规定混凝土应根据本规范及其他规范要求编制详细的执行规范，从混凝土拌合物要求、运输、浇筑、振捣、固化养护等方面说明主要的控制内容，但未明确具体检查验收的方法和参数要求。中国规范从混凝土配合比、材料、运输、浇筑、养护等方面做了详细的规定，并且明确了检验方法和检验数量，规范执行的具体参数要求，如浇筑完 12 小时内必须覆盖浇水养护；混凝土养护时间普通硅酸盐水泥硅酸盐水泥或矿渣水泥不能少于 7 天，掺有外加剂和抗渗要求的混凝土养护期不少于 14 天，浇水次数应保持表面湿润，用水拌制用水相同，强度达到 1.2N/mm^2 前，不能踩踏或安装模板支架。英标对混凝土固化类型进行了分级，并且在 Annex F 中对单个等级的固化期天数给出了估算表，中国主要根据实体试验数据来进行强度判断，最终结构构件的混凝土强度应按照 GBJ 107 的要求执行。

表 10-5

对比项目	英国标准 BS EN 13670—2009	中国标准 GB 50204—2002
混凝土拌合要求	首先应该按照本规范要求拟定项目执行规范，拟定的执行规范中混凝土及相应的内容应该符合 EN 206—1 的要求，编制的混凝土规范应包括规范要求及相关执行方法的要求。预先的操作包括编制混凝土计划、完成测试、并考虑施工条件要求及相应的施工风险	混凝土规范应该满足 JGJ 55 的要求，根据强度等级、耐久性和工作性等进行设计，混凝土强度评定应该按照 GBJ 107 的规定，规范 7.1.2 条给出了混凝土试件的尺寸及强度的尺寸换算系数
混凝土交付、检查、现场运输	新拌混凝土进场应检查交货单，卸货中目视发现异常应该停止交付；应尽量减少混凝土运输及交付过程中的不利影响。应该在现场取样，禁止混凝土与铝制品接触	中国规范规定可检验要求及随即取样方法和数量，形成检验报告。和英国标准不同，未说明需要交货单，但实际上商混也需要交货单，同时规定混凝土运输、浇筑及间歇时间不应超过初凝时间
混凝土施工	混凝土应该按照设计规定的强度和耐久性被投放和振捣，并确保钢筋和其他部分正确嵌入混凝土。并振捣密实，避免出现冷缝，减少离析，做好防雨雪、防冻等养护措施	混凝土的强度等级必须符合设计要求；对施工缝和后浇带应按设计要求及技术方案要求
特殊混凝土	轻骨料混凝土、自密实混凝土、喷射混凝土、滑膜混凝土、水下混凝土等特殊混凝土要求	规范仅规定了普通混凝土的要求，特殊混凝土按照相关专门进行规定
混凝土固化和养护	混凝土龄期的早期应该被保护，减少塑性收缩，确保表面强度，确保表面的耐久性，防止有害天气，防止振动和冲击，做好保湿及有害物防护如氯化物的防护，同时规范给出了固化等级表（详见固化等级表），便于确定固化强度。混凝土表面不能低于 0℃，直到混凝土强度达到 5MPa。循环湿度不能超过 70℃	浇筑完 12h 内应该覆盖浇水养护；混凝土养护时间普通硅酸盐水泥硅酸盐水泥或矿渣水泥不能少于 7d，掺有外加剂和抗渗要求的混凝土养护期不少于 14d，浇水次数应保持表面湿润，用水拌制用水相同，强度达到 1.2N/mm^2 前，不能踩踏或安装模板支架，冬期施工应符合 JGJ 104 要求，氯化物和碱含量控制
其他管理要求	拆模要求应该按照执行规范要求，表面不能毁坏和损伤；该规范也适用于复合混凝土；执行规范中应该明确完成面的要求	未说明是否适用其他符合混凝土结构。规范中给出了外观检查要求表 8.1.1，规定外观不应有严重质量缺陷（8.2.1 条）。对结构构件的尺寸允许偏差和检验方法（表 8.3.2）进行了说明

英国规范混凝土固化等级及等级二的固化天数见表 10-6 英标固化等级表和等级 2 的最小固化期（表 10-7），具体固化期参见 Annex F。

英标固化等级表   表 10-6

	Curing class 1	Curing class 2	Curing class 3	Curing class 4
Period（hours）	12[a]	NA	NA	NA
Percentage of specified characteristic 28 days compressive strength	Not applicable（NA）	35%	50%	70%

a Provided the set does not exceed 5 hours, and the surtace concrete temperature is equal to or above 5℃

Surface concrete temperature (t),℃	Minimum curing period, days[a]		
	Concrete strength development[c,d]		
	$(f_{cm2}/f_{cm28})=r$		
	rapid $r\geqslant0.50$	medium $0.50>r\geqslant0.30$	slow $0.30>r\geqslant0.15$
$t\geqslant25$	1.0	1.5	2.5
$25>t\geqslant15$	1.0	2.5	5
$15>t\geqslant10$	1.5	4	8
$10>t\geqslant5^{b}$	2.0	5	11

a   Plus any period of set exceeding 5h.

b   For temperatures below 5℃, the duration should be extended for a period equal to the time below 5℃.

c   The concrete strength development is the ratio of the mean compressive strength after 2 days to the mean compressive strength after 28 days determined from initial tests or based on known performance of concrete of comparable composition (see EN 206—1).

d   For very slow concrete strength development, special requirements should be given in the execution specification.

10.7 预制混凝土构件

英标规定预制混凝土构件的执行要求，中国规范也有类似的内容，在 GB 50204 规范装配式结构分项下，中国规范给出了具体的操作要求，如吊索夹角宜为 45°，连接节点及接缝的处理方法，而英标仅是给出了控制要点及管理要求，没有说明具体的检查验收参数要求，这是中英规范的不同。

表 10-8

对比项目	英国标准 BS EN 13670—2009	中国标准 GB 50204—2002
基本要求	适用于现场建造，包括预制构件的验收，现场预制构件拆模、安装及验收。如果没有按照此规范要求，工厂预制构件应该按照欧洲相应的预制构件规范	适用于装配式结构的质量控制要求。结构外观质量、尺寸偏差的验收及缺陷处理按照规范第 8 章的相应规定执行
搬运和存储	成品保护应该符合规范要求；需要提供每个构件的重量；构件应该有标识，应该有吊点和重量标识、升降系统及其他必要说明；应说明存储位置和支点，最大堆放高度，保持稳定要求	预制构件应在明显部位标明生产单位、构件型号、生产日期和质量验收标志。9.4.4 条构件的码放和运输的支撑位置和方法应符合标准图和设计的要求。未作明确最大对方高度要求
摆放及调整	交付的构件应该给出现场搬运、存放、调整的支撑规范。工作方案应该提供现场操作顺序，并说明必要的工具，说明提升设备的能力；确保支撑稳定，减少风险；安装期间预制构件位置放置正确，支撑尺寸、连接条件及总体布局应该进行检查和必要的调整	9.4.5 条规定构件吊装应按照设计要求在构件和相应的支撑结构上标志中心线、标高等控制尺寸，并校核预埋件及连接钢筋等，并作出标志。吊索与构件水平面的夹角不宜小于 45°
连接和完成工作	在连接和完成工作之前进行检查，完成工作应该按照规范要求及气候条件具备；结构连接应该按照承包商说明，线接和胶合连接应根据材料规范要求，执行规范应确保节点尺寸与密封方法相一致，预埋钢构件应该做防腐及防火处理，焊接节点应该按照要求检查	9.4.8 条 1 款规定对承受内力的接头和拼缝应采用混凝土浇筑，且强度应比构件提高一级；不受内力的接头和拼缝可能混凝土或砂浆处理，强度等级不低于 C15 或 M15；并且宜采取微膨胀措施或者快硬措施。这点与英标不同

10.8 其他

英国规范（BS EN 13670—2009，以下简称英标）对混凝土结构工程的几何尺寸容许偏差作了规定，包括墙柱、梁板、截面（规范 10.4～10.6 节）以及基础等其他部位。对于梁柱构件偏差包括中心线偏差和截面尺寸偏差，规范 10.5 条给出梁中心线偏差为 ± 20mm 或连接柱边宽度的 $\pm b/30$mm，中国规范（GB 50204—2002 版，以下简称中国规范）表 8.3.2-1 中墙梁柱允许偏差为 8mm，两者允许偏差范围较大；另外对于受力钢筋保护层英标 10.6 节给出了一个公式 $C_{nom} + \Delta C(plus) > C > C_{nom} - |\Delta C(minus)|$，其中 $C_{min} =$ required minimum cover，$C_{nom} =$ nominal cover $= C_{min} + |\Delta C(minus)|$，$C =$ actual cover，$\Delta C =$ permitted deviation from C_{nom}，$h =$ height of cross-section，根据截面高度 h 的不同，允许误差 $\Delta C(plus)$ 大小不同。当 $h \leqslant 150$mm 时，一级允许误差为 $+10$mm，$h = 400$mm 时，一级允许误差为 $+15$mm，当 $h \geqslant 2500$mm 时，一级允许误差为 $+25$mm，其中间部分可以根据线性插值求得。而中国规范表 5.5.2 中直接给出的混凝土保护层的允许偏差基础为 ± 10mm，柱、梁 ± 5mm，板、墙、壳 ± 3mm，并且指出了检查方法。

除此之外的其他部分内容由于时间有限，在此不作对比分析使用，感兴趣的人员可以自行查阅。

第11章 中美混凝土材料规范研究

11.1 材料的试验

11.1.1 美国标准

ACI 318 规定，建筑官员应有权安排用于混凝土工程的任何材料的试验，以确定材料是否具有规定的质量。

原材料和混凝土试验的完整记录应在工程竣工后由检验师保存 2 年，并在工程过程中随时备查。

11.1.2 中国标准

GB 50119—2003　混凝土外加剂应用技术规范

GB/T 50080—2002　普通混凝土拌合物性能试验方法标准

GB 50164—92　混凝土质量控制标准

GBJ 107—87　混凝土强度检验评定标准

GBJ 152—92　混凝土结构试验方法标准

GB 50164—92　混凝土质量控制标准

GB/T 14684—2001　建筑用砂

GB/T 14685—2001　建筑用卵石、碎石

GB 175—2007　通用硅酸盐水泥

GBJ 146—90　粉煤灰混凝土应用技术规范

JC 474—1999　砂浆、混凝土防水剂

JC 476—2001　混凝土膨胀剂

JGJ 52—2006　普通混凝土用砂、石质量及检验方法标准

11.2 水泥

11.2.1 标准列表

11.2.1.1 美国标准列表

波特兰水泥技术规范 Specification for Portland cement：ASTM C150；

复合水硬性水泥技术规范 Specification for Blended hydraulic cements：ASTM C595 excluding Type IS（≥70），which is not intended as principal cementing constituents of structural concrete；

膨胀水硬性水泥技术规范 Specification for Expansive hydraulic cement：ASTM C845；

水硬性水泥技术规范 Specification for Hydraulic cement：ASTM C1157；

粉煤灰及天然水泥技术规范 Specification forFly ash and natural pozzolan：ASTM C618；

用于水泥和混凝土中的粒化高炉矿渣粉技术规范 Specification for Ground-granulated blast-furnace slag：ASTM C989；

微硅粉技术规范 Specification forSilica fume：ASTM C1240.

11.2.1.2　中国标准列表

GB 175—2007《通用硅酸盐水泥》（GB 175—2007《通用硅酸盐水泥》于 2008 年 6 月 1 日起开始实施。新标准从水泥品种、强度等级、混合材品种等方面进行了较大调整，取代以下六大通用水泥的三个标准：GB 175—1999《硅酸盐水泥、普通硅酸盐水泥》、GB 1344—1999《矿渣硅酸盐水泥、火山灰质硅酸盐水泥及粉煤灰硅酸盐水泥》、GB 12958—1999《复合硅酸盐水泥》）

GB/T1596—2005《用于水泥和混凝土中的粉煤灰》

11.2.1.3　《混凝土结构工程施工质量验收规范》GB 50204—2002

当在使用中对水泥质量有怀疑或水泥出厂超过三个月（快硬硅酸盐水泥超过一个月）时，应进行复验，并按复验结果使用。

钢筋混凝土结构、预应力混凝土结构中，严禁使用含氯化物的水泥。

检查数量：按同一生产厂家、同一等级、同一品种、同一批号且连续进场的水泥，袋装不超过 200t 为一批，散装不超过 500t 为一批，每批抽样不少于一次。

检验方法：检查产品合格证、出厂检验报告和进场复验报告。

预应力混凝土结构中，严禁使用含氯化物的外加剂。

钢筋混凝土结构中，当使用含氯化物的外加剂时，混凝土中氯化物的总含量应符合现行国家标准《混凝土质量控制标准》GB 50164 的规定。

混凝土中氯化物和碱的总含量应符合现行国家标准《混凝土结构设计规范》GB 50010 和设计的要求。

11.3　骨料

11.3.1　美国标准

11.3.1.1　美标列表

混凝土骨料技术规定 Specification for Normalweight：ASTM C33；

结构混凝土用轻骨料技术规定 Specification for Lightweight：ASTM C330.

注：其他经过专门试验验证的骨料及已正常使用的得到证明和被批准的骨料也可用于混凝土中。

11.3.1.2　要求

粗骨料的名义最大粒径应不大于：

1. 侧模之间最小尺寸的 1/5；

2. 板厚的 1/3；

3. 单根钢筋或钢丝、钢筋束、单根预应力束、预应力集束或管道之间最小净间距的 3/4。

注：若根据工程师的判断，工作性和振捣方法能是混凝土的浇注无蜂窝或空穴，则上述 3 个限制条件不适用。

11.3.2 中国标准

JGJ 52—2006 普通混凝土用砂、石子质量及检验方法标准对于粗骨料，我国规范考虑了卵石和碎石的区别，对于粗骨料的级配则认为其符合规范要求，并指出若为单粒级则砂率应适当增大。这些规定过于笼统，广泛。事实上，砂率取值的大小还与粒形和级配有关。

粗骨料粒形和级配对砂率的影响最终可归结为一个性质：空隙率。无论是粒形，还是级配都是因为其对空隙率的影响而间接对砂率产生影响。把粗骨料的捣实重度与其表观密度相比较我们就可求得粗骨料的空隙率，从而绕开纷繁复杂的种种细节表征出粗骨料的性质对砂率的总的影响。ACI 方法正是以简单易行的测捣实重度的试验取代了种种复杂而又无法囊括一切的表格和规定：对于粗骨料的各种粒形，好抑或不好的级配均能起到指导作用。

11.4 水

中美标准无特殊性要求。水应洁净并不含有害剂量的油、酸、碱、盐、有机物或其他对混凝土或配筋有害的物质。

11.5 钢制配筋

美国应符合结构焊接规范 ANSI/AWS D 1.4（Structural Welding Code-Reinforcing Steel）、ASTM A 706M（Standard Specification for Low-Alloy Steel Deformed and Plain Bars for Concrete Reinforcement）的要求。

变形钢筋美国应符合以下标准：

(a) Carbon steel：ASTM A615M；

(b) Low-alloy steel：ASTM A706M；

(c) Stainless steel：ASTM A955M；

(d) Rail steel and axle steel：ASTM A996M. B

11.6 掺合料及外加剂

11.6.1 美国

自从 1944 年 ACI 212 委员会发布化学外加剂使用指南以来，于 1954 年、1963 年、1971 年和 1981 年进行了多次修订，在 1981 年以前里面包含粉状矿物外加剂，目前这部分内容已移交 ACI 226 委员会管理。ACI 212 委员会管理的化学外加剂具体分类如下：

1. AE 剂：ASTM C 260；

2. 早强剂（促凝剂）：ASTM C 494，ASTM D 98

3. 减水剂和凝结调节剂：ASTM C 494

4. 超塑化剂：ASTM C1017

5. 其他：发泡剂、膨胀剂、灌浆剂、胶粘剂、泵送剂、着色剂、保水剂、防蚀剂、杀菌杀虫剂、防湿剂、防水剂、碱骨料反应抑制剂、防霉剂等。

近年来，随着高强度、高流动性混凝土技术的发展，减水剂的使用量不断增加。其中普通减水剂在美国外加剂市场中仍然占有较大的市场份额，高效减水剂约占20%。最早发展的普通减水剂有木质素磺酸盐为主要成分的减水剂，后来开发出多羧酸系减水剂。美国的高效减水剂的发展比日本晚，多羧酸系 AE 高效减水剂目前已在日本占主导地位，而美国正逐渐的从萘系、蜜胺系减水剂向多羧酸系 AE 高效减水剂发展。

美国混凝土外加剂的常用标准详见表 11-1。

美国混凝土外加剂常用标准

表 11-1

ASTM 标准号	C 260—1998	C 494—1998a							C 1017—1998	
分类	AE	A 型 减水剂	B 型 缓凝剂	C 型 速凝剂	D 型 减水 缓凝剂	E 型 减水 速凝剂	F 型 高效 减水剂	G 型 高效减水 缓凝剂	I 型 塑化剂 标准型	II 型 塑化剂 缓凝型
单位用水量	—	<95%	—	—	<95%	<95%	<88%	<88%		
坍落度增加（mm）	—	—	—	—	—	—	—	—	90	90
凝结时间（min）初凝	−75～+75	−60～+90	+60～+210	−210～−60	+60～+210	−210～−60	−60～+90	+60～+210	−60～+90	+60～+210
凝结时间（min）终凝	−75～+75	−60～+90	<210	<−60	<210	<−60	−60～+90	<210	−60～+90	<210
压缩强度比（%）1d	>90	—	—	—	—	—	>140	>125	—	—
压缩强度比（%）3d	>90	>110	>90	>125	>110	>125	>125	>125	>90	>90
压缩强度比（%）7d	>90	>110	>90	>100	>110	>110	>115	>115	>90	>90
压缩强度比（%）28d	>90	>110	>90	>100	>110	>110	>110	>110	>90	>90
压缩强度比（%）180d	—	>90	>90	>90	>100	>100	>100	>100	>90	>90
压缩强度比（%）360d	—	>90	>90	>90	>100	>100	>100	>100	>90	>90
弯曲强度比（%）3d	>90	>100	>90	>110	>100	>110	>110	>110	>90	>90
弯曲强度比（%）7d	>90	>100	>90	>100	>100	>100	>100	>100	>90	>90
弯曲强度比（%）28d	>90	>100	>90	>100	>100	>100	>100	>100	>90	>90
相对耐久性指数	>80	>80	>80	>80	>80	>80	>80	>80	>80	>80

11.6.2 中国

混凝土外加剂种类较多，且均有相应的质量标准，使用时其质量及应用技术应符合国家现行标准《混凝土外剂》GB 8076、《混凝土外加剂应用技术规范》GBJ 50199、《混凝土速凝剂》JC 472、《混凝土泵送剂》JC 473、《混凝土防水剂》JC 474、《混凝土防冻剂》JV 475、《混凝土膨胀剂》JC 476 等的规定。外加剂的检验项目、方法和批量应符合相应标准的规定。若外加剂中含有氯化物，同样可能引起混凝土结构中钢筋的锈蚀，故应严格控制。本章中涉及原材料进场检查数量和检验方法时，除有明确规定外，都应按本规范第5.2.1 条的说明理解、执行。本条为强制性条文，应严格执行。

第 12 章 中美混凝土配合比设计规范研究

混凝土是现代建筑结构中广泛使用的重要材料，其配合比设计对控制混凝土的质量至关重要，用于实际工程的混凝土配合比设计，不仅要满足和易性、强度、耐久性和经济性要求，而且要符合及时性原则，以适应建筑领域日新月异、突飞猛进的建设需要。

骨料、水泥、水及相应外加剂的科学合理组合能够产生魔幻般的效果，帮助建筑师完成一个又一个不朽的丰碑。可见，配合比设计是完成混凝土结构工程的重要前提之一。配合比设计及强度等性能指标的试配与检验在世界范围内的混凝土工程中扮演着重要的角色，根据不同地点、各自建筑要求及各自建筑环境、建材供应环境，按照不同的配合比设计规范、辅以相应试配与检验将为我们确立合理、可行的混凝土供应方案，确保工程进行。

12.1 国内配合比规范研究

配合比设计一般要结合物理力学性能试验来完成，按照结构、建筑、耐久等设计要求，通过多方面性能的设计、试配和检验，最终确定符合项目设计及规范要求的配合比方案。此外，还需要结合考虑工程所在地的自然环境、技术能力、材料供应水平等多方面因素，确定混凝土供应方案，以这些因素为前提，进行配合比设计。以上正是国内混凝土配合比相关规范的编制思路，以便通过相关规范约束工程施工，达到简洁高效的效果。

12.1.1 配合比设计规范

国内现行混凝土配合比设计标准主要有《普通混凝土配合比设计规程》JGJ 55—2000，是一本建筑行业的通用规范，广泛适用于普通混凝土配合比设计。

此规程的主要技术内容是（1）总则；（2）术语、符号；（3）混凝土配制强度的确定；（4）混凝土配合比设计中的基本参数；（5）混凝土配合比的计算；（6）混凝土配合比的试配调整与确定；（7）有特殊要求的混凝土配合比设计。此规程由原建设部建筑工程标准技术归口单位中国建筑科学研究院归口管理，并授权由主编单位中国建筑科学研究院负责具体解释。

此规范为目前国内建筑行业的通用规范，满足设计和施工要求确保混凝土工程质量，且达到经济合理，适用于工业与民用建筑及一般构筑物所采用的普通混凝土的配合比设计。

12.1.2 国内混凝土配合比设计规范的应用

混凝土随着材料科学的不断发展，其用途也越来越广泛。混凝土配合比设计牵涉 4 个方面的内容：一要保证混凝土硬化后的强度和所要求的其他性能和耐久性；二要满足施工工艺易于操作而又不遗留隐患的工作性；三是在符合上述两项要求下选用合适的材料并确定各种材料用量；四是达到上述要求的同时，设法降低成本。

混凝土在配合比设计方面应注意以下 4 个问题：①配合比设计前的准备工作应充分；

②区分数理统计及非数理统计方法评定混凝土强度的差异；③生产配合比的调整及施工中的控制；④在保证质量的前提下，应注重经济效益。普通混凝土是由水泥、水、砂、石4种材料组成的，混凝土配合比设计就是解决4种材料用量的3个比例，即水灰比、砂率、胶骨比（胶凝体与骨料的比例）。

普通混凝土的配合比应根据原材料性能及对混凝土的技术要求进行计算，并经试验室试配、调整后确定，进行普通混凝土配合比设计时除应遵守本规程的规定外尚应符合国家现行有关强制性标准的规定，其重点内容解析如下。

12.1.2.1　配合比设计前的准备工作

在配合比设计前，设计人员要做好下列工作：

1. 掌握设计图纸对混凝土结构的全部要求，重点是各种强度和耐久性要求及结构件截面的大小、钢筋布置的疏密，以便选合适的水泥品种及石子粒径等参数；

2. 了解是否有特殊性能要求，如大体积混凝土往往要求适当控制水泥的用量，抗冲磨的混凝土则需要采用耐磨的粗骨料；

3. 了解施工工艺，如输送、浇筑的措施，使用机械化的程度，主要是对工作性和凝结时间的要求，便于选用外加剂及其掺量；

4. 了解所能采购到的材料品种、质量和供应能力。根据这些资料合理地选用适当的设计参数，进行配合比设计。

12.1.2.2　评定混凝土强度及标准差

1. 根据《普通混凝土配合比设计规程》JGJ 55—2000 确定混凝土配制强度。根据施工单位自己的历年统计资料确定，无历史资料时应按现行国家标准《混凝土结构工程施工质量验收规范》GB 50204—2002 的规定取用（高于 C35 时，σ 取 6.0MPa）。

在实际工程中，由于结构部位的不同，往往要求不同的评定方法，按数理统计的方法进行混凝土配合比设计，当标准差较小时，试配强度也较低，若应用于要求非数理统计的工程部位，就可能出现混凝土强度达不到设计要求的后果。

2. 混凝土强度标准差宜根据同类混凝土统计资料计算确定。

强度试件组数不应少于 25 组；

当混凝土强度等级为 C20、C25 时标准差不低于 2.5MPa；强度等级为 C30 及以上时不低于 3MPa；

当无统计资料计算混凝土强度标准差时其值应按现行《国家标准混凝土结构工程施工及验收规范》GB 50204 的规定取用。

现场条件与试验室条件有显著差异时，或者，C30 级及其以上强度等级的混凝土，采用非统计方法评定时应适当提高混凝土配制强度。

12.1.2.3　混凝土配合比设计中的基本参数

每立方米混凝土用水量的确定、流动性和大流动性混凝土的用水量、混凝土砂率的确定、混凝土的最大水灰比和最小水泥用量均按规范确定；

外加剂和掺合料的掺量应通过试验确定并应符合国家现行标准《混凝土外加剂应用技术规范》GBJ 119，《粉煤灰在混凝土和砂浆中应用技术规程》JGJ 28，《粉煤灰混凝土应用技术规程》GBJ 146，《用于水泥与混凝土中粒化高炉矿渣粉》GB/T 18046 等的规定；

长期处于潮湿和严寒环境中的混凝土应掺用引气剂或引气减水剂，引气剂的掺入量应根据混凝土的含气量并经试验确定。

12.1.2.4　混凝土配合比的计算

混凝土配合比计算时，其计算公式和有关参数表格中的数值均系以干燥状态骨料为基准。

计算步骤：

计算配制强度并求出相应的水灰比；

选取每立方米混凝土的用水量并计算出每立方米混凝土的水泥用量；

选取砂率，计算粗骨料和细骨料的用量，并提出供试配用的计算配合比。

其中，粗骨料和细骨料的表观密度应按现行行业标准《普通混凝土用碎石或卵石质量标准及检验方法》JGJ 53 和《普通混凝土用砂质量标准及检验方法》JGJ 52 规定的方法测定。

例如，进行 C50 混凝土配合比设计：

试配强度的确定：通常 C50 混凝土施工配制强度要求≥60MPa，根据《普通混凝土配合比设计规程》。

水灰比的确定：C50 混凝土宜采用以下 0.30、0.32、0.34、0.36、0.38 五个水灰比进行试拌，来确定最佳水灰比。通常采用 0.34 作为基准水灰比。

用水量的确定：根据石料的粒径，高效减水剂的减水率及掺量来确定，一般坍落度为 75～90mm 时，用水量宜控制在 145～160kg/m³，坍落度在 170～200mm 时，用水量宜控制在 160～170kg/m³。

砂率：坍落度在 75～90mm 时，宜取 0.28～0.33。坍落度在 170～200mm 时，宜取 0.37～0.40。

砂、石用量：按绝对体积法计算。

12.1.2.5　混凝土配合比的试配、调整与确定

1. 试配

试配时应采用工程中实际使用的原材料，混凝土的搅拌方法宜与生产时使用的方法相同；

混凝土配合比试配时每盘混凝土的最小搅拌量应符相应规定，当采用机械搅拌时其搅拌量不应小于搅拌机额定搅拌量的 1/4；

按计算的配合比进行试配时，首先应进行试拌以检查拌合物的性能，当试拌得出的拌合物坍落度或维勃稠度不能满足要求，或黏聚性和保水性不好时，应在保证水灰比不变的条件下相应调整用水量或砂率，直到符合要求为止，然后提出供混凝土强度试验用的基准配合比；

混凝土强度试验时至少应采用三个不同的配合比；

制作混凝土强度试验试件时，应检验混凝土拌合物的坍落度或维勃稠度、黏聚性、保水性及拌合物的表观密度，并以此结果作为代表相应配合比的混凝土拌合物的性能；

进行混凝土强度试验时每种配合比至少应制作一组三块试件，标准养护到 28d 时试压；但应以标准养护强度或按现行国家标准《粉煤灰混凝土应用技术规程》GBJ 146，现行行业标准《粉煤灰在混凝土和砂浆中应用技术规程》GBJ 28 等规定的龄期强度的检验结果为依据调整配合比。

2. 调整

严格控制混凝土施工时的用水量：在实际生产中，操作者为方便施工，往往追求较大的坍落度，擅自增加用水量而不管强度是否能达到要求，再加上现场质检人员的管理不到位，对水灰比缺少严格的控制等原因，均使混凝土实际用水量大于理论用水量，从而导致混凝土强度的降低。

调整生产配合比时，应准确测量生产现场砂、石的实际含水量：经到现场检查和了解，有部分试验人员没有按规定要求准确测量，而是采用目测法来估计砂、石的实际含水量，这样做会导致生产配合比不准确。因此，应在施工前按规范要求取样并准确测量砂、石的实际含水量，调整施工配合比。

砂、石材料应准确计量：不少施工单位在生产时，第一车砂、石用磅秤一下，随后就采用在小推车上画线的办法来控制重量，从而导致了砂、石材料的用量偏差。因此，应尽量采用混凝土拌和楼，利用电脑准确计量；若实在没有，应不怕麻烦，坚持每车过磅，以控制材料用量；

在保证质量的前提下，应注重经济效益：不少施工单位在配合比设计时纯粹是为了达到设计强度，按规范要求或以往经验进行一组配合比设计，试配后强度达到要求就算完成了；若达不到要求，唯一的方法就是增加水泥用量，很少有人从材料调配、经济效益、混凝土工作质量等方面综合考虑。

3. 综合优化

在符合规范要求的前提下，试验室应配制不同的配合比，从经济性、工作性能、质量等方面综合考虑，择优选用，并应针对不同施工部位、不同评定方法适当调整，尽量避免凡是同一强度等级均使用一个配合比的做法。试验室还应收集每次配合比及施工情况的详细数据，并对这些数据进行统计分析，以便得出本试验室的水灰比、用水量、砂率、水泥用量范围及 σ 数值，对以后的施工将会起到重要的参考作用。在进行每项工程的混凝土配合比设计时，只有严格按照有关规范要求和结合不同工程实际情况，才能设计出合理、经济的混凝土配合比。

12.1.2.6　骨料要求

1. 砂

砂材质的好坏，对高强度等级混凝土的拌合物和易性的影响比粗骨料要大。优先选取级配良好的江砂或河砂。因为江砂或河砂比较洁净，含泥量少，砂中石英颗粒含量较多，级配一般都能符合要求。砂的细度模数宜控制在 2.6 以上，细度模数小于 2.5 时，拌制的混凝土拌合物显得太黏稠，施工中难于振捣，且由于砂细，在满足相同和易性要求时，增大水泥用量。这样不但增加了混凝土的成本，而且影响混凝土的技术性能，如混凝土的耐久性、收缩裂缝等。砂也不宜太粗，细度模数在 3.3 以上时，容易引起新拌混凝土的运输浇筑过程中离析及保水性能差，从而影响混凝土的内在质量及外观质量。C50 泵送混凝土细度模数控制在 2.6～2.8 之间最佳，普通混凝土控制在 3.3 以下。另外还要注意砂中杂质的含量，比如云母、泥的含量过高，不但影响混凝土拌合物的和易性，而且影响混凝土的强度、耐久性，引起混凝土的收缩裂缝等其他质量问题。

2. 粗骨料

粗骨料的强度、颗粒形状、表面特征、级配、杂质的含量、吸水率对混凝土的强度有着重要的影响。骨料的级配是指各粒径骨料相互搭配所占的比例，其检验的方法是筛分。级配是骨料的一项重要的技术指标，对混凝土的和易性及强度有着很大的影响。骨料中的泥土、石粉的含量要严格控制，其含量大，不但影响混凝土拌合物的和易性，而且降低混凝土的强度，影响混凝土的耐久性，引起混凝土的收缩裂缝等。

3. 水泥

优先选取旋窑生产其强度等级 42.5 的硅酸盐水泥或普通硅酸盐水泥，旋窑生产的水泥质量稳定。水泥的质量越稳定，强度波动越小。对未用过的水泥厂要进行认真调研。

4. 外加剂

高强混凝土的水泥用量比较大，水灰比低，强度要求高，混凝土拌合物较黏稠，这样给混凝土的施工提出了更高的要求，为了满足混凝土的性能及施工要求，改善混凝土的和易性及提高性能，同时降低水泥用量，减少工程成本，外加剂的选择尤为重要。选用外加剂因着重从以下几个方面考虑：延缓混凝土的初凝时间，提高混凝土的早期强度，增加后期强度，减少混凝土坍落度的损失，与水泥的相容性，外加剂的稳定性。通常选用高效减水剂、高效缓凝减水剂，高效早强减水剂。

12.1.2.7　高强高性能混凝土

高强高性能混凝土在施工中要解决下列技术问题：

1. 低水灰比，大坍落度。

2. 坍落度损失问题，混凝土在运输的过程中，其坍落度随时间的增加而减小。

3. 混凝土可泵性问题。

4. 对原材料的选择必须对本地区所能得到的所有原材料进行优选，它们除了要能达到设计性能指标外，还必须质量稳定，即在施工期内主要性能不能有太大的变化。

5. 一般来说，工时的质量控制和管理方面，在试验室配置出符合要求的高强混凝土相对比较容易，但是要在整个施工过程中均要求混凝土稳定，就比较困难了。

12.1.3　配合比试验检验

混凝土试验检验标准可以参照《普通混凝土拌合物性能试验方法标准》GB/T 50080—2002 进行。

混凝土质量管理和生产控制其他规范依据有《混凝土结构工程施工质量验收规范》GB 50204—2002、《混凝土质量控制标准》GB 50164—94 以及《普通混凝土配合比设计规程》JGJ 55—2000，其都要求在做混凝土配合比时，要对所用的材料进行质量检测和质量控制。

12.1.4　混凝土配合比通知单

混凝土配合比通知单是混凝土质量管理和生产控制的重要依据，其格式和控制内容一般由建设厅和质量技术监督局进行规定，由建设单位相关方按照执行，以便利于混凝土的质量管理与生产控制。

12.1.5　特殊性能混凝土的配合比设计

各建筑领域或者各种混凝土构件都有自身的特点及相应要求，为了达到这些指标，除上述基本配合比设计方法和标准外，对混凝土有特殊性能要求进行调整，需要参照相应专业规范。

外加剂和掺合料是制作混凝土的重要组成材料，这些材料的质量对混凝土的性能影响很大。相关规范要求我们在做混凝土配合比和生产混凝土时，应予严格控制，所以在做混凝土配合比通知单时，应对材料的质量进行控制和检测主要表现在以下几个方面：

规范对特殊性能混凝土，如抗渗混凝土、抗冻混凝土、高强混凝土、泵送混凝土、大体积混凝土等多个方面给出相应规定。此外，根据不同项目要求，混凝土在耐久、耐腐蚀、外加剂、裂缝修补、断裂粘合、轻质、预应力、高强等多个方面都可以形成配合比及性能研究的专题板块，目前某些性能指标和配合比设计、检验方法已形成相应规范，且随着科技进步和技术创新，混凝土的性能还在不断改进、提升。

12.1.6 涉及规范

配合比设计规范：

《普通混凝土配合比设计规程》JGJ 55—2011

外加剂和掺合料的掺量参照的国家标准：

《混凝土外加剂应用技术规范》GB 50119—2003

《粉煤灰在混凝土和砂浆中应用技术规程》JGJ 28

《粉煤灰混凝土应用技术规范》GBJ 146

《用于水泥和混凝土中的粒化高炉矿渣粉》GB/T 18046

粗骨料和细骨料的表观密度遵循现行行业标准：

《普通混凝土用砂、石质量及检验方法标准》JGJ 52

龄期强度的检验遵循标准养护强度遵循标准：

《粉煤灰混凝土应用技术规范》GBJ 146

《粉煤灰在混凝土和砂浆中应用技术规程》JGJ 28

混凝土试验检验标准参照：

《混凝土强度检验评定标准》GB/T 50107—2010

《普通混凝土拌合物性能试验方法标准》GB/T 50080—2002

《混凝土结构工程施工质量验收规范》GB 50204—2002

《混凝土质量控制标准》GB 50164—2011

12.2 美国规范对配合比设计的研究

美标规范对混凝土的研究非常系统且在多个体系中体现，作为本课题对混凝土的研究可以从 ACI318 混凝土结构设计规范入手，并对其体系中所列及的 ASTM 等相关规范和条文有所了解和研究。

此外，课题还将涉及"混凝土耐久性设计指南"，ACI 委员会 201，ACI，法明顿，1992 版 41 页（描述了几种特定型号的混凝土的老化）；"钢筋混凝土柱的强度设计"，波兰特水泥协会，Skokie，IL 1978 年，48 页（提供了柱设计表格，荷载以千磅为单位加载，混凝土强度 5000 千磅每平方英寸，柱强度等级 60，设计实例其中也有包含。PCA 设计表格没有考虑强度因子 ϕ 的降低，在应用这个手册的时候要考虑 M_u/ϕ 和 P_u/ϕ 的影响。）等相关内容。

美国混凝土协会的建筑规范以两边专栏的格式发表，其中规范发表在左边专栏里，相关的注释发表右边专栏。ACI 318 是一部建筑规范，仅仅提出了最低的基本要求来保证公众健康和安全。这部规范也是以此为主旨的。对任何结构而言，结构设计人员都要求材料和结构的性能要高于规范的最低要求来保证公众的安全。这部规范没有法律效力，除非它被具有管理权力去管理建筑设计和结构设计的政府部门引用。

规范和注释提供了建立设计和结构能接受的最低标准的依据，并未确定开发商、工程师、建筑师、承包商或承包商机构、转包商、材料供应商、测试结构等之间的责任，更不能确定各方在正常的合同中的合同责任。应该避免完全参照规范的规定来进行设计，因为承包商很少能承担起具体设计和结构自身要求的责任，这些都要求设计者有详尽的设计方面的专业知识。其他一些 ACI 出版物，比如"混凝土结构规范"（ACI 301）是专门为结构合同文件而编写的。

12.2.1 ACI 318 有关混凝土配合比的阐述与规定

12.2.1.1 材料

涉及材料的全方位阐述及所应遵照的相关材料规范，多为 ASTM 相关规范；

建筑管理当局有权命令对混凝土施工中使用的任何材料进行试验，以鉴定其是否符合规定的质量标准；

对材料和混凝土的试验应按本规范涉及标准中列举的标准进行；

材料及混凝土试验的完整记录，应在施工期间及工程完工后两年内能随时供检查之用，并应由检查工程师保存备查。

1. 水泥

"硅酸盐水泥的技术规范"（ASTM C150）；

"混合水硬性水泥"（ASTM C595），不包括 S 和 SA 型号的水泥（不作为结构用混凝土的主要胶结成分之用）；

可膨胀的水硬性水泥（ASTM C845）；

混合水硬性水泥的标准性能规范（ASTM C1157）；

工程中所用水泥应与选定配合比时所根据的水泥品种相一致。

2. 骨料

"混凝土骨料规范"（ASTM C33）；

"建筑混凝土用轻质骨料"（ASTM C330）；

除此之外：专门试验或实际使用已表明确能制出足够强度及耐久性的混凝土并经建筑管理当局认可的骨料。

3. 粗骨料的标定最大粒径不应大于：

模板两边最小尺寸的 1/5，板厚度 1/3，单根钢筋或钢丝之间，成束的钢筋之间，预应力筋之间或孔道之间最小净距的 3/4。

如工程师判断认为所采用混凝土的和易性及捣实方法能使灌注后不产生蜂窝或孔洞时，可不受上述规定限制。

4. 水

用以搅拌混凝土的水应是清洁的，其中所含油、酸、碱、盐、有机物或其他对混凝土或钢筋有损的物质不应达到有害的数量；

用以制备预应力混凝土或带有铝质埋入件的混凝土的搅拌用水（包括由骨料表面自然水分所构成的搅拌用水）不应含有害数量的氯离子。

除非满足以下条件，才可使用非饮用水：选定混凝土配合比所用的水应与搅拌混凝土所用的水，同一水源；非饮用水制备的立方体砂浆试件，其 7d 和 28d 强度至少应等于用饮用水拌制的同样试件强度的 90%。

应对除搅拌水以外完全一致的砂浆进行强度对比试验，砂浆试块的制备及试验方法应按照"水硬性水泥砂浆抗压强度试验方法（用 2in 或 50mm 立方试件）"（ASTM C109M）。

5. 外加剂

混凝土用外加剂由工程师预先批准；

按照本规范配合比选择规定的混凝土配合比制造的产品在添加外加剂后应能保持其成分与性能一致；

氯化钙或不是来自外加剂成分中不纯物质的含有氯化物的外加剂，不应该用在预应力混凝土中，或含有铝埋件的混凝土中，或带有免拆镀锌钢模的浇筑混凝土中；

加气混合物应符合"混凝土用加气混合物"（ASTM C260）；

减水剂、缓凝剂、速凝剂、减水缓凝剂、减水速凝剂应符合"混凝土用化学添加剂"（ASTM C1017M）；

火山灰用作添加剂应符合"在混凝土中用作矿物混合物的粉煤灰、原始或煅烧的天然火山灰技术规范"（ASTM C618）；

研磨成颗粒状的高炉碎渣作添加剂应符合"混凝土和灰浆用研磨成颗粒状的高炉碎渣的技术规范"（ASTM C989）；

用于包括 C845 膨胀水泥在内的外加剂应与水泥相适应，并且不产生有害作用；

硅粉用作外加剂应符合 ASTM C1240。

12.2.1.2 耐久性

1. 水灰比

按照本规范中所规定的水灰比，水泥用量满足 ASTM C150，C595，C845 或 C1157，加上满足 ASTM C618 的粉煤灰和其他火山灰，满足 ASTM C989 的熔渣，满足 ASTM C1240 的硅土，除了这些规定，如果混凝土接触防冻的化学物质，规范防冻要求部分进一步限制了粉煤灰、火山灰、硅灰、熔渣或这些物质的混合物的用量。

2. 冻融环境

普通混凝土和轻质混凝土处于冻融环境或者含有防冻剂时，应根据本规范规定的含气量来添加引气剂，含气量的容许偏差在 ±1.5% 左右。对于抗压强度高于 35MPa 的混凝土，加气剂用量可以比规定值减少 1.0%。

处于本规范表 4.2.2 条件下的混凝土，其水灰比应满足相应要求的最大值，最低混凝土的抗压强度等级应满足该表格中规定的值。此外，接触防冻剂的混凝土应服从表 4.2.3 的限制。

对于接触防冻剂的混凝土，粉煤灰、火山灰、硅灰、熔渣的最大用量不能超过表 4.2.3 所规定的水泥质材料用量。

3. 暴露于硫酸盐环境

接触含有硫酸盐溶液或土壤的混凝土应满足本规范表 4.3.1 中的要求或者应采用含有抗酸性能水泥的混凝土，具有表 4.3.1 中规定的最大水灰比和最低抗压强度等级。

在表 4.3.1 中定义的强酸和极强酸条件下，不能用氰化钙作为混凝土的配料。

4. 钢筋的防腐

为了混凝土中钢筋的防腐，在混凝土硬化过程中的 28～42d，混凝土配料中所含可容氯离子浓度不应超过表 4.4.1 的限制。检测可溶水的氯离子浓度时，其检测过程应按照 ASTM C1218M。

如果钢筋混凝土接触氯化物，这些氯化物来自防冻剂，盐，盐水，碱水，海水，或者这些物质的水雾，那么要满足表 4.2.2 中要求的最大水灰比和最低混凝土强度等级。同时要满足 7.7 中要求的最小混凝土保护层厚度。

12.2.1.3 质量配制与浇注

1. 配合比要求

混凝土配合比要满足足够的耐久性要求（第 4 章）和强度的要求。验收混凝土标准是依据该规范的最初的保护公共安全的原理。第 5 章记述了混凝土达到足够强度的工艺流程，以及检查混凝土浇筑过程和浇筑后的质量的规程。

2. 混凝土配合比的选择

"普通混凝土，重混凝土，大体积混凝土配比选择标准"（ACI 211.1）5.1 给出了选择混凝土配比的细节规则。（提供了两种选择和调整普通混凝土配比的方法：估计重量和绝对体积方法。给出了两种方法的计算实例。按绝对体积方法配制的重混凝土的配比查看附录。）"结构用轻骨料混凝土配比选择标准"（ACI 211.1）5.2 给出了轻质混凝土选料的方法。（提供了选择和调整不同建筑等级轻骨料混凝土的配比方法。）

混凝土配比的确定有以下规定：

a. 合易性和稠度使混凝土在浇筑使用时易于成型和易于与钢筋粘结，不会离析或是泌水。

b. 按第 4 章的要求，混凝土具有抵抗侵蚀的性能。

c. 符合 5.6 节混凝土的验收和评估中强度试验要求。

不同材料用在不同部分，起不同作用，要评测每一个组合；混凝土配比要与 5.3 节或 5.4 节相一致，而且要满足适用性。

3. 以现场配料进行试验和试拌

在选择合适的混凝土混合料时，遵循以下三步。第一，确定样品标准偏差。第二，确定要求的混凝土平均抗压强度。第三，根据传统配制试验或合理的经验记录，选择满足该平均强度要求的混凝土配合比。图 12-1 为选择配料的流程图。

在选择混凝土配合比时，需使混凝土的配制强度高于设计强度等级。配料的等级取决于试验的结果的变化情况。

当混凝土生产单位有所预期的材料和条件下的连续 30 次试验的合理记录，根据这些结果按下式计算的试样标准偏差。

4. 没有现场经验和实验室试验的条件下配制混凝土

当没有以前的经验或试验室试验数据能满足这几节规范的要求时，仅在专门允许的情况下，可以用其他的经验。因为强度相当的混凝土的配料也可能不一样。当 f'_c 大于 35MPa 或所需平均抗压强度比 f'_c 大 8.3MPa 时，不能用这种方法。这个规定的目的是为了保证混凝土供应不足时施工仍能进行，以及没有足够的时间分析评测，或者对较小的建筑，这种试验的花费是不合理的。

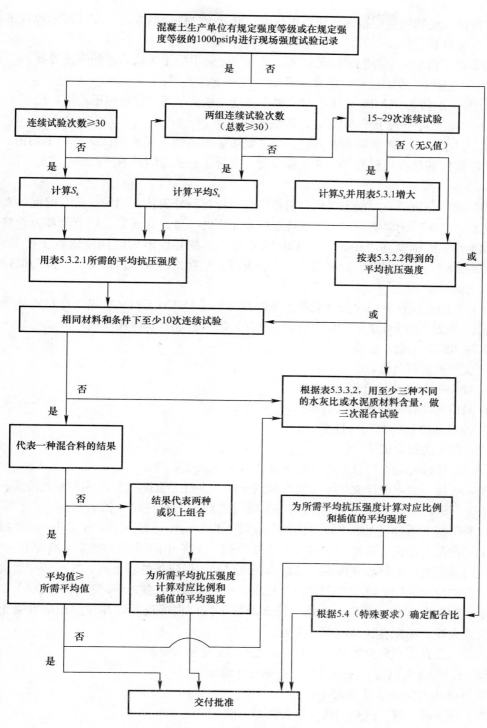

图 12-1　选择配料流程图

5. 试验室养护的试件

强度试验的试样应按《新拌混凝土标准取样方法》ASTM C172 取用。

强度试验的圆柱体应按《场地制作和养护混凝土试件标准方法》ASTM C39M 进行浇筑和试验室养护。

如果以下两个要求都能够满足的话，某一等级的混凝土可认为达到强度等级：

a. 三次连续强度测试每组的算术平均值大于或等于 f_c'；

b. 当 f_c' 的值为 35MPa 或更小时，单个强度测量值（两个圆柱体平均值）比 f_c' 不低于 3.5MPa；当 f_c' 的值大于 35MPa 时，不低于 $0.10f_c'$。

如果以上任一条要求不能够满足，应采取措施提高随后强度测试结果的平均值。如 b 的要求不能够满足，则要遵守 5.6.5 低强度（混凝土）试验结果的研究的要求。

6. 混凝土搅拌

均匀的和高质量的混凝土要求材料被完全地搅拌到外表达到均匀且所有的配料被均匀分配为止。从不同配料部分中取出的样品应有相同的容量、含氧量、坍落度和粗骨料的含量。搅拌均匀的试验方法在 ASTM C94M 中给出。搅拌所需的时间应依赖于许多因素，如搅拌罐尺寸、罐的刚度、骨料的尺寸和级配以及搅拌机的效率。避免长时间的搅拌以抵抗粗骨料的研磨。

预拌混凝土应该根据"预拌混凝土标准规范"（ASTM C94M）或"容积式分批制和连续混合制混凝土标准规范"（ASTM C685M）的要求进行搅拌和输送。

保存详细的记录，包括：

a. 生产的配料批数；

b. 使用的材料的配合比；

c. 最后浇注在结构中的大致部位；

d. 搅拌和浇注的时间与日期。

12.2.2　配合比跟踪试验

12.2.2.1　项目混凝土要求及配合比 mix design 的报批

美标项目一般在设计文件中已经对混凝土性能进行了明确规定，并在相关图纸和项目规范条文（Specification）中详细列出。在项目混凝土工程正式开始实施前，工程承包方必须按照图纸及项目规范要求，提供相应混凝土配合比设计书（trial mix design）报工程师审批（此配合比设计的作用和内容对应于我们国内常用的混凝土配合比通知单），一般由承包商或其混凝土供应商提供。项目所在地混凝土供应条件较发达、技术较完善的情况下，一般由专业混凝土供应商完成；工程所在地条件恶劣，技术环境落后的情况下，一般需要承包商获取骨料等混凝土原料、设立混凝土搅拌楼等设备，并建立相应混凝土实验室，完成混凝土的配合比和试配、检验。

12.2.2.2　根据工程师批准的配合比设计进行 Trial Mix 试验

Batch Plant 根据配合比设计进行电脑程序设定；

下料搅拌不少于 4m³ 混凝土；

由 mixer 将混凝土运至试验室进行跟踪试验；

记录试验环境温度；

2h 内每间隔 15min 测定一次坍落度；

测定含气量；

测定密度；

制取试块并养护；

24h 强度及密度、3d 强度及密度、7d 强度及密度、14d 强度及密度、28d 强度及密度、56d 强度及密度；

28d 后进行 ISAT、WP、RCP、WA、氯离子及硫酸根离子含量试验。

12.2.3　涉及规范

C 31/C 31M-03 a 现场混凝土试样的制备和养护

C 33-03 混凝土集料规范

C 39/C 39M-03 圆柱形混凝土试件的抗压强度的试验方法

C 42/C 42M-04 混凝土钻取试样和锯取试样的制备和试验方法

C 94/C 94M-04 搅拌好的混凝土规范

C 109/C 109M-02 液压水泥灰浆的抗压强度试验方法（使用 2in 或 50mm 管试样）

C 144-03 砌筑砂浆集料

C 150-04 a 硅酸盐水泥的技术规范

C 172-04 新搅拌混凝土取样标准惯例

C 192/C 192M-02 试验室中制造和养护混凝土的试验样品

C 260-01 混凝土用加气混合物

C 330-04 建筑混凝土用轻质骨料

C 494/C 494M-04 混凝土用化学添加剂

C 496/C 496M-04 圆柱形混凝土试样抗开裂拉力强度的试验方法

C 618-03 在混凝土中用作矿物混合物的粉煤灰、原始或煅烧的天然火山灰技术规范

C 685/C 685M-01 按体积配料和连续混合制备的混凝土

C 845-04 可膨胀的水硬性水泥

C 989-04 混凝土和灰浆用研磨成颗粒状的高炉碎渣的技术规范

C 1017/C 1017M-03 生产流态混凝土用化学掺合剂

C 1157-03 混合水硬性水泥的标准性能规范

C 1218/C 1218M-99 灰浆和混凝土中水溶氯化物的测定

C 1240-04 水凝水泥混凝土和灰浆用硅酸气体

12.3　参考文献

《高强混凝土配合比设计浅析》论文；

《高强高性能混凝土配合比设计技术研究》论文；

《浅谈混凝土配合比设计中值得注意的问题》论文；

《混凝土配合比通知单内容的几点意见》论文；

《普通混凝土配合比设计规程》JGJ 55—2000 规范；

《提前出具混凝土配合比设计报告的经验介绍》论文。

第 13 章　美标关于混凝土搅拌与浇筑的规定

13.1　混凝土搅拌及浇筑场地准备

13.1.1　ACI 318 中混凝土结构设计规范

1. 所有搅拌和运输混凝土的设备应该是干净的。
2. 所有的碎片和冰块应该要从即将被混凝土占用的空间中移走。
3. 模板应正确的涂料。
4. 所有与混凝土接触的填充单元应被完全浸透。
5. 钢筋上或其他有害涂料应被彻底清除。
6. 除非使用混凝土导管或得到建设方允许，否则在浇筑混凝土之前应该将水从浇筑场地中清理干净。
7. 在硬化混凝土上继续浇筑混凝土之前，水泥浮浆和其他变质的材料应该被清理掉。

13.1.2　ACI 304

重点研究测量、搅拌、运输和浇筑混凝土指南等部分。

13.2　混凝土搅拌

13.2.1　ACI 318 混凝土结构设计规范

1. 所有的混凝土应搅拌到材料分布均匀为止且在搅拌机被再次使用之前原有的混凝土应该被卸出。
2. 预拌混凝土应该根据"预拌混凝土标准规范"（ASTM C94M）或"容积式分批制和连续混合制混凝土标准规范"（ASTM C685M）的要求进行搅拌和输送。
3. 现场搅拌的混凝土，搅拌工作应该在允许型号的间歇式灰浆搅拌机中进行。搅拌机应以制造商推荐的速度进行旋转。所有材料均投入到滚筒中后搅拌工作至少要持续 1.5min，除非更短的时间内能通过"预拌混凝土标准规范"（ASTM C94M）的相关条例。应有详细的记录，包括：

　　a. 生产配料批数；
　　b. 使用材料配合比；
　　c. 最后浇筑在结构中的大致部位；
　　d. 搅拌和浇筑的时间与日期。

13.2.2　ACI 304 关于测量、搅拌、运输和浇筑混凝土指南

1. 总则

鉴于混凝土搅拌对于混凝土的均匀与质量的重要性，因此搅拌设备及方法应能保证各

材料的充分搅拌，甚至可以满足使用大骨料的混凝土混合料的充分搅拌，从而得到均匀的低坍落度混凝土。不同种类混凝土的骨料最大尺寸及坍落度规定见 ACI 211.1 和 ACI 223R。为了保证浇筑过程中混凝土浇筑层保持塑性和不产生冷缝，应该保证混合物充分的搅拌、运输并提供一次浇筑体积。

2. 搅拌设备

搅拌设备可以是固定式的也可是移动式的。满足设计要求的搅拌设备都含有叶片、鼓式容器，都能保证混合料在搅拌设备里与转动轴一同转动。常用的搅拌设备如下：

a. 倾筒式搅拌机

属于转筒式搅拌设备，通过倾斜转筒卸出搅拌的混凝土。这种搅拌形式，起转筒轴可以成水平或任意角度。

b. 非倾筒式搅拌机

属于转筒式搅拌设备，转筒转轴在装料、拌合、卸料时都保持水平。

c. 竖轴搅拌机

又称涡轮搅拌机或盘式搅拌机。利用固定在竖轴上的叶片旋转进行混合物拌合。批料可以容易的被观察到，如果需要可以及时进行调整。该型设备另一显著特点是快速拌制和低外形轮廓。该型设备可以搅拌干性混凝土，都用于试验室和商品混凝土的搅拌。

d. 叶片式搅拌机

叶片式搅拌机一般有一个或两个轴，弧型或浆型叶片垂直的安装在转轴上，任何情况下都可以满足搅拌机中混凝土混合料得到全面充分搅拌。这种类型的搅拌机适用于搅拌硬性混凝土混合料。该型搅拌机广泛用于生产混凝土砌块及碾压混凝土。目前新型叶片式搅拌机常用来生产坍落度达到 8in（200mm）的普通和高强混凝土。

e. 汽车式搅拌机

目前有两种转筒式汽车搅拌机——后卸料式和前卸料式。后卸料式搅拌机又称倾斜轴式搅拌机。这两种搅拌机通过附着在搅拌桶上的叶片在圆桶搅拌模式下搅拌混合料，圆桶反方向转动时卸料。

3. 连续搅拌式搅拌机

通常有两种类型：

a. 第一种类型，所有材料一同加入到搅拌容器内

在封闭的与水平呈 15°～25°角的搅拌容器内利用螺旋形叶片在高速转动下搅拌混合料；该搅拌机可为固定式也可为移动式。

b. 第二种类型为连续供料型搅拌机

通常用来生产碾压混凝土和水泥处理稳定基层；一般用重量或体积计量骨料、水泥及粉煤灰并通过一定速度的传送带输送到搅拌器内；水是通过附着的水箱或通过外部设备计量。通过水平轴上的浆片搅拌。随着混合料从进料口移动到出料口的过程，混合料不断地被提升搅拌，当混合料到达出料口时完成搅拌，并从卸料口卸出由输送带送入罐车。这种连续供料式搅拌机常用来生产普通混凝土。

4. 分离灰浆式搅拌机

此搅拌机通过加入骨料之前先进行水泥和水的搅拌大大提高了混凝土抗压强度。用高速剪型搅拌机搅拌水泥灰浆，水灰比一般为 0.30～0.45 范围，然后骨料和剩余的水混合，

用常规的搅拌机完成最后的搅拌。

5. 集中拌合式混凝土

混凝土在固定的搅拌机内搅拌通过运输设备运输到浇筑现场。运输设备为预拌式罐车也可为开口式罐车或未带搅拌设备的运输车。无搅拌设备的运输车输送的混凝土容易产生离析现象，通常输送距离受到限制。配备搅拌设备的混凝土运输车的输送量一般不超过混凝土罐容量的80%。有时集中拌合式混凝土在转筒式搅拌输送罐车内完成最后搅拌，因为装料的体积在这个过程中会减少，因此该过程也称为收缩搅拌。当采用收缩搅拌时，装载量为输送量的63%。

6. 运拌式混凝土

在配料场将一定比例的混合料加入预拌式汽车式搅拌机搅拌输送到浇筑现场，为了保证混合料的充分搅拌，加入搅拌器中的混合料体积不超过搅拌器容量的63%。

7. 装料及搅拌

装料及搅拌的方法和顺序决定了混合料是否能充分搅拌。对于集中拌合式搅拌器，通过一同装入混合料的方式保证了混合料的搅拌质量。汽车式混凝土搅拌器，装料程序需考虑避免材料尤其是砂和水泥在装料口结块。通过在加入砂子和水泥前先加入大约10%的粗骨料和水可以降低结块封堵现象。其他混合料装完后加入大约1/3~1/4的水，加水管应设计合理并大小合适保证25%拌合时间内完成装水。化学添加剂的性能取决于加入的时间，不同性能的混凝土其化学添加剂的加入时间不同。液态外加剂随水或湿砂加入到混合料中，粉末型外加剂随干料加入。当加入不止一种外加剂时，除非生产商允许预先拌合，应分别计量加入。增强纤维料可随时加入，连续加入增强纤维料的时间间隔不得少于5min。

a. 集中拌合式

由于集中拌合转筒装料量较汽车搅拌式少，而且叶片及搅拌方式也与机车搅拌式极为不同，所以相对于汽车搅拌式，起装料限制较少，而在汽车搅拌机中翻料过程相对集中式搅拌机来说较少。批料的大小不得超过生产厂家规定的不同型号设备的容量。搅拌时间需满足生产均质的混凝土。通常厂家推荐的开始搅拌时间为生产 1yd³（3/4m³）混凝土搅拌时间为 1min，每增加 1yd³ 增加 1/4min。最终搅拌时间应根据一定间隔测定的混凝土性能试验结果决定。混凝土搅拌时间应从混凝土混合料全部加入搅拌器内开始计算。

b. 汽车搅拌式

搅拌时间一般规定为在搅拌速度下转筒转 70~100 转，最大不得超过 300 转。最终搅拌通常在浇筑场地完成。在搅拌超时或卸料前转筒转速不够或停止转动，为了保证混凝土的均质性应让转筒在搅拌速度下转 30 转后再进行卸料。不同型号及厂家的汽车式搅拌机，加料、搅拌及转筒速度不同。可通过几个不同的步骤延长运输时间。干式搅拌利用延迟混合水泥和水，满足了长距离运输和无法避免的浇筑延迟。先将拌合干料，运输到浇筑现场时在转筒以搅拌速度转动的情况下，在转筒前端或后端高压将水加入搅拌器内，然后转筒转动 70~100 转。这个方法生产的混凝土体积为转筒体积的 63%。另一种延长混凝土运输时间的方法是在混凝土离开搅拌站前，在搅拌的混凝中添加缓凝剂。缓凝剂的计量依据到达浇筑场地时正好消耗完毕、混凝土正常硬化来确定。通常运距超过 200mile（320km）时加入缓凝剂。

8. 水

a. 拌合水

根据搅拌量、拌制等级、运输距离、未加载时间及外界温度等因素决定拌合水量以保证混凝土正常流动性。在寒冷季节、短距离运输情况下，坍落度损失较严重，因此需要过多的拌合水。然而在炎热季节、长距离运输情况下，则相反。在炎热季节，通过减少输送和浇筑时间以及控制混凝土温度可以减少工作性能损失。搅拌站和浇筑场地的良好沟通对于输送协调性是必要的。如果可能拌合水应在搅拌站一次性加入，炎热季节，可以留有一定量的水在浇筑场地加入。当加入剩余水后，转筒以搅拌速度转动 30 转，保证新加入水与拌合料的充分拌合。

b. 施工现场外加水

不允许超过规定的最大水灰比。在搅拌开始时，若配合比确定的水量没有全部加入到拌合料，在规范允许的情况下，可以在浇筑之前加入剩余的水。由于部分批料已卸载，所以额外加的水对生产出的混凝土水灰比大小影响很大。施工中禁止使用大坍落度混凝土或补偿运输和浇筑过程中坍落度损失额外增加水。如果允许的话，可以通过添加减水剂保证低水灰比的同时增加坍落度。当加入减水剂时，混凝土振捣次数相应减少。注意使用了减水剂的混凝土模板压力比不使用的大。

c. 冲洗水

多数生产商认为在进行下次搅拌前以及每天搅拌工作结束后清洗搅拌设备是很有必要的。炎热季节及特殊配合比混凝土在每一次搅拌后都需对搅拌设备进行清洗。除非清洗水可以在下次搅拌时得到补偿，清洗的水应从搅拌设备内通过转筒中等速度反转 5～10 转的方法排除。由于环境保护法规的限定，使得排出每批搅拌工作后清洗搅拌设备的清洗水成为困难，这就使得大家开始关注如何利用或重新使用清洗水。ASTM C 94 中描述了不同试验检测结果的清洗水的使用情况。特别需要注意当使用外加剂时，外加剂应加入到干净水或砂子中。

9. 拌合温度

拌制无差异的混凝土，特别是坍落度、用水量、空气含量，还要考虑拌合温度无差异。控制不同季节的最大和最小拌合温度是非常重要的。混凝土可以用冰或冷却水、冷却的骨料或液态氮等降低混凝土温度，现场浇筑的混凝土最低温度不得低于40℉（4℃）。液态氮的温度为－320℉（－196℃），可以用来冷却拌合水、骨料和混凝土。可以用热水、加热的骨料保证提高混凝土温度。具体控制混凝土温度的方法详见 ACI 305R、ACI 306R。

10. 卸料

混凝土搅拌设备必须能保证在低坍落度拌合物卸料后，浇筑前不产生离析现象。汽车式搅拌设备卸料前，转筒先以搅拌速度转 30 转。

11. 搅拌物性能

通常由两、三组在规定的搅拌时间内从搅拌设备不同位置内取出的拌合物制成的试验样品经试验测定。详见 ASTM C94。通常测定混凝物的空气含量、坍落度、无空气灰浆单位重量、粗骨料含量和抗压强度。拌合物另一个主要的性能是每一批料的无差异性，它受材料、含量和搅拌设备效率影响。在混凝土搅拌和卸料过程中可以通过视觉观测保证无差异混凝土，特别是无差异浓度。搅拌设备上安装使用稠度控制仪也是有效的方法。试验试

块的制作参见 ASTM C172

12. 维护

拌合物应合理地进行养护保证灰浆和干料的渗漏。搅拌设备内表面应保持干净及旧的叶片可以替换。搅拌设备如果无法满足性能试验要求应停止使用，直到必要的维护和修理消除了设备的差异性。

13.2.3　ASTM C94M

预拌混凝土标准规范

13.2.4　ASTM C685M

容积式分批制和连续混合制混凝土标准规范

13.3　混凝土输送

13.3.1　ACI 318 混凝土结构设计规范

1. 混凝土被从搅拌机中运输到最后的浇筑部位，这一过程应采取一定的方法以防止离析或材料的流失现象。

2. 运输设备应能够在浇筑现场提供混凝土不产生分层离析现象，在长时间的间断过程中也没有允许的塑性损失。

13.3.2　ACI 304 关于测量、搅拌、运输和浇筑混凝土指南

1. 混凝土可以采用不同的方法和设备进行输送，例如管道、软管、输送带、罐车以及敞开式卡车、料斗车等。任何输送应保证混凝土被输送到浇筑地点不产生灰浆损失或改变混凝土的水灰比、坍落度、空气含量、均匀性。选用什么输送方法需要考虑拌合物的成分和比例、浇筑类型、浇筑可接近性，要求的输送性能、搅拌站的地点及气候条件。

2. 转筒输送设备

汽车搅拌设备可以作为输送设备，当装料时转筒以装料速度转动，装料完毕后转筒变为搅拌速度或停止转动。

3. 带搅拌设备的卡车输送设备

输送设备内壁光滑、流线型设计，安装振动装置保证汽车从后部卸料口卸料时的良好流动性。搅拌设备可以帮助卸料和卸料前的混合料的拌合。不允许往用该设备输送的混凝土中加水。使用覆盖物保证混凝土的质量。最大允许输送时间为 30～45min。在泥泞路上输送的混凝土不允许直接用于浇筑。

4. 汽车或火车运输的混凝土料桶或料斗

适用于近距离输送。用塔吊将混凝土料斗提升到浇筑部位。最大允许输送时间 30～45min。

13.4　混凝土浇筑

13.4.1　ACI 318 混凝土结构设计规范

1. 混凝土应该在靠近它浇筑的位置进行浇筑，以避免由于在装卸或流动而产生的离析现象。

2. 混凝土应以一定的速度进行浇筑，保证混凝土一直处于塑性状态并且很容易地流进钢筋的空隙之间。

3. 部分硬化或被外来物所污染的混凝土不应在结构中进行浇筑。

4. 加水重拌的混凝土或初凝后重新搅拌后的混凝土不应该使用，除非得到工程师的允许。

5. 在开始浇筑后，将作为一种连续的操作持续到一个节间或区段浇筑完为止，正如它的边界以及预留缝所要求的。

6. 直立模板内每一施工层的顶面一般是水平的。

7. 当需要留置施工缝时，应根据要求制作施工缝。

8. 混凝土应该在填筑时用合适的方法进行捣实并且完全包裹在钢筋与预埋件中，且浇满模板的每个角落。

13.4.2 ACI 304 关于测量、搅拌、运输和浇筑混凝土指南

1. 浇筑前准备

提前准备可以保证混凝土浇筑的连续性。为了保证混凝土的塑性和浇筑时不产生施工冷缝，需要供应足够量的混凝土进行浇筑。浇筑设备必须干净并有效工作，保证混凝土输送到浇筑地点不产生离析现象。浇筑设备及施工人员的数量应能保证混凝土连续浇筑、充分凝固和表面修整。晚上进行混凝土施工时需配备照明设备。除非有保护措施，否则温度低于结冰温度时不得进行混凝土浇筑施工。必须采用有效的养护措施。浇筑地与混凝土供料地应保证通讯便利，可以良好控制混凝土料的供应和避免浪费。为了避免混凝土浇筑由于机械损害而中断，现场应配备备用设备。浇筑前应对浇筑部位钢筋、模板、施工缝及其他预埋设备、防水材料进行全面检查，确保各部位干净、完整性，构建位置准确。并做检查记录。

2. 混凝土浇筑

不同种类混凝土采用不同设备进行浇筑。有的设备适用于批量浇筑，有的设备适用连续浇筑。

a. 料筒或料斗浇筑

适用于坍落度低的混凝土浇筑。卸料口尺寸应大于 5 倍的骨料尺寸，浇筑时倾斜角度至少 60°。

b. 手推或机械翻斗车浇筑

混凝土容易产生离析现象。为了减小混凝土离析，翻斗车内衬板应采用对接而不是搭接。推荐最大水平浇筑距离，手推翻斗车为 200ft（60m），机械翻斗车为 1000ft（300m）。手推翻斗车每小时浇筑量平均为 3～5yd³（3～5m³），机械翻斗车每小时浇筑量 15～20yd³（14～18m³）。

c. 溜槽或跌水抖槽

溜槽适用于从高点向低点浇筑混凝土。配有钢板做的圆角。可以保证混凝土流动速度的一致性。跌水抖槽为圆形管适用于从高点向低点浇筑混凝土。当距浇筑部位 2～3m 的距离浇筑混凝土时，跌水抖槽管径尺寸应至少大于 8 倍的骨料直径；低于 2m 高度浇筑，管径尺寸大约为 6 倍的骨料直径。有效控制浇筑速度，避免混凝土产生离析现象。

d. 滑模浇筑

此方法为向已加工成型的模板内浇筑混凝土，当混凝土的强度达到稳定混凝土不发生变形时，模板可立即移动到下一个浇筑点。

3. 振捣加强

混凝土振捣可以保证混凝土完全填充各个部位。振捣效果取决于振捣棒直径、振动频率、振动幅度等，具体操作要求 ACI 309R 中作出规定。禁止振捣棒在混凝土内进行横向移动。振捣棒沿垂直方向快插慢拔进行混凝土振捣，减少混凝土含气量。对于采用振捣棒较难振捣的部位，采用振捣模板方式；但要避免振动过量，以损害模板表面。通过附加振动减小竖向混凝土表面气孔量。

13.4.3 ACI 309 混凝土振捣指南

大体积混凝土浇筑：大体积混凝土浇筑方法和设备应保证混凝土离析现象最小化。水平方向进行浇筑，一次浇筑深度不超过 2ft（610mm），每次浇筑保证斜面搭接，并避免产生混凝土冷缝。对于整体结构，每次浇筑应在上次浇筑的混凝土还在进行振捣进行，每层浇筑高度足够浅（一般 12～18in，即 300～450mm），保证两层可以通过振捣棒振动有效结合；采用这种方法振动大体积整体混凝土，可以减小冷缝产生。具体规定见 ACI 2071.R。

13.5 混凝土养护

13.5.1 ACI 318 混凝土结构设计规范

1. 除了早强快硬混凝土及加速养护混凝土除外的混凝土，至少在浇筑后第一个 7d 内应该维持在 10℃以上并且处于潮湿状态。

2. 早强快硬混凝土除了加速养护外，混凝土至少在浇筑后的第一个 3d 内应该维持 10℃以上并且处于潮湿状态。

3. 通过高压蒸汽、在大气压力、热量和湿度或其他允许的进程方式养护，是允许来加速强度的提高和减少养护时间。

4. 加速养护在装载阶段应提供至少与等于要求设计强度的混凝土抗压强度。

5. 养护进程应该获得与普通养护和早强快硬混凝土除加速养护外养护方法等效的混凝土。

13.5.2 ACI 308

关于混凝土养护指南。

13.6 冬季施工混凝土搅拌与浇筑

13.6.1 ACI 318 混凝土结构设计规范

1. 足够的设备应该提供给在冰冻或接近冰冻天气中加热混凝土材料和保护混凝土；

2. 所有混凝土材料、钢筋、模板、填料和混凝土接触的地基应解除冰冻；

3. 冰冻材料或含冰材料不应被使用。

13.7 夏季施工混凝土搅拌与浇筑

13.7.1 ACI 318 混凝土结构设计规范

在炎热天气下，混凝土搅拌、浇筑、保护和养护应给出合适的注意，过高的混凝土温度或过多的水分蒸发，这会破坏要求的强度或结构构件安全度。

13.7.2 ACI 305

夏季施工混凝土指南。

第 14 章 中美混凝土试验方法规范对比

14.1 试件形式和尺寸要求

14.1.1 国标《普通混凝土力学性能试验方法标准》GB 50081—2002

第 3.2.1 款：

抗压强度和劈裂抗拉强度试件的标准尺寸应该满足以下要求：（1）边长为 150mm 的立方体试件是标准试件。（2）边长为 100mm 和 200mm 的立方体试件是非标准试件。（3）在特殊情况下，可采用 $\phi 150mm \times 300mm$ 的圆柱体标准试件和 $\phi 100mm \times 200mm$ 或者 $\phi 200mm \times 400mm$ 的圆柱体非标准试件。

14.1.2 美标 ASTM 318-5.1.3

混凝土抗压强度根据 5.6.3 中规定的制作和试验方法进行的圆柱体试验确定。

14.2 试件取样方法

14.2.1 《普通混凝土力学性能试验方法标准》GB 50081—2002

第 2.0.1 款：

混凝土的取样应符合《普通混凝土拌合物性能试验方法标准》GB/T 50080—2002 中第 2 章中的相关规定。

14.2.2 美标 ASTM 318-5.6.3.1

强度试验的试样应按《新伴混凝土标准取样方法》ASTM C 172 取用。

14.3 试件浇筑养护

14.3.1 《普通混凝土力学性能试验方法标准》GB 50081—2002

第 5.1 款和第 5.2 款：

取样的混凝土应该在拌制后尽短时间内成型，一般不宜超过 15min；振捣方法亦有相关规定；标准养护龄期为 28d。

14.3.2 美标 ASTM 318-5.6.3.2

强度试样的圆柱体应按《场地制作和养护混凝土时间标准方法》ASTM C 39M 进行浇筑和试验室养护。

14.4 劈裂抗张试验

14.4.1 美标 ASTM 318-5.1.5

劈裂抗张试验不能用作混凝土现场验收的依据。

14.5 试样取样批次

14.5.1 国标《混凝土结构工程施工质量验收规范》GB 50204—2002
第 7.4.1 款：
a. 每 100 盘，但不超过 $100m^3$ 的同配合比的混凝土，取样次数不得少于一次；
b. 每一工作班拌制的同配合比的混凝土不足 100 盘时其取样次数不得少于一次；
c. 当一次浇筑超过 $1000m^3$ 时，同一配合比的混凝土每 $200m^3$ 取样不得少于一次；
d. 每一楼层，同一配合比的混凝土取样不得少于一次。

14.5.2 美标 ASTM 318-5.6.2.1
每天每种强度等级的混凝土至少取一次强度试验的试样，每 $110m^2$ 的混凝土至少取一次试样，楼板或墙面表面每 $460m^2$ 至少取一次试样。

14.6 试样取样批次

14.6.1 美标 ASTM 318-5.6.2.2
如果某种等级的混凝土总量按 5.6.2.1 条要求测试的次数少于 5 次，应至少随机选择 5 批试样得出测试结果。如果少于 5 批，则由每批试样得出试验结果。

14.7 免试验条件

14.7.1 美标 ASTM 318-5.6.2.3
当每种等级的混凝土总量少于 $38m^3$，如果能够提供足够强度的证明或得到建筑官员的批准，可不进行强度试验。

14.8 强度试验值取值

14.8.1 国标《混凝土强度检验评定标准》GBJ 107－87 第 3.0.2 款
取三个试件强度的算术平均值作为每组试件的强度代表值。

14.8.2 美标 ASTM 318-5.6.2.4
强度试验值应为同一混凝土试样制作的两个圆柱体强度的平均值，在混凝土 28d 龄期或指定的龄期测试。

14.9 强度满足要求的判定条件

《混凝土强度检验评定标准》GBJ 107－87 第 3.0.2 款
当一组试件中强度的最大值或最小值与中间值之差超过中间值的 15％时，取中间值作为该组试件的强度代表值；当一组试件中强度的最大值和最小值与中间值之差均超过中间值的 15％时，该组试件的强度不应作为评定的依据。

ASTM 318-5.6.3.3:

如果以下两个要求都能满足的话，某一等级的混凝土可认为达到强度等级：（1）三次连续强度测试每组的算术平均值大于或等于强度标准值；（2）当强度标准值等于 35MPa 或更小时，单个强度测量值（两个圆柱体平均值）比强度标准值不低于 3.5MPa；当强度标准值大于 35MPa 时，不低于 0.10 倍的强度标准值。

14.10　钻芯法检测强度方法

14.10.1　国标《钻芯法检测混凝土强度技术规程》CECS 03：2007

第 6.0.1 款：

芯样试件的混凝土强度值系指用钻芯法测得的芯样强度，换算成相应于测试龄期的、边长为 150mm 的立方体试块的抗压强度值。

14.10.2　美标 ASTM 318-5.6.5.4

如果混凝土三个岩心的平均值至少与强度标准值的 85% 相等和如果没有任何一个混凝土岩心少于强度标准值的 75% 时，混凝土岩心试块的强度被认为是足够的。

第15章 混凝土结构现场质量检验与验收

15.1 混凝土的现场验证

15.1.1 含气量

15.1.1.1 取样数量

1. 美国规范 ACI 301M-05 第 1.6.4.2.d 节

a. 在每天浇筑的每一种混凝土中，每 76m² 至少选择一个样品进行测试；

b. 若测试量小于 38m²，则建筑师/工程师可取消试验。

2. 中国规范 GB/T 50080—2002 第 2.1.1 节

同一组混凝土拌合物的取样应从同一盘混凝土上或者同一车混凝土中取样。取样量应多于试验所需量的 1.5 倍，且不宜少于 20L。

15.1.1.2 试验时间

1. 美国规范 ASTM C172

a. 混凝土样品第一部分和最后一部分取样的时间间隔不应超过 15min；

b. 样品成型 5min 后，即开始做含气量试验。

2. 中国规范 GB/T 50080—2002 第 2.1.3 节

从取样完毕到开始试验的间隔时间不宜超过 5min。

15.1.1.3 含气量要求

1. 美国规范 ACI 301M-05 第 1.6.8.1 节

根据混凝土中骨料的最大尺寸和混凝土空气含量两项指标来对其空气含量作出规定，详见表 15-1。

不同骨料尺寸的混凝土的含气量要求　　　　　　　　　　表 15-1

骨料的名义最大尺寸（mm）	空气含量（%）		
	严重暴露	中等暴露	轻微暴露
<9.5	9	7	5
9.5	7.5	6	4.5
12.5	7	5.5	4
19	6	5	3.5
25	6	4.5	3
37.5	5.5	4.5	2.5
50	5	4	2
75	4.5	3.5	1.5
150	4	3	1.5

注：空气含量容许偏差为 ±1%～0.5%，根据规范 ASTM C138M、C173M、C231 测得。

2. 中国规范 GB 50164—1992 第 2.1.6 条

针对掺引气剂型外加剂的混凝土，根据混凝土中粗骨料的最大粒径对含气量作出规定，详见表 15-2。

掺引气型外加剂混凝土含气量的限制

表 15-2

粗骨料最大粒径（mm）	混凝土含气量（%）	粗骨料最大粒径（mm）	混凝土含气量（%）
10	7	25	5
15	6	40	4.5
20	5.5		

15.1.2　坍落度

15.1.2.1　试验适用范围

1. 美国规范 ASTM C143M

适用于骨料大小在 37.5mm 以内的，若用筛子清除大于 37.5mm 的骨料本规范同样适用。不适用于非塑性、非黏聚性混凝土。

2. 中国规范 GB/T 50080—2002

适用于骨料最大粒径在 40mm 以内、坍落度不小于 10mm 的混凝土。

15.1.2.2　试验时间的要求

1. 美国规范 ASTM C143M

坍落度筒的提离过程应在 5±2s 内提升 300mm，从开始浇筑混凝土到最终脱模不间断工作的时间不超过 2.5min。

2. 中国规范 GB/T 50080—2002

坍落度筒的提离过程应在 5～10s 内完成。

15.1.2.3　坍落度值的要求

1. 美国规范 ASTM C143M

对坍落度的要求一般为 100mm。若添加了掺合物，坍落度值范围为添加前 50～100mm，添加后在浇筑现场最大 200mm。

2. 中国规范 GB/T 50080—2002

对坍落度的要求一般为 100mm。

15.1.2.4　试验仪器与工具

1. 美国规范 ASTM C143M

a. 仪器的金属壁不薄于 1.5mm，底面直径 200mm，顶面直径 100mm，高度 300mm，（直径和高度误差在 3mm 内）。用其他材料做成的模具与金属模具测出的坍落度相差应在 6mm 内。

b. 工具：搅拌勺，振捣棒（600mm 长，直径为 16mm），尺子 300mm 长（精确到 5mm）。

2. 中国规范 GB/T 50080—2002

仪器应该满足《混凝土坍落度仪》JG 3021 的要求。

15.1.3　混凝土的温度

15.1.3.1　浇筑的温度控制

1. 美国规范 ACI 301M-05 第 4.2.2.8 节

美国规范对混凝土浇筑过程中和浇筑后的温度都作出了要求。

a. 浇筑后

当午夜间平均温度连续 3d 低于 4℃时，浇筑后混凝土的最低温度应满足如表 15-3 中的要求：

b. 浇筑时

浇筑时混凝土的温度不能超过 32℃。此外，第 8.3.1.1 节中规定，对于大体积混凝土，除特别声明外，混凝土浇筑时的温度应介于 2～21℃之间。冬天浇筑时，还应该满足不超过 32℃的要求。

一定条件下混凝土浇筑后的温度要求　　　　表 15-3

最小尺寸（mm）	最低温度（℃）	最高温度（℃）
<300	13	
300～900	10	
900～1800	7	不能超过最低温度的 11℃以上
>1800	4	

注：当在任意 24h 中一半时间以上的温度都超过 10℃时，上述要求就不起作用。

2. 中国规范 GB 50164—1992 第 4.3.6 条

混凝土拌合物运至浇筑地点时的温度，最高不宜超过 35℃，最低不宜低于 5℃。

15.1.3.2　养护的温度要求

1. 美国规范 ACI 301M-05 第 5.3.6.5 节

a. 为保证混凝土强度的顺利发展，要防止混凝土受冻。当混凝土表面温度在 24h 的下降幅度不超过表 15-4 中的值时，可以取消保护。

表面温度下降幅度限值　　　　表 15-4

最小尺寸（mm）	温度下降幅度（℃）	最小尺寸（mm）	温度下降幅度（℃）
<300	28	900～1800	18
300～900	22	>1800	11

b. 用建筑师或工程师批准的方法测量混凝土的温度，并做记录。当混凝土表面的温度与周围环境温度相差 11℃范围内时，可以取消保护。

c. 大体积混凝土表面温度的控制

除特别声明外，逐步冷却混凝土使其表面温度的下降在任一 24h 期间都不超过 11℃。

2. 中国规范 GB 50164—1992 第 4.6.4 条至第 4.6.7 条

a. 在升温和降温阶段应每小时测温一次恒温阶段每 2h 测温；

b. 加温养护的混凝土结构或构件在出池或撤除养护措施前，应进行温度测量。当表面与外界温差不大于 20℃时，方可撤除养护措施或构件出池；

c. 大体积混凝土的养护应进行热工计算确定其保温、保湿或降温措施，并应设置测温孔或埋设热电偶等测定混凝土内部和表面的温度，使温差控制在设计要求的范围以内。当无设计要求时，温差不宜超过 25℃。

d. 冬期施工时，模板和保温层应在混凝土冷却到 5℃后方可拆除。当混凝土温度与外界温度相差大于 20℃时，拆模后的混凝土应临时覆盖，使其缓慢冷却。

15.2 混凝土工程的验收

15.2.1 基本要求

15.2.1.1 美国规范 ACI 301M-05 第 1.7.1 节

1. 混凝土工程没有完全满足施工文件的要求，但之后经过修补后又能够符合要求的，可以接受；

2. 若不能完全满足要求又不能修补达到要求的，则拒绝接受；

3. 对被拒绝的混凝土工程，在建筑师/工程师的要求下将其移开、替代或者通过施工对其加强。为了使其满足要求，应该根据建筑师/工程师的要求，使用能够达到规定的强度以及在功能、耐久性、尺寸容许偏差和外观上满足适宜性的要求；

4. 对为了修补混凝土工程使其满足施工文件的要求而推荐的修补方法、材料和更改，应该提交申请以求通过；

5. 承包商应该根据项目规范要求，支付所有为使混凝土工程满足要求造成的开销；

6. 对位置浇筑错误的混凝土构件应该予以拒绝接收。

15.2.2 尺寸的容许偏差

15.2.2.1 容许偏差值

1. 美国规范 ACI 117-2006 第 4 章

a. 垂直偏差

垂直偏差 表 15-5

结构高度（m）	线、面和角等	暴露在外的混凝土中的凹槽形收缩缝和外部转角柱的外转角
≤25.4	25mm 与结构图中基础顶部以上高度的 0.3％中的较小值	取 13mm 与结构图中基础顶部以上高度的 0.2％中的较小值
＞25.4	152mm 与结构图中基础顶部以上高度的 0.1％中的较小值	76mm 与结构图中基础顶部以上高度的 0.05％中的较小值

注：对开口的垂直边大于 305mm 的，其孔洞高度的偏差允许值为 13mm。

b. 位置偏差：混凝土工程水平方向位置允许偏差如表 15-6 所示。垂直方向，构件允许偏差为 25mm，所有孔洞的边缘位置允许偏差为 13mm。

水平方向位置允许偏差 表 15-6

	竖向构件（在构件基础处测量）	其他	所有孔洞的边缘位置	板上的锯痕、接缝和薄弱平面的埋件
水平方向（mm）	25	25	13	19

c. 由一个垂直面剖出的相邻部分间的距离小于等于 51mm 时，允许偏差为 3mm，距离大于 51mm 且小于 305mm 时为 6mm，其他构件为 25mm。

d. 标高的偏差如表 15-7 所示。

标高允许偏差

表 15-7

项　目		允许偏差（mm）
板的上表面	底板	19
	移走支撑前成型的悬挑板	19
	钢结构或预应力混凝土板	没有要求
移走支撑前成型的表面		19
暴露在外的过梁、窗台、栏杆、水平槽等		13
墙体顶部		19
底板以下级配良好的土层		20

e. 具有代表性的尺寸偏差见表 15-8。

具有代表性的尺寸的允许偏差

表 15-8

项　目		允许偏差
构件的厚度	规定的尺寸≤305mm	−6～+10mm
	305mm＜规定的尺寸≤900mm	−19～+25mm
在土层上浇筑的不成型的梁和墙	厚度偏差	−5%
	悬挑板厚度	6mm
底板厚度	所有样品的均值	10mm
	单个样品	19mm

f. 锯痕接缝深度允许偏差为 6mm，成型的开口宽度或高度的允许偏差为 −13～25mm。

g. 相关标高或宽度的偏差

沿着与楼梯平行的轴线进行测量，楼梯梯阶前缘的连续竖板的标高允许偏差为 5mm，连续踏板或者一个踏板的宽度允许偏差为 5mm。

h. 斜度或水平度的偏差如表 15-9 所示。

斜度或水平度的允许偏差

表 15-9

项　目		允许偏差
楼梯踏板从后至前缘		6mm
距离为 3m 的成型的表面	除另外说明外的所有条件	±0.3%
	外部转角柱的外转角	±0.2%
	暴露在外的混凝土接缝凹槽	±0.2%

i. 对成型的表面的不平整度的允许偏差，见表 15-10。

成型表面不平整度允许偏差

表 15-10

项　目	测量方法	表面等级			
		A	B	C	D
突变	测量其在 25mm 内的不平整度	3mm	6mm	13mm	25mm
渐变	通过在连接点之间用 1.5m 的直尺测量混凝土和相邻表面的间隙				

2. 中国规范 GB 50204—2002 第 8.3 节

对现浇结构拆模后的尺寸偏差，按楼层、结构缝或施工段划分检验批。在同一检验批内，对梁、柱和独立基础，应抽查构件数量的 10%，且不少于 3 件；对墙和板，应按有代表性的自然间抽查 10%，且不少于 3 间；对大空间结构，墙可按相邻轴线间高度 5m 左右划分检查面，板可按纵、横轴线划分检查面，抽查 10%，且均不少于 3 面；对电梯井，应全数检查。对设备基础，应全数检查。检查方法和结果应满足表 15-11 的规定。

现浇结构尺寸允许偏差和检验方法　　　　　表 15-11

项　目		允许偏差（mm）	检验方法
轴线位置	基础	15	钢尺检查
	独立基础	10	
	墙、柱、梁	8	
	剪力墙	5	
垂直度	层高　≤5m	8	经纬仪或吊线、钢尺检查
	层高　>5m	10	经纬仪或吊线、钢尺检查
	全高（H）	$H/1000$ 且≤30	经纬仪、钢尺检查
标高	层高	±10	水准仪或拉线、钢尺检查
	全高	±30	
截面尺寸		+8，−5	钢尺检查
电梯井	井筒长、宽对定位中心线	+25，0	钢尺检查
	井筒全高（H）垂直度	$H/1000$ 且≤30	经纬仪、钢尺检查
表面平整度		8	2m 靠尺和塞尺检查
预埋设施中心线位置	预埋件	10	钢尺检查
	预埋螺栓	5	
	预埋管	3	
预留洞中心线位置		15	钢尺检查

15.2.3　外观要求

15.2.3.1　美标 ACI 301M-1.7.3.1

对没有满足 ACI 301M 中 5.3.3 和 5.3.4 要求的混凝土，应根据 1.7.1～1.7.3 的规定，使其满足要求。

1. ACI 301M 中 5.3.3.3 条款铸件成型的面层用满足 2.2.1.1 要求的模板面层材料。除特别声明外，按照要求来生成铸件模板面层。

a. 粗糙模板面层——修补因连接而设的孔洞以及存在的缺陷，凿去或者擦掉高度超过 13mm 的毛刺，保留由模板形成的表面的纹理。

b. 光滑模板面层——修补因连接而设的孔洞以及存在的缺陷，移除掉高度超过 13mm 的毛刺。

c. 清水面层——制作包括如第 6 节中说明的特殊纹理表面、骨料外露表面和骨料转移表面（aggregate transfer finish）在内的建筑表面。

2. ACI 301M 中 5.3.4 条款磨出面（rubbed finishes）应按照 2.3.2 的要求，尽早拆除模板。为得到光滑表面，用规定的混凝土制作以下所说的表面。

a. 光滑磨出面——按照 2.3.2 的要求尽早拆除模板，进行需要的修补。在模板拆除后 1d 内，在硬化的混凝土表面制作面层。保持表面湿润并用金刚砂砖（carborundum brick）或者其他研磨材料打磨表面，直至形成均匀色泽和纹理。在打磨过程中，除从混凝土中产生的水泥浆外，不能使用水泥灌浆。

b. grout-cleaned finish——在相邻表面已经清洁完毕且可以接近时，开始清洁工作。不能在其工作过程中清洁表面。保持表面湿润，使用水泥与细砂的比例为 1：1.5 且有足够水的水泥浆来保证厚漆（thick paint）的浓度。保证颜色与周围的混凝土匹配。用水泥浆填补空洞（void）。当水泥浆变白时，打磨表面并且在接下来的 36h 保持表面的潮湿。

c. cork-floated finish——进行必要的修补。移走系杆（ties）、毛边（burrs）和毛刺（fins）。保持表面湿润，并且用水泥和细砂比例为 1：1 的硬质水泥浆来填补空洞。保证颜色和周围的混凝土匹配。使用足量的水来保证稠硬性（stiff consistency）。用磨具（grinder）慢速地将水泥浆压入空洞。用软木浮子（cork float）不断旋转，来加工形成最终的面层。

15.2.3.2 《混凝土结构工程施工质量验收规范》GB 50204—2002

1. GB 50204 中 8.1 条款对现浇结构外观质量缺陷的定义见表 15-12。

混凝土现浇结构外观质量缺陷定义 表 15-12

名　称	现　象	严重缺陷	一般缺陷
露筋	构件内钢筋未被混凝土包裹而外露	纵向受力钢筋有露筋	其他钢筋有少量露筋
蜂窝	混凝土表面缺少水泥砂浆而形成石子外露	构件主要受力部位有蜂窝	其他部位有少量蜂窝
孔洞	混凝土中孔穴深度和长度均超过保护层厚度	构件主要受力部位有孔洞	其他部位有少量孔洞
夹渣	混凝土中夹有杂物且深度超过保护层厚度	构件主要受力部位有夹渣	其他部位有少量夹渣
疏松	混凝土中局部不密实	构件主要受力部位有疏松	其他部位有少量疏松
裂缝	缝隙从混凝土表面延伸至混凝土内部	构件主要受力部位有影响结构性能或使用功能的裂缝	其他部位有少量不影响结构性能或使用功能的裂缝
连接部位缺陷	构件连接处混凝土缺陷及连接钢筋、连接件松动	连接部位有影响结构传力性能的缺陷	连接部位有基本不影响结构传力性能的缺陷
外形缺陷	缺棱掉角、棱角不直、翘曲不平、飞边凸肋等	清水混凝土构件有影响使用功能或装饰效果的外形缺陷	其他混凝土构件有不影响使用功能的外形缺陷
外表缺陷	构件表面麻面、掉皮、起砂、沾污等	具有重要装饰效果的清水泥凝土构件有外表缺陷	其他混凝土构件有不影响使用功能的外表缺陷

2. 国标中对现浇结构混凝土外观质量检查有以下项目：

a. 主控项目

现浇结构的外观质量不应有严重缺陷。对已经出现的严重缺陷，应由施工单位提出技术处理方案，并经监理（建设）单位认可后进行处理。对经处理的部位，应重新检查验收。检查数量为全数检查，检验方法为观察和检查技术处理方案。

b. 一般项目

现浇结构的外观质量不宜有一般缺陷。对已经出现的一般缺陷，应由施工单位按技术处理方案进行处理，并重新检查验收。检查数量为全数检查，检验方法为观察和检查技术处理方案。

15.2.4 结构强度要求

15.2.4.1 美标 ACI 301M-1.7.4

1. 根据 ACI 301M 中 1.7.4 条款，当符合以下条件时，判定结构强度不足，从而拒绝接受该混凝土工程：

a. 混凝土强度不满足 ACI 301M 中 1.6.7 的要求，1.6.7 条款为对混凝土强度的认同：

(1) 标准成型和养护的强度样品—混凝土的强度等级当满足下列条件时则被认为满足要求：按照 ASTM C31M 的要求成型和养护的三组连续的抗压强度试验的结果的平均值大于等于 f_c'；当 f_c' 小于等于 35MPa 时，没有一组的结果小于 f_c' 3.5MPa。当 f_c' 大于 35MPa 时，则大于 $0.1f_c'$；除施工文件中给出其他标准外，这些标准同样适用于早强测试。

(2) 非破坏试验—非破坏性试验的结果不能用作判定混凝土的唯一标准，但如果批准，且当标准成型和养护的强度样品的试验结果没有满足 1.6.7.1 的要求时，则可采用此试验。

(3) 取芯试验—如果取芯试验的平均抗压强度值大于等于 f_c' 的 85%，且任一个试验的结果都大于等于 f_c' 的 75% 时，取芯区的混凝土强度等级则可认为是合适的。

b. 钢筋尺寸、数量、等级、位置和安排与第 3 节或其他施工文件中的要求不一致；

c. 混凝土构件的尺寸或位置不满足要求；

d. 未按施工文件的要求养护；

e. 在混凝土早期硬化和强度增长期间，在极端天气条件或者其他不利环境因素影响下对混凝土的不恰当的保护；

f. 机械损伤、施工火灾及过早拆除模板导致的强度不足。

2. 针对上述情况应采取的措施

当结构强度被认为可能不足时，按照建筑师/工程师的要求进行结构分析和（或）额外的测试以及取芯试验。如果试验是不确定的或者不现实的，或者结构分析不能够保证结构安全，则进行荷载试验并按照 ACI 318 计算其结果。经过结构分析或荷载试验计算而被拒绝接收的混凝土工程，若建筑师/工程师要求，则采取额外的施工对其进行补强。针对所有使强度不足的混凝土满足施工文件要求的修补工作，对其进行文件存档，并将其提交给建筑师/工程师接收。

15.2.4.2 国标中相关规范

1. 《混凝土结构工程施工质量验收规范》GB 50204—2002

结构构件的混凝土强度应按现行国家标准《混凝土强度检验评定标准》GB 50107—2009 的规定分批检验评定。检验评定混凝土强度用的混凝土试件的尺寸及强度的尺寸换算系数应按表 15-13 取用。其标准成型方法、标准养护条件及强度试验方法应符合普通混凝土力学性能试验方法标准的规定。当混凝土试件强度评定不合格时，可采用非破损或局部破损的检测方法，按国家现行有关标准的规定对结构构件中的混凝土强度进行推定，并作为处理的依据。

	混凝土试件尺寸及强度的尺寸换算系数	表 15-13
骨料最大粒径（mm）	试件尺寸（mm）	强度的尺寸换算系数
≤31.5	100×100×100	0.95
≤40	150×150×150	1
≤63	200×200×200	1.05

注：对强度等级为 C60 及以上的混凝土试件，其强度的尺寸换算系数可通过试验确定。

2.《混凝土强度检验评定标准》GB 50107—2009

此规范中包括了强度的评定方法的介绍、试验样品的制作养护等方面的要求以及试验方法的介绍等。

a. 第 5.3.1 条 当检验结果能满足第 5.1.1 条或第 5.1.3 条或第 5.2.2 条的规定时，则该批混凝土强度判为合格；当不能满足上述规定时，该批混凝土强度判为不合格。由不合格批混凝土制成的结构或构件，应进行鉴定。对不合格的结构或构件，需及时处理。

b. 当对混凝土试件强度的代表性有怀疑时，可采用从结构或构件中钻取试件的方法或采用非破损检验方法，按有关标准规定对结构或构件中混凝土的强度进行推定。

c. 结构或构件拆模、出池、出厂、吊装、预应力筋张拉或放张，以及施工期间需短暂负荷时的混凝土强度，应满足设计要求或现行国家标准的有关规定。

3.《混凝土结构工程施工质量验收规范》GB 50204—2002

在第 10.2.3 节中提到：当混凝土结构施工质量不符合要求时，应按下列规定进行处理：

a. 经返工、返修或更换构件、部件的检验批，应重新进行验收；

b. 经有资质的检测单位检测鉴定达到设计要求的检验批，应予以验收；

c. 经有资质的检测单位检测鉴定达不到设计要求，但经原设计单位核算并确认仍可满足结构安全和使用功能的检验批，可予以验收；

d. 经返修或加固处理能够满足结构安全使用要求的分项工程，可根据技术处理方案和协商文件进行验收。

15.2.5 耐久性

15.2.5.1 美标 ACI 301M-1.7.5

1. 判定潜在的耐久性不足的标准

当混凝土工程不能满足以下要求时，则认为混凝土工程的耐久性不足，对工程不予接收：

a. 强度不满足 ACI 301M1.6.7 的要求；

b. 混凝土的材料不满足 ACI 301M4.2.1.1-4.2.1.4 关于胶凝材料、骨料、水、冰、外加剂的要求；

c. 混凝土的含气量不满足施工文件或者表 15-14 的要求：

	混凝土含气量要求		表 15-14
骨料的名义最大尺寸（mm）	空气含量（%）		
	严重暴露	中等暴露	轻微暴露
<9.5	9	7	5
9.5	7.5	6	4.5
12.5	7	5.5	4
19	6	5	3.5

骨料的名义最大尺寸（mm）	空气含量（%）		
	严重暴露	中等暴露	轻微暴露
25	6	4.5	3
37.5	5.5	4.5	2.5
50	5	4	2
75	4.5	3.5	1.5
150	4	3	1.5

注：空气含量容许偏差为±1%～0.5%，根据规范 ASTM C138M、C173M、C231 测得。

d. 未按施工文件的要求进行养护；

e. 在混凝土早期硬化和强度增长期间，在极端天气条件或者其他不利环境因素影响下对混凝土的不恰当的保护；

f. 混凝土的氯离子含量超过表 15-15 中的要求。

氯离子含量最大允许值　　　　　　　　　　　　　　　　　　　　表 15-15

构件形式	混凝土中最大的水溶性氯离子含量（其与水泥的质量的比值）
预应力混凝土	0.06
处于氯离子环境中的钢筋混凝土	0.15
与湿气隔离的钢筋混凝土	1
其他钢筋混凝土结构	0.3

2. 针对上述情况应采取的措施

当结构的耐久性被认为可能不足时，按建筑师/工程师的要求，用与混凝土同样的材料制作样品并进行测试，通过取芯、锯取或者其他可接受的方式来从结构中获取混凝土的样本。对混凝土和其材料进行试验评价来评定混凝土针对天气、化学品、磨损和其他恶劣条件的抵抗能力，防止钢筋和预埋件腐蚀。在建筑师/工程师指导下，修复或者替换掉不满足耐久性要求的混凝土。针对使耐久性不足的混凝土满足施工文件要求的修补工作，应对其进行文件存档，并将其提交给建筑师/工程师接收。

15.2.5.2　国标中相关规范

1.《混凝土结构耐久性设计规范》GB/T 50476—2008

混凝土耐久性应根据结构的设计使用年限、结构所处的环境类别和作用等级进行设计。规范中对上述因素的分类标准作出了明确规定，对各种分类情况下对材料、构造的要求等进行了说明。另外，还针对结构所处的环境类别和作用等级对，提出了施工质量的附加要求。

2.《混凝土质量控制标准》GB 50164—1992

a. 第 2.3.1 条根据混凝土试件所能承受的反复冻融循环慢冻法次数，混凝土的抗冻性划分为 D10、D15、D25、D50、D100、D150、D200、D250 和 D300 九个等级。第 2.3.2 条根据混凝土试件在抗渗试验时所能承受的最大水压力混凝土的抗渗性，可划分为 S4、S6、S8、S10、S12 五个等级。混凝土的抗冻性和抗渗性试验方法应按现行国家标准《普通混凝土长期性能和耐久性能试验方法》规定进行实测，混凝土抗冻性或抗渗性指标不应低于设计要求。

b. 第2.3.4条对混凝土拌合物中的氯化物总含量（以氯离子重量计）应符合表15-16要求。

氯离子含量最大允许值　　　　　　　　　　　　　　表 15-16

环境或构件类型	水溶性氯离子含量（其与水泥的质量的比值）
易腐蚀环境	0.06%
干燥环境或有防潮措施环境	1%
潮湿但不含氯离子的环境	0.3%
潮湿并含有氯离子的环境	0.1%
素混凝土	2%
预应力混凝土	0.06%

15.3　混凝土强度试验

本节以 ACI 318-05 的内容为主线进行分析。具体中美规范对比的关键点有如下四项：试验次数；试件的要求；混凝土抗压强度测试方法及混凝土强度达标的检验标准。

15.3.1　试验次数

试验次数所涉及的规范　　　　　　　　　　　　　　表 5-17

编　号	美国规范	编　号	中国规范
ACI 318（5.6.2节）	《结构混凝土的建筑规范要求》	GB 50204	《混凝土结构工程施工质量验收规范》
ACI 301M-05	《结构混凝土条款》	GB 50164—1992	《混凝土质量控制标准》

15.3.1.1　美标 ACI 318（5.6.2节）

1. 每天每种强度等级的混凝土至少取一次强度试验的试样，每 110m³ 混凝土至少取一次试样，楼板或墙面表面每 460m² 至少取一次试样。

2. 对于某一工程，如果其中某种等级的混凝土总量按上述要求测试其测试的次数少于 5 次，应至少随机选择 5 批试样得出测试结果；如果少于 5 批，则由每批试样得出试验结果。

3. 当某种等级的混凝土总量少于 38m³，如果能够提供有足够强度的证明或得到建筑官员的批准，可不进行强度试验。

4. 强度试验值应为由同一混凝土试样制作的两个圆柱体强度的平均值，在混凝土 28d 龄期或者在指定的确定 f_c' 的龄期测试。

15.3.1.2　美标 ACI 301M-05（1.6.4.2.d节）

1. 在混凝土浇筑前，随机选择要测试的混凝土的组数或者载重，测试的数量也是随机的。

2. 在每天浇筑的每一种混凝土中，每 76m³ 至少选择一个样品进行测试。如果测试的量小于 38m³，则建筑师或工程师可能会取消试验。

15.3.1.3　中国规范：《混凝土结构工程施工质量验收规范》GB 50204

用于检查结构构件混凝土强度的试件，应在混凝土的浇筑地点随机抽取。取样与试件留置应符合下列规定：

1. 每拌制 100 盘且不超过 100m³ 的同配合比的混凝土，取样不得少于一次；

2. 每工作班拌制的同一配合比的混凝土不足 100 盘时，取样不得少于一次；

3. 当一次连续浇筑超过 1000m³ 时，同一配合比的混凝土每 200m³ 取样不得少于一次；

4. 每一楼层、同一配合比的混凝土，取样不得少于一次；

5. 每次取样应至少留置一组标准养护试件，同条件养护试件的留置组数应根据实际需要确定；

6. 对有抗渗要求的混凝土结构，其混凝土试件应在浇筑地点随机取样。同一工程、同一配合比的混凝土，取样不应少于一次，留置组数可根据实际需要确定。

15.3.2 试件的制作与养护

试件的制作与养护所涉及的规范 表 15-18

编 号	美国规范	编 号	中国规范
ASTM C 31/C31M-06	《场地制作和养护混凝土试件标准方法》	GB/T 50081	《普通混凝土力学性能试验方法标准》（5.2 节）
ASTM C 172	《新拌混凝土标准取样方法》	GB/T 50080—2002	《普通混凝土拌合物性能试验方法标准》

试验的制作与养护中美有较大不同。美标试件有圆柱体试件及梁试样两种，无立方体试样和棱柱体试样；养护有储存、初养和终养三个步骤；且圆柱体及梁的养护条件是不同的。

中国规范中有立方体、圆柱体试样，无梁试件，且它们的养护条件是相同的。

现就试件的形状、试件的尺寸要求及试件的养护三点对比如下：

15.3.2.1 试件的形状

1. 美标 ASTM C 31/C31M-06

a. 圆柱体试样：长为底面直径的 2 倍，直径至少为最大颗粒粒径的 3 倍（当最大粒径为 50mm 时，需筛除掉——参考 ASTM C 172）试样规格为 150mm×300mm 或 100mm×200mm。

b. 美标中无立方体试样、棱柱体试样。

c. 梁试样：长至少等于 3 倍高加上 50mm，规格为 150mm×150mm. 当骨料最大粒径超过 50mm，横截面的最小尺寸至少为最大粒径的 3 倍。最小尺寸不得少于 150mm，梁高宽比不得超过 1.5。

2. 中国规范：《普通混凝土力学性能试验方法标准》（GB/T 50081—5.1 节）

a. 抗压强度和劈裂抗拉强度试件应符合下列规定：

（1）圆柱体标准试件（150mm×300mm）或和的圆柱体非标准试件（100mm×200mm；200mm×400mm）

（2）立方体标准试件（边长为 150mm）及非标准试件（边长为 100mm 和 200mm）

b. 轴心抗压强度和静力受压弹性模量试件应符合下列规定：

（1）棱柱体标准试件（边长为 150mm×150mm×300mm）

（2）棱柱体非标准试件（100mm×100mm×300mm；200mm×200mm×400mm）

（3）在特殊情况下的圆柱体标准试件（150mm×300mm）和的圆柱体非标准试件（100mm×200mm；200mm×400mm）

c. 抗折强度试件应符合下列规定：

（1）边长为150mm×150mm×600mm（或550mm）棱柱体标准试件

（2）棱柱体非标准试件（100mm×100mm×400mm）

15.3.2.2 试样的尺寸误差

1. 美标 ASTM C 31/C 31M-06

梁的横截面尺寸高与标准相比不要超过 3mm，宽不要超过 150mm，长度比要求的不得短于 2mm。

2. 中国规范：《普通混凝土力学性能试验方法标准》（GB/T 50081—5.1 节）

尺寸公差：

a. 试件的承压面的平面度公差不得超过 0.0005 倍边长；

b. 试件的相邻面间的夹角应为 90°，其公差不得超过 0.5°；

c. 试件各边长直径和高的尺寸的公差不得超过 1mm。注：不同尺寸的构件，骨料的最大粒径是不同的。

15.3.2.3 试样的养护

1. 美标 ASTM C 31/C 31M-06

养护过程：储存→最初养护→最终养护。

a. 储存要求：对试样，温度 16～27℃，时间达 48h；

b. 初养：对混凝土拌合物，温度为 20～26℃；

c. 终养：

（1）对圆柱体试样完成初养，在脱模 30min 后，养护温度 23±2℃（具体要求见 C 511），试验前的时间不要超过 3h。若能满足湿气环境，温度在 20～30℃，则标养温度就不作要求了。

（2）对梁试样：在温度 23±2℃下养护 20h。

（3）对轻质结构混凝土：参考—ASTM C 330。

2. 中国规范：普通混凝土力学性能试验方法标准（GB/T 50081—5.1 节）

a. 试件成型后，应立即用不透水的薄膜覆盖表面。

b. 采用标准养护的试件应在温度为 20±5℃的环境中静置一昼夜至二昼夜，然后编号。

c. 拆模后应放入温度为 20±2℃，相对湿度为 95％以上的标准养护室中养护或在温度为 20±2℃不流动的氢氧化钙饱和溶液中养护。

d. 标准养护室内的试件应放在支架上，彼此间隔 10～20mm，试件表面应保持潮湿并不得被水直接冲淋，同条件养护试件的拆模时间可与实际构件的拆模时间相同，拆模后试件仍需保持同条件养护标准。

e. 养护龄期为 28d（从搅拌加水开始计时）。

15.3.2.4 取样的时间

中美规范对取样时间的要求大同小异，见表 15-19。

取样时间的对比　　　　　　　　　　　　　　　　　　　　　　　　　　表 15-19

对比点	分项	美国规范	中国规范
中美规范名称		《新拌混凝土取样方法的标准》ASTM C 172-07	《普通混凝土拌合物性能试验方法标准》GB/T 50080—2002（2.1.3 节）
取样时间	一	混合样品第一部分和最后一部分取得的时间间隔不超过 15min	取样或试验室拌制的混凝土应在拌制后尽量短的时间内成型，一般不宜超过 15min
	二	样品成型 5min 后即开始做坍落度、测量温度和空气含量试验	从取样完毕到开始做各项性能试验不宜超过 5min
	三	在制作完样品 15min 后，即开始做用于强度测试的试样	—

15.3.2.5　取样位置

就取样大小和取样位置两点进行中美规范的对比，见表 15-20。

取样时间的对比　　　　　　　　　　　　　　　　　　　　　　　　表 15-20

对比点	分项	美国规范	中国规范
中美规范名称		《新拌混凝土取样方法的标准》ASTM C 172-07	GB/T 50080—2002 普通混凝土拌合物性能试验方法标准（2.1.1 和 2.1.2 节）
取样	取样大小	用于强度测试的试样大小至少为 28L（一立方英尺）	取样量应多于试验所需量的 1.5 倍，且宜不小于 20L
	取样位置	从固定搅拌机中取样时，样品应取于一批混凝土的中间部分，不要限制混凝土的流动，以免造成混凝土的离析；从摊铺拌合机取样时，样品必从一堆混凝土的至少 5 个不同地方取得	混凝土拌合物的取样应具有代表性，宜采用多次采样的方法。一般同一盘混凝土或同一车混凝土中的约 1/4 处、1/7 处和 3/4 处之间分别取样。同一组混凝土拌合物的取样，应从同一盘混凝土或同一车混凝土中取样

15.3.3　混凝土抗压强度测试方法

混凝土抗压强度测试方法所涉及的规范　　　　　　　　　　　　　表 15-21

编　号	美国规范	编　号	中国规范
ASTM C 39/C 39M-05	《圆柱形的混凝土试样的抗压强度的测试方法》	GB/T 50081	《普通混凝土力学性能试验方法标准》（5.2 节）

15.3.3.1　美标和中标相同点

圆柱体试样标准尺寸为 150mm×300mm。非标准尺寸为 200mm×400mm，换算系数为 1.05；为 100mm×200mm，系数为 0.95。美标中，试样规格有 150mm×300mm 和 100mm×200mm 两种。

15.3.3.2　不同点

混凝土抗压强度测试方法对比如表 15-22 所示。

混凝土抗压强度测试方法对比　　　　　　　　　　　　　　　　　表 15-22

序　号	对比点	美国规范	中国规范
1	所用试样	圆柱体或梁试样	立方体，圆柱体及棱柱体试样
2	圆柱体试样尺寸精度	1. 两个样品的直径相差不要超过 2%，直径精确到 0.25mm（在试样中部测试 2 次） 2. 长度精确到 0.05in（1.27mm）	1. 测量试件的两个相互垂直的直径（精确至 0.1mm），取其平均值；再分别测量相互垂直的两个直径段部的四个高度 2. 精度：卡尺量程 300mm，分度值 0.02mm

序 号	对比点	美国规范	中国规范
3	其他 （圆柱体 试样）	1. 适合试样密度不超过 800kg/m³ 2. 测试机与试样的接触面应至少比试样的直径大 3% 3. 质量精确到 0.3%	混凝土的抗压强度精确至 0.1MPa

15.3.4　混凝土强度达标的检验标准

混凝土强度达标的检验标准所涉及的规范

表 15-23

编　号	美国规范	编　号	中国规范
ACI 318	混凝土的评估与验收（5.6.2 节）	GB 50107—2009	《混凝土强度检验评定标准》（第 4 章）

综述：美标中的检验标准均是针对圆柱体试件的，而且美标有试验室养护试件和现场养护试件之分，此两者的检验方法是不同的。中国规范的检验标准中有强度代表值一说，且检验标准有统计及非统计方法之分。以下检验标准是针对圆柱体试样的。

15.3.4.1　检验标准

1. 美标 ACI 318（5.6.2 节）

a. 试验室养护的构件：如果以下两个要求都能够满足，则某一等级的混凝土可认为达到强度等级：

（1）三次连续强度测试每组的算术平均值大于或等于 f'_c。

（2）当 f'_c 的值为 35MPa 或更小时，单个强度测量值（两个圆柱体平均值）比 f'_c 不低于 3.5MPa；当 f'_c 的值大于 35MPa 时，不低于 $0.10f'_c$。如果上两条中任一条要求不能满足，应采取措施提高随后强度测试结果的平均值。如（b）的要求不能够满足，则要遵守低强度混凝土强度条款的要求。

b. 现场养护的构件：

（1）现场养护的（混凝土）圆柱体试块应同时浇筑成形，同试验室养护的（混凝土）圆柱体试块一样。

（2）试验期被命名为单向轴压时的抗压强度 f'_c——现场养护的（混凝土）圆柱体的强度低于试验室养护的混凝土的强度的 85% 时，保护和养护混凝土的相关规程应被改善。如果现场养护强度超出 f'_c 3.5MPa 时，将没有此 85% 的限制。

2. 中国规范：《混凝土强度检验评定标准》GB 50107—2009

a. 预拌混凝土厂、预制混凝土构件厂和采用现场集中搅拌混凝土的施工单位，应按本标准规定的统计方法评定混凝土强度。

b. 对零星生产的预制构件的混凝土或现场搅拌的批量不大的混凝土，可按本标准规定的非统计方法评定。

c. 中国规范中检验标准适用试验室养护和现场养护构件。

d. 中国规范强度代表值：每组三个试件应在同一盘混凝土中取样。其强度代表值的确定规定如下：取三个试件强度的算术平均值作为每组试件的强度代表值；当一组试件中强度的最大值或最小值与中间值之差超过中间似的 15% 时，取中间值作为该组试件的强度代表值；当一组试件中强度的最大值和最小值与中间值之差均超过中间值的 15% 时，该组试件的强度不应作为评定的依据。

e. 中国规范折算系数：非标准试件的抗压强度折算为标准试件抗压强度。对边长为100mm 的立方体试件取 0.95；对边长为 200mm 的立方体试件取 1.05。

15.4 其他

15.4.1 混凝土的密度

表 15-24

混凝土密度所涉及的规范

编 号	美国规范	编 号	中国规范
ASTM C 39/C 39M-05	《圆柱形的混凝土试样抗压强度的测试方法》（8.3 节）	GB 50107—2009	《混凝土强度检验评定标准》（第 5 章）

对比

美国规范	中国规范
密度的测试方法：体积的测试方法（水中重量减量法；传统的底面积乘高法）	传统：在可量容器中浇筑混凝土的方法

15.4.2 混凝土强度等级不满足要求时的钻芯取样法

表 15-25

钻芯取样法所涉及的规范

编 号	美国规范	编 号	中国规范
ASTM C 42	《获取和测试有孔混凝土和锯切成的混凝土梁的标准试验方法》	CECS 03：88	《钻芯法检测混凝土强度技术规程》

中美规范中钻芯取样法的对比点主要为圆柱体试样直径、长度的不一致，芯样内的可含钢筋量的要求不一样，养护条件不一致，美标中有梁试样，中国规范中没有。

表 15-26

钻芯取样法对比

序 号	对比点	美国规范	中国规范
1	圆柱体试样尺寸	直径大于 95mm，长度和直径的比值在 1.9～2.1 之间	钻取芯样时宜采用内径 100mm 或 150mm 的金刚石或人造金刚石薄壁钻头，试件的高度和直径之比在 1～2 范围内
2	芯样里的钢筋	不允许	芯样内最多允许含有两根直径小于 10mm 的钢筋
3	养护条件	湿度条件按照要求，保留钻取时的湿度。钻取完毕后，晾干表面水分，然后装入塑料袋并标记	按潮湿状态进行试验时芯样试件在 20.0±5.0 应有的清水中浸泡 40～48h 从水中取出后应立即进行抗压试验
4	梁试样	梁样品（弯曲强度测试）：150mm×150mm，长度不低于 530mm，切割的表面应该平整。试验前将样品浸入 23.0±2.0℃的水中至少 40h，从水中取出后立即试验	无

第 16 章 中美模板规范对比研究

16.1 中国模板现行规范

国内模板研究起步较晚，一直处于混乱状态，相应的标准及规范严重滞后，目前国内仅有几种规范国标相关模板规范列表见表 16-1。

国标相关模板规范列表
表 16-1

规范编号	规范名称
JGJ 74—2003	《建筑工程大模板技术规程》（行业标准）
DBJ 01-89—2004	《全钢大模板应用技术规程》（地方标准：北京）
GB 50204—2002	《混凝土结构工程施工质量验收规范》（国家标准）
JGJ 162—2008	《建筑施工模板安全技术规范》（行业标准）
DB11/T 464—2007	《建筑工程清水混凝土施工技术规程》（地方标准：北京）
GB 50214—2001	《组合钢模板技术规范》（国家标准）

16.2 美国模板现行规范

美国模板权威规范为美国混凝土协会的《模板混凝土操作指南》美标相关模板规范列表见表 16-2。

美标相关模板规范列表
表 16-2

规范编号	规范名称
ACI 347-04	Guide to Formwork for Concrete
ACI 318-05	Building Code Requirements for Structural Concrete and Commentary
ACI 347. 2R-05	Guide for Shoring/Reshoring of Concrete Multistory Buildings

16.3 中美模板规范差异化对比

模板的中美差异化对比列表如表 16-3 所示。

模板的中美差异化对比
表 16-3

编　号	对比项目名称（ACI347-04）	中国规范参考
03-A	模板材料 （Materials）	综合参考各个规范
03-B	模板设计 （Design）	JGJ 162—2008 DB11/T 464—2007
03-C	模板施工 （Construction）	GB 50204—2002 DB11/T 464—2007
03-D	清水混凝土模板 （Architectures）	DB11/T 464—2007
03-E	特殊结构模板 （Special Structures）	无规范
03-F	特殊系统模板 （Special Methods of construction）	JGJ 162—2008

16.4 模板材料对比研究

16.4.1 面板材料规定-面板和衬垫

16.4.1.1 美标 ACI347-04

Sheathing（面板）and lining（衬垫）：wood、plywood、meta、plastic，cloth，or other materials selected to alter or enhance the surface of the finished concrete（ACI347-04）

16.4.1.2 美标 ACI347-04

important considerations are：Strength（强度）、Stiffness（硬度）、Release、Reuse and cost per use（重复利用和使用成本）、Surface characteristics imparted to the concrete（传承混凝土表面特征）Absorptiveness or ability to drain excess water from the concrete surface（表面吸水率）Resistance to mechanical damage（抗磨性能）Workability for cutting，drilling，and attaching fasteners（易于切割钻孔和加固）Adaptability to weather and extreme field conditions（适应极端天气和场地条件）Weight and ease of handling（重量易于搬运）（ACI347-04）

16.4.1.3 国标 DB11/T 464—2007

面板：木板，胶合板，竹胶板，PVC 板，玻璃钢板、钢板等（DB11/T 464—2007）。

要求：模板面板质地坚硬，表面光滑、平整，色泽一致，厚薄均匀，足够的刚度，遇水膨胀低于 0.5mm（竹、木胶合板而言），宜采用厚度 15mm 以上的多层竹木胶合板作为面板。

面板无裂纹和龟纹，表面覆膜厚度均匀，平整光滑，耐磨性好，覆膜重量≥120g/m²，面板应具有均匀的透气性、耐水性、良好的阻燃性能，并且重复利用率高。钢面板材质不宜低于 Q235，宜采用 5mm 或 6mm 钢板做面板（DB11/T 464—2007）。

16.4.2 面板材料规定——结构支撑

16.4.2.1 ACI347-04

Structural supports（结构支撑）—Structural support systems carry the dead and live loads that have been transferred through the sheathing. Important considerations are：

Strength（强度）；• Stiffness（刚度）；• Dimensional accuracy and stability（尺寸度和稳定性）；• Workability for cutting，drilling，and attaching fasteners；（易于切割、钻孔和加固）• Weight（重量）；• Cost and durability（成本和耐用性）；• Flexibility to accommodate varied contours and shapes（灵活性，以适应不同轮廓的需要）（ACI347-04）.

16.4.2.2 国标 DB11/T 464—2007

木模板龙骨应顺直，规格一致，宜采用 100×100mm 木方做龙骨，长度方向表面用 3m 靠尺检查误差不超过 2mm。背楞可采用 φ48mm×3.5 的钢管或 8 号槽钢。钢模板竖肋可根据模板大小，采用 40mm×60mm×3mm 的焊接方管或 43mm×3mm 的扁钢焊接而成，钢模板背楞宜采用 8 号或 10 号槽钢（DB11/T 464—2007）。

16.4.3 面板材料规定-附属构件

16.4.3.1 美标 ACI 相关规定

Accessories Form ties（螺栓）：There are two basic types of tie rods：the one-piece prefabricated rod or band type and the threaded internal disconnecting type（通常有两种类

型螺栓：一种是预置的或是带型螺栓；另一种是内部断开的螺栓）。Their suggested working loads range from 1000 to more than 50,000lb, 4.4 to more than 220kN。见图 16-1 适合美标的几种穿墙螺栓类型（适合轻型混凝土工程）及图 16-2 适合美标的几种穿墙螺栓类型（适合重型混凝土工程）。

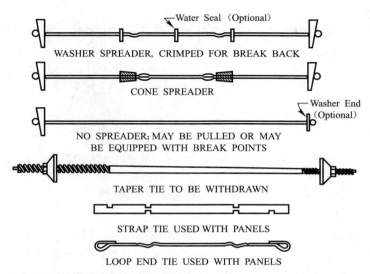

图 16-1　适合美标的几种穿墙螺栓类型（适合轻型混凝土工程）

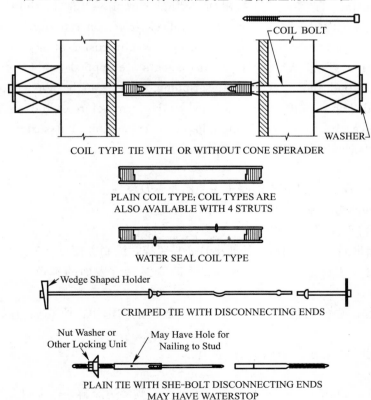

图 16-2　适合美标的几种穿墙螺栓类型（适合重型混凝土工程：桥梁，基础，清水混凝土等结构）

显然，ACI里对非清水结构的穿墙螺栓孔的外径并没有严格要求。

16.4.3.2　国标 DB11/T 464—2007

木模板对拉螺栓宜采用三节式穿墙椎体螺栓，中间加海绵垫圈防止漏浆。钢模板宜采用可循环使用的直通型对拉螺栓，在截面内的螺栓应加塑料套管，两端用锥形塑料堵头和胶粘海绵垫（图16-3）。

对拉螺栓的最小截面应满足承载力要求，宜采用冷挤压螺栓，同一工程宜采用同一规格的螺栓（DB11/T 464—2007）。

图 16-3　直通型穿墙螺栓所采用的塑料套管和堵头

16.4.4　Form coatings and release agents 模板涂料和脱模剂

16.4.4.1　美标 ACI 347

Form coatings and release agents （模板涂料和脱模剂）。Coatings（涂料）—Form coatings or sealers are usually applied in liquid form to contact surfaces either during manufacture or in the field to serve one or more of the following purposes：• Alter the texture of the contact surface（改变混凝土接触面纹理）；• Improve the durability of the contact surface（提高混凝土面耐久性）；• Facilitate release from concrete during stripping（促进混凝土模板的脱模）；or • Seal the contact surface from intrusion of moisture（密封防水）。

Release agents（脱模剂）—Form release agents are applied to the form contact surfaces to prevent bond and thus facilitates ripping. They can be applied permanently to form materials during manufacture or applied to the form before each use. When applying in the field，be careful to avoid coating adjacent construction joint surfaces or reinforcing steel.（使用脱模剂时避免相邻建筑及钢筋表面）

总结：

ACI 347 中，coating 适用于混凝土表面的改善及修理。

Release agents 用于剥离模板。

16.4.4.2　国标 DB11/T 464—2007

脱模剂应满足混凝土表面质量的要求且容易脱模，涂刷方便，易于干燥和便于用后清理。不引起混凝土表面起粉和产生气泡，不改变混凝土表面的本色，且不污染和锈蚀模板。

脱模剂的选用应考虑模板的种类见表16-4脱模剂的选用，所要求的混凝土表面效果和施工条件。

涂刷脱模剂时避免脱模剂涂刷在钢筋上。

总结：

DB11/T 464—2007 中未对模板涂料（类似的氟碳漆类涂料）作说明。

脱模剂选用

表 16-4

编号	模板面板类别	使用条件
1	木模板	宜用加表面活性剂的油类、油包水、化学类、油漆类石蜡乳类脱模剂
2	胶合板	可用油漆类、油类及化学脱模剂
3	玻璃纤维板	宜用油水乳液和化学脱模剂，或使用以水为介质的聚合物类乳液
4	橡胶内衬	宜用石蜡乳，禁用油类脱模剂
5	钢模板	宜用加表面活性剂的油类、石蜡乳或溶剂石蜡和化学火星脱模剂，慎用水包油型乳液；若采用，应加防锈剂

16.5 模板设计

16.5.1 general 模板设计概要（图 16-4）

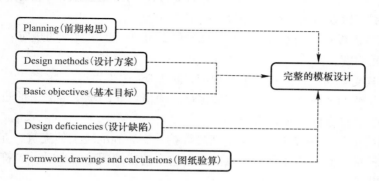

图 16-4 general 模板设计概要

16.5.2 美标模板系统的选取

In selecting the formwork system，the contractor（or formwork engineer）wants to consider such things as：（aci〈the contractor's guide to quality concrete construction〉）

a. Safety（安全）

b. Available labor skills（工人的劳动技能）

c. Availability and type of form material and handing equipment needed.（可供利用的模板类型及处理设备）

d. If custom forms are to be used，whether rental or purchase is preferable.（模板是否可以选择租赁或者购买）

e. Size of modular units（typically，it's best to use the largest size possible with the lightest weight）（模板单块的大小及重量）

f. Number of concrete placements and likely amount of reuse of forms（混凝土浇筑量及再利用）

g. Number of pieces of hardware and miscellaneous items to handle（模板及配件杂项的处理）

h. Finish specified for the concrete（which affects selection of ties，form lumber，and form liners）（完成指定的混凝土形式）

i. Deflection permissible，if specified by the engineer（工程师允许的偏差）

j. Length of time that forms and shoring must remain in place（cycle time）（模板和支撑的支护周期）

k. How reshoring is to be handled（如何处理重新支撑）

l. Form removal（模板拆除）

m. Weight of the concrete（混凝土自重）

n. Carpenter-laborer ratio（木工比率）

o. Cost（成本）

16.5.3 国标模板系统的选取

16.5.3.1 GB 50204—2002

模板及其支架应根据工程结构形式、载荷大小、地基土类别、施工设备和材料供应等条件进行设计。模板及其支架应具有足够的承载力、刚度和稳定性，能可靠的承受浇注混凝土的重量、侧压力以及施工荷载（GB 50204—2002）。

1. 全钢大模板设计应符合 JGJ 74—2003 和 DBJ 01-89—2004 的规定。应保证模板具有足够的强度和刚度。

2. 模板及其支架的设计应符合下列规定（JGJ 162—2008）：

a. 应具有足够的承载能力、刚度和稳定性，应能可靠的承受混凝土的自重、侧压力和施工过程中所产生的荷载及风荷载。

b. 构造应简单，装拆方便，便于钢筋的绑扎、安装和混凝土的浇筑、养护。

c. 当演算模板及其支架在自重和风荷载作用下的抗倾覆稳定性时，应符合相应材质结构设计规范的规定。

3. 模板设计应包括下列内容（JGJ 162—2008）：

a. 根据混凝土的施工工艺和季节性施工措施，确定构造和所承受的荷载。

b. 绘制模板设计图、支撑设计布置图、细部构造和异形模板大样图。

c. 按模板承受荷载的最不利组合对模板进行演算。

d. 编制模板及配件规格、数量汇总表盒周转使用计划。

e. 编制模板施工安全、防火技术措施及设计、施工说明书。

4. 清水模板设计主要包括（DB11/T 464—2007）：

a. 清水混凝土的外观质量要求。

b. 施工流水段的划分和周转次数要求。

c. 选择模板及配件类型。

d. 起重荷载允许的范围内，模板的分块力求定型化、整体化、模数化和通用化，并且尽量减少拼缝。

e. 对拉螺栓孔的排布应达到规律性和对称性的装饰效果。孔眼距门窗洞口的距离宜小于 150mm，且应尽可能将对拉螺栓布置在混凝土体外。

f. 剪力墙结构的清水混凝土模板设计，应以阴阳角方正和层间施工缝的平整过渡为设计重点。

g. 框架结构的清水混凝土模板设计，应以梁柱节点为设计重点。

h. 模板拼缝和装饰线设计。

16.5.4 中美规范对于 loads (荷载) 的规定

16.5.4.1 美标 Vertical loads (竖向载荷)

a. Vertical loads consist of dead and live loads (竖向荷载包括恒载荷和施工活载荷)。

b. The formwork should be designed for a live load of not less than 50lb/ft² (2.4kPa) of horizontal projection (模板活荷载在设计时不少于 50lb/ft² (2.4kPa) 水平投影面积)。

c. The live load should not be less than 75lb/ft² (3.6kPa) (When motorized carts are used) 当使用电动车时，此荷载不应少于 75lb/ft² (3.6kPa)。

d. The design load for combined dead and live loads should not be less than 100lb/ft² (4.8kPa) or 125 lb/ft² (6.0kPa) if motorized carts are used。合并后的恒荷载及活荷载不应小于 100lb/ft² (4.8kPa) or 125lb/ft² (6.0kPa) (如果使用电动车)。

16.5.4.2 美标 ACI Committee 347 中对混凝土侧压力的规定

a. Three most important variables are：concrete temperature (混凝土温度)，rate of pour (浇筑速度)，weight of concrete (混凝土自重)

b. ACI Committee 347 released an updated formwork standard that provides two pressure formulas，one for walls and one for columns (ACI347 提供了两个侧压力公式，一个是墙，另一个是柱子)。见图 16-5 混凝土侧压力公式。

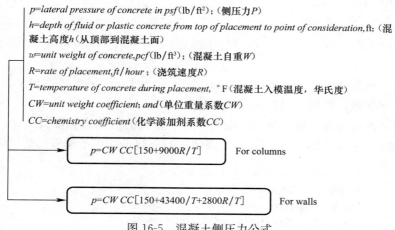

图 16-5 混凝土侧压力公式

备注：侧压力计算公式还有 inch-pound version 和 SI version，此处不再详述。

16.5.4.3 美标 Horizontal loads (水平载荷)

horizontal loads such as wind，cable tensions，inclined supports，dumping of concrete，and starting and stopping of equipment. (水平荷载包括风力荷载，悬索张力，倾斜支撑，混凝土倾倒冲击，以及启动和停止机器设备等荷载。)

a. For building construction，total horizontal loads，at each floor line should be not less than 100lb/linear ft (1.5kN/m) of floor edge or 2% of total dead load on the form distributed as a uniform load per linear foot (meter) of slab edge，whichever is greater. 水平荷载，假设风力、倾倒、设备等因素在内，综合载荷不小于 100lb/linear ft (1.5kN/m) (楼板边缘线性荷载)，或者，按照 2% 作用在模板上的恒荷载计算 (楼板边缘恒荷载)，按照其中较大值为准。

b. For wall forms exposed to the elements, the minimum wind design load should be not less than 15lb/ft² (0.72kPa). Bracing for wall forms should be designed for a horizontal load of at least 100lb/linear ft (1.5kN/m) of wall length, applied at the top. 对暴露在外的墙模板而言，最小风荷载设计值不小于15lb/ft² (0.72kPa)，支撑模板的水平载荷不应小于100lb/linear ft (1.5kN/m) (沿墙长度方向的水平线荷载)

16.5.4.4 美标其他

1. Special loads (特别荷载)

2. Post-tensioning loads (后张预应力荷载)

16.5.4.5 国标荷载的规定 (JGJ 162—2008)

1. 荷载标准值

a. 永久荷载标准值

模板及其支架自重标准值 (G_{1k}) 应根据模板设计图纸计算确定。肋形或无梁楼板模板自重标准值应按表16-5取值。

肋形或无梁模板自重标准值 表16-5

模板构件的名称	木模板	定型组合钢模板
平板的模板及小梁	0.30	0.50
楼板模板（其中包括梁的模板）	0.50	0.75
楼板模板及其支架（层高4m以下）	0.75	1.10

新浇筑混凝土自重标准值 (G_{2k})，对普通混凝土可采用24kN/m³，其他混凝土可根据实际重力密度确定。

钢筋自重标准值 (G_{3k}) 应根据工程设计图确定。对一般梁板结构每立方米钢筋混凝土的钢筋自重标准值：楼板可以取1.1kN；梁可以取1.5kN。

当采用内部振捣器时，新浇筑的混凝土作用于模板的侧压力标准值 (G_{4k})，可按下列公式计算，并取其中的较小值，见图16-6 新浇筑的混凝土作用于模板的侧压力标准值。

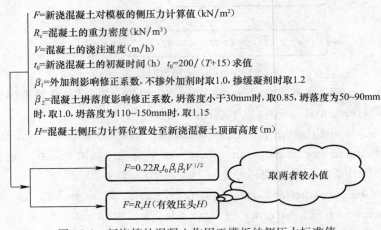

F＝新浇混凝土对模板的侧压力计算值(kN/m²)

R_c＝混凝土的重力密度(kN/m³)

V＝混凝土的浇注速度(m/h)

t_0＝新浇混凝土的初凝时间(h) $t_0=200/(T+15)$求值

β_1＝外加剂影响修正系数。不掺外加剂时取1.0，掺缓凝剂时取1.2

β_2＝混凝土坍落度影响修正系数，坍落度小于30mm时，取0.85，坍落度为50~90mm时，取1.0，坍落度为110~150mm时，取1.15

H＝混凝土侧压力计算位置处至新浇混凝土顶面高度(m)

$$F=0.22R_c t_0 \beta_1 \beta_2 V^{1/2}$$

$$F=R_c H (有效压头H)$$

取两者较小值

图16-6 新浇筑的混凝土作用于模板的侧压力标准值

b. 可变荷载标准值

施工人员及设备荷载标准值 (Q_{1k})，当计算模板和直接支撑模板的小梁时，均布活荷载可取2.5kN/m²，再用集中荷载2.5kN进行验算，比较两者所得的弯矩值取较大值；当计算直接支撑小梁的主梁时，均布活荷载标准值可取 $1.5kN/m^2$；当计算支撑立柱及其他支撑结构构件时，均布活荷载标准值可取 $1.0kN/m^2$。

捣混凝土时产生的荷载标准值（Q_{2k}），对水平面模板可采用 $2kN/m^2$，对垂直面模板可采用 $4kN/m^2$，且作用范围在新浇筑混凝土侧压力的有效压头高度之内。

振捣混凝土时，对垂直面模板产生的水平荷载标准值（Q_{3k}）可采用表 16-6 取值。

水平荷载标准值　　　　　　　　　　　　　　　　表 16-6

向模板内供料方法	水平荷载（kN/m^2）
溜槽、串筒或导管	2
容量小于 $0.2m^3$ 的运输器具	2
容量为 $0.2\sim0.8m^3$ 的运输器具	4
容量大于 $0.8m^3$ 的运输器具	6

注：作用在有效压头高度内

c. 风荷载标准值

风荷载标准值应按照国家标准《建筑结构荷载规范》GB 50009—2001 中的规定计算，其中基本风压值应按该规范 D.4 表中的 $n=10$ 年的规定，采用荷载标准值 $\beta_2=1$。

2. 荷载设计值

a. 计算模板及其支架结构或构件强度、稳定性和连续强度时，应采用荷载设计值（荷载标准值乘以荷载分项系数）。

b. 计算正常使用极限状态的变形时，应采用荷载标准值。

c. 载荷分项系数表取值如表 16-7 所示。

荷载分项系数表　　　　　　　　　　　　　　　　表 16-7

荷载类别	分项系数 R_i
模板及支架自重标准值（G_{1k}）	永久荷载的分项系数：
新浇混凝土自重标准值（G_{2k}）	① 当其效应对结构不利时，对有可变荷载效应控制的组合，应取 1.2；对由永久荷载效应控制的组合，应取 1.35；
钢筋自重标准值（G_{3k}）	② 当其效应对结构有利时，一般情况应取 1；对结构的倾覆、滑移验算，应取 0.9
新浇筑混凝土对模板侧压力标准值（G_{4k}）	
施工人员及施工设备荷载标准值（Q_{1k}）	① 可变荷载分项系数一般情况下取 1.4；
振捣混凝土时产生的荷载标准值（Q_{2k}）	② 对标准值大于 $4kN/m^2$，的活荷载应取 1.3；
倾倒混凝土时产生的荷载标准值（Q_{3k}）	③ 风荷载系数取 1.4
风荷载	

d. 钢面板及支架作用荷载设计值可乘以系数 0.95 进行折减。当采用冷弯薄壁型钢时，其荷载设计值不应折减。

3. 荷载组合

模板及其支架荷载效应组合的各项荷载标准值组合如表 16-8 所示。

荷载标准值组合　　　　　　　　　　　　　　　　表 16-8

序　号	项目名称	计算承载能力	验算挠度
1	平板和薄壳的模板支架	$G_{1k}+G_{2k}+G_{3k}+Q_{1k}$	$G_{1k}+G_{2k}+G_{3k}$
2	梁和拱模板的底板及支架	$G_{1k}+G_{2k}+G_{3k}+Q_{2k}$	$G_{1k}+G_{2k}+G_{3k}$
3	梁、拱、柱、墙的侧模板	$G_{4k}+Q_{2k}$	G_{4k}
4	大体积结构、柱、墙、的侧模板	$G_{4k}+Q_{3k}$	G_{4k}

16.5.5 模板施工 （construction）

16.5.5.1 本节主要内容

一、Safety precautions（安全预防措施）
二、Construction practices and workmanship（施工工艺和方法）
三、Tolerances（公差）
四、Irregularities in formed surfaces（模板表面效果）

施工准备阶段

五、Shoring and centering（支护）
六、Inspection and adjustment of formwork（模板检查和调整）
七、placing concrete in forms（浇筑混凝土）
八、Removal of forms and supports（拆模）
九、maintenance of forms（模板维护与保养）
十、Shoring and reshoring of multistory structures（多层结构再支护）

施工过程阶段

16.5.5.2 Safety precautions （安全预防措施）

a. Construction procedures should be planned in advance to ensure the safety of personnel and the integrity of the finished structure. Some of the safety provisions that should be considered are（施工部署及计划应确保施工人员的安全及结构的完整性，对此应着重考虑以下几点）：

b. Erection of safety signs and barricades to keep unauthorized personnel clear of areas in which erection, concrete placing, or stripping is under way. 安装安全标识和围挡，让未经授权的人员远离正在施工区域，如混凝土浇筑、模板拆除等。

c. Providing experienced form watchers during concrete placement to ensure early recognition of possible form displacement or failure，A supply of extra shores or other material and equipment that might be needed in an emergency should be readily available. 混凝土浇筑过程中，应安排专人看护模板，以尽早发现模板胀模及最终失败，并确保现场有足够的备用模板及设备。

d. Provision for adequate illumination of the formwork and work area. 模板及作业区应有准备充足的照明。

e. Inclusion of lifting points in the design and detailing of all forms that will be crane-handled. This is especially important in flying forms or climbing forms. In the case of wall formwork, consideration should be given to an independent work platform bolted to the previous lift. 在台模和爬模的设计中要明确吊车吊点，以便于起重机作业。对于墙模板施工时，应提供施工操作平台。

f. Incorporation of scaffolds, working platforms, and guardrails into formwork design and all formwork drawings. 所有的模板设计及施工图中都应详细反映出脚手架、操作平台及护栏。

g. Incorporation of provisions for anchorage of alternative fall protection devices, such as personal fall arrest systems, safety net systems, and positioning device systems. 明确规定的安全防坠装置，如个人防坠系统、安全网系统、定位装置系统等。

h. A program of field safety inspections of formwork. 在模板领域里的一套安全检查程序。

220

第17章 中阿混凝土设计规范的对比研究

17.1 阿尔及利亚混凝土结构设计标准规范介绍

目前，混凝土结构设计方面的标准主要有：

DTR BC-2.2 Charges permanentes et charges d'exploitation（荷载规范）

DTR BC 2.41 Règles de conception et de calcul des structures en béton armé CBA 93（混凝土结构设计规范）

DTR C 2.47 Règlement neige et vent RNV 1999（风雪荷载规范）

DTR Règles Parasismique Algérienne RPA 99 Version 2003（抗震设计规范）等

总体上来说，上述标准相对比较"简单"，一些条文不是很明确，同时又缺乏条文说明。这也造成了对于一些当地不常见的设计方法，审核机构在审核时常遇到"无法可依"的情况，给设计审核带来一定困难。由于阿尔及利亚曾长期受法国殖民统治，其规范体系也有严重的法国"烙痕"，相当多的规范条文来自法国规范。当地审核机构也习惯在没有当地标准的情况下，采用法国标准（NF）进行审核。近年来，随着欧洲标准一体化和世界经济一体化的进程，当地审核机构也开始接受欧洲和国际标准。

17.2 材料

材料是基础，是构成结构或结构构件的基本元素。因此，比较不同的混凝土设计标准，有必要分析其混凝土结构材料物理力学性能指标的基本规定。

17.2.1 混凝土

阿国规范规定的混凝土强度标准值同欧洲规范相同，其强度由圆柱体试块确定。在标准养护条件下，采用标准的试验方法得到的圆柱体试块抗压强度称为"圆柱体抗压强度特征值"。而我国的混凝土抗压强度采用立方体混凝土试块确定，用于设计的混凝土强度标准值采用棱柱体试块确定。

研究发现，相同混凝土的圆柱体抗压强度和立方体抗压强度基本呈线性关系，如图 17-1 所示。

两者之间的关系用公式表示如下：

$$f_{ck,cube} = 1.172 f_{ck} + 2MPa$$

式中 $f_{ck,cube}$——150mm×150mm×150mm 的立方体抗压强度；

f_{ck}——ϕ150mm×300mm 的圆柱体抗压强度。

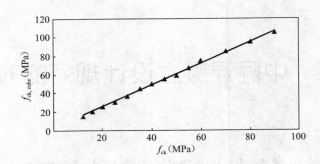

图 17-1　混凝土圆柱体抗压强度和立方体抗压强度关系

　　根据上述计算公式，可以得到不同混凝土强度等级（立方体）时，我国和阿国（欧洲）规范混凝土抗压强度的标准值和特征值，如表 17-1 所示。

中阿混凝土轴心抗压强度的标准值和特征值（MPa）　　　　　　表 17-1

规　范	混凝土强度等级（立方体）													
	C15	C20	C25	C30	C35	C40	C45	C50	C55	C60	C65	C70	C75	C80
中国	10	13.4	16.7	20.1	23.4	26.8	29.6	32.4	35.5	38.5	41.5	44.5	47.4	50.2
阿尔及利亚	12	16	20	25		30		35	40	45		50		55		60	—

　　从表中可以看出，对于相同强度等级的混凝土，阿国规范规定的强度特征值比我国规范高。但应注意的是，阿国规范规定的混凝土强度值是直接根据混凝土试块试验确定，表示的是混凝土试件的强度，尚没有考虑混凝土试件和构件的区别。而我国规范的抗压强度标准值由立方体抗压强度换算得到，已经用一个 0.88 的系数，考虑到了混凝土试块和混凝土构件的差别。

　　在进行设计时，需要对混凝土强度标准值进行折减。我国规范中，混凝土强度设计值是将混凝土强度标准值除以混凝土材料分项系数得到的，分项系数取 1.4。阿国规范混凝土强度设计值同样采用了一系列系数，对强度标准值进行修正。这些系数考虑了不同的荷载工况、荷载长期效应及加载方式等的影响。对于通常情况下的混凝土构件，相当于除以 1.5 的折减系数。

　　对于混凝土材料的弹性模量，两国规范的取值比较接近。对于混凝土抗拉强度和抗折强度，两国规范采用的试验方法和实际设计值都有所不同，在此不再详细比较。

　　需要说明的是，阿尔及利亚目前还没有商业混凝土供应，建筑用混凝土基本上依靠现场搅拌。此外，当地粗骨料和砂的质量也比较差，因此对于圆柱体抗压强度在 35MPa 以上的混凝土很难通过现场搅拌制备。另外，阿国规范除规定了混凝土强度等级外，还规定了每立方混凝土的最小水泥用量，这一点在施工中要非常注意。

17.2.2　钢筋

　　我国和阿国规范都是取具有 95％保证率的屈服强度作为钢筋的强度标准值。在承载能力极限状态计算时，我国钢筋强度设计值在标准值基础上除以 1.1 的钢筋材料分项系数。阿国规范钢筋强度设计值也是钢筋强度标准值除以钢筋材料分项系数，对于一般情况，材料分项系数取 1.15。

　　阿国钢筋的规格和强度等级与中国也有所不同，见表 17-2，给出了两国常用钢筋的规格及对应的强度等级。

中阿常用钢筋规格及强度等级

表 17-2

规 范	种类（热轧钢筋）	直径 d（mm）	强度标准值或特征值 f_{yk}（N/mm²）
中国	HPB235	8～20	235
	HRB335	6～50	335
	HRB400	6～50	400
	RRB400	8～40	400
阿尔及利亚	E400	8～32	400
	E500	8～32	500

从表中可以看出，中国标准规定了低、中、高三个级别的钢筋，而阿国标准没有低强度级别，从 400MPa 起步。

需要特别注意的是，阿尔及利亚钢筋生产落后，主要依靠从意大利、乌克兰等国进口。因此市场上钢筋品种单一，通常只有 E500 强度等级的钢筋，并且很少有直径 18mm 和 28mm 的规格。

17.2.3　荷载作用

阿国规范和我国规范相同，按照时间，对作用在结构上的荷载分为永久作用、可变作用、偶然作用和地震作用几大类。

不同的是，阿国规范规定，建筑物上由人的活动所产生的竖向可变荷载称为"强加荷载"，并按自由可变作用分类，包括人一般使用产生的荷载、家具和可移动物体（如可移动隔墙、储液容器中的液体）产生的荷载、车辆产生的荷载、可能会出现的罕遇事件（如人聚集和家具堆积、装修和房间调整时的堆积物）产生的荷载等。

对于具体计算上述作用时各种材料常数及系数的取值，仅作如下几点说明，详请参考两国相应标准，在此不再赘述。

（1）永久作用中，对于框架结构中的轻质隔墙，阿国设计工作者习惯上折算成楼面均布荷载来考虑，而我国则多折算为作用在结构上的线荷载来考虑。

（2）我国规范中规定，对于活荷载，荷载标准值乘以 1.4 的分项系数得到设计值，恒荷载乘以 1.2 的分项系数。阿国规范规定，活荷载乘以 1.5 的分项系数，恒荷载乘以 1.35 的分项系数。相对来说，阿国规范设计荷载较大。

（3）风荷载和雪荷载的计算请参考风雪规范。外交部项目所在地阿尔及尔 50 年一遇的 10min 参考风速为 25m/s；对于普通混凝土结构，没有考虑雪荷载。

（4）地震作用。阿国规范没有对抗震设防烈度进行分级，但对于不同的区域，给出了地震作用主要系数的取值。对于阿尔及尔地区，水平地震加速度系数 $A=0.4g$。

17.2.4　设计理论

混凝土结构设计是一门自然科学，它必须符合力学原理。因此，两国设计规范必然有大量共同点。但标准规范作为多年研究成果和经验积累的技术文件，与当地的经济和科技发展水平密切相关，所谓的安全、适用、耐久、经济和确保质量，只是最基本的原则，本身都包含不可调和的矛盾。

从设计基础看，我国和阿国采用的都是极限状态设计方法，包括承载能力极限状态和正常使用极限状态。在实用设计表达式上，我国和阿国规范都采用了多系数表达式。对于作用，都由作用标准值、作用分项系数和组合系数组成，用组合系数反映不同作用组合。对于抗力，采用材料强度标准值除以材料分项系数得到材料强度设计值。具体计算公式中，各项系数的含义和取值都有一些差别，这在前面章节中也有所说明。

在结构分析中，我国规范和阿国规范都规定，对于混凝土结构，可以按线弹性方法、考虑内力重分布的方法和塑性分析法。在具体计算中，对于不同设计内容，规范规定有一定差异，主要包括：

(1) 对于正截面计算的内容，包括受弯和受压构件的承载力，从基本假定和计算方法上，我国和阿国规范都没有大的差别。

(2) 对于受剪承载力计算，对于无腹筋的钢筋混凝土构件，阿国规范考虑了纵向受拉钢筋的影响，我国规范不考虑；对于有腹筋的钢筋混凝土构件，阿国规范同欧洲规范，按桁架模型进行计算，而我国规范采用了混凝土受剪和腹筋受剪承载力之和的形式。

(3) 对于受扭承载力计算，在纯扭的情况下，我国规范规定按照混凝土和受扭钢筋共同承担扭矩考虑；在受弯剪扭构件中，我国规范考虑受剪承载力和受扭承载力的相互影响计算需要的受剪和受扭钢筋，按照纯弯计算需要的受弯钢筋。而当地规范对于纯扭构件，按照桁架模型计算；对于弯剪扭构件，分别按纯扭、纯剪和纯弯计算需要的受剪、受扭和受弯钢筋，不考虑剪扭的相互影响。

(4) 对于局部受压承载力计算，我国和当地规范规定相近。

(5) 对于深受弯构件，我国规范规定采用和普通混凝土构件相衔接的受弯公式和受剪公式进行计算，阿国规范采用压杆-拉杆模型计算。

(6) 对于牛腿构件，我国规范采用了基于简单桁架模型的计算公式，阿国规范则要求按照剪跨比大小选用简单方法或压杆-拉杆方法。

224

第 18 章　中法规范混凝土外加剂对比研究

18.1　涉及规范名称

18.1.1　法标名称

NF P18-341-1 NF EN 934-1—2008　混凝土、砂浆和灰浆外加剂-第 1 部分：一般要求

NF P18-341-2 NF EN 934-2—2009　混凝土、砂浆和灰浆外加剂-第 2 部分：混凝土外加剂：定义、合格性、要求、标记和标签

NF P18-341-3 NF EN 934-3—2009　混凝土、砂浆和灰浆外加剂-第 3 部分：砌筑砂浆添加剂：定义、要求、合格性、标记和标签

NF P18-341-4 NF EN 934-4—2009　混凝土、砂浆和灰浆外加剂-第 4 部分：预应力钢筋灰浆外加剂：定义、要求、合格性、标记和标签

NF P18-346 NF EN 934-6—2002　混凝土、砂浆和灰浆外加剂-第 6 部分：取样、合格性控制和评价

NF P18-342/A2—2006　混凝土、灰浆和灌浆用添加剂：混凝土添加剂定义、要求、一致性、作标记和标签

NF P18-346/A1—2006　混凝土、灰浆和灌浆用添加剂：取样、合格控制及合格评定

NF P18-310-13，NF EN 480-13　混凝土、砂浆及灰浆混合物-试验方法-第 13 部分：砌筑砂浆试验手册

18.1.2　国标名称

《混凝土外加剂》GB 8076—2008

《混凝土外加剂应用技术规范》GB 50119—2003

18.2　混凝土外加剂种类

18.2.1　法标中混凝土外加剂种类

根据 NF P18-341-2 NF EN 934-2—2009《混凝土、砂浆和灰浆外加剂-第 2 部分：混凝土外加剂：定义、合格性、要求、标记和标签》条款 3.2 的规定，混凝土外加剂包括以下 11 类：

减水/增塑剂（water reducing/plasticizing admixture）

高性能减水/超强增塑剂（high range water reducing/super plasticizing admixture）

保水剂（water retaining admixture）

引气剂（air entraining admixture）

速凝剂（set accelerating admixture）

促硬剂（hardening accelerating admixture）

缓凝剂（set retarding admixture）

防水剂（water resisting admixture）

缓凝/减水/增塑剂（set retarding/water reducing/plasticizing admixture）

缓凝/高性能减水/超强增塑剂（set retarding/high range water reducing/super plasticizing admixture）

速凝/减水/增塑剂（set accelerating/water reducing/plasticizing admixture）

18.2.2　国标中混凝土外加剂种类

根据《混凝土外加剂》GB 8076—2008 条款 4 的规定，混凝土外加剂的种类及其代号如下所示：

早强型高性能减水剂 HPWR-A

标准型高性能减水剂 HPWR-S

缓凝型高性能减水剂 HPWR-R

标准型高效减水剂 HWR-S

缓凝型高效减水剂 HWR-R

早强型普通减水剂 WR-A

标准型普通减水剂 WR-S

缓凝型普通减水剂 WR-R

引气减水剂 AEWR

泵送剂 PA

早强剂 Ac

缓凝剂 Re

引气剂 AE

18.3　混凝土外加剂的一般要求

18.3.1　法标规定

NF P18-341-1 NF EN 934-1—2008《混凝土、砂浆和灰浆外加剂-第 1 部分：一般要求》条款 4 规定，EN 934-2、EN 934-3、EN 934-4 和 EN 934-5 中包含的所有外加剂都应满足表 18-1 的要求。

一般要求　　　　　　　　　　　　　　　　　　　　　　　表 18-1

序号	性能指标	检测方法	要　求
1	匀质性	视觉观察	使用时应均匀，分凝作用不应超过生产厂规定的限度
2	颜色	视觉观察	均匀，且与生产厂的描述相似
3	有效成分	EN 480-6	与生产厂提供的参考光谱相比，红外线光谱显示其有效成分没有显著变化
4	绝对密度（仅用于液态外加剂）	ISO 758	若 $D>1.10$kg/L，$D\pm0.03$ 若 $D\leqslant1.10$kg/L，$D\pm0.02$ 式中 D 为生产厂规定密度值

226

序号	性能指标	检测方法	要 求
5	常规干燥物质含量	EN 480-8	若 $T\geqslant20\%$，$0.95T\leqslant X\leqslant1.05T$ 若 $T<20\%$，$0.90T\leqslant X\leqslant1.10T$ T 为生产厂规定值（质量百分比），X 为检测结果（质量百分比）
6	pH值（仅用于液态外加剂）	ISO 4316	生产厂规定值±1 或在生产厂规定范围内
7	总氯含量	EN ISO 1158	要么质量比≤0.10%，要么不高于生产厂的规定值
8	水溶性氯化物	EN 480-10	要么质量比≤0.10%，要么不高于生产厂的规定值
9	碱含量（氧化钠当量）	EN 480-12	不高于生产厂的规定最大值（质量百分比）
10	腐蚀反应	EN 480-14	见条款5
11	二氧化硅含量	EN 196-2（步骤13）	不高于生产厂的规定最大值（质量百分比）

注：1. 生产厂应按要求将规定值和产品特性以书面形式提供给用户。
　　2. 如果氯化物的含量≤0.10%（质量百分比），则该外加剂可被标记为"无氯化物"。
　　3. 若总氯含量和水溶性氯化物含量两者之间没有显著的区别，则在有关外加剂的后续试验中，仅需测定水溶性氯化物含量即可。

18.3.2　国标规定

相对于法标全面而细致的一般性要求，《混凝土外加剂》GB 8076—2008 仅对外加剂的匀质性指标给出了一般性要求，具体如 GB 8076—2008 条款 5.2 中表 18-2 所示。

匀质性指标　　　　　　　　　　　　　　　　　　表 18-2

项 目	指 标
氯离子含量（%）	不超过生产厂控制值
总碱量（%）	不超过生产厂控制值
含固量（%）	$S>25\%$时，应控制在 $0.95S\sim1.05S$； $S\leqslant25\%$时，应控制在 $0.90S\sim1.10S$
含水率（%）	$W>5\%$时，应控制在 $0.90W\sim1.10W$； $W\leqslant5\%$时，应控制在 $0.80W\sim1.20W$
密度（g/cm³）	$D>1.1$时，应控制在 $D\pm0.03$； $D\leqslant1.1$时，应控制在 $D\pm0.02$
细度	应在生产厂控制范围内
pH 值	应在生产厂控制范围内
硫酸钠含量（%）	不超过生产厂控制值

注：1. 生产厂应在相关的技术资料中明示产品匀质性指标的控制值；
　　2. 对相同和不同批次之间的匀质性和等效性的其他要求，可由供需双方商定；
　　3. 表中的 S、W 和 D 分别为含固量、含水率和密度的生产厂控制值。

18.3.3　法标中关于腐蚀反应的规定

NF P18-341-1 NF EN 934-1—2008《混凝土、砂浆和灰浆外加剂-第1部分：一般要求》针对外加剂的腐蚀反应给出了专门的规定，包括腐蚀反应检测与标记、腐蚀反应检测要求两方面内容。

1. 腐蚀反应检测与标记

NF P18-341-1 NF EN 934-1—2008《混凝土、砂浆和灰浆外加剂-第1部分：一般要求》条款 5.1 规定，若外加剂只包含核准名单 A.1 和公布名单 A.2 中的材料，则不需进行腐蚀反应检测。对于包含两个名单之外材料的外加剂，应按 EN 480-14 进行检测并满足 5.2 中的要求。另外，包含公布名单 A.2 中材料的外加剂应将材料名称标示于标签上。

核准名单 A.1 和公布名单 A.2 如表 18-3 所示。

核准名单 A.1 和公布名单 A.2　　　　　　　　　　　　　　　　表 18-3

核准名单 A.1	
乙酸盐类	磺化三聚氰胺甲醛
烷醇胺	天然树脂及其盐类
	磺化萘甲醛
铝酸盐	膦酸及其盐类
铝粉	磷酸盐
苯甲酸盐	丙烯酸聚（丙烯酸酯聚合物）
硼酸盐	聚羧酸聚合物
碳酸盐	聚羧酸酯醚
柠檬酸盐	多糖
纤维素和纤维素醚	聚醚
乙氧化胺	乙烯聚合物及其衍生物
脂肪酸和脂肪酸盐/酯	蔗糖
填料（水泥及其主要成分）	硅 -合成硅（胶体硅、纳米硅） -硅粉
甲醛	硅酸盐
葡萄糖酸盐	淀粉及淀粉醚
乙二醇及其衍生物	糖
氢氧化物	硫酸盐
乳酸盐	表面活化剂
木素磺化盐	酒石酸盐
苹果酸	硅酸钠
麦芽糖糊精	
公布名单 A.2	
甲酸盐、硝酸盐、硫氰酸盐、亚硝酸盐、硫化物	

2. 腐蚀反应检测要求

NF P18-341-1 NF EN 934-1—2008《混凝土、砂浆和灰浆外加剂-第 1 部分：一般要求》条款 5.2 规定，当按照 EN 480-14 进行检测时，对于三个混合物试件中的任何一个，其在 1～24h 内的任意时间计算出的当前密度都不应超过 $10\mu A/cm^2$。另外，为便于对照和检测混合物，各试件的当前密度-时间曲线的进展趋势应是类似的。

18.4　混凝土外加剂的性能要求和检测方法

18.4.1　法标规定

NF P18-341-2 NF EN 934-2—2009《混凝土、砂浆和灰浆外加剂-第 2 部分：混凝土外加剂：定义、合格性、要求、标记和标签》对混凝土外加剂的性能要求和检测方法进行了全面而详细的规定，其条款 4.2 针对 11 类混凝土外加剂的具体规定分别进行了阐述，详见表 18-4～表 18-14 所示。

（1）减水/增塑剂

减水/增塑剂的性能要求（相同稠度）   表 18-4

指　标	基准混凝土	检测方法	要　求
减水性	EN 480-1 基准混凝土 Ⅰ	EN 12350-2 的坍落度试验或 EN 12350-5 的稠度试验	受检混合物的减水性比对照组高出至少 5%
抗压强度	EN 480-1 基准混凝土 Ⅰ	EN 12390-3	在 7d 和 28d 时，受检混合物的抗压强度至少为对照组的 110%
新拌混凝土含气量	EN 480-1 基准混凝土 Ⅰ	EN 12350-7	除非生产厂另有规定，受检混合物的含气量高出对照组不超过 2%（体积比）

（2）高性能减水/超强增塑剂

高性能减水/超强增塑剂的性能要求（相同稠度）   表 18-5（a）

指　标	基准混凝土	检测方法	要　求
减水性	EN 480-1 基准混凝土 Ⅰ	EN 12350-2 的坍落度试验或 EN 12350-5 的稠度试验	受检混合物的减水性比对照组高出至少 12%
抗压强度	EN 480-1 基准混凝土 Ⅰ	EN 12390-3	在 1d 时，受检混合物的抗压强度至少为对照组的 140%；在 28d 时，受检混合物的抗压强度至少为对照组的 115%
新拌混凝土含气量	EN 480-1 基准混凝土 Ⅰ	EN 12350-7	除非生产厂另有规定，受检混合物的含气量高出对照组不超过 2%（体积比）

高性能减水/超强增塑剂的性能要求（相同水灰比）   表 18-5（b）

指　标	基准混凝土	检测方法	要　求
稠度增加值	EN 480-1 基准混凝土 Ⅳ	EN 12350-2 的坍落度试验或 EN 12350-5 的稠度试验	与初始值（30±10）mm 相比，坍落度至少增加 120mm；与初始值（350±20）mm 相比，稠度至少增加 160mm
稠度保留性	EN 480-1 基准混凝土 Ⅳ	EN 12350-2 的坍落度试验或 EN 12350-5 的稠度试验	加入 30min 后，受检混合物的稠度不应低于对照组稠度的初始值
抗压强度	EN 480-1 基准混凝土 Ⅳ	EN 12390-3	在 28d 时，受检混合物的抗压强度至少为对照组的 90%
新拌混凝土含气量	EN 480-1 基准混凝土 Ⅳ	EN 12350-7	除非生产厂另有规定，受检混合物的含气量高出对照组不超过 2%（体积比）

（3）保水剂

保水剂的性能要求（相同稠度）　　　　　　　　　　表 18-6

指　标	基准混凝土	检测方法	要　求
泌水性	EN 480-1 基准混凝土Ⅱ	EN 480-4	受检混合物的泌水性≤对照组的50%
抗压强度	EN 480-1 基准混凝土Ⅱ	EN 12390-3	在28d时，受检混合物的抗压强度至少为对照组的80%
新拌混凝土含气量	EN 480-1 基准混凝土Ⅱ	EN 12350-7	除非生产厂另有规定，受检混合物的含气量高出对照组不超过2%（体积比）

（4）引气剂

引气剂的性能要求（相同稠度）　　　　　　　　　　表 18-7

指　标	基准混凝土	检测方法	要　求
新拌混凝土含气量（携带空气）	EN 480-1 基准混凝土Ⅲ	EN 12350-7	受检混合物的含气量高于对照组至少2.5%（体积比） 总含气量为4%~6%（体积比）
硬化混凝土的孔隙率	EN 480-1 基准混凝土Ⅲ	EN 480-11	受检混合物的气泡间距系数≤0.200mm
抗压强度	EN 480-1 基准混凝土Ⅲ	EN 12390-3	在28d时，受检混合物的抗压强度至少为对照组的75%

（5）速凝剂

速凝剂的性能要求（相同稠度）　　　　　　　　　　表 18-8

指　标	基准砂浆/混凝土	检测方法	要　求
初凝时间	EN 480-1 砂浆	EN 480-2	20℃时，受检混合物的初凝时间≥30min 5℃时，受检混合物的初凝时间≤对照组的60%
抗压强度	EN 480-1 基准混凝土Ⅰ	EN 12390-3	在28d时，受检混合物的抗压强度至少为对照组的80% 在90d时，受检混合物的抗压强度不小于其28d时的抗压强度
新拌混凝土含气量	EN 480-1 基准混凝土Ⅰ	EN 12350-7	除非生产厂另有规定，受检混合物的含气量高出对照组不超过2%（体积比）

（6）促硬剂

促硬剂的性能要求（相同稠度）　　　　　表 18-9

指　　标	基准混凝土	检测方法	要　　求
抗压强度	EN 480-1 基准混凝土 I	EN 12390-3	在 20℃、24h 时，受检混合物的抗压强度至少为对照组的 120% 在 20℃、28d 时，受检混合物的抗压强度至少为对照组的 90% 在 5℃、48h 时，受检混合物的抗压强度至少为对照组的 130%
新拌混凝土含气量	EN 480-1 基准混凝土 I	EN 12350-7	除非生产厂另有规定，受检混合物的含气量高出对照组不超过 2%（体积比）

（7）缓凝剂

缓凝剂的性能要求（相同稠度）　　　　　表 18-10

指　　标	基准砂浆/混凝土	检测方法	要　　求
凝结时间	EN 480-1 砂浆	EN 480-2	初凝时间：受检混合物≥对照组＋90min 终凝时间：受检混合物≤对照组＋360min
抗压强度	EN 480-1 基准混凝土 I	EN 12390-3	在 7d 时，受检混合物的抗压强度至少为对照组的 80% 在 28d 时，受检混合物的抗压强度至少为对照组的 90%
新拌混凝土含气量	EN 480-1 基准混凝土 I	EN 12350-7	除非生产厂另有规定，受检混合物的含气量高出对照组不超过 2%（体积比）

（8）防水剂

防水剂的性能要求（相同稠度或水灰比）　　　　　表 18-11

指　　标	基准砂浆/混凝土	检测方法	要　　求
毛细吸收作用	EN 480-1 砂浆	EN 480-5	经过 7d 养护后连续进行 7d 检测：受检混合物的检测结果≤对照组的 50%（质量比） 经过 90d 养护后连续进行 28d 检测：受检混合物的检测结果≤对照组的 60%（质量比）
抗压强度	EN 480-1 基准混凝土 I	EN 12390-3	在 28d 时，受检混合物的抗压强度至少为对照组的 85%
新拌混凝土含气量	EN 480-1 基准混凝土 I	EN 12350-7	除非生产厂另有规定，受检混合物的含气量高出对照组不超过 2%（体积比）

（9）缓凝/减水/增塑剂

缓凝/减水/增塑剂的性能要求（相同稠度）　　　　　表 18-12

指　标	基准混凝土/砂浆	检测方法	要　求
抗压强度	EN 480-1 基准混凝土 Ⅰ	EN 12390-3	在 28d 时，受检混合物的抗压强度至少为对照组的 100%
凝结时间	EN 480-1 砂浆	EN 480-2	初凝时间：受检混合物≥对照组＋90min 终凝时间：受检混合物≤对照组＋360min
减水性	EN 480-1 基准混凝土 Ⅰ	EN 12350-2 的坍落度试验或 EN 12350-5 的稠度试验	受检混合物的减水性比对照组高出至少 5%
新拌混凝土含气量	EN 480-1 基准混凝土 Ⅰ	EN 12350-7	除非生产厂另有规定，受检混合物的含气量高出对照组不超过 2%（体积比）

（10）缓凝/高性能减水/超强增塑剂

缓凝/高性能减水/超强增塑剂的性能要求（相同稠度）　　　　　表 18-13（a）

指　标	基准混凝土/砂浆	检测方法	要　求
抗压强度	EN 480-1 基准混凝土 Ⅰ	EN 12390-3	在 7d 时，受检混合物的抗压强度至少为对照组的 100% 在 28d 时，受检混合物的抗压强度至少为对照组的 115%
凝结时间	EN 480-1 砂浆	EN 480-2	初凝时间：受检混合物≥对照组＋90min 终凝时间：受检混合物≤对照组＋360min
减水性	EN 480-1 基准混凝土 Ⅰ	EN 12350-2 的坍落度试验或 EN 12350-5 的稠度试验	受检混合物的减水性比对照组高出至少 12%
新拌混凝土含气量	EN 480-1 基准混凝土 Ⅰ	EN 12350-7	除非生产厂另有规定，受检混合物的含气量高出对照组不超过 2%（体积比）

缓凝/高性能减水/超强增塑剂的性能要求（相同水灰比）　　　　　表 18-13（b）

指　标	基准混凝土	检测方法	要　求
稠度保留性	EN 480-1 基准混凝土 Ⅳ	EN 12350-2 的坍落度试验或 EN 12350-5 的稠度试验	加入 60min 后，受检混合物的稠度不应低于对照组稠度的初始值
抗压强度	EN 480-1 基准混凝土 Ⅳ	EN 12390-3	在 28d 时，受检混合物的抗压强度至少为对照组的 90%
新拌混凝土含气量	EN 480-1 基准混凝土 Ⅳ	EN 12350-7	除非生产厂另有规定，受检混合物的含气量高出对照组不超过 2%（体积比）

（11）速凝/减水/增塑剂

速凝/减水/增塑剂的性能要求（相同稠度）   表 18-14

指　标	基准砂浆/混凝土	检测方法	要　求
抗压强度	EN 480-1 基准混凝土 I	EN 12390-3	在 28d 时，受检混合物的抗压强度至少为对照组的 100%
初凝时间	EN 480-1 砂浆	EN 480-2	20℃时，受检混合物的初凝时间≥30min 5℃时，受检混合物的初凝时间≤对照组的 60%
减水性	EN 480-1 基准混凝土 I	EN 12350-2 的坍落度试验或 EN 12350-5 的稠度试验	受检混合物的减水性比对照组高出至少 5%
新拌混凝土含气量	EN 480-1 基准混凝土 I	EN 12350-7	除非生产厂另有规定，受检混合物的含气量高出对照组不超过 2%（体积比）

18.4.2　国标规定

1. 外加剂性能要求

与法标中对各类混凝土外加剂的性能要求分别进行阐述不同，《混凝土外加剂》GB 8076—2008 条款 5.1 对各类掺外加剂的混凝土的性能要求综合在一起进行阐述，具体如表 18-15 所示。

2. 试验方法

《混凝土外加剂》GB 8076—2008 条款 6 对混凝土外加剂检测的试验方法进行了规定，主要包括材料、配合比、混凝土搅拌、混凝土拌合物性能试验方法等方面内容。

（1）材料

GB 8076—2008 条款 6.1 对各项试验材料进行了规定，其中，水泥应采用该标准附录 A 规定的水泥；砂应是符合 GB/T 14684 中 Ⅱ 区要求的中砂，但细度模数为 2.6～2.9，含泥量小于 1%；石子应是符合 GB/T 14685 要求的公称粒径为 5～20mm 的碎石或卵石，采用二级配，其中 5～10mm 占 40%，10～20mm 占 60%，满足连续级配要求，针片状物质含量小于 10%，空隙率小于 47%，含泥量小于 0.5%；水应符合《混凝土用水》标准 JGJ 63 的技术要求；外加剂为需要检测的外加剂。

（2）配合比

基准混凝土配合比按 JGJ 55 进行设计。掺非引气型外加剂的受检混凝土和其对应的基准混凝土的水泥、砂、石的比例相同。配合比设计应符合以下规定：

水泥用量：掺高性能减水剂或泵送剂的基准混凝土和受检混凝土的单位水泥用量为 360kg/m³；掺其他外加剂的基准混凝土和受检混凝土单位水泥用量为 330kg/m³。

砂率：掺高性能减水剂或泵送剂的基准混凝土和受检混凝土的砂率均为 43%～47%；掺其他外加剂的基准混凝土和受检混凝土的砂率为 36%～40%；但掺引气减水剂或引气剂的受检混凝土的砂率应比基准混凝土的砂率低 1%～3%。

外加剂掺量：按生产厂家指定掺量。

受检混凝土性能指标

表18-15

| 项目 | 高性能减水剂 HPWR | | | 高效减水剂 HWR | | 普通减水剂 WR | | | 引气减水剂 AEWR | 泵送剂 PA | 早强剂 Ac | 缓凝剂 Re | 引气剂 AE |
	早强型 HPWR-A	标准型 HPWR-S	缓凝型 HPWR-R	标准型 HWR-S	缓凝型 HWR-R	早强型 WR-A	标准型 WR-S	缓凝型 WR-R					
减水率（%），不小于	25	25	25	14	14	8	8	8	10	12	—	—	6
泌水率比（%），不大于	50	60	70	90	100	95	100	100	70	70	100	100	70
含气量（%）	≤6.0	≤6.0	≤6.0	≤3.0	≤4.5	≤4.0	≤4.0	≤5.5	≥3.0	≤5.5	—	—	≥3.0
凝结时间之差（min） 初凝	−90～+90	−90～+120	>+90	−90～+120	>+90	−90～+90	−90～+120	>+90	−90～+120	—	−90～+90	>+90	−90～+120
凝结时间之差（min） 终凝	—	—	—	—	—	—	—	—	—	—	—	—	—
1h经时变化量 坍落度（mm）	—	≤80	≤60						—	≤80			—
1h经时变化量 含气量（%）									−1.5～+1.5				−1.5～+1.5
抗压强度比（%），不小于 1d	180	170	—	140	—	135	—	—	—	—	135	—	—
抗压强度比（%），不小于 3d	170	160	—	130	130	130	115	—	115	—	130	—	95
抗压强度比（%），不小于 7d	145	150	140	125	125	110	115	110	110	115	110	100	95
抗压强度比（%），不小于 28d	130	140	130	120	120	100	110	110	100	110	100	100	90
收缩率比（%），不大于 28d	110	110	110	135	135	135	135	135	135	135	135	135	135
相对耐久性（200次）（%），不小于	—	—	—	—	—	—	—	—	80	—	—	—	80

注：1. 表1中抗压强度比、收缩率比、相对耐久性为强制性指标，其余为推荐性指标。
2. 除含气量和相对耐久性外，表中所列数据为掺外加剂混凝土与基准混凝土的差值或比值。
3. 凝结时间之差性能指标中的"－"号表示提前，"＋"号表示延缓。
4. 相对耐久性（200次）性能指标中的"≥80"表示将28d龄期的受检混凝土试件快速冻融循环200次后，动弹性模量保留值≥80%。
5. 1h含气量经时变化量性能指标中的"－"号表示含气量增加，"＋"号表示含气量减少。
6. 其他品种的外加剂是否需要测定相对耐久性及测定指标，由供、需双方协商确定。
7. 当用户对泵送剂等产品有特殊要求时，需要进行的补充试验项目、试验方法及指标，由供需双方协商决定。

234

用水量：掺高性能减水剂或泵送剂的基准混凝土和受检混凝土的坍落度控制在（210±10）mm，用水量为坍落度在（210±10）mm时的最小用水量；掺其他外加剂的基准混凝土和受检混凝土的坍落度控制在（80±10）mm。

（3）混凝土拌制

采用符合JG 3036要求的公称容量为60L的单卧轴式强制搅拌机。搅拌机的拌合量应不少于20L，不宜大于45L。

外加剂为粉状时，将水泥、砂、石、外加剂一次投入搅拌机，干拌均匀，再加入拌合水，一起搅拌2min。外加剂为液体时，将水泥、砂、石一次投入搅拌机，干拌均匀，再加入掺有外加剂的拌合水一起搅拌2min。

出料后，在铁板上用人工翻拌至均匀，再进行试验。各种混凝土试验材料及环境温度均应保持在（20±3）℃。

（4）混凝土拌合物性能试验方法

GB 8076—2008条款6.5对坍落度、坍落度1h经时变化量、减水率、泌水率、含气量、含气量1h经时变化量、凝结时间差、抗压强度比、收缩率比、相对耐久性和匀质性的试验方法进行了规定，详见表18-16所示。

混凝土拌合物性能试验方法

表18-16

性能指标	试验方法	注意事项
坍落度	按GB/T 50080进行	以三次试验结果的平均值表示。三次试验的最大值和最小值与中间值之差有一个超过10mm时，将最大值和最小值一并舍去，取中间值作为该批的试验结果；最大值和最小值与中间值之差均超过10mm时，则应重做。
坍落度1h经时变化量	GB 8076—2008 6.5.1.2	坍落度及坍落度1h经时变化量测定值以mm表示，结果表达修约到5mm
减水率	GB 8076—2008 6.5.2	以三批试验的算术平均值计，精确到1%
泌水率	GB 8076—2008 6.5.3	取三个试样的算术平均值，精确到0.1%
含气量	按GB/T 50080进行	以三个试样测值的算术平均值来表示。若三个试样中的最大值或最小值中有一个与中间值之差超过0.5%时，将最大值与最小值一并舍去，取中间值作为该批的试验结果；如果最大值与最小值与中间值之差均超过0.5%，则应重做。含气量和1h经时变化量测定值精确到0.1%
含气量1h经时变化量	GB 8076—2008 6.5.4.2	
凝结时间差	GB 8076—2008 6.5.5	凝结时间以min表示，并修约到5min
抗压强度比	GB 8076—2008 6.6.1	受检混凝土与基准混凝土的抗压强度按GB/T 50081进行试验和计算
收缩率比	GB 8076—2008 6.6.2	受检混凝土及基准混凝土的收缩率按GBJ 82测定和计算
相对耐久性试验	按GBJ 82进行	以掺外加剂混凝土冻融200次后的动弹性模量是否不小于80%来评定外加剂的质量
氯离子含量	按GB/T 8077进行	也可按GB 8076—2008的附录B进行
含固量、总碱量、含水率、密度、细度、pH值、硫酸钠含量	按GB/T 8077进行	

18.5　混凝土外加剂的取样

18.5.1　法标规定

NF P18-346 NF EN 934-6—2002《混凝土、砂浆和灰浆外加剂-第6部分：取样、合格性控制和评价》条款4规定，应从每批次产品中选取有代表性的样品进行检验，如果需要的话，进行抽样检验时各方代理人都应在场。同时，一件样品应仅代表一个批次；对于连续生产的外加剂，所取样品达到25t，才被认为具有代表性。该标准针对混凝土外加剂的取样规定比较细致，专门从固态和液态外加剂两方面进行了阐述，具体如下：

（1）粉状外加剂（袋）

所取样品应包含6袋外加剂的子样品；若外加剂总袋数少于6，则应包含所有袋外加剂的子样品。应从库存中随机选择包装袋来抽取子样品。

——当包装袋容量不超过500g时，取每袋包含的所有材料作为样品；

——当包装袋容量超过500g时，任选下列一种方法使用：

a. 插入取样管，其核心直径不小于25mm，在大致位于包装袋长度的位置取样。

b. 将要取样的材料倾倒至洁净、干燥的平面上并混合均匀，从材料堆的不同部分取至少3份作为样品，每份不少于125g。

如果有大样品超过了3kg，则应通过锥形四分法或试样劈裂器将其减至3kg。

将样品分成三等份，并分别置于洁净、干燥、带标签的容器中，至少一个装有1kg材料的容器应被留作以后参考用。存储容器应放在防潮、避光、阴凉的环境中，存储时间为一年或材料的使用期限（以两者中的较短者为准）。

（2）液态外加剂

所取样品应包含6个容器外加剂的子样品；若外加剂总容器数少于6，则应包含所有容器的子样品。应从库存中随机选择容器来抽取子样品。

应从下列程序中任选其一抽取子样品，不得拖延：

a. 若容器容量不超过0.5L，取容器中所有材料作为样品

b. 若容器容量超过0.5L，则每个容器抽取0.5L，然后将子样本混合均匀，形成一个大样本。

将大样品分成三等份并分别置于洁净的瓶子中，贴上标签并紧紧密封，至少有一个瓶子应被留作以后参考用。存储时间为一年或材料的使用期限（以两者中的较短者为准）。

18.5.2　国标规定

《混凝土外加剂》GB 8076—2008条款7.1规定，取样可以取点样，也可以取混合样。生产厂应根据产量和生产设备条件，将产品分批编号。掺量大于1%（含1%）同品种的外加剂每一批号为100t，掺量小于1%的外加剂每一批号为50t。不足100t或50t的，也应按一个批量计，同一批号的产品必须混合均匀。

每一批号取样量不少于0.2t水泥所需用的外加剂量。

每一批号取样应充分混匀，分为两等份，其中一份按表18-1和表18-2规定的项目进行试验；另一份密封保存半年，以备有疑问时，提交国家指定的检验机关进行复验或仲裁。

18.5.3　法标关于取样记录的规定

NF P18-346 NF EN 934-6—2002《混凝土、砂浆和灰浆外加剂-第6部分：取样、合

格性控制和评价》条款 4.4 规定，应记录所有取样相关信息，尤其是：

a. 取样日期

b. 产品名称

c. 外加剂种类

d. 生产厂名称

e. 生产厂的批次标志码

f. 样品代表的批次数目

g. 物理状态

h. 颜色

i. 抽样检验时在场人员和组织

18.6 混凝土外加剂合格控制

18.6.1 出厂检验项目与频率

18.6.1.1 法标规定

NF P18-341-2 NF EN 934-2—2009《混凝土、砂浆和灰浆外加剂-第 2 部分：混凝土外加剂：定义、合格性、要求、标记和标签》条款 6 对混凝土外加剂工厂生产控制的检验项目和最小检测频率进行了规定，详见表 18-17 所示。

混凝土外加剂工厂生产控制的最小检测频率（基于 EN 934-2：2009）　　表 18-17

检　测	减水/增塑剂	高性能减水/超强增塑剂	保水剂	引气剂	速凝剂	促硬剂	缓凝剂	防水剂	缓凝/减水/增塑剂	缓凝/高性能减水/超强增塑剂	速凝/减水/增塑剂
匀质性，颜色	B	B	B	B	B	B	B	B	B	B	B
相对密度（仅用于液态外加剂）	B	B	B	B	B	B	B	B	B	B	B
常规干燥物质含量	B	B	B	B	B	B	B	B	B	B	B
pH 值（仅用于液态外加剂）	B	B	B	B	B	B	B	B	B	B	B
氯含量	4	4	4	4	4	4	4	4	4	4	4
碱含量	2	2	2	2	2	2	2	2	2	2	2
减水性	A	A							A	A	A
稠度增加值		A								A	
稠度保留性		A								A	
凝结时间					A		A		A	A	A
新拌混凝土含气量	1	1	1	A	1	1	1	1	1	1	1
泌水性			A								
硬化混凝土的含气量（气泡间距）				1							
抗压强度	1	1	1	1	1	A	1	1	1	1	1
毛细吸收作用								A			

注：表中的数字表示每年的最小检测频率。

A 指的是一年中每 1000t 最多检测 3 次；

B 指的是每批次都要检测。

237

18.6.1.2　国标规定

《混凝土外加剂》GB 8076—2008 条款 7.3.1 对每批号混凝土外加剂的出厂检验项目和检测次数进行了规定，详见表 18-18 所示。

外加剂测定项目　　　　　　　　　　　　　　　　　表 18-18

测定项目	高性能减水剂 HPWR			高效减水剂 HWR		普通减水剂 WR			引气减水剂 AEWR	泵送剂 PA	早强剂 Ac	缓凝剂 Re	引气剂 AE	备注
	早强型 HPWR-A	标准型 HPWR-S	缓凝型 HPWR-R	标准型 HWR-S	缓凝型 HWR-R	早强型 WR-A	标准型 WR-S	缓凝型 WR-R						
含固量														液体外加剂必测
含水率														粉状外加剂必测
密度														液体外加剂必测
细度														粉状外加剂必测
pH 值	✓	✓	✓	✓	✓	✓	✓	✓	✓	✓	✓	✓	✓	
氯离子含量	✓	✓	✓	✓	✓	✓	✓	✓	✓	✓	✓	✓	✓	每 3 个月至少一次
硫酸钠含量											✓			每 3 个月至少一次
总碱量	✓	✓	✓	✓	✓	✓	✓	✓	✓	✓	✓	✓	✓	每年至少一次

18.6.2　形式检验

18.6.2.1　法标规定

NF P18-346 NF EN 934-6-2002《混凝土、砂浆和灰浆外加剂-第 6 部分：取样、合格性控制和评价》条款 5.3 规定，在下列情况下应进行型式检验，以证明混凝土外加剂能够达到 EN 934 标准的相关要求：

　　a. 当生产出一种新型或新配方外加剂时

　　b. 当外加剂成分发生变化，对外加剂性能有显著影响时

　　c. 当原材料发生变化，可能对外加剂性能产生显著影响时

型式检验应包含与某一类型外加剂相关的所有检测项目。

18.6.2.2　国标规定

《混凝土外加剂》GB 8076—2008 条款 7.3.2 规定，型式检验项目包括该标准第 5 章全部性能指标。有下列情况之一者，应进行型式检验：

　　a. 新产品或老产品转厂生产的试制定型鉴定；

　　b. 正式生产后，如材料、工艺有较大改变，可能影响产品性能时；

　　c. 正常生产时，一年至少进行一次检验；

　　d. 产品长期停产后，恢复生产时；

　　e. 出厂检验结果与上次型式检验结果有较大差异时；

f. 国家质量监督机构提出进行形式试验要求时。

18.6.3　合格判定

18.6.3.1　法标规定

NF P18-346 NF EN 934-6-2002《混凝土、砂浆和灰浆外加剂-第 6 部分：取样、合格性控制和评价》条款 5.2 规定，混凝土外加剂的合格标准是按照 EN 934 系列标准中的检测方法进行检测时，其成分和性能满足 EN 934 系列标准相关部分的要求。

18.6.3.2　国标规定

《混凝土外加剂》GB 8076—2008 条款 7.4 对出厂检验判定规则和型式检验判定规则分别进行了阐述。

（1）出厂检验判定

型式检验报告在有效期内，且出厂检验结果符合该标准表 2 的要求，可判定为该批产品检验合格。

（2）型式检验判定

产品经检验，匀质性检验结果符合该标准表 2 的要求；各种类型外加剂受检混凝土性能指标中，高性能减水剂及泵送剂的减水率和坍落度的经时变化量，其他减水剂的减水率、缓凝型外加剂的凝结时间差、引气型外加剂的含气量及其经时变化量、硬化混凝土的各项性能符合该标准表 1 的要求，则判定该批号外加剂合格。如不符合上述要求时，则判该批号外加剂不合格。其余项目可作为参考指标。

法标中关于工厂生产控制的规定：

NF P18-346 NF EN 934-6—2002《混凝土、砂浆和灰浆外加剂-第 6 部分：取样、合格性控制和评价》条款 5.4 规定，工厂生产控制体系包括下列内容：生产控制监督员、生产管理手册、生产控制计划和生产控制记录。其中，生产控制计划又包括原材料控制、生产过程控制和成品控制三个方面。

若有需要，生产厂可指定相关责任机构颁发工厂生产控制证书。

18.7　混凝土外加剂的标识与包装

18.7.1　法标规定

NF P18-341-2 NF EN 934-2—2009《混凝土、砂浆和灰浆外加剂-第 2 部分：混凝土外加剂：定义、合格性、要求、标记和标签》条款 8 规定，若混凝土外加剂被放在容器中供应时，应明确标注相关信息。关于 CE 认证与标注的相关规定见该标准附录 ZA. 3。

须标注于产品标签、包装或商业文件上的信息样例，如图 18-1（ZA.1）所示。

18.7.1.1　国标规定

《混凝土外加剂》GB 8076—2008 条款 8 针对混凝土外加剂的产品说明书和包装要求进行了规定。

（1）产品说明书

产品出厂时应提供产品说明书，产品说明书至少应包括下列内容：

a）生产厂名称；

b）产品名称及类型；

01234	CE合格标识 包含93/68/EEC指令中给出的CE符号 认证机构的识别码
AnyCo Ltd,PO Box 21,B-1050	生产厂的名称或识别标志、注册地址
09	标识粘贴年份的最后两位数字
01234-CPD-00234	许可证编号
EN934-2:2009	欧洲标准的序号和日期、版本日期
High range water reducing super plasticizing admixture for concrete EN 934-2:T3.1/3.2 maximum chloride ion content: ......by mass maximum alkali content: ......by mass Corrosion behaviour:ᵃ Dangerous substances:NL decree ZZ/pp（yy-mm-dd）	外加剂说明（基于条款8和相关参考规范）

图 18-1　产品标签信息样例（ZA.1）

c）产品性能特点、主要成分及技术指标；

d）适用范围；

e）推荐掺量；

f）贮存条件及有效期，有效期从生产日期算起，企业根据产品性能自行规定；

g）使用方法、注意事项、安全防护提示等。

（2）包装

粉状外加剂可采用有塑料袋衬里的编织袋包装；液体外加剂可采用塑料桶、金属桶包装。包装净质量误差不超过1%。液体外加剂也可采用槽车散装。

所有包装容器上均应在明显位置注明以下内容：产品名称及类型、代号、执行标准、商标、净质量或体积、生产厂名及有效期限。生产日期和产品批号应在产品合格证上予以说明。

第 19 章　中法规范水泥试验方法对比研究

19.1　强度测定方法比对

19.1.1　涉及规范
法标：NF P15-471-1 NF EN 196-1 水泥试验方法. 第 1 部分：强度测定
国标：《水泥胶砂强度检验方法（ISO 法）》GB/T 17671—1999

19.1.2　试验室
19.1.2.1　法标规定
试验室条件规定与国标相同。另外，法标规定用于制备和测试试件的水泥、水和仪器的温度应为（20±2）℃；在工作时间内，空气的温度和相对湿度、储存容器的水温应每天至少记录一次。
19.1.2.2　国标规定
试体成型试验室的温度应保持在（20±2）℃，相对湿度应不低于 50％；试体带模养护的养护箱或雾室温度保持在（20±1）℃，相对湿度不低于 90％；试体养护池水温度应在（20±1）℃范围内。

19.1.3　试验仪器
19.1.3.1　法标规定
试验用分子筛、搅拌器、试模、捣实器具、弯曲强度试验仪器、抗压强度试验仪器。
19.1.3.2　国标规定
试验筛、搅拌机、试模、振实台、抗折强度试验机、抗压强度试验机、抗压强度试验机用夹具。

19.1.4　试验用砂
法标规定：CEN 标准砂；
国标规定：ISO 标准砂。
法标的基准砂颗粒分布与国标规定相同。

19.1.5　胶砂制备
19.1.5.1　法标规定
胶砂的质量配合比应为一份水泥、三份标准砂和半份水（水灰比为 0.5）；
每批次的三个检测试件都应包含（450±2）g 水泥，（1350±5）g 标准砂和（225±1）g 水；
砂浆的搅拌方法与国标相同。
19.1.5.2　国标规定
配合比的规定与法标相同。
一锅胶砂成三条试体，每锅材料需要量如上述法标规定要求。

搅拌方法如下：

每锅胶砂用搅拌机进行机械搅拌。先使搅拌机处于待工作状态，然后按一下的程序进行操作：

把水加入锅里，再加入水泥，把锅放在固定架上，上升至固定位置。

然后立即开动机器，低速搅拌 30s 后，在第二个 30s 开始的同时，均匀地将砂子加入。当各级砂石分装时，从最粗粒级开始，依次将所需的每级砂量加完。把机器转至高速再拌 30s。

停拌 90s，在第 1 个 15s 内用一胶皮刮具将叶片和锅壁上的胶砂，刮入锅中间。在高速下继续搅拌 60s。各个搅拌阶段，时间误差应在±1s 以内。

19.1.6 试件尺寸

法标规定：40mm×40mm×160mm 的棱柱体。

国标规定：同法标规定。

19.1.7 试件成型

法标规定：使用振实台，成型方法与国标相同。

国标规定：振实台成型方法同法标规定。另外，国标还提供了利用振动台成型的代用方法。

19.1.8 试件养护

19.1.8.1 法标规定

脱模前，在模具上放置一个近似尺寸为 210mm×185mm×6mm 的由玻璃、钢或其他不与水泥发生反应的材料制成的盘子，然后立即将作好标记的试模放入雾室或湿箱的水平架子上养护，湿空气应能与试模各边接触。

脱模、水中养护和试件龄期的规定与国标相同。

19.1.8.2 国标规定

脱模前，用防水墨汁或颜料笔对试体进行编号和做其他标记。两个龄期以上的试体，在编号时应将同一试模中的三条试体分在两个以上龄期内。

有关脱模、水中养护和试件龄期的规定见 8.2、8.3 和 8.4

19.1.9 抗折强度测定

19.1.9.1 法标规定

使用 4.7 中规定的仪器以三点荷载法进行测定。

将试体一个侧面放在试验机（见 4.7）支撑圆柱上，试体长轴垂直于支撑圆柱，通过加荷圆柱以（50±10）N/s 的速率均匀地将荷载垂直地加在棱柱体相对侧面上，直至折断。具体计算公式见 9.1。

19.1.9.2 国标规定

用 4.2.6 规定的设备以中心加荷法测定抗折强度。

具体试验检测过程和计算方法与法标相同，见 9.2。

19.1.10 抗压强度检测

19.1.10.1 法标规定

使用 4.8 和 4.9 中规定的仪器，在半截棱柱体的侧面上进行测定。

半截棱柱体中心与压力机压板受压中心差应在±0.5mm 内，棱柱体露在压板外的部分约有 10mm，在整个加荷过程中以（2400±200）N/s 的速率均匀地加荷直至破坏。

具体计算公式见 9.2。

19.1.10.2　国标规定

抗压强度试验通过 4.2.7 和 4.2.8 规定的仪器，在半截棱柱体的侧面上进行。

具体试验检测过程和计算方法与法标相同，见 9.3。

19.1.11　水泥合格检验

法标规定：有关抗折强度和抗压强度试验结果的计算、确定、试验报告的规定与国标相同，见 10.1 和 10.2。

国标规定：见第 10 章规定。

第20章　中阿混凝土施工规范对比研究

20.1　中阿混凝土施工规范对比说明

以模板分项举例，对于混凝土结构施工中的拆模时间，两国规范都作出了相关规定，但对拆模时间的规定有不同的考虑角度。阿国《钢筋混凝土结构工程施工规范》DTR E2.1 主要从拆模天数上作出规定，如规定 2～3 天可以拆除承受较少重量的壳、板和墙，6～8 天可以拆除板等承受本身重量的构件，12～15 天可以拆除挑梁或承重构件。而我国《混凝土结构工程施工质量验收规范》GB 50204—2002 主要是从构件混凝土强度方面对拆模时间作出规定。如当构件混凝土强度达到设计混凝土抗压强度标准值的 50％时，可以拆除跨度小于 2m 的板；当达到设计混凝土抗压强度标准值的 75％时，可以拆除跨度大于 2m、小于 8m 的板和跨度小于 8m 的梁、拱和壳；当达到设计混凝土抗压强度标准值的 100％时，才可拆除跨度大于 8m 的板、梁、拱和壳及悬臂构件。

对于混凝土结构中钢筋安装位置允许偏差尺寸和检验方法，我国《混凝土结构工程施工质量验收规范》GB 50204—2002 中相关条款作了详细、具体的规定。而在阿国《钢筋混凝土结构工程施工规范》DTR E2.1 中，对钢筋位置的要求是符合图纸设计的位置，并无具体允许偏差等量化要求。

对于混凝土配合比的设计，阿国《钢筋混凝土结构工程施工规范》DTR E2.1 中有一些特殊的规定。它把建筑物根据层数和结构特点，划分为五个级别，并规定施工前需依据建筑物等级划分的不同，分别确定混凝土的最低技术特性和成分比。而且混凝土相关的试验项目也依据建筑物等级的不同而有所区分。我国规定，需按照《普通混凝土配合比设计规程》JGJ 55 的有关规定，按照混凝土等级、耐久性和工作性要求进行配合比设计。

关于混凝土浇筑后的养护时间，阿国《钢筋混凝土结构工程施工规范》DTR E2.1 规定养护应在混凝土凝固后就开始进行，对于正常条件下的养护应当持续一周，而干燥炎热条件下应持续至两周；我国《混凝土结构工程施工质量验收规范》GB 50204—2002 中规定，需在混凝土浇筑完成 12h 内开始养护，对于普通硅酸盐水泥混凝土，养护时间不得少于 7d；对于掺有缓凝型外加剂或抗渗型混凝土，养护时间不得少于 14d。

20.2　模板工程

20.2.1　模板等级

阿标中模板分为四个等级，按质量由低到高排列，分为：普通模板→精制模板→高级饰面模板→专用模板。

中国规范对模板并无具体分类要求，只是要求清水混凝土和装饰混凝土应使用达到设计要求的模板。

20.2.2 模板起拱

阿标中，对模板起拱仅建议对于大跨度梁模板给予一定的凸度，根据拆模后的梁外观确定，并未规定具体数值；中标规定，对跨度不小于 4m 的现浇钢筋混凝土梁、板，其模板应按设计要求起拱；当设计无具体要求时，起拱高度宜为跨度的 1/1000～3/1000。

20.2.3 模板安装偏差要求

阿标中，未规定预埋件和预留孔洞及现浇结构和预制构件模板安装的允许偏差，而中标中对此有严格规定，并明确了检验方法。

20.2.4 模板拆除

阿标对一般混凝土模板拆除作了时限上的规定，在一般混凝土（无速凝剂和缓凝剂）的情况下：

——2～3d，混凝土承受很少重量情况下，如薄壳、壁板、墙；

——6～8d，零部件的模板，只承受本身的重量，如底板；

——12～15d，对于挑梁或承重构件的模板和支架。

同时，又对特殊性能结构物（如拱、挑梁、大跨度结构……）规定了要测量挠度；以及当结构物支有模板和适当支护装置时，可以显著缩短期限（这条与我国的早拆体系相对应）。

中标在底模及其支架拆除上作了混凝土强度规定：

底模拆除时的混凝土强度要求

构件类型	构件跨度（m）	达到设计的混凝土立方体抗压强度标准值的百分率（%）
板	≤2	≥50
	>2，≤8	≥70
	>8	≥100
梁、拱、壳	≤8	≥75
	>8	≥100
悬臂构件	—	≥100

20.3 钢筋工程

20.3.1 钢筋加工

阿标规定，除 Fe E215 和 Fe E240 钢种可热效应切断外，钢筋切断应采用机械；

Fe E400 和 Fe E500 的硬钢钢筋弯折时，应当在常温下进行；

温度低于 0℃时，除软钢外禁止钢筋加工；

禁止反复弯折钢筋来调直钢筋；

中标规定钢筋调直宜采用机械方法，也可采用冷拉，并规定了各级钢筋的冷拉率，HPB235 不宜大于 4%，HRB335、HRB400 和 RRB400 级钢筋不宜大于 1%。

中标对钢筋加工提出了允许偏差，阿标未提出加工精度要求。

20.3.2 钢筋的连接方式

阿标对钢筋的连接方式有两种：绑扎和焊接，没有国内常用的机械连接。

20.3.3 钢筋的安装和绑扎

阿标规定，钢筋不得有片状老锈和起鳞皮，禁止使用钢制垫块，推荐使用塑料垫块，和中标基本一致。

阿标中仅规定钢筋的安装应符合图纸设计的位置，并无允许偏差的要求；中标对此要求较为细致，并提出检验的方法。

阿标中对钢筋绑扎仅要求钢筋相互间绑扎，并绑扎在固定于模板上的垫块上，浇筑混凝土时，不得发生偏移与明显的变形，无具体规定。中标对绑扎及焊接接头要求较为细致，具体条文详见 GB 50204—2002 条款 5.4 钢筋连接。

20.4 混凝土工程

混凝土配合比：

阿标在混凝土配合比规定较为细致，如规定每立方米施工用混凝土的水泥用量在 250kg 和 450kg 之间，对于一般钢筋混凝土浇筑，水泥用量一般为 350kg/m³，对于需要特殊防渗和特别密实的钢筋混凝土工程，以及预应力混凝土工程，水泥的用量在 400～500kg/m³。

中标考虑混凝土的耐久性对水胶比也有较为详细的规定，详见 GB 50010—2010（混凝土结构设计规范）条款 3.5.3。

20.5 总结

中国国标与阿尔及利亚地区设计、施工规范的比对工作，在参数、性能对比基础上系统研究中国规范体系和法国（阿国）规范体系的异同，对比内容、涵盖范围有限。

钢结构规范应用对比

当前，随着国内企业承接海外钢结构项目的逐渐增多，会接触到越来越多的国外钢结构，有厂房结构、超高层钢结构及体育场、体育馆类大跨度网架、桁架钢结构。

而钢结构就其本身而言，还有着不可替代的优点，比如：钢结构自重很轻，这样就降低了运输费用及基础造价；钢材的抗拉、抗压、抗剪强度相对较高，且抗震性能好，适用于地震较频繁地区的建筑；施工速度较快等等。

在诸多的国外钢结构工程中，材质方面我们最常接触到的是美标、英标和欧标三种材质。而在施工中最常遵循的是美标标准，如大多数国外工程焊接标准遵循 AWSD1.1 等等。所以在本课题研究中，中外钢结构用钢材材质方面我们偏重于中美欧三种标准的材质对比，而中外钢结构型钢、安装、高强度螺栓及焊接方面，我们偏重于中美两种标准的对比。

第21章 钢结构用钢材材质对比

随着国内企业承接海外钢结构项目的逐渐增多，为减少钢材的采购周期、增强产品的竞争力，国标、美标、英标、欧标钢材的相互替换已成为趋势。近年来，中国钢铁生产工艺水平的不断提高和进步，也为这种材料替换提供了技术基础。目前，我国知名的钢铁生产企业，如舞阳钢铁、宝钢、武钢、鞍钢等，均能按照国外标准生产出质量优良的钢板。

当前诸多国外钢结构工程，英标材质 BS 4360 基本都能与欧标 BSEN 10025 互换或被欧标替换，大多数工程采用欧美材质，甚至有许多工程采用美标材质欧标截面，例如科威特中央银行，也有许多工程把英标、欧标、美标的材质替换成国标，如美国汉密尔顿大桥下格构支撑架、卡塔尔机场附属楼等。

本课题重点对比建筑钢结构项目中广泛采用的国标《碳素结构钢》GB/T 700—2006、《低合金高强度结构钢》GB/T 1591—2008 中 Q235、Q345 钢材；欧标 BSEN 10025 中的 S275JR、S335JR；美标 ASTM A36(M)、ASTM A572(M) Gr50[345] 等级钢材。

21.1 中美欧钢结构钢材规范的介绍

21.1.1 中国建筑钢结构常用钢材相关规范介绍

主要介绍《碳素结构钢》GB/T 700—2006、《低合金高强度结构钢》GB/T 1591—2008 及《建筑结构用钢板》GB/T 19879—2005。

21.1.1.1 《碳素结构钢》GB/T 700—2006

该标准于 1965 年 1 月首次发布，现行版本为第三次修订。标准中规定了碳素结构钢的牌号、尺寸、外形、重量及允许偏差、技术要求、试验方法、检验规则、包装、标志和质量证明书。钢材的具体牌号、等级及最大适用板厚见表 21-1。

《碳素结构钢》GB/T 700—2006 标准中钢材的牌号、等级及最大适用板厚　表 21-1

牌　号	等　级				最大板厚（mm）
Q195	—	—	—	—	40
Q215	A	B	—	—	200
Q235	A	B	C	D	200
Q275	A	B	C	D	200

21.1.1.2 《低合金高强度结构钢》GB/T 1591—2008

该标准于 1979 年 1 月首次发布，现行版本为第四次修订。标准中规定了低合金高强度结构钢的牌号、尺寸、外形、重量及允许偏差、技术要求、试验方法、检验规则、包装、标志和质量证明书。钢材的具体牌号、等级及最大适用板厚见表 21-2。

21.1.1.3 《建筑结构用钢板》GB/T 19879—2005

本标准参考日本工业标准《建筑结构用轧制钢材》JIS G 3136：1994，并结合了《高层民用建筑钢结构技术规程》JGJ 99—98 而编制，为首次发布。其规定了建筑结构用钢板

《低合金高强度结构钢》GB/T 1591—2008 标准中钢材的牌号、等级及最大适用板厚　表 21-2

牌　号	等　级					最大板厚（mm）
Q345	A	B	C	D	E	250[a]
Q390	A	B	C	D	E	150
Q420	A	B	C	D	E	150
Q460	—	—	C	D	E	150
Q500	—	—	C	D	E	100
Q550	—	—	C	D	E	100
Q620	—	—	C	D	E	80
Q690	—	—	C	D	E	80

注：a——Q345 D、E 级钢材的最大适用板厚为 400mm。

的尺寸、外形、重量、技术要求、试验方法、检验规则、包装、标志和质量证明等，适用于制造高层建筑结构、大跨度结构及其他重要建筑结构用厚度为 6～100mm 的钢板。钢材的具体牌号、等级及最大适用板厚见表 21-3。

《建筑结构用钢板》GB/T 19879—2005 标准中钢材的牌号、等级及最大适用板厚　表 21-3

牌　号	等　级				最大板厚（mm）
Q235GJ	B	C	D	E	6～100
Q345GJ	B	C	D	E	6～100
Q390GJ	—	C	D	E	6～100
Q420GJ	—	C	D	E	6～100
Q460GJ	—	C	D	E	6～100

本标准与通用的《碳素结构钢》GB/T 700、《低合金高强度结构钢》GB/T 1591 标准的主要差异如下：

1. 规定了屈强比、屈服强度波动范围；
2. 规定了碳当量 CE 和焊接裂纹敏感性系数 P_{cm}；
3. 降低了 P、S 含量。

21.1.2　美标建筑钢结构常用钢材相关规范介绍

21.1.2.1　碳素结构钢标准：ASTM A36/A36M-08 Standard Specification for Carbon Structural Steel

本标准于 1960 年首次发布，修订的最新版本于 2008 年 5 月份发布，其规定了碳素结构钢的通用交货要求、对支承板的规范要求、加工制造、化学成分、拉伸试验等。该标准中，钢材不分牌号和等级，适用于全部板厚。

21.1.2.2　高强度低合金铌钒结构钢标准：ASTM A572/A572M-07 Standard Specification for High-Strength Low-Alloy Columbium-Vanadium Structural Steel

本标准于 1966 年首次发布，修订的最新版本于 2007 年 3 月份发布，其规定了高强度低合金铌钒结构钢的适用范围、通用交货要求、产品厚度和尺寸、加工制造、化学成分、机械性能、试验报告等。该标准中，钢材的等级及适用厚度见表 21-4。

21.1.3　欧标建筑钢结构常用钢材材质规范介绍

欧标主要参考：EN 10025：2004。该标准于 2009 年 9 月 30 日由 GEN 批准发布。

EN 10025：2004 分为 6 个部分。第 1 部分：总交货技术条件；第 2 部分：非合金结构钢制品交货技术条件；第 3 部分：适于焊接的正火/正火轧制细晶粒热轧结构钢交货技术条件；第 4 部分：适于焊接的细晶粒热轧结构钢交货技术条件；第 5 部分：增强型耐大

ASTM A572/572M 标准中钢材的等级及最大适用厚度　　表 21-4

等　级	最大厚度或尺寸（mm）		
	钢板和钢棒	结构型材的翼缘或者分肢厚度	Z 型和热轧 T 型钢
Gr42［290］[a]	150	全部	全部
Gr50［345］[a]	100[b]	全部	全部
Gr55［380］	50	全部	全部
Gr60［415］[a]	32[c]	50	全部
Gr65［450］	32	50	全部

注：a——在表中，Gr42、Gr50 和 Gr60（290、345 和 415）级的屈服点最接近于最低屈服点为 250MPa 的钢
　　　（A36/A36M 标准）和最低屈服强度为 690MPa 的钢（A514/514M 标准）之间的几何级数曲线。
　　b——圆钢棒直径允许达到 275mm。
　　c——圆钢棒直径允许达到 90mm。

气腐蚀结构钢交货技术条件；第 6 部分：淬火和回火状态下高屈服强度扁材钢交货技术条件。EN 10025：2004 标准由欧洲委员会及欧洲自由贸易协会委托 CEN 编制。

欧标 EN 10025：2004 中钢材的等级及最大适用厚度　　表 21-5

等　级	最大厚度尺寸（mm）
S275JR	250
S355JR	400

　　EN 10025：2004 编制参考了 EN 10020：2000（钢材的等级和分类）、EN 10164、EN 10168、EN 10204（钢制品检查文件类别）、CR 10260（钢材的命名体系附加符号）、EN ISO 9001：2000（质量管理体系要求）等通用标准，并且 EN 10025：2004 取代了 10025：1990＋A1：1993、EN 10025：1993、EN 10113：1993、EN 10137：1996 和 EN 10155：1993 等规范。

　　国标《碳素结构钢》GB/T 700—2006、低合金高强度结构钢 GB/T 1591—2008、《建筑结构用钢板》GB/T 19879—2005 中钢材是根据钢材的牌号及等级进行划分；而美标 ASTM A36/A36M 是根据钢制品的形式（型钢、钢板或者钢棒）及相应板材的厚度进行划分；欧标 EN 10025：2004 依据钢材的化学成分把钢材分为非合金钢、不锈钢和其他合金钢，在同种钢材内部按力学性能划分钢种，按冲击功要求划分品种。

21.2　中美欧建筑钢结构常用钢材化学成分对比

　　国标《碳素结构钢》GB/T 700—2006、《低合金高强度结构钢》GB/T 1591—2008 中钢材的化学成分是根据钢材的牌号及等级进行划分；欧标 EN 10025 中钢材的化学成分是根据有冲击功要求的扁平与长材产品的公称厚度来划分；美标 ASTM A36/A36M、ASTM A572/A572M 是根据钢制品的形式（型钢、钢板或者钢棒）及相应板材的厚度进行划分。针对建筑钢结构经常采用的国标 Q235 及 Q345、欧标 S275JR 及 S355JR 与美标 ASTM A36/A36M 及 ASTM A572/A572M 钢材化学成分的对比详见：

　　表 21-6 为 Q235、S275JR、ASTM A36/A36M 钢材化学成分的对比表；
　　表 21-7 为 Q345、S355JR 与 ASTM A572/A572M Gr50 级钢材化学成分的对比表。

Q235、S275JR、ASTM A36/A36M 钢材化学成分的对比表

表 21-6

序号	化学成分[a] (max)	Q235 (GB/T 700—2006)				S275JR (BSEN10025—2005)			ASTM A36/A36M									
		A	B	C	D	有冲击要求扁平与长材产品公称厚度 (mm) ≤16	16~40	>40[e]	型钢 全部	钢板 (mm)[k] ≤20	20~40	40~65	65~100	>100	钢棒 (mm) ≤20	20~40	40~100	>100
1	C, %	0.22	0.20[b]	0.17	0.17	0.21	0.21	0.22	0.26	0.25	0.25	0.26	0.27	0.29	0.26	0.27	0.28	0.29
2	Si, %	0.35	0.35	0.35	0.35	—	—	—	0.40	0.40	0.40	0.15~0.40	0.15~0.40	0.15~0.40	—	0.40	0.40	0.40
3	Mn, %	1.40	1.40	1.40	1.40	1.50	1.50	1.50	—	—	0.80~1.20	0.80~1.20	0.85~1.20	0.85~1.20	—	0.60~0.90	0.60~0.90	0.60~0.90
4	P, %	0.045	0.045	0.040	0.035	0.035[f]	0.035[f]	0.035[f]	0.04	0.04	0.04	0.04	0.04	0.04	0.04	0.04	0.04	0.04
5	S, %	0.050	0.045	0.040	0.035	0.035[f,g]	0.035[f,g]	0.035[f,g]	0.05	0.05	0.05	0.05	0.05	0.05	0.05	0.05	0.05	0.05
6	Cu, %	0.30[c]	0.30	0.30	0.30	0.55[h]	0.55[h]	0.55[h]	≥0.2[i]	≥0.2[i]	≥0.2[i]	≥0.2[i]	≥0.2[i]	≥0.2[i]	≥0.2[i]	≥0.2[i]	≥0.2[i]	≥0.2[i]
7	Ni, %	0.30	0.30	0.30	0.30	—	—	—	—	—	—	—	—	—	—	—	—	—
8	Cr, %	0.30	0.30	0.30	0.30	—	—	—	—	—	—	—	—	—	—	—	—	—
9	Als, %	≥0.015[d]	≥0.015[d]	≥0.015[d]	≥0.015[d]	—	—	—	—	—	—	—	—	—	—	—	—	—

a 钢材的化学成分按照熔炼分析确定，其为质量分数。表格中相关化学成分的含量除指明范围及有明确要求外，其余均为最大值。

b 经需方同意，Q235B的碳含量可不大于0.22%。

c 经需方同意，A级钢的铜含量可不大于0.35%。

d 当采用铝脱氧时，钢中酸溶铝含量应不小于0.015%，或全铝含量应不小于0.020%。GB/T 700—2006。

e 对于公称厚度>100mm的型钢，C含量见规范中任选项26。

f 对于长材产品，P和S的含量可高出0.005%。

g 对于长材产品，当改变结构钢对钢进行热处理且化学成分显示最小0.002%Ca时，为改进机械加工性能，S最大含量可增加0.015%见规范任选项27。

h 型钢翼缘板厚度大于75mm时，Mn含量为0.85%～1.35%，Si含量为0.15%～0.40%。

i 如指定为加铜钢，则铜最低含量为0.2%。

j 较比规范中规定的最大碳含量，每减少0.01%，允许最大Mn含量增加0.06%，最大不超过1.35%。

Q345、S355JR 与 ASTM A572/A572M Gr50 级钢材化学成分的对比表

表 21-7 (a)

序号	化学成分(max)	Q345 (GB/T 1591—2008)[b]				S355JR (BSEN10025—2005) 有冲击要求扁平与长材 产品公称厚度(mm)			ASTM A572/A572M Gr50 [345] 钢板(mm)		热轧型钢翼缘或分肢厚(mm)		钢棒(mm)	Z型和轧制T型钢
		B	C	D	E	≤16	16~40	>40[f]	≤40	40~100	≤75	>75	全部	全部
1	C,%	0.20	0.20	0.18	0.18	0.24	0.24	0.24	0.23	0.23	0.23	0.23	0.23	0.23
2	Si,%	0.50	0.50	0.50	0.50	0.55	0.55	0.55	0.40	0.15~0.40	0.40	0.15~0.40	0.40	0.40
3	Mn,%	1.70	1.70	1.70	1.70	1.60	1.60	1.60	1.35[k]	1.35[k]	1.35[k]	1.35[k]	1.35[k]	1.35[k]
4	P,%	0.035	0.030	0.030	0.025	0.035[g]	0.035[g]	0.035[g]	0.04	0.04	0.04	0.04	0.04	0.04
5	S,%	0.035	0.030	0.025	0.020	0.035[g,h]	0.035[g,h]	0.035[g,h]	0.05	0.05	0.05	0.05	0.05	0.05
6	V,%	0.15	0.15	0.15	0.15	—	—	—	—	—	—	—	—	—
7	Nb,%	0.07	0.07	0.07	0.07	—	—	—	—	—	—	—	—	—
8	Ti,%	0.20	0.20	0.20	0.20	—	—	—	—	—	—	—	—	—
9	Cr,%	0.30[c]	0.30[c]	0.30[c]	0.30[c]	—	—	—	—	—	—	—	—	—
10	Ni,%	0.50[c]	0.50[c]	0.50[c]	0.50[c]	—	—	—	—	—	—	—	—	—
11	Cu,%	0.30[c]	0.30[c]	0.30[c]	0.30[c]	0.55	0.55	0.55	0.20[m]	0.20[m]	0.20[m]	0.20[m]	0.20[m]	0.20[m]
12	N,%	0.012[d]	0.012[d]	0.012[d]	0.012[d]	0.012	0.012	0.012	—	—	—	—	—	—
13	Mo,%	0.10	0.10	0.10	0.10	—	—	—	—	—	—	—	—	—
14	Als,%	≥0.015[e]	≥0.015[e]	≥0.015[e]	≥0.015[e]	—	—	—	—	—	—	—	—	—

a— 钢材的化学成分按照熔炼分析确定，其为质量分数。表格中相关化学成分的含量指明范围及有明确要求外，其余均为最大值。

b— 因 A 级钢的 C、Si、Mn 化学成分不作交货条件，如不作分析，可不作保证。因此该表格中未包括 Q345 A 级钢。

c— 作为残余元素时，其含量不大于 0.30%，如作为添加元素，可不作分析保证。

d— 如果钢中加入 Al、Nb、V、Ti 等元素时，当需要加入的合金元素，固氮元素含量不作限制，固氮元素含量应在质量证明书中注明。

e— 当采用铝脱氧时，钢中酸溶铝含量不小于 0.015%，或全铝含量应不小于 0.015%。C 含量见规范中任选项 26。

f— 对于公称厚度 >100mm 的型钢，C 含量见规范中任选项 26。

g— 对于长材产品，P 和 S 的含量可高出 0.005%。

h— 对于长材产品，如果为改善结构钢进行加工处理并且对自身化学成份显示最小 0.0020%Ca 时，为了改善机械加工性能，通过协议 S 最大含量可增加 0.015% 见规范任选项选项 27。

i— 如果加入其他元素，将在检验标准中提及。

j— 直径或者厚度大于 40mm 的钢棒应用镇静钢制造。

k— 对于厚度大于 10mm 的钢板，熔炼分析最小锰含量为 0.80%；对于厚度小于等于 10mm 的钢板，熔炼分析最小锰含量 0.06%，允许最大 Mn 含量为 0.50%。锰碳比应不小于 2：1。较比规范中规定的最大碳含量，每减少 0.01% 碳含量，允许最大 Mn 含量增加 0.06%，最大不超过 1.60%。

l— 微合金含量详见表 21-7（b）。

m— 如需定为加铜钢，则加铜最低含量为 0.20%。

表 21-7 (b)

合金含量

类型a	元素	熔炼分析 (%)	备 注
1	铌b	0.005~0.05	
2	钒	0.01~0.15	
3	铌b	0.005~0.05	
	钒	0.01~0.15	
	铌+钒	0.02~0.15	
5	钛	0.006~0.04	
	氮	0.003~0.015	
	钒	0.06max	

a—合金元素含量应符合合金类型 1、2、3、5 的要求，采用的元素的含量应该在试验报告中注明。
b—除非交货为镇静钢，否则铌元素仅限于如下表厚度和尺寸。镇静钢应在试验报告中表明，或表明有足够数量的强脱氧元素，如硅含量不小于 0.10%，或铝含量不小于 0.015%。

等级	最大钢板、棒材、板桩、Z型钢和轧制 T 型钢的厚度 (mm)	最大结构型钢钢翼缘或成分皮厚 (mm)
50 [345]	20	4

254

钢材的化学成分中除了主要化学成分铁（Fe）以外，还含有少量的碳（C）、硅（Si）、锰（Mn）、磷（P）、硫（S）、氧（O）、氮（N）、钛（Ti）、钒（V）等元素，这些元素虽然含量少，但对钢材性能有很大影响。可大致分为有害和有益元素，有害元素有：磷（P）、硫（S）、氧（O）、氮（N）等；有益元素有：碳（C）、硅（Si）、锰（Mn）等，其中碳是决定钢材性能的最重要元素，但随着含碳量的增加，钢材的强度和硬度提高，塑性和韧性下降。钢材的焊接性能变差，冷脆性和时效敏感性增大，耐大气锈蚀性下降。

通过表 21-6、表 21-7 的分析可知：国标 Q235、Q345 钢材、欧标 S275JR、S355JR 钢材和美标 ASTM A36/A36M、ASTM A572/A572M Gr50［345］级钢材的化学成分对比分析。通过分析可知：国标 Q235 级、Q345 级钢材中对焊接质量有不利影响的 S、P 等有害元素的控制略严于美标 ASTM A36/A36M 和 ASTM A572/A572M Gr50［345］级钢材和欧标 S275JR；对 C 元素的控制国标 Q235、Q345 钢要严于美标，与欧标相当；对焊接质量有利元素 Si、Mn 含量要求基本与欧标相当，且远高于美标；

综上分析，国标 Q235、Q345 各钢材在可焊性方面要远优于美标、欧标钢材，特别是对 C、S、P 等元素含量的控制。在钢材的化学成分方面，国标《碳素结构钢》GB/T 700—2006 中 Q235 C、D 级钢材均可以替换美标 ASTM A36/A36M 标准钢材和欧标 S275JR 钢材；国标《低合金高强度结构钢》GB/T 1591—2008 中 Q345 级钢材可以替换美标 ASTM A572/A572M Gr50［345］钢材和欧标 S355JR 钢材，但需要注意对 Si、Mn 元素含量限值的控制。

21.3　中美欧建筑钢结构常用钢材力学性能对比

21.3.1　屈服强度对比

钢材的屈服强度是衡量结构的承载能力和确定强度设计值的重要指标，中美欧钢材的屈服强度对比如下所述。

国标 Q235 及 Q345、欧标 S275JR 及 S355JR 各等级钢材的屈服强度随着钢板厚度的增加而降低，而美标 ASTM A36/A36M 在板厚小等于 200mm 范围内是不受钢板厚度影响的；ASTM A572/A572M 钢材的屈服强度在板厚小等于 100mm 范围内是不受钢板厚度影响的。具体对比详见：

表 21-8 为 Q235、S275JR、ASTM A36/A36M 钢材屈服强度对比表。

表 21-9 为 Q345、S355JR、ASTM A572/A572M 钢材屈服强度对比表。

钢材的屈服强度是衡量钢结构的承载能力和确定强度设计值的重要指标，是材料性能中不可缺少的重要指标，是金属材料发生屈服现象时的屈服极限，亦即抵抗微量塑性变形的应力。

通过表 21-8 的分析可知：国标 Q235、欧标 S275JR 级钢材屈服强度都随着钢板厚度的增加而降低，但欧标 S275JR 级钢材的每个厚度对应的屈服强度均高于国标，平均高出 16% 左右；美标 ASTM A36/A36M 钢材的屈服强度在板厚小于等于 200mm 范围内不受钢板厚度影响，且屈服强度高于国标 Q235 钢材 6% 以上，此特点在材料替换时需要特别注意。

Q235、S275JR、ASTM A36/A36M 钢材屈服强度对比表 表 21-8

Q235 屈服强度 f_y (N/mm²)/钢板厚度 (mm) (GB/T 700—2006)

Q235[a]	板厚 (mm)	≤16	>16~40	>40~60	>60~100	>100~150	>150~200
	f_y (N/mm²)	≥235	≥225	≥215	≥215	≥195	≥185

a—Q235 钢材质量等级包括 A、B、C、D 级。

S275JR 屈服强度[a] (MPa)[b]/公称厚度 (mm) (EN 10025—2005)

S275JR	板厚 (mm)	≤16	>16~40	>40~63	>63~80	>80~100	>100~150	>150~200	>200~250	>250~400[c]
	f_y (N/mm²)	275	265	255	245	235	225	215	205	

a—对于宽度≥600mm 钢板、带钢和宽扁平钢材,适用于横向。关于其他产品,这些值适用于纵向。
b—1MPa=1N/mm²。
c—这些值适用于对于扁平材产品。

ASTM A36/A36M 屈服强度 R_{eH} (N/mm²)/钢板厚度 (mm)

ASTM A36/A36M	板厚 (mm)	≤200	>200
	f_y (N/mm²)	≥248	≥220

Q345、S355JR、ASTM A572/A572M 钢材屈服强度对比表 表 21-9

Q345[b] 屈服强度 R_{eH} (N/mm²)/钢板厚度 (mm) (GB/T 1591—2008)

Q345[a,b]	板厚 (mm)	≤16	>16~40	>40~63	>63~80	>80~100	>100~150	>150~200	>200~250[c]	>250~400
	R_{eH} (N/mm²)	≥345	≥335	≥325	≥315	≥305	≥285	≥275	≥265	≥265[c]

a—Q345 钢材质量等级包括 A、B、C、D、E 级。
b—当屈服不明显时,可测量 $R_{p0.2}$ 代替下屈服强度。
c—A、B、C 级屈服强度不进行考虑,D、E 级的屈服强度为 265 (N/mm²)。

S355JR 屈服强度[a] (MPa)[b]/公称厚度 (mm) (EN 10025—2005)

S355JR	板厚 (mm)	≤16	>16~40	>40~63	>63~80	>80~100	>100~150	>150~200	>200~250[c]	>250~400[c]
	f_y (N/mm²)	355	345	335	325	315	295	285	275	—

a—对于宽度≥600mm 钢板、带钢和宽扁平钢材,适用于横向。关于其他产品,这些值适用于纵向。
b—1MPa=1N/mm²。
c—这些值适用于对于扁平材产品。

ASTM A572/A572M 屈服强度 R_{eH} (N/mm²)/钢板厚度 (mm)

ASTM A572/A572M Gr50 [345]	板厚 (mm)	≤100	>100	—	—
	f_y (N/mm²)	≥345	—	—	—

通过表 21-9 的分析可知：三种规范中屈服强度的最大值基本相同，欧标略高为 355N/mm²，国标和美标都是 3455N/mm²。国标 Q345 与欧标 S355JR 钢材在强度等级的规定上比较类似，都是随着厚度的增大而降低，但欧标每级屈服强度等级均高于国标 3% 左右。美标钢材在厚度小于等于 100mm 内强度无变化，在材料替换时需要考虑这个特点。

21.3.2 抗拉强度对比

抗拉强度是衡量钢材抵抗拉断的性能指标，直接反应钢材内部组织的优劣，并与疲劳强度有着比较密切的关系。针对建筑钢结构经常采用的国标 Q235 及 Q345、欧标 S275JR 及 S355JR 与美标 ASTM A36/A36M 及 ASTM A572/A572M 抗拉强度的对比详见：

表 21-10 为 Q235、S275JR、ASTM A36/A36M 钢材抗拉强度对比表。

表 21-11 为 Q345、S355JR、ASTM A572/A572M Gr50［345］钢材抗拉强度对比表。

Q235、S275JR、ASTM A36/A36M 钢材抗拉强度对比表　　　　　表 21-10

Q235[b]	Q235 抗拉强度 R_m（N/mm²）/钢板厚度（mm）（GB/T 700—2006）				
	板厚（mm）	≤200			
	f_y（N/mm²）	370～500			

b——厚度大于 100mm 的钢材，抗拉强度下限允许降低 20N/mm²。宽带钢（包括剪切钢板）抗拉强度上限不作交货条件。

S275JR	S275JR 抗拉强度 R_m[a]（MPa）[b]/公称厚度（mm）（EN 10025—2005）				
	板厚（mm）	<3	>3～100	>100～150	>150～250	>250～400
	f_y（N/mm²）	430～580	410～560	400～540	380～540	—

a——关于宽度≥600mm 钢板、带钢和宽扁平材，适用于横向。关于其他产品，这些值适用于纵向。
b——1MPa＝1N/mm²。

ASTM A36/A36M	ASTM A36/A36M 抗拉强度 R_{eH}（N/mm²）/钢板厚度（mm）	
	板厚（mm）	无限制
	f_y（N/mm²）	400～550

Q345、S355JR、ASTM A572/A572M Gr50［345］钢材抗拉强度对比表　　表 21-11

Q345[b,c]	Q345 抗拉强度 R_m（N/mm²）/钢板厚度（mm）（GB/T 1591—2008）							
	板厚（mm）	≤40	>40～63	>63～80	>80～100	>100～150	>150～250	>250～400
	f_y（N/mm²）	470～630	470～630	470～630	470～630	450～600	450～600	450～600[a]

b——宽度不小于 600mm 扁平材，拉伸试验取横向试样；宽度小于 600mm 的扁平材、型材及棒材取纵向试样，断后伸长率最小值相应提高 1%（绝对值）。
c——厚度>250mm～400mm 的数值适用于扁平材。

S355JR	S355JR 抗拉强度 R_m[a]（MPa）[b]/公称厚度（mm）（EN 10025—2005）				
	板厚（mm）	<3	>3～100	>100～150	>150～250	>250～400
	f_y（N/mm²）	510～680	470～630	450～600	450～600	—

a——关于宽度≥600mm 钢板、带钢和宽扁平材，适用于横向与轧制方向的方向。关于其他产品，这些值适用于与轧制方向平行的方向。
b——1MPa＝1N/mm²

ASTM A572/A572M Gr50［345］	ASTM A572/A572M Gr50［345］抗拉强度 R_m（N/mm²）/钢板厚度（mm）	
	板厚（mm）	≤100
	f_y（N/mm²）	≥450

抗拉强度是衡量钢材抵抗拉断的性能指标，直接反映钢材内部组织的优劣，并与疲劳强度有着较为密切的关系。

　　通过表 21-10 对比分析可知，Q235 钢材在厚度小于等于 200mm 范围内，最小抗拉强度小于欧标 S275JR 钢材和美标 ASTM A36/A36M 钢材，欧标 S275JR 钢材的抗拉强度随着厚度的增加而减少，而国标 Q235 和美标 ASTM A36/A36M 钢材在此范围内抗拉强度不受厚度影响。

　　通过表 21-11 对比分析可知，在厚度小于等于 100mm 范围内，国标 Q345 与美标 A572/A572M 钢材抗拉强度不受厚度的影响，国标钢材的抗拉强度略高于美标；欧标 S355JR 钢材抗拉强度随厚度增加而减少，但最小值与国标 Q345 相同，最大值为 510～680N/mm^2，高于国标。

21.3.3　断后伸长率对比

　　钢材的伸长率是衡量钢材塑性的性能指标，承重结构用的钢材除了应具有较高的强度外，尚应具有足够的伸长率。针对建筑钢结构经常采用的国标 Q235 及 Q345、欧标 S275JR 及 S355JR 与美标 ASTM A36/A36M 及 ASTM A572/A572M 的断后伸长率对比详见：

　　表 21-12 为 Q235、S275JR、ASTM A36/A36M 断后伸长率对比表。

　　表 21-13 为 Q345、S355JR、ASTM A572/A572M Gr50 [345] 断后伸长率对比表。

Q235、S275JR、ASTM A36/A36M 断后伸长率对比表　　　　　表 21-12

Q235[a] 断后伸长率 A（%）/公称厚度（mm）（GB/T 700—2006）					
Q235[a]	板厚（mm）	≤40	>40～60	>60～100	>100～150	>150～200
	A（%）	26	25	24	22	21

a——Q235 钢材质量等级包括 A、B、C、D 级。

S275JR 断后伸长率 A[a]（%）/公称厚度（mm）（EN 10025—2005）											
S275JR	公称厚度	公称厚度（mm），L_0=80mm					公称厚度（mm），$L_0=(S_0)^{1/2}$				
	板厚（mm）	≤1	>1～1.5	>1.5～2	>2～2.5	>2.5～3	>3～40	>40～63	>63～100	>100～150	>150～250	>250～400
	A（%）	15	16	17	18	19	23	22	21	19	18	—[b]

a——试验位置：关于宽度≥600mm 钢板、带钢和宽扁平材，适用于横向。关于其他产品，这些值适用于纵向。
b——只适用于 J2 与 K2 本表中暂不考虑。

ASTM A36/A36M 断后伸长率 A（%）/钢板厚度（mm）		
ASTM A36/A36M	板厚（mm）	无限制
	A（%）	20[b]

b——板宽度大于 600mm 时，断后伸长率可以降低 2 个百分点。

Q345、S355JR、ASTM A572/A572M Gr50 [345] 断后伸长率对比表　　　　表 21-13

Q345[a,b] 断后伸长率 A（%）/公称厚度（mm）（GB/T 1591—2008）								
Q345[a,b]	A（%）		≤40	>40～63	>63～100	>100～150	>150～250	>250～400[c]
		A、B	≥20	≥19	≥19	≥18	≥17	≥17[d]
		C、D、E	≥21	≥20	≥20	≥19	≥18	

a——Q345 钢材质量等级包括 A、B、C、D、E 级。
b——宽度不小于 600mm 扁平材，拉伸试验取横向试样；宽度小于 600mm 的扁平材、型材及棒材取纵向试样，断后伸长率最小值相应提高 1%（绝对值）。
c——厚度>250～400mm 的数值适用于扁平材。
d——钢材质量等级 A、B、C 不限制，而 D、E 级≥17。

	S355JR 断后伸长率 A^a（%）/公称厚度（mm）（BSEN 10025—2005）										
S355JR	公称厚度	公称厚度（mm），$L_0=80$mm					公称厚度（mm），$L_0=(S_0)^{1/2}$				
	板厚（mm）	≤1	>1~1.5	>1.5~2	>2~2.5	>2.5~3	>3~40	>40~63	>63~100	>100~150	>150~250	>250~400
	A（%）	14	15	16	17	18	22	21	20	18	17	—b

a——试验位置：关于宽度≥600mm 钢板、带钢和宽扁平材，适用于横向。关于其他产品，这些值适用于纵向。
b——只适用于 J2 与 K2 本表中暂不考虑。

	ASTM A36/A36M 断后伸长率 A（%）/钢板厚度（mm）	
ASTM A572/A572M Gr510 [345]	板厚（mm）	≤100
	A（%）	18

钢材的伸长率是衡量钢材塑性的性能指标，承重结构采用的钢材除了应具有较高的强度外，尚应具有足够的伸长率。

通过表 21-12 对比分析可知，国标 Q235 钢材断后伸长率大于欧标 S275JR 和美标 A36/A36M 钢材，国标和欧标的断后伸长率均随厚度增加而减小，美标断后伸长率不受厚度限制。

通过表 21-13 对比分析可知，在厚度小于等于 100mm 范围内，Q345 钢材、ASTM A572/A572M Gr50 钢材延伸率低于欧标 S355JR。欧标与国标钢材随厚度的增加延伸率降低，但国标 Q345 钢材延伸率比欧标 S355JR 略低。

21.3.4 冷弯试验对比

冷弯试验是钢材的塑性指标之一，也是衡量钢材质量的一个综合性指标。针对建筑钢结构经常采用的国标 Q235 及 Q345、欧标 S275JR 及 S355JR 与美标 ASTM A36/A36M 及 ASTM A572/A572M 的冷弯试验对比见表 21-14。

Q235、Q345、S275JR、S355JR、ASTM A36/A36M、ASTM A572/A572M Gr50 [345] 等级钢材冷弯试验对比表   表 21-14

Q235 冷弯试验（GB/T 700—2006）、Q345 冷弯试验（GB/T 1591—2008）				
钢材材质	180°冷弯试验/d：弯心直径（mm）；t：试样厚度（mm）			
Q235	试样方向	板厚（mm）	≤60	>60~100b
	平行于轧制方向	d（mm）	t	$2t$
	垂直于轧制方向	d（mm）	$1.5t$	$2.5t$

b——钢材厚度（或直径）大于 100mm 时，弯曲试验由双方协商确定。

Q345	宽度≥600mm 扁平材取垂直方向，其他取平行方向	板厚（mm）	≤16	>16~100
		d（mm）	$2t$	$3t$

S275JR、S355JR 冷弯试验（BSEN 10025—2005）			
钢材材质	180°冷弯试验/d：弯心直径（mm）；t：试样厚度（mm）		
S275JR、S355JR	试样方向	板厚（mm）	名义厚度
	平行于轧制方向	d（mm）	$2t$
	垂直于轧制方向	d（mm）	$2.5t$

ASTM A36/A36M、ASTM A572/A572M Gr50［345］冷弯试验					
180°冷弯试验/d：弯心直径（mm）；t：试样厚度（mm）					
ASTM A36/A36M	试样方向	板厚（mm）	≤50		>50
	平行于轧制方向	d（mm）	4.5t		6t
	垂直于轧制方向	d（mm）	3t		4t
ASTM A572/A572M Gr50［345］	试样方向	板厚（mm）	≤25	>25～50	>50～100
	平行于轧制方向	d（mm）	4.5t	6t	7.5t
	垂直于轧制方向	d（mm）	3t	4t	5t

通过冷弯性能，可以检验钢材颗粒组织、结晶情况和非金属夹杂物分布等缺陷，在一定程度上也是鉴定焊接性能的一个指标。

通过表 21-14 分析可知：国标 Q235、Q345 钢材的冷弯性能依照钢材等级变化较大；美标钢材 A36/A36M 、A572/A572M Gr50［345］的冷弯性能在钢材等级上几乎无变化；欧标钢材 S275JR、S355JR 冷弯性能没有变化。通过对比可知，国标钢材对冷弯性能要求严于美标钢材和欧标钢材。

21.3.5 冲击韧性对比

冲击韧性是衡量钢材断裂时所做功的指标，其值随金属组织和结晶状态的改变而急剧变化。针对建筑钢结构经常采用的国标 Q235 及 Q345、欧标 S275JR 及 S355JR 与美标 ASTM A36/A36M 及 ASTM A572/A572M 的冲击韧性对比见表 21-15。

Q235、Q345、S275JR、S355JR、ASTM A36/A36M、ASTM A572/A572M Gr50［345］
等级钢材冲击韧性对比表 **表 21-15**

Q235 冲击功（GB/T 700—2006）、Q345 冲击功（GB/T 1591—2008）					
钢材牌号	冲击功（纵向）A_{KV}（J）				
	质量等级	试验温度（℃）	公称厚度（mm）		
			≤200		
Q235	A	—	—		
	B	+20			
	C	0	27[a]		
	D	−20			

a——厚度小于 25mm 的 Q235B 级钢材，如供货方能保证冲击吸收功值合格，经需同意，可不作检验。

	质量等级	试验温度（℃）	公称厚度（mm）		
			12～150	>150～250	>250～400
Q345	B	+20	≥34	≥27	—
	C	0			
	D	−20			27
	E	−40			

S275JR、S355JR 冲击功（BSEN 10025—2005）			
钢材牌号	冲击功（纵向）A_{KV}（J）		
S275JR	试验温度（℃）	公称厚度（mm）		
		≤150ab	>150～250b	>250～400c
	+20	27	27	—
	0			
	−20			27
S335JR	试验温度（℃）	公称厚度（mm）		
		≤150ab	>150～250b	>250～400c
	+20	27	27	—
	0			
	−20			27
ASTM A36/A36M、ASTM A572/A572M Gr50［345］冲击功			
钢材牌号	冲击功（纵向）A_{KV}（J）		
ASTM A36/A36M A572/A572M Gr50［345］	在美标 A36/A36M 和 A572/A572M 中，冲击功是需要在供货合同中进行约定的。但 AISC360-5《钢结构建筑规范》中 A3.1c、A3.1d 条规定：在拉、弯中承受主拉力、且采用全熔透 V 形焊缝对接的翼缘厚度大于 50mm 的热轧型钢，在 21℃时的最小冲击功应该为 27J；在拉、弯中承受主拉力、且采用全熔透 V 形焊缝对接或者连接的板厚大于 50mm 的焊接型钢，在 21℃时的最小冲击功应该为 27J		

　　冲击韧性是衡量钢材断裂时所做功的指标，其值随金属组织和结晶状态的改变而急剧变化。冲击韧性是钢材在冲击荷载或多向拉应力下具有可靠性能的保证，可间接反映钢材抵抗低温、应力集中、多向拉应力、加荷速率（冲击）和重复荷载等因素导致脆断的能力。

　　通过表 21-15 分析可知：Q235、S275JR、S355JR 的冲击韧性在公称厚度范围内基本相似且不变为 27J；Q345 的最小冲击韧性随公称厚度的增加而减小，且最小为 27J；而 ASTM A36/A36M 及 ASTM A572/A572M 的冲击韧性一般需要在供货合同中进行约定，但当构件在拉、弯中承受主拉力、且采用全熔透 V 形焊缝对接的翼缘厚度大于 50mm 的热轧型钢，在 21℃时的最小冲击功应为 27J；在拉、弯中承受主拉力且采用全熔透 V 形焊缝对接或者连接的板厚大于 50mm 的焊接型钢，在 21℃时的最小冲击功应该为 27J。

21.4　中美欧建筑钢结构常用钢材的替换建议

21.4.1　替换原则

　　钢材代换有等强度代换和等面积代换两种方式。当代换前后为同一级别时，等强度即为等面积代换；当代换前后级别不同时，一般应按等强度代换。

21.4.2　国标与美标、欧标钢材替换建议

　　通过综合对比分析，国标 Q235 钢材的屈服强度要小于美标 ASTM A36/A36M 钢材，而 Q235 钢材的抗拉强度的最小值也小于美标 ASTM A36/A36M 钢材，再结合钢材化学成分的对比分析及原材采购价格的影响，如必须替换，建议采用国标 Q235GJ B 级钢材代替美标 ASTM A36/A36M 钢材（如对冲击功有特殊要求，可以采用 C、D、E 级钢材替换）。但由于国产钢材屈服强度低，所以该替换需要重点分析替换后对构件强度的影响。

国标 Q345 钢材的屈服点、抗拉强度、伸长率控制指标比欧标 S355JR、美标 A572/A572M Gr50 [345] 钢材相应控制指标值偏低，因此替换时要重点分析替换后对构件强度的影响，合理选用替换构件的截面。对于板厚小于等于 16mm 的国标 Q345 钢材，可以替换美标 ASTM A572/A572M Gr50 [345] 等级的钢材；对于板厚大于 40mm 的厚板，如需替换，建议采用国标 Q345GJ 钢材代替。

21.4.3 编制材料替换方案需考虑的内容

21.4.3.1 材料替换的目的

通常采用国标材料替换美标、欧标材料的目的有如下几条：①可以极大地降低原材料的采购周期，有效缩短施工工期；②可以节省造价，增加合同的竞争优势。

21.4.3.2 材料替换的原则及具体替换方案

材料替换的原则通常为等强原则，不得降低构件的强度。在实施具体替换时，需要给出明确的替换方案，如钢板的替换、型材的替换等，需要给出国标材料与美标、欧标材料一一对应的替换关系。

21.4.3.3 国标、美标、欧标材料化学成分、力学性能等的对比

针对上面的具体替换方案，需要给出替换可行的证明资料。材料的化学成分和力学性能必须要仔细对比研究，其为材料替换能否可行的基本依据。

21.4.3.4 材料替换后对原结构安全及建筑外观影响的评估

由于国标和美标、欧标钢材（型材）轧制规格的不同，在材料替换后必然会存在截面尺寸的变化。因此，需要根据这一变化，仔细核算和评估对原结构安全性能的影响，同时需要考虑对原建筑效果的影响。只有保证原结构安全又不影响原建筑效果的材料替换方案，才是合格、可接受的。

21.4.3.5 材料替换后的质量保证措施及检验试验要求

材料替换后，为保证原材的质量，需要制定详细的质量检验、试验计划，适当增加检验批的数量，对原材进行质量控制很有必要。

第22章 中美建筑钢结构用型材对比

本章将重点对比中美建筑钢结构用型钢尺寸、外形、重量及允许偏差等相关数据，希望能为广大工程技术人员在工程施工及材料替换中提供参考。

22.1 中美建筑钢结构用型钢规范介绍

22.1.1 中国型钢相关规范介绍

22.1.1.1 《热轧型钢》（GB/T 706—2008）

本标准规定了热轧工字钢、热轧槽钢、热轧等边角钢、热轧不等边角钢和热轧 L 型钢的尺寸、外形、重量及允许偏差、技术要求、试验方法、检验规则、包装、标志及质量证明书。

22.1.1.2 《热轧 H 型钢和部分 T 型钢》（GB/T 11263—2005）

本标准规定了热轧 H 型钢和由热轧 H 型剖分的 T 型钢的尺寸、外形重量及允许偏差、技术要求、试验方法、检验规则、包装、标志、质量证明书。

22.1.1.3 《结构用冷弯空心型钢尺寸、外形、重量及允许偏差》（GB/T 6728—2002）

本标准是冷弯型钢系列标准中的结构用冷弯空心型钢的产品品种标准，与其相关的技术条件标准是：《冷弯型钢》（GB/T 6725—2002）。

本标准方形和矩形冷弯空心型钢对应欧洲标准《非合金及细晶粒的冷成形焊接空心结构型材第 2 部分：尺寸、偏差和截面特性》（EN 10209—1997），圆形冷形弯空心型钢的规格对应《结构用冷弯空心型钢的尺寸和截面性能》（ISO 4019：1982）。与两规范的异同详见规范说明。

本标准规定了结构用冷弯空心型钢的范围、分类、代号、技术要求、尺寸、外形、重量、允许偏差及标记。本标准适用于可用冷加工变形的冷轧或热轧连轧钢板和钢带在连续辊式冷弯机组上生产的冷弯型钢。本标准规定的冷弯空心型钢主要采用高频电阻焊接方式，也可采用氩弧焊或其他焊接方法。本标准不适用于拉拔、冲压、折变等方式生产的冷弯型钢。

22.1.1.4 《低压流体输送用焊接钢管》（GB/T 3091—2001）

本标准规定了低压流体输送用直缝焊接钢管的尺寸、外形、重量、技术要求、试验方法、检验规则、包装、标志及质量证明书。

本标准适用于水、污水、燃气、空气、采暖蒸汽等低压流体输送用和他结构用的直缝焊接钢管。

本标准对电阻焊钢管和埋弧钢管的不同要求分别做了标注，未标注的同时适用于电阻焊钢管和埋弧焊钢管。

22.1.2 美国型钢相关规范介绍

22.1.2.1 ASTM A6M 热轧结构钢、钢棒、钢板、型钢及钢板桩

本标准适用于 ASTM 发布的有关轧制钢板、型钢、钢板桩和棒材的一般要求的相关各类标准（除非材料标准中另有规定）。

22.1.2.2 ASTM A500 美标冷弯空型规范

本标准适用于美标冷弯空心型的一般要求。

22.1.2.3 ASTM A53M 无镀层及热浸镀锌焊接与无缝公称钢管

本标准适用于 NPS 1/8 至 NPS 26（注 1）的无镀层及热浸镀锌的焊接与无缝公称钢管，管的公称（平均）壁厚列于表 X2.2 和表 X2.3。其他尺寸的公称管（注 2）只要遵守本标准的所有其他各项要求，也可供货。

注 1：本标准以无量纲标号 *NPS*（公称管尺寸）[*DN*（公称直径）] 代替如"公称直径"，"尺寸"和"公称尺寸"之类以往惯用的术语。

注 2：公称壁厚这个术语仅仅赋予方便地标志现存名称之用，并用于区别实际壁厚，实际壁厚可有比公称壁厚以上或以下的偏差。

22.2 中美建筑钢结构用型钢截面尺寸及垂直度允许偏差

22.2.1 中美热轧工字钢与槽钢允许偏差的对比

22.2.1.1 中国热轧工字钢与槽钢规格表

1. 热轧工字钢截面规格表：详见《热轧型钢》（GB/T 706—2008）附录 A 中表 A.1。
2. 热轧槽钢截面规格表：详见《热轧型钢》（GB/T 706—2008）附录 A 中表 A.2。

22.2.1.2 美国热轧普通工字钢、混杂型 H 型钢与槽钢截面规格表

1. 美标的热轧普通工字钢有"S"、混杂型 H 型钢"M"，其截面规格见规范 ASTM A6M 中，附录 A2 标准型钢截面尺寸中表 A2.2 与表 A2.3。
2. 热轧槽钢"C"与"MC"截面规格表见规范 ASTM A6M 中，附录 A2 标准型钢截面尺寸中表 A2.5 与表 A2.6。

22.2.1.3 截面尺寸允许偏差对比表

由表 22-1 的分析可知，国标对热轧工字钢与槽钢的截面外形尺寸的偏差要求要比美标严格。

中美热轧工字钢与槽钢截面尺寸允许偏差对比表

表 22-1

型钢	截面公称尺寸 (mm)	美标热轧工字钢与槽钢截面尺寸允许偏差 (mm) A,高度 >理论值	A,高度 <理论值	B,凸缘宽度 >理论值	B,凸缘宽度 <理论值	T+T'[A] 凸缘脱方度[B]	E,腹板偏离中心[C]	C,超过理论高度的任一截面中的最大高度 给定厚度(in) ≤5	>5	中国热轧工字钢及槽钢截面钢允许偏差 (mm) 高度(h)及高度允许偏差±(mm) h	偏差	宽度(b)及宽度允许偏差±(mm) b	偏差	腰厚度(d)及厚度允许偏差±(mm) d	偏差	外缘斜度 T (mm)	弯腰挠度 W (mm)
S 和 M	75～≤180	2	2	3	3	0.03	5	5	…	<100	1.5	<100	1.5	<100	0.4	T≤1.5%b	W≤0.15d
	>180～≤360	3	3	4	4	0.03	5	5	…	100～200	2.0	100～<150	2.0	100～200	0.5	2T≤2.5%b	
	>360～≤610	5	5	5	5	0.03	5	5	…	200～400	3.0	150～<200	2.5	200～300	0.7		
C 和 MC	≤40	1	1	1	1	0.03	…	0.2	0.4	≥400	4.0	200～<300	3.0	300～400	0.8		
	>40～≤75	2	2	3	2	0.03	…	0.4	0.5			300～<400	3.5	≥400	0.9		
	75～≤180	3	2	3	2	0.03	…	…	…			≥400	4.0				
	>180～≤360	3	3	4	3	0.03	…	…	…								
	>360	5	4	5	3	0.03	…	…	…								

A　当槽钢凸缘向内或向外倾斜时，用 T+T′ 来测量。对于高度小于等于 16mm 的槽钢，允许脱方为高度的 0.05mm/mm，允许脱方宽度允许偏差。

B　S、M、C 和 MC 型钢每 mm 凸缘宽度允许偏差。

C　截面大于 634kg/m 的槽钢的最大允许偏差为 8mm。

22.2.1.4 垂直度允许偏差对比，见表22-2

中美热轧工字钢与槽钢垂直度允许偏差对比表 　　　　　　　表 22-2

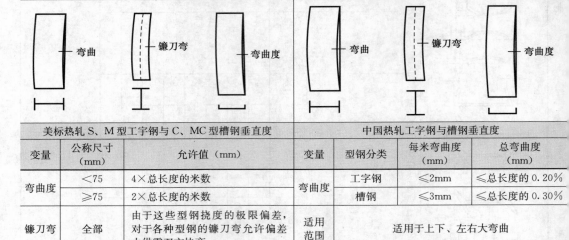

美标热轧 S、M 型工字钢与 C、MC 型槽钢垂直度			中国热轧工字钢与槽钢垂直度			
变量	公称尺寸（mm）	允许值（mm）	变量	型钢分类	每米弯曲度（mm）	总弯曲度（mm）
弯曲度	＜75	4×总长度的米数	弯曲度	工字钢	≤2mm	≤总长度的 0.20%
	≥75	2×总长度的米数		槽钢	≤3mm	≤总长度的 0.30%
镰刀弯	全部	由于这些型钢挠度的极限偏差，对于各种型钢的镰刀弯允许偏差由供需双方协商	适用范围	适用于上下、左右大弯曲		

由表 22-2 的分析可知，国标对热轧工字钢与槽钢的垂直度的偏差要求要比美标严格，同时国标还有每米弯曲度要求。

22.2.1.5 长度允许偏差对比见表22-3

中美热轧工字钢与槽钢长度允许偏差对比表 　　　　　　　表 22-3

国家标准		给定长度（m）的规定长度允许偏差（mm）													
美国 S、M、C、MC 型钢	公称尺寸(mm)	1.5～＜3m		3～＜6m		6～≤9m		＞9～≤12m		＞12≤15m		＞15～≤20m		＞20m	
		正	负	正	负	正	负	正	负	正	负	正	负	正	负
	＜75	16	0	25	0	38	0	51	0	64	0	64	0	…	…
	≥75	25	0	38	0	45	0	57	0	70	0	70	0	…	…
中国热轧工字钢与槽钢	公称尺寸	≤8m						＞8m							
		正			负			正				负			
	…	50			0			80				0			

注：出现"…"的地方为不要求。

由表 22-3 的分析可知，国标对热轧工字钢与槽钢的长度允许偏差要求要比美标宽松。

22.2.2 中美热轧等边角钢、不等边角钢及 L 型角钢允许偏差对比

22.2.2.1 中国热轧等边角钢、不等边角钢及 L 型角钢截面规格

1. 热轧等边角钢截面规格表见《热轧型钢》（GB/T 706—2008）附录 A 中表 A.3。
2. 热轧不等边角钢截面规格表见规范（GB/T 706—2008）附录 A 中表 A.4。
3. 热轧 L 型角钢截面规格表见《热轧型钢》（GB/T 706—2008）附录 A 中表 A.5。

22.2.2.2 美国热轧 L 型钢即等边角钢及不等边角钢截面规格

1. 热轧等边角钢截面规格表见规范 ASTM A6M 中附录 A2 型钢截面中表 A2.7。
2. 热轧不等边角钢截面规格表：详见规范 ASTM A6M 中，附录 A2 标准型钢截面尺寸表 A2.8。

22.2.2.3 截面尺寸允许偏差比见表22-4

由表 22-4 的分析可知，国标对热轧角钢截面外形尺寸偏差要求要比美标划分更为详细。

中美热轧角钢截面尺寸允许偏差对比表

表22-4

美国热轧角钢截面尺寸允许偏差 (mm)

截面	公称尺寸 (mm)	A, 高度 >理论值	A, 高度 <理论值	B, 凸缘宽度或腿长 >理论值	B, 凸缘宽度或腿长 <理论值	T, B的每mm脱方度	给定厚度(mm)的理论偏差, ±, (mm) ≤3/16	>3/16~≤3/8	>3/8
角钢A (L型钢)	≤25	…	…	1	1	0.026B	0.2	…	…
	>25~≤50	…	…	1	1	0.026B	0.2	0.2	…
	>50~<75	…	…	2	2	0.026B	0.2	0.2	0.3
	75~≤100	…	…	3	2	0.026B	0.3	0.4	0.4
	>100~≤150	…	…	3	3	0.026B	…	…	…
	>150	…	…	5	3	0.026B	…	…	…
球头角钢	75~≤100 (高度)	3	2	4	2	0.026B	…	…	…
	>100~≤150	3	2	4	3	0.026B	…	…	…
	>150	3	2	5	3	0.026B	…	…	…

中国热轧角钢与L型截面尺寸允许偏差 (mm)

项目		等边角钢 允许偏差 (mm)	不等边角钢 允许偏差 (mm)
边宽度 (B, b)	边宽度a ≤56	±0.8	±0.8
	>56~90	±1.2	±1.5
	>90~140	±1.8	±2.0
	>140~200	±2.5	±2.5
	>200	±3.5	±3.5
边厚度 (d)	边宽度a ≤56	±0.4	±0.4
	>56~90	±0.6	±0.6
	>90~140	±0.7	±0.7
	>140~200	±1.0	±1.0
	>200	±1.4	±1.4
端直角 a		a≤50′	

L型钢

项目		允许偏差 (mm)
边宽度 (B, b)		±4.0
长边厚度 (D)		−0.4~+1.6
短边 d	d≤20	−0.4~+2.0
	>20~30	−0.5~+2.0
	>30~35	−0.6~+2.5
垂直度 T		T≤2.5%b
长边平直度 W		W≤0.15D

A—对不等边角钢，按较长边尺寸分级。

B—0.026mm/mm=1½°。允许偏差应被圆整到最接近计算值。

注：出现"…"的地方为不要求。

a—不等边角钢按长边宽度 B。

22.2.2.4 垂直度允许偏差对比（表 22-5）

中美热轧角钢、L 型钢垂直度允许偏差对比表　　　　　表 22-5

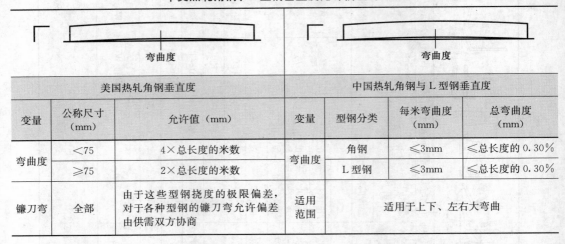

美国热轧角钢垂直度			中国热轧角钢与 L 型钢垂直度			
变量	公称尺寸（mm）	允许值（mm）	变量	型钢分类	每米弯曲度（mm）	总弯曲度（mm）
弯曲度	＜75	4×总长度的米数	弯曲度	角钢	≤3mm	≤总长度的 0.30%
	≥75	2×总长度的米数		L 型钢	≤3mm	≤总长度的 0.30%
镰刀弯	全部	由于这些型钢挠度的极限偏差，对于各种型钢的镰刀弯允许偏差由供需双方协商	适用范围	适用于上下、左右大弯曲		

由表 22-5 的分析可知，国标热轧角钢的垂直度的偏差要求要比美标严格，同时国标还有每米弯曲度要求。

22.2.2.5 长度允许偏差对比（表 22-6）

中美热轧角钢、L 型钢长度允许偏差对比表　　　　　表 22-6

国家标准		给定长度（m）的规定长度允许偏差（mm）												
美国 L 型钢	公称尺寸（mm）	1.5～＜3m		3～＜6m		6～≤9m		>9～≤12m		>12～≤15m		>15～≤20m		>20m	
		正	负	正	负	正	负	正	负	正	负	正	负	正	负
	＜75	16	0	25	0	38	0	51	0	64	0	64	0	…	…
	≥75	25	0	38	0	45	0	57	0	70	0	70	0	…	…
中国热轧角钢与 L 型钢	公称尺寸	≤8m						>8m							
		正			负			正			负				
	…	50			0			80			0				

注：出现"…"的地方为不要求。

由表 22-6 的分析可知，国标对热轧角钢的长度允许偏差要求要比美标宽松。

22.2.3 中美热轧 H 型钢允许偏差的对比

22.2.3.1 中国热轧 H 型钢截面规格

截面规格表见规范《热轧 H 型钢和剖分 T 型钢》（GB/T 11263—2005）中表 1。

22.2.3.2 美国热轧 H 型截面规格

美国的热轧 H 型钢有"W"、"HP"两种之分，其截面规格见规范 ASTM A6M 中，附录 A2 标准型钢截面尺寸中表 A2.1、A2.4。

22.2.3.3 截面尺寸允许偏差对比（表 22-7）

由表 22-7 的分析可知，国标对热轧 H 型钢的截面外形尺寸的偏差要求要比美标严格。

表 22-7

中美热轧 H 型钢截面尺寸允许偏差对比表

美标热轧 H 型钢截面尺寸允许偏差 (mm)

型钢	截面公称尺寸 (mm)	高度 (mm) >理论值	高度 (mm) <理论值	凸缘宽度 (mm) >理论值	凸缘宽度 (mm) <理论值	$T+T'^A$ 凸缘脱方度^B	E, 腹板偏离中心^C	C, 超过理论高度的任一截面的最大高度^C	给定厚度 (in) 的腹板厚度允许偏差 ±, (mm) ≤5	给定厚度 (in) 的腹板厚度允许偏差 ±, (mm) >5
W 和 HP	≤310	4	3	6	5	6	5	6	…	…
HP	>310	4	3	6	5	8	5	6	…	…

中国热轧 H 型钢截面允许偏差, mm

高度 (H) 及高度允许偏差 ±, (mm) H	偏差	宽度 (B) 及高度允许偏差 ±, (mm) B	偏差	厚度 (t_1) 及厚度允许偏差 ±, (mm) t_1	偏差	厚度 t_2 及厚度允许偏差 ±, (mm) t_2	偏差
<400	2.0	<100	2.0	<5	0.5	<5	0.7
≥400~<600	3.0	≥100~<200	2.5	≥5~<16	0.7	≥5~<16	1.0
≥600	4.0	≥200	3.0	≥16~<25	0.7	≥16~<25	1.5
				≥25~<40	1.5	≥25~<40	1.7
				≥40	2.0	≥40	2.0

翼缘斜度 T	高度 (型号) ≤300	$T≤1.0\%B$, 但允许偏差的最小值为 1.5mm
	高度 (型号) >300	$T≤1.2\%B$, 但允许偏差的最小值为 1.5mm
中心偏差 S	高度 (型号) ≤300	$S=(b_1-b_2)/2$ 高度 (型号) ≤200 ±2.5mm
	高度 (型号) >300	$S=(b_1-b_2)/2$ 高度 (型号) >200 ±3.5mm

A—当槽钢凸缘向内或向外倾斜时，用 $T+T'$ 来测量。对于高度小于等于 16mm 的槽钢，允许脱方为高度的 0.05mm/mm。允许偏差允许偏差值。

B—S、M、C 和 MC 型钢每 mm 凸缘宽度允许偏差。

C—截面大于 634kg/m 的最大允许偏差为 8mm。

22.2.3.4 垂直度允许偏差对比（表 22-8）

垂直度允许偏差对比

表 22-8

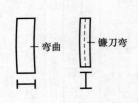 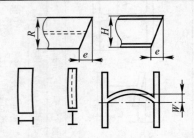

美标热轧 W、HP 型钢垂直度		中国热轧 H 型钢垂直度		
长度公称尺寸（m）	允许值（mm）	项目	（高度型号）H（mm）	允许偏差（mm）
弯曲和镰刀弯：当凸缘宽上某一截面B 近似等于高度的型钢在订单中规定用作钢柱时：	1×总长度的米数A	弯曲度	高度（型号）≤300	≤总长度的 0.15％
			高度（型号）>300	≤总长度的 0.10％
≤14m	1×总长度的米数而不超过 10	腹板弯曲度 W	<400	≤2.0
			≥400～<600	≤2.5
>14m	10+[1×（总长度米数－14m）]		≥600	≤3.0
A——凸缘宽上截面积小于 150mm 的镰刀弯允许偏差，mm＝2×总长度米数。 B——仅适用于：截面高度 200mm—≥46.1kg/m，截面高度 250mm—≥73kg/m，截面高度 310mm—≥97kg/m，截面高度 360mm—≥116kg/m。对于订单中规定用作钢柱的其他截面，其允许偏差应与生产厂协商。		端面斜度 e	e≤1.6％（H 或 B），但允许偏差的最小值为 3mm	
		注：弯曲度的适用范围：适用于上下、左右大弯曲。		

　　由表 22-8 的分析可知，国标对热轧 H 型钢的垂直度的偏差要求要比美标严格。

22.2.3.5 长度允许偏差对比（表 22-9）

中美热轧 H 型钢长度允许偏差对比表

表 22-9

国家标准		给定长度（m）的规定长度允许偏差（mm）A，B				
美国 W 型钢	梁公称高度（mm）	≤9m		>9m		
		正	负	正		负
	≤610	10	10	长度每增加 1m 或其零数，则 10 加 1		10
	>610	13	13	长度每增加 1m 或其零数，则 13 加 1		11
中国热轧 H 型钢	公称尺寸	≤7m		>7m		
		正	负	正		负
	···	60	0	长度每增加 1m 或不足球 1m 时正偏差在左边基础上增加 5mm		0

A——在订单中规定 HP 和 W 型钢用于支柱时，长度允许偏差为 $^{+125}_{0}$。这些允许偏差也适用于钢板桩。

B——W 和 HP 型钢端部脱方允许偏差应为每毫米高度的 0.016mm，或凸缘宽度大于高度时每毫米凸缘宽度的 0.016mm。允许偏差应圆整到最接近计算值。

由表 22-9 的分析可知，国标对热轧 H 型钢的长度允许偏差要求要比美标严格。

22.2.4 中美热 T 型钢允许偏差对比

22.2.4.1 中国由热轧 H 型钢剖分的 T 型钢截面规格

由热轧 H 型钢剖分的 T 型钢截面规格表：详见规范《热轧 H 型钢和剖分 T 型钢》（GB/T 11263—2005）中表 2。

22.2.4.2 美国热轧 T 型截面规格

由热轧 W、S、M 型钢剖分而成，截面规格参照规范 ASTM A6M 附录 A2 标准型钢截面尺寸中表 A2.2、表 A2.2 与表 A2.3 的数值除以 2。

22.2.4.3 截面尺寸允许偏差对比见表 22-10

由表 22-10 的分析可知，国标对热轧 T 型钢的截面外形尺寸的偏差要求要比美标宽松。

22.2.4.4 垂直度允许偏差对比

1. 美标热 T 型钢的重直度允许偏差与美标热轧 S、M 型钢重直度允许偏差相同；

2. 中国热轧 T 型的垂直允许偏差与中国热 H 型钢重直度允许偏差相同。

22.2.4.5 长度允许偏差对比

1. 美标热 T 型钢的长度允许偏差与美标热轧 S、M 型钢长度允许偏差相同；

2. 中国热轧 T 型的长度允许偏差与中国热 H 型钢长度允许偏差相同。

22.2.5 中美冷弯空型钢允许偏差的对比

22.2.5.1 中国冷弯空心型截面规格

1. 圆形冷弯空心型钢的截面规格详见《结构用冷弯空心型钢尺寸外形重量及允许偏差》（GB/T 6728—2002），图一和表一。

2. 方形冷弯空心型钢的截面规格详见《结构用冷弯空心型钢尺寸外形重量及允许偏差》（GB/T 6728—2002），图二和表二。

3. 矩形冷弯空心型钢的截面规格详见《结构用冷弯空心型钢尺寸外形重量及允许偏差》（GB/T 6728—2002），图三和表三。

4. 异型冷弯空心型钢的截面尺寸由双方协商定义。

22.2.5.2 美标冷弯空心钢截面规格

见结构用冷弯空心型钢 A500 规范

22.2.5.3 中美冷弯空型钢截面尺寸允许偏差对比见表 22-11

由表 22-11 的分析可知，国标对冷弯空心钢的截面外形尺寸的偏差要求要比美标严格。

22.2.5.4 中美冷弯空型钢垂直度允许偏差对比见表 22-12

由表 22-11 的分析可知，国标对冷弯空心钢的垂直度的偏差要求要比美标严格。

22.2.5.5 中美冷弯空型钢长度允许偏差对比见表 22-13

由表 22-11 的分析可知，国标对冷弯空心钢的长度允许偏差要求要比美标严格。

中美热轧 T 型钢截面尺寸允许偏差对比表

表 22-10

美国热轧 T 型钢截面尺寸允许偏差

截面尺寸允许偏差 (mm)

公称尺寸^A	A, 高度^B 正	负	B, 宽度^B 正	负	T, B 的每 mm 脱方度	E, 腹板最大偏心	杆脱方^C	凸缘厚度 正	负	杆的厚度 正	负
≤30	1	1	1	1	…	…	1	0.2	0.2	0.1	0.2
>30~≤50	2	2	2	2	…	…	2	0.3	0.3	0.2	0.3
>50~<75	2	2	2	2	…	…	2	0.4	0.4	0.4	0.5
>75~<125	2	2	3	2	0.03	2	…	…	…	…	…
>125~<180	2	2	3	3	0.03	3	…	…	…	…	…

注：A 不等边 T 型钢，按较长边确定其尺寸允许偏差。
B 高度和宽度的测量是全部的。
C 杆的脱方是杆中心线实际部位的允许偏差，在顶点测量。

中国热轧 T 型钢截面尺寸允许偏差

截面尺寸允许偏差 (mm)

项目		允许偏差 (mm)	
		正	负
高度 h (按型号)	<200	+4.0	-6.0
	≥200~300	+5.0	-7.0
	≥300	+6.0	-8.0
翼缘翘曲 e	连接部位	e≤B/200 且 e<1.5	
	一般部位 B≤150	e≤2.0	
	一般部位 B>150	e≤B/150	

注：其他部位的允许偏差，按对应 H 型钢的部位允许偏差。

272

表 22-11

中美冷弯空型钢截面尺寸允许偏差对比表

特征值	美国结构用冷弯空型钢截面尺寸允许偏差（mm）			中国结构用冷弯空型钢截面尺寸允许偏差（mm）		
	圆形截面	方形、矩形截面 边长(B,H)(mm)	允许偏差	圆形截面	方形截面	矩形截面
外部尺寸 (D、B、H) 及允许偏差	$D{\leq}48$mm：直径偏差不得超过公称尺寸的±0.5%（圆整到 0.1mm）；$D{\geq}50$mm：直径不得超过公称尺寸的±0.75%（圆整到 0.1mm）	≤65 / >65～90 / >90～≤140 / >140	±0.5 / ±0.6 / ±0.8 / ±0.01H	详见《结构用冷弯空心型钢尺寸外形重量及允许偏差》（GB/T 6728—2002），表1	详见《结构用冷弯空心型钢尺寸外形重量及允许偏差》（GB/T 6728—2002），表2	详见《结构用冷弯空心型钢尺寸外形重量及允许偏差》（GB/T 6728—2002），表4
厚度 (T)	任何一处壁厚最薄不能比公称壁薄10%以上；任何一处壁厚最厚不能比公称壁厚厚10%以上			当壁厚≤10mm时，不得超过公称厚的±10%；当壁厚>10mm时，为壁厚的±8%（弯角与焊缝区域除外）		
扭转度 (V)	……	参照规范 ASTMA500 中表5		不得超过由下式算出的 V 值 $V=2+L{\times}0.5/1000$ L 为长度，单位 mm		
弯角外圆弧半径	……	≤3T		参照规范 GB/T 6728—2002 中表4		
边垂直度 (θ)	……	90°±2°		90°±1.5°		
凹凸度 $(x_1、x_2)$	……	参照规范 ASTMA500 中表3		不超过该边长的 0.6%，但最小值为 0.4mm		

注：H 矩形管外形尺寸中的较大者，出现"……"的地方为不要求。

国家标准	允许偏差（mm）
中国结构用冷弯空心型钢	每米不得大于 2mm，总弯曲度不得大于总长度的 0.2%
美国结构用冷弯空心型钢	不得超过 2×总长度米数

中美冷弯空型钢长度允许偏差对比表　　　　表 22-13

美国结构用冷弯空心型钢			中国结构用冷弯空心型钢			
长度范围 L（m）	偏差（mm）		定尺长度和倍尺长度（mm）		允许偏差（mm）	
	正	负	精度级别	长度范围	正	负
≤6.5	13	6	普通级别	4000～12000	70	0
>6.5	19	6	精确级别	4000～6000	5	0
				>6000～12000	10	0

22.2.6　中美焊接钢管允许偏差的对比

22.2.6.1　中国焊接钢管截面规格

中国焊接钢管的截面规格详见《低压流体输送用镀锌焊接钢管》（GB 3091—2001）中表 1。

22.2.6.2　美标焊接钢管截面规格

美国焊接钢管的截面规格详《热轧与焊接无缝管》（ASTM A501—2007）中表 5。

22.2.6.3　中美焊接钢管截面尺寸允许偏差对比见表 22-14

22.2.6.4　中美焊接钢管垂直度允许偏差对比见表 22-15

22.2.6.5　中美焊接钢管长度允许偏差对比见表 22-16

中美焊接钢管截面尺寸允许偏差对比表　　　　表 22-14

美国焊接钢管截面尺寸允许偏差（mm）			中国焊接钢管截面尺寸允许偏差（mm）			
特征值	圆形截面外径 D 允许偏差		特征值	公称外径 D（mm）	管体外径允许偏差（mm）	管端外径允许偏差（mm）（距管端 100mm 范围内）
外部尺寸 D 及允许偏差	D≤$DN40$	直径偏差不得超过标准规定值 0.4mm	外部尺寸 D 及允许偏差	D≤48.3	±0.5mm	……
				48.3<D≤168.3	±1.0%	……
	D≥$DN50$	直径不能超过标准规定值±1%		168.3<D≤508	±0.75%	+2.4/−0.8
				D>508	±1.0%	+3.0/−0.8
厚度（t）	任何一处壁厚最薄不能比公称壁厚薄 12.5%以上		厚度（t）	公称壁厚的±12.5%范围内		

注：出现"…"的地方为不要求。

中美焊接钢管垂直度允许偏差对比表　　　　表 22-15

国家标准		允许偏差（mm）
中国焊接钢管 （GB/T 3091—2001）	公称外径≤168.3mm	应为使用性平直，或由供需双方协议规定垂直度指标
	公称外径>168.3mm	弯曲度应不大于钢管全长的 0.2%
美国焊接钢管（ASTM A501—2007）		（10.4×总长度米数）/5

中美焊接钢管垂直度允许偏差对比表　　　　表 22-16

美国结构用冷弯空心型钢			中国结构用冷弯空心型钢			
长度范围 L（m）	偏差（mm）		定尺长度和倍尺长度（mm）		允许偏差（mm）	
	正	负	精度级别	长度范围	正	负
≤6.7	12.7	6.4	普通级别	4000~12000	70	0
>6.7	19	6.4	精确级别	4000~6000	5	0
				>6000~12000	10	0

　　由表 22-14、表 22-15、表 22-16 的分析可知，国标对焊接钢管的截面外形尺寸、垂直度及长度允许偏差要求要比美标严格。

第23章 中美钢结构安装规范对比

美标安装规范 AISC 303—5 相对于国标 GB 50205—2001 来说，综合性较强，在强调具体操作的同时，更特别注重相关责任界定化分以及工序和协调等。本文主要就现场安装要求方面对中美规范进行对比。

23.1 地脚螺栓及支承面安装

23.1.1 国标 GB 50205—2001 要求

参见国标规范 GB 50205—2001 中条款 10.2.2 与 10.2.5 及 11.2.1 具体见表 23-1。

国标地脚螺栓及支承面安装允许偏差 表 23-1

项目		允许偏差
支承面	标高	±3.0mm
	水平度	1/1000mm
地脚螺栓（锚栓）	螺栓中心偏移（单层）	5.0mm
	露出长度	0mm≤ΔL≤30mm
	螺纹长度	0mm≤ΔL≤30mm
	螺栓中心偏移（多高层）	2.0mm
预留孔	孔中心偏移	10.0mm

23.1.2 地脚螺栓美标 AISC 303—5 第 7.5 条款要求

地脚螺栓等埋件的安装必须与已经由业主设计代表批复完成埋件图纸相一致，其相对于图纸标注的位置偏差要求如下：

23.1.2.1 在一个螺栓组内地脚螺栓中心距离不得大于 3mm；

23.1.2.2 相邻两个螺栓组中心距离不得大于 6mm；

23.1.2.3 地脚螺栓顶标高不得大于 13mm；

23.1.2.4 在同一柱中心线的地脚螺栓组中心距离累计偏差不大于 6mm（每 2500m）且总计不大于 25mm；

23.1.2.5 螺栓组中心距离柱中心线偏差不大于 6mm；

23.1.2.6 支承面美标 AISC 303—5 第 7.6 条规定如下：

1. 责任：如合同未明确指出为安装方责任则主要为业主责任，当人工不能直接就位时，安装方有帮助业主利用机械进行初步就位义务，但最终定位和固定责任为业主，制造商责任为对相应零部件进行清晰标识，以便现场安装就位。

2. 具体要求为：水平度不大于 3mm 且当底板规格大于 550mm×550mm 时，二次浇注混凝土面积应该适当扩大，以保证安装的稳定性。

23.2 钢柱安装

23.2.1 国标钢柱安装精度要求

23.2.1.1 对于单层钢结构国标 GB 50205—2001 要求参见条款第 10.3.7 条及附表 E.0.1，具体要求见表 23-2。

国标单层钢柱安装精度　　　　　　　　　　　　表 23-2

项　目		允许偏差	图例
柱脚底座中心线对定位轴线偏移		5.0mm	
柱基准点标高	有吊车梁的柱	−5.0～+3.0	
	无吊车梁的柱	−8.0～+5.0	
弯曲矢高		$H/1200$ 且大于 15mm	
柱垂直度	单层柱 ≤10m	$H/1000$	
	单层柱 >10m	$H/1000$ 且不大于 25mm	
	柱全高 单节柱	$H/1000$ 且不大于 10mm	
	柱全高 多节柱	35mm	

23.2.1.2 多层及高层钢柱安装精度要求参见附表 E.0.5，其具体要求见表 23-3。

国标多层及高层钢柱安装精度　　　　　　　　　表 23-3

项　目	允许偏差（mm）	图　例
柱接头连接处错口	3.0	
同一层柱的备柱顶高度差	5.0	
同一根梁两端顶面的高差	$l/1000$ 且不大于 10.0	
主次梁高差	±2.0mm	

23.2.2 美标钢柱安装精度要求

美标钢柱安装依据美标规范 AISC 303—5 第 7.13 条款规定如下：

首先对检测内容及观测关键点线进行界定描述，陈述了检测关键控制点的一般要求，具体如下（并参照图 23-1 及图 23-2）：

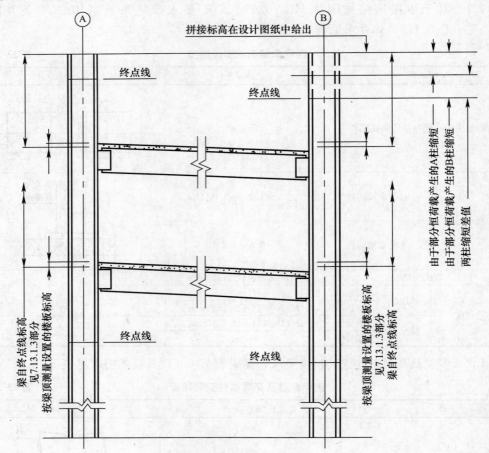

图 23-1　不同柱沉降效应

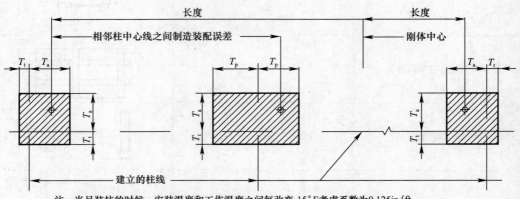

注：当吊装柱的时候，安装温度和工作温度之间每改变 15°F考虑系数为0.125in/ft 的温度调节（每改变15℃考虑系数为2mm/1000mm）。

图 23-2　不同柱温度效应

23.2.2.1 除水平构件外其他构件作用点为实际运输段起止端中心点；

23.2.2.2 水平构件工作点为上翼缘或者上平面

23.2.2.3 构件作用线以直线方式连接工作点

23.2.2.4 需要对沉降量和温度变形等在设计和施工过程中给予充分考虑。

23.2.2.5 海运分节的单节柱的垂直度不大于 1/500，测量以最近轴线为参照，其他限制条件如下：

1. 靠近电梯的单节柱在前 20 层范围内对于柱子中心线的位移累计偏差不大于 25mm，超过 20 层后每层允许累计偏差可增加 1mm，但总体累计误差不能超过 50mm。

2. 外围独立钢柱在前 20 层范围内对柱子中心线位移累计偏差不大于 25mm，对建筑红线不大于 50mm，高于 20 层以上对钢柱中心线每层累计偏差可增加 2mm 但不得大于 50mm，对于建筑红线累计偏差不大于 75mm。

3. 建筑物宽度在 90m 以下时，外围钢柱每层平行于建筑红线柱的中心线距离偏差不得大于 38mm；宽度大于 90m 时，每增加 30m 允许偏差增加 13mm，但总误差不得大于 75mm。

4. 外围钢柱对于确定的平行于建筑红线的柱中心线的偏差在 20 层内不大于 50mm，20 层以上每层累积误差增加 2mm，但不得大于 75mm。

国标单层或多、高层钢柱的安装精度要求相较于美标更详细，更严格些。

23.2.3 钢屋架、钢梁，桁架以及受压杆件

23.2.3.1 国标 GB 50205—2001 中要求见表 23-4。

钢屋（托）架、桁架、梁及受压杆件垂直度和侧向弯曲矢高的允许偏差 表 23-4

项　目	允许偏差		图　例
跨中的垂直度	$h/250$，且不应大于 15.0		
侧向弯曲矢高	$l \leqslant 30m$	$l/1000$，且不应大于 10.0	
	$30m < l \leqslant 60m$	$l/1000$，且不应大于 30.0	
	$l > 60m$	$l/1000$，且不应大于 30.0	

23.2.3.2 美标 ACIS 303—5 要求如下：

1. 美标中关于钢梁安装要求较少主要是依据钢柱、埋件和作用点作用线等要求限定钢梁两端连接点从而限制钢梁安装，没有对钢梁垂直度和侧向弯曲等特征提出相关要求。

2. 根据美标 ACIS 303-5 第 7.13.1.2 条要求

a. 除了悬挑构件外，对于直接运输现场没有现场接缝的线性构件，因为在允许偏差内的钢柱中心线和临时支撑在制作安装过程中允许偏差内引起的偏离应当通过。

b. 单件构件或者分段与钢柱连接直线型构件，其作用点与柱上部已完成连接接缝处容许偏差为−8mm≤容许偏差≤5mm。见图23-3。

3. 不与钢柱直接连接的构件其标高如果仅为构件支撑制作和安装允许范围内误差引起的偏差应该通过，示意图如图23-4所示：

4. 现场有拼接接缝的构件，如果两个支承作用点间的线偏差不大于1/500时予以通过，示意图如图23-5、图23-6、图23-7所示。

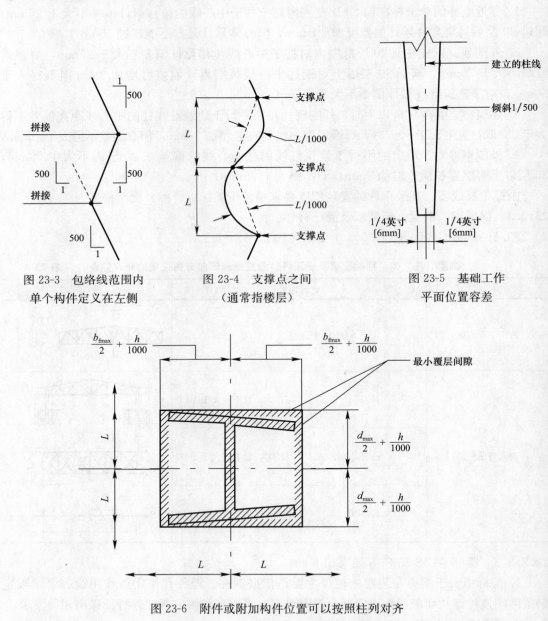

图 23-3　包络线范围内
单个构件定义在左侧

图 23-4　支撑点之间
（通常指楼层）

图 23-5　基础工作
平面位置容差

图 23-6　附件或附加构件位置可以按照柱列对齐

5. 对于悬挑构件，如其作用线的角变形小于作用点到悬挑构件自由端距离的1/500时，其垂直度、标高、线性可以接受。

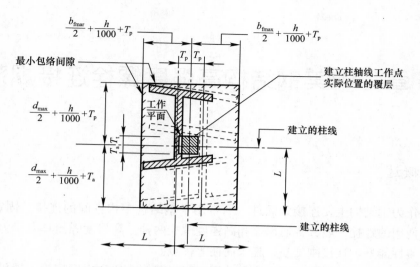

图 23-7　附件或附加构件平面位置必须精准

第24章 中美钢结构高强度螺栓连接规范对比

24.1 概述

螺栓作为钢结构主要连接紧固件，通常用于钢结构中构件间的连接、固定、定位等，钢结构中使用的螺栓一般分普通螺栓和高强度螺栓两种。高强度螺栓具有受力性能好、耐疲劳、抗震性能好、连接刚度高、施工简便等优点。

本章主要对比中国规范（国标）和美国规范（美标）中高强度螺栓、螺母、垫圈的化学成分，力学性能，规格尺寸，施工连接等方面。

24.1.1 国标采用的主要规范有

《钢结构设计规范》（GB 50017—2003）

《钢结构高强度螺栓连接、施工验收规程》（JGJ 82—91）

《钢结构用高强度大六角螺栓》（GB/T 1228—2006）

《钢结构用高强度大六角螺母》（GB/T 1229—2006）

《钢结构用高强度大六角螺栓、大六角螺母、垫圈技术条件》（GB/T 1231—2006）

《钢结构用扭剪型高强度螺栓链接副》（GB/T 3632—1995）

《钢结构用扭剪型高强度螺栓链接副技术条件》（GB/T 3633—1995）

《钢结构用高强度垫圈规范》（GB/T 1230—2006）

24.1.2 美标使用的规范主要为

AISC-RCSC（AISC-RCSC Specification for Structural Joints Using ASTM A325 or A490 Bolts（2000））ASTM A325 和 A490 螺栓连接的节点规范

ASTM A325 大六角高强螺栓

ASTM A490 大六角高强螺栓

ASTM F1852 扭剪型高强螺栓

ASTM F2280 扭剪型高强螺栓

ASTM A563 螺母规范

ASTM F436 垫圈规范

24.2 中美高强度螺栓性能等级、材料及使用要求

24.2.1 中美高强度螺栓的优点

受力性能好、耐疲劳、抗震性能好、连接刚度高、施工简便。

24.2.2 中美高强度螺栓的分类、尺寸系列及性能对比

24.2.2.1 中美高强度螺栓的分类及性能对比见表 24-1

中美高强度螺栓的分类及性能对比表   表 24-1

国家	规范	性能等级	螺栓类别	抗拉强度（MPa）	断后伸长率 A（%）	断后收缩率 Z（%）
中国	GB 1231	8.8级或	大六角头	830～1030	10	45
		10.9级		1040～1240	12	42
	GB 3633	10.9级	扭剪型	1040～1240	10	
美国	A325	8.8S	大六角头	830（公称直径≤25.4mm）；725（25.4mm<公称直径≤38.11mm）	14	35
	A490	10.9S 或 10.93S		1034～1193	14	40
	F1852	8.8S	扭剪型	830（公称直径≤25.4mm）725（25.4mm<公称直径≤38.11mm）	14	35
	F2280	10.9S		1034～1193	14	40

4.2.2.2　中美高强度螺栓的尺寸系列对比（表 24-2）

中美高强度螺栓尺寸系列对比表   表 24-2

国家	规范	螺栓类别	高强度螺栓的尺寸系列（mm）								
中国	GB 1231	大六角头	M12	M16	M20	(M22)	M24	(M27)	M30		
	GB 3633	扭剪型		M16	M20	(M22)	M24				
美国	A325	大六角头	M12	M16	M20	M22	M24	M27	M30	M36	
	A490		12.7	15.88	19.05	22.23	25.4	28.58	31.75	34.93	38.1
	F1852	扭剪型	12.7	15.88	19.05	22.23	25.4	28.58			
	F2280		12.7	15.88	19.05	22.23	25.4	28.58			

注：括号内为第二选择系列

24.3　中美高强度螺栓连接副对比

中美高强度螺栓连接副包括螺栓、螺母、垫圈。

24.3.1　中美高强度螺栓连接副性能等级匹配对比

中美高强度螺栓连接副性能等级匹配对比见表 24-3。

中美高强度螺栓连接副性能等级匹配对比表   表 24-3

中国高强度螺栓连接副性能等级匹配			
类别	螺栓	螺母	垫圈
型式尺寸	按 GB/T 1228 规定	按 GB/T 1229 规定	按 GB/T 1230 规定
性能等级	10.9S	10H	35HRC～45HRC
	8.8S	8H	35HRC～45HRC

美国高强度螺栓连接副性能等级匹配				
ASTM 标准	螺栓类型	螺栓表面处理	ASTM 563 螺母	ASTM F436 垫圈类型及表面处理[a d]
A325	1	光面（无镀层）	C、C3、D、DH[c] 和 DH3；光面	1；光面
	1	镀锌	DH[c]；镀锌与上润滑面	1；镀锌
	3	光面	C3 和 DH3；光面	3；光面

283

美国高强螺栓连接副性能等级匹配				
ASTM 标准	螺栓类型	螺栓表面处理	ASTM 563 螺母	ASTM F436 垫圈类型及表面处理[a d]
F1852	1	光面（无镀层）	C、C3、D、DH[c] 和 DH3；光面	1；光面[b]
		机械镀锌	DH[c]；机械镀锌与上润滑油	1；机械镀锌[b]
	3	光面	C3 和 DH3；光面	3；光面[b]
A490	1	光面	DH[c] 和 DH3；光面	1；光面
	3	光面	DH3；光面	3；光面
F2280	1	光面	DH 光面	1；光面
	3	光面	DHC 光面	3；光面

a 只有在第 6 部分要求用垫圈时才适用；
b 根据第 6 部分，螺母的所有情形下都有此要求；
c 许用 ASTM A194 2H 级螺母代替 ASTM A563 DH 级螺母；
d 表中所用的"镀锌"指的是根据 ASTM A153 的热浸镀锌或根据 ASTM B695 的机械镀锌。

24.3.2 中美高强度螺栓连接副推荐材料对比
中美高强度螺栓连接副推荐材料对比见表 24-4。

24.3.3 中美高强度螺栓具体内容对比
24.3.3.1 中美高强度螺栓尺寸规格
1. 中国高强度螺栓尺寸规格见对应的大六角及扭剪型高强度螺栓规范；
2. 美国高强度螺栓尺寸规格见对应的大六角及扭剪型高强度螺栓规范。
24.3.3.2 中美高强度螺栓化学成分
1. 中国高强度螺栓化学成分见对应的大六角及扭剪型高强度螺栓规范及材料规范；
2. 美国高强度螺栓的化学成分见对应的大六角及扭剪型高强度螺栓规范。

中美高强度螺栓连接副推荐材料对比表　　　　　　表 24-4

中国高强度螺栓连接副推荐材料					
			推荐材料	材料标准号	适用规格
大六角	螺栓	10.9S	20MnTiB	GB 3077—99	≤M24
			ML20MnTiB	GB 6748—2001	
			35VB	GB 1231—06 附录 A	≤M30
		8.8S	45	GB 699—99	≤M20
			35	GB 699—99	
			20MnTiB	GB 3077—99	≤M24
			40Cr	GB 3077—99	
			ML20MnTiB	GB 6748—2001	
			35CrMo	GB 3077—99	≤M30
			35VB	GB 1231—06 附录 A	
	螺母	10H	45，35	GB 699—99	
		8H	ML35	GB 6748—2001	
	垫圈	HRC 35~45	35，45	GB 699—99	
扭剪型	螺栓	10.9 级	20MnTiB	GB 3077—99	所有规格
	螺母	10H	35，45	GB 699—99	
			15MnVB	GB 3077—99	
	垫圈	HRC 35~45	35，45	GB 699—99	

美国高强度螺栓连接副推荐材料			
类别	性能等级	推荐材料及材料标准号	适用范围
大六角 — 螺栓	8.8S	A325	所有规格
	10.9S	A490	所有规格
大六角 — 螺母	C、C3、D、DHᶜ、DH3	A563	匹配于 A325
	DHᶜ、DH3	A563	匹配于 A480
大六角 — 垫圈	HRC 38-45	F436	光面的
	HRC 26-45	F436	热镀锌、机械镀锌
扭剪型 — 螺栓	8.8S	A325	所有规格
扭剪型 — 螺母	C、C3、D、DHᶜ、DH3	A563	匹配 F1852
	DH、DH3		匹配 F2280
扭剪型 — 垫圈	HRC 38-45	F436	光面的
	HRC 26-45	F436	热镀锌、机械镀锌

24.3.3.3 中美高强度螺栓附加长度对比（表 24-5）

中美高强度螺栓附加长度对比表　　　　　　　　　　　　　表 24-5

中国大六角、扭剪型高强度螺栓的附加长度								
螺栓直径（mm）	12	16	20	22	24	27	30	
大六角高强度螺栓（mm）	25	30	35	40	45	50	55	
扭剪型高强度螺栓（mm）	25	30	35	40				
美国大六角高强度螺栓附加长度、扭剪型高强度螺栓的花键长度								
螺栓直径（mm）	12.7	15.88	19.05	22.23	25.4	28.58	31.75	34.93	38.1
大六角高强度螺栓附加长度（mm）	17.46	22.23	25.40	28.58	31.75	38.1	41.28	44.75	47.63
扭剪型高强度螺栓花键长度（mm）	12.7	15.24	16.5	18.23	20.32	22.86			

24.3.3.4 中美高强度螺栓实物硬度对比（表 24-6）

中美高强度螺栓实物硬度对比表　　　　　　　　　　　　　表 24-6

性能等级	螺栓标准	螺栓规格		维氏硬度 HV30		洛氏硬度 HRC	
		螺栓尺寸（in）	螺栓长度	min	max	min	max
8.8 S	美标 — A325	1/2<D≤1	<2Dᴬ	253	319	25	34
			≥2D	……	319	……	34
		11/8<D≤1 1/2	<3Dᴬ	223	286	19	30
			≥3D	……	286	……	30
		注：A　重六角型结构螺栓规格为 M24（单位 mm）或更小型号且长度短于 2D 及螺栓规格大于 M24（单位 mm），且长度短于 3D 应只进行最小和最大硬度测试					
	美标 — F1825	1/2<D≤1	<3Dᴬ	253	319	25	34
			≥3Dᴬ	……	319	……	34
		1 1/8	<3Dᴬ	223	286	19	30
			≥3Dᴬ	……	286	……	30
		注：A　螺栓长度短于 3D 见规范 F1852 中 8.2.3					
	国标 — GB 1231	M12～M30		249	296	24	31

性能等级	螺栓标准		螺栓规格		维氏硬度 HV30		洛氏硬度 HRC	
			螺栓尺寸（in）	螺栓长度	min	max	min	max
10.9 S	美标	A490	1/2<D≤1	<2D[A]	311	352	33	39
				≥2D	……	352	……	39
			1<D≤11/2	<3D[A]	311	352	33	39
				≥3D	……	352	……	39
			注：A 重六角型结构螺栓公称直径为1英寸或更小且长度短于2D应只进行最小和最大硬度测试；重六角型结构螺栓公称直径在1～1.5in包括1.5in，且长度短于3D应只进行最小和最大硬度测试。					
		F2280	1/2<D≤1	<2D[A]	311	352	33	39
				≥3D	……	352	……	39
			11/8	<3D[A]	311	352	33	39
				≥3D	……	352	……	39
			注：A 扭剪型高强螺栓公称直径为1in或更小型号且长度短于2D应只进行最小和最大硬度测试；扭剪型高强度螺栓公称直径为1.125in，且长度短于3D应只进行最小和最大硬度测试					
	国标	GB 1231	M12～M30		312	367	33	39
		GB 3363	M16～M24		222	274	98（HRB）	28
			注：扭剪型高强度螺栓的洛氏硬度最小为98HRB，最大为28HRC。					

24.3.3.5 中美高强度螺栓机械性能对比（表24-7）

中美高强螺栓机械性能对比分为10.9级与8.8级两类。

中美高强度螺栓机械性能对比（10.9级）　　　　　　表24-7（a）

性能等级 10.9s									
国家标准		公称直径 d（mm）	12	16	20	(22)	24	(27)	30
中国	GB 1231	公称应力截面积 A_s（mm²）	84.3	157	245	303	353	459	561
		拉力荷载 N（kgf）	87700～104500	163000～195000	255000～304000	315000～376000	367000～438000	477000～569000	583000～696000

国家标准		螺栓公称直径每英寸的螺牙数螺纹规格	应力截面积[A]（in²）	拉伸荷载[B]（lbf）		验证荷载[B]（lbf）	可变荷载[B]（lbf）
				min	max	长度测量法	屈服强度
		Column1	Column2	Column3	Column4	Column5	Column6
美国	A490	1/2-13 UNC	0.142	21300	24600	17050	18500
		5/8-11 UNC	0.226	33900	39100	27100	29400
		3/4-10 UNC	0.334	50100	57800	40100	43400
		7/8-9 UNC	0.462	69300	79950	55450	60100
		1-8 UNC	0.606	90900	104850	72700	78800
		11/8-7 UNC	0.763	114450	13200	91550	99200
		11/4-7 UNC	0.969	145350	167650	116300	12600
		13/8-6 UNC	1.155	173250	199850	138600	150200
		11/2-6 UNC	1.405	210750	243100	168600	182600

性能等级 10.9s								
国家标准	公称直径 d（mm）	12	16	20	(22)	24	(27)	30

美国	F2280	螺栓公称直径每英寸的螺牙数螺纹规格	应力截面积^A（in²）	拉伸荷载^B（lbf）		验证荷载^B（lbf）	可变荷载^B（lbf）
				min	max	长度测量法	屈服强度
		Column1	Column2	Column3	Column4	Column5	Column6
		1/2-13 UNC	0.142	21300	24600	17050	18500
		5/8-11 UNC	0.226	33900	39100	27100	29400
		3/4-10 UNC	0.334	50100	57800	40100	43400
		7/8-9 UNC	0.462	69300	79950	55450	60100
		1-8 UNC	0.606	90900	104850	72700	78800
		11/8-7 UNC	0.763	114450	132000	91550	99200

注：A 应力面积按如下公式计算：

$A_s = 0.7854[D - (0.9743/n)]^2$

A_s——应力面积（in²）

D——螺栓公称直径

n——每英寸上的螺纹牙数

B 荷载计算：Column3/1034MPa　Column4/1172MPa　Column5/830MPa　Column6/896MPa

中美高强度螺栓机械性能对比（8.8级）　　　　表 24-7（b）

性能等级 8.8s								
国家标准	公称直径 d（mm）	12	16	20	(22)	24	(27)	30

中国	GB 1231	公称应力截面积 A_s（mm²）	84.3	157	245	303	353	459	561
		拉力荷载 N（kgf）	700000~868000	130000~16200	203000~25200	251000~312000	293000~364000	381000~473000	466000~578000

美国	A325	公称直径（D）和螺距（P）	应力截面积^A，（mm²）	拉伸荷载^B，min，（kN）	验证荷载^B 长度测量法（kN）	可变荷载^B 屈服强度法（kN）
		Column1	Column2	Column3	Column4	Column5
		M12×1.75	84.3	70	50.6	55.6
		M16×2	157	130	94.2	104
		M20×2.5	245	203	147	162
		M22×2.5	303	251	182	200
		M24×3	353	293	212	233
		M27×3	459	381	275	303
		M30×3.5	561	466	337	370
		M36×4	817	678	490	539

注：A 应力截面面积 $=0.7854(D-0.9382P)^2$

B 荷载计算：Column3/830MPa　Column4/600MPa　Column5/660MPa

性能等级 8.8s							
国家标准	公称直径 d (mm)	12	16	20	(22)	24	(27)	30

美国 F1852	螺栓尺寸每英寸的 螺牙数螺纹规格	应力截面积A（A）， （in²)	接伸荷载B，lbs min（lbf）	验证荷载，长度 测量法（lbs）	可变荷载，屈服 强法，min（lbs)
	Column1	Column2	Column3	Column4	Column5
	1/2in-13 UNC	0.142	17050	12050	13050
	5/8in-11 UNC	0.226	27100	19200	20800
	3/4in-10 UNC	0.334	40100	28400	30700
	7/8in-9 UNC	0.462	55450	39250	42500
	1in-8 UNC	0.606	72700	51500	55750
	11/8in-7 UNC	0.763	80100	56450	61800

注：A 应力面积按如下公式计算：

$A_s = 0.7854[D-(0.9743/n)]2$

A_s——应力面积（in²)

D——螺栓公称直径

n——每英寸上的螺纹牙数

B 荷载计算：

1/2in<D≤1in：Column3/830MPa　Column4/590MPa　Column5/640MPa

11/8in：Column3/724MPa　Column4/510MPa　Column5/560MPa

24.3.4　中美高强度螺母具体内容对比

24.3.4.1　中美高强度螺母尺寸规格

1. 中国高强度螺母尺寸规格见对应的高强度螺母规范；
2. 美国高强度螺母尺寸规格见对应的高强度螺母规范。

24.3.4.2　中美高强度螺母化学成分

1. 中国高强度螺母化学成分见对应的高强度螺母规范及对应的材料规范；
2. 美国高强度螺母的化学成分见对应的高强度螺母规范。

24.3.4.3　中美高强度螺母的机械性能对比（表24-8）

中美高强度螺母的机械性能对比　　　　　　　　　　　表 24-8（a）

国标 GB 1231 高强度螺母机械性能							
公称直径 d (mm)		12	16	20	(22)	24	(27)	30
公称应力截面积 A_s（mm²)		84.3	157	245	303	353	459	561
10H	保证截荷 N（kgf)	87700～104500	163000～195000	255000～304000	315000～376000	367000～438000	477000～569000	583000～696000
	洛氏硬度	HRB98～HRC32						
	维氏硬度	222 HV30～304 HV30						
8H	保证载荷 N（kgf)	700000～868000	130000～162000	203000～252000	251000～312000	293000～364000	381000～473000	466000～578000
	洛氏硬度	HRB95～HRC30						
	维氏硬度	206HV30～304HV289						

| | 美标 UNC，8 UN，6 UN 以及粗螺纹螺母机械性能表 | | | | | | | |

螺母等级	公称螺母尺寸（in）	螺母形式	保证荷载应力，ksi[A]		硬度			
			未镀锌螺母[B]	镀锌螺母[B]	布氏		洛氏	
					min	max	min	max
O	1/4～11/2	四方	69	52	103	302	B55	C32
A	1/4～11/2	四方	90	68	116	302	B68	C32
O	1/4～11/2	六角	69	52	103	302	B55	C32
A	1/4～11/2	六角	90	68	116	302	B68	C32
B	1/4～1	六角	120	90	121	302	B69	C32
B	11/8～11/2	六角	105	79	121	302	B69	C32
D[C]	1/4～11/2	六角	135	135	159	352	B84	C38
DH[D]	1/4～11/2	六角	150	150	248	352	C24	C38
DH3	1/2～1	六角	150	150	248	352	C24	C38
A	1/4～4	重型六角	100	75	116	302	B68	C32
B	1/4～1	重型六角	133	100	121	302	B69	C32
B	11/8～11/2	重型六角	116	87	121	302	B69	C32
C[C]	1/4～4	重型六角	144	144	143	352	B78	C38
C3	1/4～4	重型六角	144	144	143	352	B78	C38
D[C]	1/4～4	重型六角	150	150	159	352	B84	C38
DH[D]	1/4～4	重型六角	175	150	348	352	C24	C38
DH3	1/4～4	重型六角	175	150	248	352	C24	C38
A	1/4～11/2	厚六角	100	75	116	302	B68	C32

中美高强度螺母的机械性能对比   表 24-8（b）

| | 美标 UNC，8 UN，6 UN 以及粗螺纹螺母机械性能表续 | | | | | | | |

螺母等级	公称螺母尺寸（in）	螺母形式	保证荷载应力，ksi[A]		硬度			
			未镀锌螺母[B]	镀锌螺母[B]	布氏		洛氏	
					min	max	min	max
B	1/4～1	厚六角	133	100	121	302	B69	C32
B	11/8～11/2	厚六角	116	87	121	302	B69	C32
DC	1/4～11/2	厚六角	150	150	159	352	B84	C38
DH[D]	1/4～11/2	厚六角	175	175	248	352	C24	C38

| | 美标 UNF，12 UN，以及细螺纹螺母机械性能表 | | | | | | | |

螺母等级	公称螺母尺寸（in）	螺母形式	保证荷载应力，ksi[A]		硬度			
			未镀锌螺母[B]	镀锌螺母[B]	布氏		洛氏	
					min	max	min	max
O	1/4～11/2	六角	65	49	103	302	B55	C32
A	1/4～11/2	六角	80	60	116	302	B68	C32
B	1/4～1	六角	109	82	121	302	B69	C32
B	11/8～11/2	六角	94	70	121	302	B69	C32
D[C]	1/4～11/2	六角	135	135	159	352	B84	C38
DH[D]	1/4～11/2	六角	150	150	248	352	C24	C38

螺母等级	公称螺母尺寸 (in)	螺母形式	保证荷载应力，ksi[A]		硬度			
			未镀锌螺母[B]	镀锌螺母[B]	布氏		洛氏	
					min	max	min	max

美标 UNF，12 UN，以及细螺纹螺母机械性能表

螺母等级	公称螺母尺寸 (in)	螺母形式	未镀锌螺母[B]	镀锌螺母[B]	min	max	min	max
A	1/4～4	重型六角	90	68	116	302	B68	C32
B	1/4～1	重型六角	120	90	121	302	B69	C32
B	11/8～11/2	重型六角	105	79	121	302	B69	C32
D[C]	1/4～4	重型六角	150	150	159	352	B84	C38
DH[D]	1/4～4	重型六角	175	150	248	352	C24	C38
A	11/4～11/2	厚六角	90	68	116	302	B68	C32
B	1/4～1	厚六角	120	90	121	302	B69	C32
B	11/8～11/2	厚六角	105	79	121	302	B69	C32
D[C]	1/4～11/2	厚六角	150	150	159	352	B84	C38
DH[D]	1/4～11/2	厚六角	175	175	248	352	C24	C38

A 获得保证荷载（磅），将相应的保证荷载应力乘以螺纹的受拉应力截面积。UNC，UNF，和 8 UN 类型的应力面积在规范 A563-07 表 4 中给出。

B 未镀锌螺母配合外部螺纹坚固件适用，这些坚固件没有涂层或者涂层厚度可忽略不计，无需放量攻丝。镀锌的螺母配合适用的外部的螺纹坚固件，如果是镀锌的，或者涂层有足够厚度，则需要放量攻丝，已保证安装效果。

C 根据 A 194/A 194M 制造的等级为 2 或者 2H 螺母可认为是等效的 C 和 D 等级螺母，当提供根据 A194 制造的镀锌螺母时，镀锌层，放量攻丝，润滑以及转动能力测试应该符合 A 563 标准。

D 根据 A 194/A 194M 制造的 2H 螺母可认为是等效的 DH 螺母，当提供根据 A 194 制造的镀锌螺母时，镀锌层，放量攻丝，润滑以及转动能力测试应该符合 A 563 标准。

24.3.5 中美高强度垫圈具体内容对比

24.3.5.1 中美高强垫圈尺寸规格

1. 中国高强度垫圈

常用的高强度垫圈，按形状及其使用功能可以分为大六角头高强度垫圈、扭剪型高强度垫圈、工字钢用高强度斜垫圈及槽钢用高强度斜垫圈，其尺寸规格见对应的高强度垫圈规范。

2. 美国高强度垫圈

RCSC 规范中关于高强度螺栓连接中的垫圈的设计细节如下：

当连接件表面和与螺栓轴线垂直的平面之间的倾斜度大于 1：20 时，必须使用强化斜垫圈来抵消不平行。

对摩擦型连接和直接受拉连接中的 A325 和 A490 螺栓，需使用强化垫圈并满足下面几条要求。对只允许适度拧紧的螺栓，如果外层有一条狭缝，应安装强化平垫圈或普通板垫圈盖住狭缝。对其他采用 A325 和 A490 螺栓的连接，通常不要求采用强化垫圈。

当采用标定扳手拧紧螺栓时，强化垫圈应该放在由扳手转动的部件的下面。

对预拉至规定值的 A490 螺栓，当钢材屈服强度小于 40ksi（275.60N/mm²）时，螺帽和螺母下面应放置强化垫圈。

对外层钢板有超大尺寸孔或短槽孔，且使用直径小于等于 1in（25.40mm）的 A325 和 A490 螺栓时，必须使用满足 ASTM F436 要求的强化垫圈。

对外层钢板有超大尺寸孔或短槽孔，且使用直径大于 1in（25.40mm）的 A490 螺栓时，螺帽和螺母下必须使用满足 ASTM F436 要求，厚度至少为 5/16in（7.94mm）的强化垫圈来代替标准厚度的垫圈。

对外层钢板有长槽孔，且使用直径小于等于 1in（25.40mm）的 A325 和 A490 螺栓时，应该使用厚度至少为 5/16in（7.94mm）的结构等级钢垫圈，而不必使用强化垫圈。垫圈应该足够大，在拧紧螺栓后能够完全盖住槽孔。对外层钢板有长槽孔，且使用直径大于 1in（25.40mm）的 A490 螺栓时，必须使用满足 ASTM F436 要求，厚度至少为 5/16in（7.94mm）的单个强化垫圈（不能是多个垫圈）代替结构等级钢做成的平板垫圈。

按形状及功能可分为强化圆形、圆形切边和超厚垫圈及淬火斜垫圈两类，其尺寸规格见对应的高强度垫圈规范。

24.3.5.2　中美高强度垫圈化学成分

1. 中国高强度垫圈化学成分见对应的高强度垫圈规范及对应的材料规范；
2. 美国高强度垫圈化学成分见对应的高强度垫圈规范。

24.3.5.3　中美高强度垫圈的硬度

1. 国标高强度垫圈的硬度为 HRC35～45；
2. 美标高强度垫圈的硬度除了热浸镀锌强化垫圈硬度为 HRC26～45，其他强化垫圈的硬度为 HRC38～45。

24.4　中美高强度螺栓的施工及验收

24.4.1　中美高强度螺栓施工

24.4.1.1　中美高强度螺栓施工一般规定

高强度螺栓连接在施工前应对连接副实物和摩擦面进行检验和复验，合格后才能进入安装施工。

对每一个连接接头，应先用临时螺栓或冲钉定位，为防止损伤螺纹引起扭矩系数的变化，严禁把高强度螺栓作为临时螺栓使用。以一个接头来说，临时螺栓和冲钉的数量，原则上应根据该接头可能承担的荷载计算确定，并应符合下列规定：

不得少于安装螺栓总数的 1/3；

不得少于两个临时螺栓；

穿钉穿入的数量不宜多于临时螺栓的 30%。

高强度螺栓的穿入应在结构中心位置调整后进行，其穿入方向应以施工方便为准，力求一致；安装时要注意垫圈的正反面，即：螺母带圆台面的一侧应朝向垫圈有倒角的一侧；对于大六角头高强度螺栓连接副，靠近螺头一侧的垫圈，其倒角的一侧朝向螺栓头；

高强度螺栓的安装应能自由穿入孔，严禁强行穿入。如不能自由穿入时，该孔应用铰刀进行修整，修整后孔的最大直径应小于 1.2 倍螺栓直径。修孔时，为了防止铁屑落入叠缝中，铰孔前应将四周螺栓全部拧紧。使板叠密贴后再进行，严禁气割扩孔。

高强度螺栓连接中连接钢板孔径略大于螺栓直径，并必须采取钻孔成型方法，钻孔后的钢板表面应平，孔边无飞边和毛刺，连接板表面应无焊接飞溅物、油污等。

24.4.1.2　美国高强螺栓施工一般规定

1. 在螺栓安装中，连接的各部件都应该紧紧压在一起。安装中为对准螺孔而进行的移动不能使构件受扭或加大孔径。为满足螺栓要求而加大孔洞时，必须进行扩孔。

2. 高强度螺栓连接安装时，与螺帽、螺母和垫圈相邻的表面不能有氧化皮（密实的轧屑除外）。这些表面也必须没有缺陷，这样能防止固体物留在这些部位，尤其是灰尘、磨屑和其他东西。摩擦型连接的接触面要求没有油脂、油漆、涂料和防锈剂。

3. 每个高强度螺栓都必须拧紧，这样连接才能达到规范要求总拉力，拧紧时应使用螺母转角法或使用经过标定的扳手。

4. 高强度螺栓拧紧时一般使用气动扳手，只有在安装空间受限制时，才允许使用手工拧紧。

5. 螺栓孔的检查：对于各类螺栓孔应按下表孔径尺寸检查，热切割螺栓孔经业主工程师同意允许扩孔，对于静荷载而言，热切割表面不需要打磨。

24.4.1.3 中美高强度螺栓施工时螺栓孔径及其允许偏差对比（表24-9）

中美高强度螺栓施工时螺栓孔径及其允许偏差 表 24-9

国标螺栓孔径及允许偏差							
名称		直径及允许偏差（mm）						
螺栓	直径	12	16	20	22	24	27	30
	允许偏差	±0.43		±0.52			±0.82	
螺栓孔	直径	13.5	17.5	22	(24)	26	(30)	33
	允许偏差	+0.43 / 0		+0.52 / 0			+0.84 / 0	
圆度（最大直径与最小直径之差）		1.00		1.50				
中心线倾斜度		应不大于板厚3%，且单层不得大于2.0mm，多层迭组合不得大于3.0mm						

美标螺栓孔径及允许偏差				
公称螺栓尺寸，d_b，（in）	公称螺栓孔尺寸[a,b]，（in）			
	标准（直径）	特大型（直径）	短开槽（宽×长）	长开槽（宽×长）
1/2	9/16	5/8	9/16×11/16	9/16×11/4
5/8	11/16	13/16	11/16×7/8	11/16×19/16
3/4	13/16	15/16	13/16×1	13/16×17/8
7/8	15/16	11/16	15/16×11/8	15/16×23/16
1	11/16	11/4	11/16×15/16	11/16×21/2
≥11/8	db+1/16	db+5/16	(db+1/16)×(db+3/8)	(db+1/16)×(2.5db)

注：a 表格中公称尺寸的上偏差，不超过1/32in，例外：开槽螺栓孔的宽度和槽的深度不得超过1/18in；
　　b 锥形孔由冲床加工自然产生，必须是准确匹配的冲床模具是合格的。

24.4.1.4 中美高强度螺栓施工时的孔距和边距值对比（表24-10）

中美高强度螺栓的孔距和边距值对比表 表 24-10

国标强度螺栓的孔距和边矩值				
名称	位置和方向		最大值（两者中的较小值）	最小值
中心间距	外排		$8d_0$ 或 $12t$	$3d_0$
	中间排	构件受压力	$12d_0$ 或 $18t$	
		构件受拉力	$16d_0$ 或 $24t$	
中心至构件边缘的距离	顺内力方向		$4d_0$ 或 $8t$	$2d_0$
	垂直内力方向	切割边		$1.5d_0$
		轧制边		$1.5d_0$

注：1. d_0 为高强度螺栓的孔径；t 为外层较薄板件的厚度。
　　2. 钢板边缘与刚性构件（如角钢、槽钢等）相连的高强度螺栓的最大间距，可按中间排数值采用。

美标高强度螺栓的孔距和边矩值（mm）		
边矩		
螺栓直径（mm）	剪切边	钢板、型钢或扁钢的轧制或切割边 *
12.70	22.23	19.05
15.88	28.58	22.23
19.05	31.75	25.40
22.23	38.10†	25.58
25.40	44.45†	31.75
28.58	50.8	38.10
31.75	57.15	41.28
>31.75	44.45d‡	31.75d‡
孔距		
分类	形式	孔间距的范围
螺栓孔的最小间距	所有螺栓	为螺栓直径的 8/3 倍
螺栓孔的最大间距	纬全螺栓	见 AASHTO 规范
	止水螺栓	
	未涂漆耐候钢的螺栓	$14T_1$ 与 7in（177.8mm）两者中取小者

注：
* 当孔洞所在位置的应力不超过构件最大容许应力的 25% 时，该列的边距可以减少 3.18mm；
† 中的值在梁的连接角钢两端部可以取 31.75mm；
‡ d＝坚固件直径，（mm）；
T_1 最薄连接部件厚度的 14 倍。

24.4.1.5 中美高强度螺栓施工时可操作空间或拧紧螺栓所需的最小净距对比（表 24-11）

中美高强度螺栓可操作空间或拧紧螺栓所需的最小净距对比表　　　　**表 24-11**

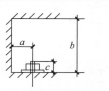

国标高强度螺栓施工时可操作空间尺寸		
扳手种类	最小尺寸（mm）	
	a	b
手动定扭矩扳手	45	140＋c
扭剪型电动扳手	65	530＋c
大六角电动扳手	60	

美标高强度螺栓施工时拧紧螺栓所需要的最小紧距 A				
螺栓直径（mm）	螺帽高度（mm）	常用最小净空（mm）	拧紧螺栓所需最小净距（mm）	
			小型工具	大型工具
15.88	15.88	25.4	41.28	—
19.05	19.05	31.75	41.28	47.63
22.23	22.23	34.93	41.28	47.63
25.40	25.40	36.51		47.63
28.58	28.58	39.69		—
31.75	31.75	42.86		—

24.4.1.6 中美高强度螺栓施工时螺栓施工预拉力对比（表 24-12）

中美高强度螺栓施工时螺栓施工预拉力对比表　　　　　　　表 24-12

国标高强度螺栓的预拉力（kN）						
大六角头高强度螺栓施工预拉力（kN）						
性能等级	螺栓公称直径					
	M12	M16	M20	M22	M24	M27	M30
8.8S	45	75	120	150	170	225	275
10.9S	60	110	170	210	250	320	390

扭剪型高强度螺栓施工预拉力（kN）					
螺纹规格		M16	M20	M22	M24
每批坚固轴力的平均值	公称	109	170	211	245
	min	99	154	191	222
	max	120	186	231	270
紧固轴力标准偏差 $\sigma \leqslant$		1.01	1.57	1.95	2.27

允许不进行紧固轴力试验螺栓长度限制				
螺栓规格	M16	M20	M22	M24
螺栓长度（mm）	≤60	≤60	≤65	≤70

美标高强度螺栓的预拉力（千磅）		
公称螺栓直径 d_0 英寸	规定的最小螺栓应力 T_n（千磅）	
	ASTMA325 和 F1852 螺栓	ASTMA490 螺栓
1/2	12	15
5/8	19	24
3/4	28	35
7/8	39	49
1	51	64
$1\frac{1}{8}$	56	80
$1\frac{1}{4}$	71	102
$1\frac{3}{8}$	85	121
$1\frac{1}{2}$	103	148

注：等于 ASTM 规范中规定的螺栓最小抗拉强度 70％用于测试带统一标准粗牙螺纹的全规格 A325，A490 螺纹，负载作用在轴向，四舍五入到最近的千磅数。

24.4.1.7 中美高强度螺栓摩擦面的抗滑移系数

中美高强度螺栓摩擦面的抗滑移系数 μ 对比见表 24-13。

中美高强度螺栓的摩擦面的抗滑移系数对比　　　　　　　表 24-13

国标高强度螺栓摩擦面的抗滑移系数				
连接处构件摩擦面的处理方法		构件的钢号		
		3 号钢	16Mn 钢或 16Mnq 钢	15MnV 钢或 15MnVq 钢
普通钢结构	喷砂（丸）	0.45	0.55	0.55
	喷砂（丸）后涂无机富锌漆	0.35	0.4	0.4
	喷砂（丸）后生赤锈	0.45	0.55	0.55
	钢丝刷清漆初浮锈或未经处理的干净轧制表面	0.3	0.35	0.35

国标高强度螺栓摩擦面的抗滑移系数				
连接处构件摩擦面的处理方法		构件的钢号		
		3 号钢	16Mn 钢或 16Mnq 钢	15MnV 钢或 15MnVq 钢
冷弯薄壁型钢结构	喷砂	0.4	0.45	—
	热轧钢材轧制表面清除浮锈	0.3	0.35	—
	冷轧钢材轧制表面清除浮锈	0.25	—	—
	镀锌表面	0.17	—	—

注：当连接构件不采用不同的钢号时，μ 应按相应的较低值取用。

美标高强度螺栓摩擦面的抗滑移系数		
接连面的类型	连接处构件摩擦面的处理方法	摩擦面抗滑移系数 μ 值
A 类	未涂装清洁的铁磷区域或喷砂洁净钢 A 级涂装表面	0.33
B 类	无涂层的喷砂洁净钢表面或喷砂洁净钢 B 级涂装表面	0.50
C 类	粗糙热浸镀锌表面	0.45

注：美国标准中不同类型摩擦面抗滑移系数 μ 根据试验确定也可根据不同摩擦面类型取值。

24.4.1.8 中美高强度螺栓施工方法

1. 国标高强度螺栓施工方法

（1）大六角头高强度螺栓施工方法

① 扭矩法施工

A. 高强度螺栓施工的预拉力按 1.1 倍的设计预拉力取值；高强度螺栓施工预拉力见表 24-12。

B. 由于高强度螺栓在储存和使用过程中，扭矩系数容易发生变化，所以在现场安装前一定要进行扭矩系数复验。

C. 初拧、复拧、终拧的次序，一般地讲都是从中间向两边或四周对称进行，初拧和终拧的螺栓都应做不同的标记，避免漏拧、超拧等安全隐患，同时也便于检查人员检查紧固质量。

② 转角法施工：利用螺母旋转角度以控制螺杆弹性伸长量，来控制螺栓轴向力的方法。转角法施工次序如下：

A. 初拧：采用定矩扳手，从栓群中心顺序向外拧紧螺栓。

B. 初拧检查：一般采用敲击法，即用小锤逐个检查，目的是防止螺栓漏拧。

C. 划线：初拧后对螺栓逐个进行划线，如图 24-1 所示。

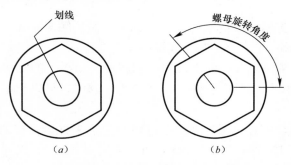

图 24-1　初拧后对螺栓划线示意图

D. 终拧：用专用扳手使螺母再旋转一个额定角度，螺栓群紧固的顺序同初拧。

E. 终拧检查：对终拧的螺栓逐个检查，旋转角度是否符合要求，可用量角器检查螺栓与螺母上划线的相对角度。

F. 作标记：对作拧后的螺栓用不同的颜色作出明显的标记，以免重拧和漏拧，并供质检人员检查。

（2）扭剪型高强度螺栓施工：

扭剪型高强度螺栓和大六角高强度螺栓在材料、性能等级及紧固后，连接工作性能等方面都是相同的，所不同的是外形和紧固方法，扭剪型高强度螺栓是一种自标量型（扭矩系数）的螺栓，其紧固方法采用扭矩法原理，施工扭矩由螺栓尾部梅花头的切口直径来确定。

紧固原理：扭剪型高强度螺栓的紧固采用专用电动扳手，扳手的板头由内外两个套筒组成，内套筒套在梅花头上，外套筒套在螺母上。在紧固过程中，梅花头承受螺母所产生的反扭矩，此扭矩与外套筒施加在螺母上的扭矩大小相等、方向相反，螺栓尾部梅花头切口处承受该纯扭矩作用。当加在螺母上的扭矩值增加到梅花头切口扭断力矩时，切口断裂，紧固过程完毕，因此施加的螺母的最大扭矩，即为梅花头切口的扭断力矩。

紧固轴力：扭剪型高强度螺栓施工前，应按出厂批复验高强度螺栓链接副紧固轴力，每批复验5套。5套紧固轴力平均值和紧固轴力标准偏差应符合表24-12规定。

紧固施工：为了减少接头中螺栓群间相互影响及消除连接板面间的缝隙，紧固要分初拧和终拧两个步骤进行。对于超大型的接头，还要进行复拧。

2. 美标高强度螺栓施工方法

对要求完全预紧的连接，适用条款包括下面几个部分：

（1）标定扳手法

① 当使用标定扳手时，扳手应该被设置为能在张拉力超过规范要求值的5%时停止拧紧。

② 扳手应该定期进行检测（至少每天对所使用的每种直径的螺栓各检测3个）。为此必须使用直接显示螺栓预紧力的标定设备。尤其当螺栓的尺寸和输气软管长度变化时，必须标定扳手。

③ 当拧紧螺栓时，由于连接构件的压力作用，先前已经预紧的螺栓会变松。这时，应该对已经拧紧的螺栓重新使用标定扳手，来确认螺栓已经预拉到规定值。

（2）螺母转角法：当采用螺母转角法时，可以使用气动扳手或人工扳手。这个方法包括如下三个步骤：

① 连接的安装：拧紧足够的螺栓到一定的值，使接触面靠在一起。这时，可以使用安装螺栓，但如果采用一些最终的高强度螺栓，会更经济。

② 螺栓的初拧：插进所有高强度螺栓并初拧（气动扳手的几次冲击来拧紧或用普通的长柄手由工人用最大力气进行拧紧）。当拧紧力不够时，可以利用预拉力测试设备来观察和了解。

③ 从初拧位置转动螺母：所有螺栓通过转动螺母来拧紧，转动数量由表24-14来确定。如果有螺栓插入和扳手操作净空要求，可以采用标定扳手的拧紧法，固定螺母使其不动，而通过转动螺栓来拧紧，见表24-14。

螺母转角法-螺母初拧后拧转角度[a][b]

表 24-14

螺栓长度[c]	连接件表面和与螺栓轴线垂直的平面之间的倾斜度		
	两侧均与螺栓轴垂直	一侧垂直于螺栓轴，一侧坡度不超过 1：20[d]	两侧坡度均不超过 1：20[d]
不超过 $4d_b$	1/3 圈	1/2 圈	2/3 圈
超过 $4d_b$ 不超过—$8d_b$	1/2 圈	2/3 圈	5/6 圈
超过 $8d_b$ 不超过—$12d_b$	2/3 圈	5/6 圈	1 圈

a——螺母转动是相对螺栓的，无论是拧动螺栓还是螺母，对于螺母需要拧转的角度不超过 1/2 圈，容许误差为正负 30°；螺母需要拧转 2/3 圈以上，容许误差为正负 45°；

b——仅适用于所有夹紧材料均是钢材的连接；

c——当螺栓长度超过 $12d_b$ 时，拧转角度没有明确规定，需根据实际试验确定；

d——不使用斜垫圈的情况下。

直接显示预紧力拧紧：直接显示预紧力的装置有两种：示力垫圈和扭剪型螺栓。示力垫圈采用淬硬的钢材，在垫圈的一面有浅凹。当螺栓被转动时，浅凹会按生产规范的要求下压，并且通过塞尺可以测得正确的扭矩。当螺栓安装在大尺寸孔或长圆孔时，使用示力垫圈并将示力垫圈放在转动零件下面时，必须特别注意平垫圈的正确安装。

扭剪型高强度螺栓除螺栓实际长度外还有凸的梅花头目。通过特制的扭转枪将其扭转到需要的预拉力后，这个延伸部分就会被拧断。

施工完成后的螺栓丝扣要露出螺母或至少与螺母齐平。

24.4.2 中美高强度螺栓验收

高强度螺栓的检查：

原材料检查：同规格、同批次的抽检一组，每组 3 套螺栓。

现场检查：现场检查一般在终拧完成 1h 后、48h 内，应进行终拧扭矩检查，现场按节点数抽查 10%，且不应少于 10 个；每个被抽查节点按螺栓数抽查 10%，且不应少于 2 个。

297

第25章 中美钢结构焊接标准对比与分析

25.1 美国钢结构焊接标准与我国钢结构焊接标准概述

25.1.1 美标钢结构焊接规范

美国 AWS D1.1/D1.1M：2008《钢结构焊接规范》是钢结构焊接的旗舰标准，引导了超过 130 个标准及规则、实践介绍、指南或设计说明书等，由美国焊接学会 D1 委员会负责。第一版建筑结构的熔焊和气割规范在 1928 年发布，桥梁焊接规范在 1936 年单独发布，1972 年两个规范合并到 D1.1，1988 年又再度分开。同时参照建筑和桥梁，变为静载荷和动载荷结构。D1.1 问世以来不断修订，到目前为止共 21 版，目前是 2008 版。现每两年修改一次，是目前最广泛应用的焊接标准。

25.1.2 中国建筑钢结构焊接技术规程

中国《建筑钢结构焊接技术规程》JGJ 81—2002 是参照有关国际标准和国外先进标准，并在广泛征求意见的基础上，对 JGJ 81—91 进行了全面的修订。JGJ 81—2002 内容比 JGJ 81—91 更丰富，适用范围更广、实用性更强。其修订根据我国钢结构的发展与时俱进，对保证我国钢结构工程施工质量起了非常重要的作用。

25.2 结构布置比较与分析

25.2.1 整体结构布置比较与分析

25.2.1.1 中美钢结构焊接规范的主要内容概述

AWS D1.1/D1.1M：2008 与 JGJ 81—2002 主要技术内容接近，结构及章节的安排有差异。美国《钢结构焊接规范》AWS D1.1/D1.1M：2008 的主要内容分为 8 个部分，见表 25-1 美国《钢结构焊接规范》AWS D1.1/D1.1M：2008 主要内容概述；《建筑钢结构焊接技术规程》JGJ 81—2002 的主要内容分为 9 个部分，见表 25-2 中国《建筑钢结构焊接技术规程》JGJ 81-2002 主要内容。

《钢结构焊接规范》AWS D1.1/D1.1M：2008 主要内容　　　　　表 25-1

序　号	技术内容	概述或说明
1	总则	规范适用范围和限度的基本资料，关键性定义和钢结构制作有关各方的主要责任
2	焊接连接设计	有关管材、或非管材、构件制成品组成的焊接连接设计的要求
3	WPS 的免除评定	本规范 WPS 评定要求中免除 WPS（焊接工艺规程）评定的要求
4	评定	有关 WPS 评定试验以及按照本规范实行焊接的所有焊接人员（焊工、自动焊工和定位焊工）需要通过的评定试验

298

序　号	技术内容	概述或说明
5	制作	由本规范管辖、适用于焊接钢结构的一般制作和安装要求，这些要求包括：母材，焊接材料，焊接技术，焊接的细节，材料准备和装配，焊接修补，以及其他要求
6	检验	包括检验员资格评定和职责的准则、产品焊接的认可准则、以及进行外观检查和NDT（无损检测）的标准工艺
7	螺栓焊	螺柱焊于结构钢的要求
8	现有结构的补强与加固	有关现有钢结构用焊接方法补强或加固的基本知识

中国《建筑钢结构焊接技术规程》JGJ 81—2002 主要内容　　　　表 25-2

序　号	技术内容	概述或说明
1	总则	扩充了试用范围，明确了建筑钢结构板厚下陷、类型和使用的焊接方法
2	基本规定	明确规定了建筑钢结构焊接施工难易程度区分原则、制作与安装单位资质要求、有关人员资格职责和质量和质量保证体系等
3	材料	钢材、焊接的复验要求及钢板厚度方向性能要求等应符合国家标准
4	焊接节点构造	包括不同焊接方法、焊接坡口的形状和尺寸、管结构各种接头形式与坡口要求、防止板材产生层状撕裂的节点形式、构件制作与工地安装焊接节点形式、承受动载与抗震焊接节点形式以及组焊接构件焊接节点的一般规定以及焊缝的计算厚度
5	焊接工艺评定	包括焊接工艺评定规则、试件试样的制备、试验与检验、焊接工艺评定的一般规定和重新进行焊接工艺评定的规定等内容
6	焊接工艺	包括焊接工艺的一般规定、各种焊接方法选配焊接材料示例、焊接预热后热及焊后消除应力要求、防止层状物撕裂和控制焊接变形的工艺措施
7	焊接质量检查	包括焊缝外观质量合格标准、不同形式焊缝外形尺寸允许偏差及无损检测要求、焊接检验批的划分规定、圆管 T、K、Y 节点的焊缝超声波探伤方法和缺陷分级标准以及箱形界面隔板电渣焊焊缝焊透宽度的超声波检测方法
8	焊接补强与加固	包括编制钢结构补强及加固设计方案的前提；钢结构补强及加固的方法及影响因素等
9	焊工考试	包括焊工考试内容和分类

25.2.1.2　中美焊接规范的主要技术内容及独特要求对比

从两个标准的主要技术内容和结构布置比较分析，AWS D1.1/D1.1M：2008《钢结构焊接规范》和 JGJ 81—2002《建筑钢结构焊接技术规程》的主要技术内容对应关系以及 2 个标准的独特要求见表 25-3。

中美钢结构焊接规范主要技术内容对照表　　　　表 25-3

序号	内容及要求	AWS D1.1/D1.1M：2008	JGJ 81—2002
A	总体要求	1. 总则	1. 总则及 2. 基本规定
B	材料	5. 制作	3. 材料
C	节点连接	2. 焊接连接设计	4. 焊接节点构造
D	免除工艺评定	3. WPS 的免除评定	没有此项规定
E	工艺评定	4. 评定	5. 焊接工艺评定
F	施工要求	5. 制作	6. 焊接工艺
G	质量检查	6. 检验	7. 焊接质量检查
H	螺栓焊接	螺柱焊	本规程没有，另见《圆柱头焊钉》(GB 10433) 的规定
I	结构加固和补强	8. 现有结构的补强与修理	8. 焊接补强与加固
J	焊接修理	8. 现有结构的补强与修理	6. 焊接工艺
K	焊工考试	4. 评定	9. 焊工考试

25.2.2 具体技术内容分析比较

25.2.2.1 总则

1.《钢结构焊接规范》AWS D1.1/D1.1M：2008 和《建筑钢结构焊接技术规程》JGJ 81—2002 两个标准均适用于厚度大于或等于 3mm 的碳素结构钢和低合金高强度钢的钢结构焊接，适用的焊接方法一样。都要求钢结构的焊接必须遵守国家现行的安全技术和劳动保护等有关规定；钢结构的焊接除应执行本规程外，尚应符合国家现行有关强制性标准的规定。

2.《钢结构焊接规范》AWS D1.1/D1.1M：2008 适用于屈服强度不大于 100ksi［690MPa］的碳钢或低合金钢；《建筑钢结构焊接技术规程》JGJ 81—2002 规定特殊结构或采用屈服强度等级超过 390MPa 的钢材、新钢种、特厚材料及焊接新工艺的钢结构工程的焊接制作需要进行相应的焊接试验。

3. AWS D1.1/D1.1M：2008 明确规定小于 3mm 的薄钢板结构的焊接适用 AWS D1.3 规范；铝材焊接采用 AWS D1.2 规范；钢筋的焊接采用 AWS D1.4 规范；桥梁焊接采用 AWS D1.5 规范；不锈钢焊接采用 AWS D1.6 规范。而《建筑钢结构焊接技术规程》JGJ 81—2002 未在这些方面进行明确规定。

25.2.2.2 职责

由于中美两国企业管理、法律法规以及工程承包的实际情况不同，在企业和人员职责方面两标准的规定有较大的不同。

1.《建筑钢结构焊接技术规程》JGJ 81—2002：

a.《建筑钢结构焊接技术规程》JGJ 81—2002 根据我国钢结构焊接的实际情况，将焊接难度分为一般、较难和难三种情况，施工单位在承担钢结构焊接工程时应具备与焊接难度相适应的技术条件。

b.《建筑钢结构焊接技术规程》JGJ 81—2002 要求，在钢结构施工图中应标明明确的焊接技术要求，以便于执行。

c.《建筑钢结构焊接技术规程》JGJ 81—2002 规定，制作与安装单位承担钢结构焊接工程施工图设计时，应具有与工程结构类型相适应的设计资质等级或由原设计单位认可。

d.《建筑钢结构焊接技术规程》JGJ 81—2002 对钢结构工程焊接制作与安装单位应具备的技术条件作出了明确的规定。

e.《建筑钢结构焊接技术规程》JGJ 81—2002 对从事建筑钢结构焊接的有关人员的资格和职责也作了明确的要求和规定。

f.《建筑钢结构焊接技术规程》JGJ 81—2002 在对企业（承包商）和从业人员的要求方面融入了企业管理和质量管理的思想。

2.《钢结构焊接规范》AWS D1.1/D1.1M：2008

a.《钢结构焊接规范》AWS D1.1/D1.1M：2008 规定了工程师的责任，承包商的责任，检验员的责任。

b.《钢结构焊接规范》AWS D1.1/D1.1M：2008 则只是为了保证施工、质量从技术角度规定了企业和从业人员的职责。

25.2.2.3 材料

1. 中美钢结构焊接规范中母材与焊材对比

《钢结构焊接规范》AWS D1.1/D1.1M：2008 和《建筑钢结构焊接技术规程》JGJ

81—2002 对于母材和焊接材料的对比，见表 25-4 及表 25-5。

AWS D1.1/D1.1M、2008 和 JGJ 81—2002 母材对比表　　　表 25-4

序号	对比名称	AWS D1.1/D1.1M：2008	JGJ 81—2002
1	母材	1. 合同文本必须指定所用母材的规格和类别	1. 合同文本必须指定所用母材的规格和类别
		2. 当结构用到焊接时，无论何处都应尽可能采用列于表 3.1 或表 4.9 中认可的母材	2. 当结构用到焊接时，无论何处都应尽可能采用列于表 6.3.1-1 表 6.3.1-2、6.3.1-3 中认可的母材
2	引弧板	1. 当用于表 3.1 或表 4.9 所示的认可钢材焊接时，引弧板、引出板可为表 3.1 或表 4.9 中的任何钢材	引弧板与引出板的材质要与被焊母材相同，坡口形式要与被焊焊缝相同，禁止使用其他材质的材料充当引弧板或引出板
		2. 当用于按 4.7.3 要求评定了钢材的焊接时，引弧板、引出板可为：该种已评定的钢材，或列于表 3.1 或有 4.9 中的任何钢材	
3	衬垫	1. 当用于表 3.1 或表 4.9 所示的认可钢材的焊接时，衬垫可为表 3.1 或表 4.9 中的任何钢材	垫板的材质要与被焊母材相同，禁止使用其他材质的材料充当垫板
		2. 当用于按 4.7.3 要求评定了的钢材的焊接时，衬垫可为：该种已评定的钢材，或列于表 3.1 或表 4.9 中的任何钢材	
		3. 符合 ASTMA109 T3 和和 T4 的要求	
4	嵌条	使用的嵌条必须与母材相同	使用的嵌条必须与母材相同
	备注	1. 表 3.1、表 4.9 见本规范中的相应表格内容； 2. 条款 4.7.3 见本规范中相应的条款内容	表 6.3.1-1、表 6.3.1-2、6.3.1-3 见本规范中相应的表格内容

AWS D1.1/D1.1M、2008 和 JGJ 81—2002 焊材对应表　　　表 25-5

序号	对比名称	AWS D1.1/D1.1M：2008	JGJ 81—2002
1	药皮焊条手工电弧焊	药皮焊条手工电弧焊（SMAW）的焊条必须符合最新版 AWS A5.1/A5.1M SMAW 用碳钢焊条技术条件或 AWS A5.5/A5.5M SMAW 用低合金钢焊条技术条件的要求	焊条应符合现行国家标准《碳钢焊条》（GB/T 5117）、《低合金钢焊条》（GB/T 5118）的规定
2	气保焊焊丝及埋弧焊丝与焊剂	1. GMAW/FCAW 焊条（丝）用于 GMAW 和 FCAW 的焊条（丝），适用时必须符合 5.3.4.1 或 5.3.4.2 的要求。 2. 用于钢材埋弧焊的裸焊丝和焊剂的组合必须符合最新版 AWSA5.17 埋弧焊用碳钢焊丝和焊剂技术条件或最新版 AWSA5.23 埋弧焊用低合金钢焊丝和焊剂技术条件。 3. GTAW：钨极必须符合 AWSA5.12 电弧焊接和切割用钨和钨合金电极的技术条件。填充金属：填充金属必须符合最新版的 AWSA5.18 或 AWS5.28 和 AWSA5.30 熔化填充丝的技术条件	1. 气保焊焊丝应符合现行国家标准《熔化焊用钢丝》（GB/T 14957）、《气体保护电弧焊用碳钢、低合金钢焊丝》（GB/T 8110）及《碳钢药芯焊丝》（GB/T 10045）、《低合金钢药芯焊丝》（GB/T 17493）的规定。 2. 埋弧焊用焊丝和焊剂应符合现行国家标准《埋弧焊用碳钢焊丝和焊剂》（GB/T 5293）、《低合金钢埋弧焊用焊剂》（GB/T 12470）的规定

2. 中美焊接母材新材料选用要求

a.《建筑钢结构焊接技术规程》JGJ 81—2002 规定钢结构工程中选用的新材料必须经过新产品鉴定。材料生产厂必须提供相关的资料，经专家论证、评审和焊接工艺合格，方可在工程中使用。同时《建筑钢结构焊接技术规程》JGJ 81—2002 根据我国钢结构焊接的实际情况，提供了防止层状撕裂的工艺措施。

b. 《钢结构焊接规范》AWS D1.1/D1.1M：2008 要求，尽可能使用经认定列表中的母材，此外的母材必须进行评定。

3. 焊材要求

对于焊接材料，《钢结构焊接规范》AWS D1.1/D1.1M：2008 和《建筑钢结构焊接技术规程》JGJ 81—2002 都规定出了需要符合的相关的标准。

《钢结构焊接规范》AWS D1.1/D1.1M：2008 和《建筑钢结构焊接技术规程》JGJ 81—2002 也都对焊材储存及使用提出了详细的要求，具体见对应的规范内容。

25.2.2.4 WPS 免除评定

1. 《钢结构焊接规范》AWS D1.1/D1.1M：2008：

a. 《钢结构焊接规范》AWS D1.1/D1.1M：2008 中，把符合规范、标准规定的钢材种类、焊接方法、焊接坡口形状和尺寸、焊接位置、匹配焊接材料的组合以及焊接参数和焊后热处理等进行规范化，称之为免除评定的工艺。凡施工企业使用规范化的工艺进行施工焊接，则可以不进行或不重新进行焊接工艺评定。

b. 由于这些焊接工艺评定已由其他承包商或制造商事先进行过无数次评定试验，已被证明合格，无需再进行评定，既肯定了前人的劳动成果，也更具有现实的经济效益。

c. 《钢结构焊接规范》AWS D1.1/D1.1M：2008 对 WPS 免除评定明确了下述几点要求：①所有预评定合格的 WPS（焊接工艺规程）必须形成书面文件；②WPS 必须符合第 3 章的所有条款；③按免除评定的 WPS 操作的焊工、自动焊工和定位焊工必须按第 4 章 C 进行资格评定。这种人员资格的评定是不能免除的。

规范表 3.1~6 列出了对免除评定焊接材料和工艺参数的各种限制。

规范图 3.1~11 列出了对免除评定焊接接头的各种限制。

2. 《建筑钢结构焊接技术规程》JGJ 81—2002

《建筑钢结构焊接技术规程》JGJ 81—2002 没有免作工艺评定的规定，要求设计规定的钢材类别、焊接材料、焊接方法、接头形式、焊接位置、焊后热处理制度以及施工单位所采用的焊接工艺参数、预热后热措施等各种参数的组合条件若为施工企业首次采用，就需要进行焊接工艺评定试验，不能使用其他企业的以往评定过焊接工艺。在这点上要求严格，但会造成重复进行评定，降低工作效率，增加试验评定费用。

鉴于以上情况，我国焊接行业协会应尽快搜集实施成熟的通用焊接工艺，规范整理后推出我国的免除工艺评定的标准焊接工艺管理标准，这样能节省一些焊接工艺评定的材料和试验费用，同时提高了工作效率，避免重复工作，缩短了工期，促进焊接工艺的管理。

25.2.2.5 焊接节点设计

1. 钢结构焊接接点设计原则

《建筑钢结构焊接技术规程》JGJ 81—2002 提出钢结构焊接节点的设计原则，主要应考虑便于焊工操作以得到致密的优质焊缝，尽量减少构件变形、降低焊接收缩应力的数值及其分布不均匀性，尤其是要避免局部应力集中。并提供了防止板材产生层状撕裂的节点形式，而《钢结构焊接规范》AWS D1.1/D1.1M：2008 则没有进行归纳。

2. 根据焊接结构划分的节点要求

《建筑钢结构焊接技术规程》JGJ 81—2002 根据焊接结构的要求，分为一般组焊件的节点要求、防止板材产生层状撕裂的节点要求、构件制作和工地安装焊接节点要求以及承受动载和抗震的节点要求。

《钢结构焊接规范》AWS D1.1/D1.1M：2008 根据焊接结构的要求，分为：焊接连接设计的通用要求（非管材和管材部件）；非管材连接设计的特定要求（静荷载或周期荷载），这部分要求必须另加 A 部分要求使用；非管材连接设计的特定要求（周期荷载），当适用时，这部分要求必须另加 A 部分和 B 部分要求使用；管材结构设计的特定要求（静荷载或周期荷载），当适用时，这部分要求必须另加 A 部分要求使用。

3. 图纸标注、技术条件和要求

a. 施工图中采用统一的标准符号标注，如焊缝计算厚度、焊接坡口形式等焊接有关要求，可以避免在工程实际中因理解偏差而产生质量问题。

b. 由于构件的分段制作或安装焊缝位置对结构的承载性能有重要影响，同时考虑运输、吊装和施工的方便，特别强调应在施工图中明确规定工厂制作和现场安装焊缝，以便施工企业遵照执行，保证工程焊接质量。

c. 《钢结构焊接规范》AWS D1.1/D1.1M：2008 和《建筑钢结构焊接技术规程》JGJ 81—2002 对于图纸资料需要说明的技术条件和要求都作出了明确规定，并且《钢结构焊接规范》AWS D1.1/D1.1M：2008 针对特定的焊接要求规定"工程师在合同文件中，而承包商则在工厂图纸中，必须表明他们对哪些接头或接头组要求特定的装配程序、焊接顺序、焊接技术或其他特别的注意事项"。

《建筑钢结构焊接技术规程》JGJ 81—2002 利用表 4.2.2～表 4.2.7，对各种焊接方法常用的坡口形状和尺寸进行归纳。

《钢结构焊接规范》AWS D1.1/D1.1M：2008 利用图 3.3～图 3.10，对常用的坡口形状和尺寸进行归纳。

4. 《钢结构焊接规范》AWS D1.1/D1.1M：2008 与《建筑钢结构焊接技术规程》JGJ 81—2002 焊接坡口的形状和尺寸对比：

a. 《建筑钢结构焊接技术规程》JGJ 81—2002

① 焊条手工电弧焊全焊透坡口形状和尺寸宜符合表 4.2.2 的要求。

② 气体保护焊、自保护焊全焊透坡口形状和尺寸宜符合表 4.2.3 的要求。

③ 埋弧焊全焊透坡口形状和尺寸宜符合表 4.2.4 的要求。

④ 焊条手工电弧焊部分焊透坡口形状和尺寸宜符合表 4.2.5 的要求。

⑤ 气体保护焊、自保护焊部分焊透坡口形状和尺寸宜符合表 4.2.6 的要求。

⑥ 埋弧焊部分焊透坡口形状和尺寸宜符合表 4.2.7 的要求。

b. 《钢结构焊接规范》AWS D1.1/D1.1M：2008

① 免除评定的接头部分熔透（PJP）坡口焊缝的接头细节见图 3.3。

② 免除评定的接头完全熔透（CJP）坡口焊缝的接头细节见图 3.4。

5. 焊缝的计算厚度

焊缝的计算厚度是结构设计中构件焊缝承载应力计算的依据，不论是角焊缝、对接焊缝或角接与对接组合焊缝中的全焊透焊缝或部分焊透焊缝，还是管材 T 形、K 形、Y 形相贯接头中的全焊透焊缝、部分焊透焊缝、角焊缝，均存在焊缝计算厚度的问题。设计者应对此明确要求，以免在施工过程中引起混淆，影响结构安全。《建筑钢结构焊接技术规程》JGJ 81—2002 与《钢结构焊接规范》AWS D1.1/D1.1M：2008 对此都有较详细的要求，具体见相应的规范。

《钢结构焊接规范》AWS D1.1/D1.1M：2008 不仅对焊缝计算厚度作了规定，还提供了焊接接头有效面积和应力计算的方法，《建筑钢结构焊接技术规程》JGJ 81—2002 没有这些内容的明确规定。

《钢结构焊接规范》AWS D1.1/D1.1M：2008 在 2.17 条款规定了在实际中禁止采用的接头和焊缝，《建筑钢结构焊接技术规程》JGJ 81—2002 没有这些内容的明确规定。

《建筑钢结构焊接技术规程》JGJ 81—2002 将防止板材产生层状撕裂的节点形式进行了独立说明，《钢结构焊接规范》AWS D1.1/D1.1M：2008 中，节点构造设计考虑此项内容，没有进行归纳独立说明。

《建筑钢结构焊接技术规程》JGJ 81—2002 将防止承受动载和防震要求的节点形式进行了独立说明，《钢结构焊接规范》AWS D1.1/D1.1M：2008 中，节点构造设计分为两类：一是静载；二是周期载荷。

《钢结构焊接规范》AWS D1.1/D1.1M：2008 和《建筑钢结构焊接技术规程》JGJ 81—2002 都对不同厚度的过渡连接作出了明确规定。

《钢结构焊接规范》AWS D1.1/D1.1M：2008 对结构材料选择和限定、节点设计的应力计算以及焊缝强度限定作了明确的规定，《建筑钢结构焊接技术规程》JGJ 81—2002 作为施工技术规程，在这些结构设计内容方面没有进行规定。

25.2.2.6　焊接工艺评定

由于钢结构工程中的焊接节点和焊接接头不可能进行现场实物取样检验，为保证工程焊接质量，必须在构件制作和结构安装施工焊接前进行焊接工艺评定。我国现行标准《钢结构工程施工质量验收规范》（GB 50205）对此有明确的要求，并已将焊接工艺评定报告列入竣工资料必备文件之一。

《建筑钢结构焊接技术规程》JGJ 81—2002 焊接工艺评定内容参照国家现行行业标准《钢制件熔化焊工艺评定》（JB/T 6963）、美国《钢结构焊接规范》（AWS D1.1）及日本建筑学会标准《钢结构工程》（JASS 6）中的相应规定。

《建筑钢结构焊接技术规程》JGJ 81—2002 规定，焊接工艺评定所用的焊接参数，原则上是根据被焊钢材的焊接性试验结果制订，施工企业进行焊接工艺评定还必须根据施工工程的特点和企业自身的设备、人员条件确定具体焊接工艺，如实记录并与实际施工相一致，以保证施工中得以实施。

《钢结构焊接规范》AWS D1.1/D1.1M：2008 中规定了免除评定的 WPS，就是把符合规范、标准规定的钢材种类、焊接方法、焊接坡口形状和尺寸、焊接位置、匹配焊接材料的组合进行规范化，称之为免除评定的工艺。凡施工企业使用规范化、免除评定的工艺进行施工焊接，则可以不进行或不重新进行焊接工艺评定。

《建筑钢结构焊接技术规程》JGJ 81—2002 规定的焊接工艺评定规则或原则主要有：

不同焊接方法的评定结果不得互相代替；不同钢材的焊接工艺评定结果相互代替应符合规定，其他不能互相代替；接头形式变化时应重新评定；评定合格的试件厚度在工程中有规定的适用厚度范围；焊接工艺评定结果不合格时，应分析原因，制订新的评定方案，按原步骤重新评定，直到合格为止；施工企业已具有同等条件焊接工艺评定资料时，可不必重新进行相应项目的焊接工艺评定试验。

《钢结构焊接规范》AWS D1.1/D1.1M：2008 评定要求分为 4 部分：包括对 WPS 和焊接人员资格要求；焊接工艺规程（WPS）的评定要求；人员资格评定试验，以确定焊工、焊机操作工或定位焊工加工完好焊缝的能力；CVN 测试的一般要求和程序。

《建筑钢结构焊接技术规程》JGJ 81—2002 没有对 WPS 和焊接人员资格要求以及对人员资格评定的要求。

不同的焊接工艺方法中，各种焊接工艺参数对焊接接头质量产生影响的程度不同。为了保证钢结构的焊接施工质量，根据大量的试验结果和实践经验，规定了不同焊接工艺方法中各种参数的最大允许变化范围。《钢结构焊接规范》AWS D1.1/D1.1M：2008 和《建筑钢结构焊接技术规程》JGJ 81—2002 都要求变化超出了范围，需要重新进行焊接工艺评定。

试件的评定，《钢结构焊接规范》AWS D1.1/D1.1M：2008 和《建筑钢结构焊接技术规程》JGJ 81—2002 都规定了评定的项目，包括外观检查、无损检验、力学试验、硬度试验以及宏观腐蚀试验，并要求形成规范的焊接工艺评定报告，留存档案。

25.2.2.7 焊接工艺

钢材、焊材的性能、质量是保证焊接工程质量的基本条件。

a. 《钢结构焊接规范》AWS D1.1/D1.1M：2008 和《建筑钢结构焊接技术规程》JGJ 81—2002 都对母材和焊接材料作出了具体要求和规定。

b. 焊接材料牌号的选择，主要是考虑使焊缝金属的强度和韧性与母材金属相匹配，同时考虑到低合金高强度钢对冷裂纹的敏感性而应选择低氢型焊条。在碳素钢厚板焊接的重要结构中，也宜用低氢型焊条。

c. 《建筑钢结构焊接技术规程》JGJ 81—2002 表 6.1.3-1～3 中列出了常用结构钢材对手工电弧焊、二氧化碳气体保护焊（实芯焊丝）和埋弧焊三种焊接方法的焊接材料选配示例。《钢结构焊接规范》AWS D1.1/D1.1M：2008 表 3.1 列出了免除评定的等强度匹配的母材—填充金属组合。

d. 接头坡口的表面质量和装配精度同样是保证焊接质量的重要条件，《建筑钢结构焊接技术规程》JGJ 81—2002 在 6.1.4 条款中进行要求，《钢结构焊接规范》AWS D1.1/D1.1M：2008 在 5.15 条款中进行要求。

e. 焊接作业环境不符合要求时，会对焊接施工质量造成不利影响。《建筑钢结构焊接技术规程》JGJ 81—2002 在 6.1.6 条款中进行要求，《钢结构焊接规范》AWS D1.1/D1.1M：2008 在 5.12 条款中进行要求。

f. 对于焊接作业文件的要求《建筑钢结构焊接技术规程》JGJ 81—2002 在 6.1.5 条款中进行要求，《钢结构焊接规范》AWS D1.1/D1.1M：2008 在附录 N 进行要求。

g. 对于引弧板、引出板、垫板和定位焊的要求《建筑钢结构焊接技术规程》JGJ 81—2002 在 6.1.7～8 条款中进行要求，《钢结构焊接规范》AWS D1.1/D1.1M：2008 在 5.10、5.18 和 5.31 条款中进行要求。

h. 对调质钢的焊接，《建筑钢结构焊接技术规程》JGJ 81—2002 在 6.1.12 条款中规定电渣焊和气电立焊不得用于焊接调质钢。《钢结构焊接规范》AWS D1.1/D1.1M：2008 在 5.7 条款规定，焊接调质钢时，线能量必须结合所要求的最高预热和道间温度予以限制，并规定调质钢不允许进行氧气气刨。《建筑钢结构焊接技术规程》JGJ 81—2002 在 6.6.3 条款中规定对于 Q420、Q460 及调质钢在碳弧气刨后，不论有无"夹碳"或"粘渣",均应用砂轮打磨刨槽表面,去除淬硬层后方可进行焊接。

i. 焊接预热可降低热影响区冷却速度,对防止焊接延迟裂纹的产生有重要作用,《建筑钢结构焊接技术规程》JGJ 81—2002 在 6.2 条款中对焊前预热温度的确定、加热方式、测量,以及后热消氢处理的温度、测量作了明确的规定。《钢结构焊接规范》AWS D1.1/D1.1M:2008 在 5.6 条款中进行要求,并规定对于组合母材,必须将最低预热温度中的最高值作为最低预热温度;除 WPS 另有要求外,最低道(层)间温度必须与预热温度相等。

j. 焊接变形的控制主要目的是保证构件或结构要求的尺寸,但有时焊接变形控制的同时会使焊接应力和裂纹倾向随之增大,如刚性固定法即是如此。一般宜优先采用对称坡口、对称焊接顺序或反变形法控制焊接变形。《建筑钢结构焊接技术规程》JGJ 81—2002 在 6.4 条款中提出了控制焊接变形的工艺措施,《钢结构焊接规范》AWS D1.1/D1.1M:2008 在 5.21 条款中提出了控制焊接变形的工艺措施。

k. 防止厚板层状撕裂的措施需要从多方面考虑,钢材的选用上要控制含硫量、节点构造上降低焊接应力,在焊接工艺措施上《建筑钢结构焊接技术规程》JGJ 81—2002 在 6.3 条款中提出了防止厚板层状撕裂的工艺措施。

l. 焊后消除应力,《建筑钢结构焊接技术规程》JGJ 81—2002 在 6.5 条款中进行要求,工厂制作宜采用加热炉整体退火或电加热器局部退火对焊件消除应力,仅为稳定结构尺寸时可采用振动法消除应力;工地安装焊缝宜采用锤击法消除应力。《钢结构焊接规范》AWS D1.1/D1.1M:2008 在 5.8 条款中进行要求,方法仅规定了热处理消除应力,并且提出了 ASTM A514、ASTM A517、ASTM A709 100(690)级和 100W(690W)级及 ASTM A710 钢的焊件通常不推荐进行焊后热处理消除应力处理。

m. 使用锤击法消除中间焊层应力,《建筑钢结构焊接技术规程》JGJ 81—2002 在 6.5.3 条款中进行要求,《钢结构焊接规范》AWS D1.1/D1.1M:2008 在 5.27 条款中进行要求。

n. 对于焊接缺陷的返修,《建筑钢结构焊接技术规程》JGJ 81—2002 在 6.6 条款中进行要求,《钢结构焊接规范》AWS D1.1/D1.1M:2008 在 5.26 条款中里进行要求。

o. 接头对口和部件装配的质量,《建筑钢结构焊接技术规程》JGJ 81—2002 在 6.1.4 条款中进行要求,《钢结构焊接规范》AWS D1.1/D1.1M:2008 在 5.22 和 5.23 条款中进行要求。

p. 定位焊缝(包括结构辅助焊缝),《建筑钢结构焊接技术规程》JGJ 81—2002 在 6.1.8 条款中进行要求,《钢结构焊接规范》AWS D1.1/D1.1M:2008 在 5.18 条款中进行要求。

q. 塞焊和槽焊,《建筑钢结构焊接技术规程》JGJ 81—2002 在 6.1.11 条款中进行要求,《钢结构焊接规范》AWS D1.1/D1.1M:2008 在 5.25 条款中进行要求。

r.《钢结构焊接规范》AWS D1.1/D1.1M:2008 在 5.17 条款中规定了梁的开槽口和焊缝穿越孔的要求;在 5.19 条款中规定了组装部件拱度的要求;在 5.20 条款中规定了周期荷载结构的拼接要求;在 5.28 条款中规定了 捻缝(凿密)技术要求。以上内容《建筑钢结构焊接技术规程》JGJ 81—2002 没有进行明确规定。

25.2.2.8 检验

检验人员,《建筑钢结构焊接技术规程》JGJ 81—2002 将焊接质量检验人员统称为质量检查人员，将焊接质量检验分为承包商检验和监造检验，并明确各自责任。

一般规定（通用要求），《建筑钢结构焊接技术规程》JGJ 81—2002 在一般规定中要求质量检查人员应按本规程及施工图纸和技术文件要求，对焊接质量进行监督和检查。明确了质量检查人员的主要职责，规定了检查方案编制、审批以及方案包括内容，抽样检查的方法、结果评定以及不合格的处理。《钢结构焊接规范》AWS D1.1/D1.1M：2008 在通用要求中规定了检验的分类，检验人员资格评定的要求，检验员的责任，检验的范围包括：材料和设备的检验、WPS 的检验、焊工、焊机操作工、定位焊工的资格评定的检验、工作检验和记录。

外观检验，《建筑钢结构焊接技术规程》JGJ 81—2002 在 7.2 条款中规定了外观检查的方法、项目以及合格的标准；《钢结构焊接规范》AWS D1.1/D1.1M：2008 在 6.9 条款中规定外观检验要求。

所有焊缝应冷却到环境温度后进行外观检查，《建筑钢结构焊接技术规程》JGJ 81—2002 在 7.2.1 条款中规定 Ⅱ、Ⅲ 类钢材的焊缝应以焊接完成 24h 后检查结果作为验收依据，Ⅳ 类钢应以焊接完成 48h 后的检查结果作为验收依据。《钢结构焊接规范》AWS D1.1/D1.1M：2008 在 6.11 条款中规定 ASTM A514、A517 钢和 A709100 及 100W 级钢的焊缝以完工后至少 48 h 后的检查结果作为验收依据。

无损检验，《建筑钢结构焊接技术规程》JGJ 81—2002 在 7.23 条款中规定了无损检验的方法、适用范围以及无损检验工作应执行的相应标准。《钢结构焊接规范》AWS D1.1/D1.1M：2008 则在 6.14～6.37 条款中，规定了无损检验的方法、各种检验方法的工作原理、适用范围以及无损检验设备鉴定和工作人员的资格认证，无损检验合格是否应执行的判定标准。

《钢结构焊接规范》AWS D1.1/D1.1M：2008 还介绍了其他先进的无损检测手段，包括实时射线成像系统和先进的超声系统。

由此可以看出：《建筑钢结构焊接技术规程》JGJ 81—2002 的质量验收偏重于焊接质量的检查，对监理的检验验收没有作出规定，AWS D1.1/D1.1M：2008 的验收规定对人员资格、材料、设备、WPS、工作的检验和记录做了全面的规定，明确了监理检验，从质量管理角度看，承包商的检验是质量控制，监理检验则是质量保证，从这个意义上讲，实施这种第三方的检验更有利于监督承包商，保证提供优质的产品。对于重要工程，监理检验尤为重要。

25.2.2.9　焊接补强与加固

JGJ 81—2002 规定了对于受气相腐蚀介质作用的钢结构构件的补强与加固及负荷状态下的补强与加固提出了具体的要求。AWS D1.1/D1.1M：2008 对这两项未提出具体的要求，只是提醒负荷状态下的补强与加固必要时必须减轻荷载。D1.1/D1.1M：2008 提供了提高疲劳寿命的焊缝修整方法，JGJ 81—2002 未对此作规定。

25.2.2.10　焊工考试

JGJ 81—2002 将焊工考试分为理论知识和操作技能考试，对两种考试范围作了详尽的规定。AWS D1.1/D1.1M：2006 侧重于实际操作技能考试，未对理论考试提要求。在操作技能考试中，JGJ 81—2002 增加了手工操作技能附加考试，考试中采用的试件形式及尺寸、焊接位置、加障碍物方式等均是针对大跨度、高层及超高层钢结构的专用节点形式和厚板或管材焊接特点而确定。

25.3 总结

AWS D1.1/D1.1M：2008 与 JGJ 81—2002 在很多细节上还有许多差别，本章未一一列出。从以上比较和分析，我们可以看出，AWS D1.1/D1.1M：2008 独立性强，适用范围明确，针对性强，内容丰富，实用方便。同时，由于其修改周期短，持续改进，更适合钢结构的快速发展。我国标准 JGJ 81—2002 参照有关国际标准和国外先进标准并结合我国的国情制定，有其特殊性。由于人、机、料、法、环等不同，自然与国外标准有所差异。现在我国已经加入 WTO，要进一步与国际同类标准接轨，我国钢结构标准应该如何修订值得探讨。

模板支撑规范应用对比分析

建筑模板是混凝土结构工程施工的重要工具，在现浇混凝土结构工程中，模板工程在结构中所占比例较高、工程量大、工期较长，所以模板技术直接影响工程建设的质量、造价和效益。模板工程作为混凝土建筑工程中的特殊内容，在国内外都已相当长的发展历史，有相当长的发展过程。最早使用的是木模板，后来逐渐过渡到钢模板。1908 年美国最早使用钢模板，后来又出现了铝合金模板。随着模板技术的发展和应用，各国都制定了一定数量的模板技术规范，这些规范中典型的有美国 ACI 规范和英国 BS EN 规范，从模板工程的材料、配件系统、支撑系统、设计方法等方面进行了规范，制定了相应的技术要求。我国模板技术发展相比国外较晚，但也形成了一些专门的模板专业技术规范。为了便于大家了解国外规范的情况及中外模板规范的差异，本篇对比介绍美国 ACI 规范、英国 BS EN 规范和中国规范差异，主要以美国规范进行系统讲解。中国标准在细节方面考虑较多，计算也较为繁琐，很多数据仍然停留在 80 年代的施工工艺之上，缺乏新意，更没有与现行施工技术相结合，而美国标准则是一种准则，一种提炼。施工过程中只需要按照特定的参数去对照，就可以找到满意的答案。英国标准与美国标准相类似，比美国标准分类更细致，规范数量多，但考虑到英美设计理念接近，仅针对英标中模架部分的材料、荷载取值等部分做详细介绍，而模板设计、施工等部分与国标、美标差别不大，不再详述。

第 26 章　成本与经济效益分析

26.1　模板成本分析

　　模板是钢筋混凝土结构施工中量大面广的重要施工工具。在经济性上，模板工程占钢筋混凝土结构工程费用的 20%～30%，占用工量的 30%～40%，占工期的 50%左右（摘自《模板与脚手架设计施工应用》，2008 年）。

　　在一个典型的多层混凝土结构中，模板的花费占结构施工成本的较大部分，大概占到结构施工成本的 40%～60%。占到建筑总成本的 10%左右。《Concrete formwork systems》，USA，1999

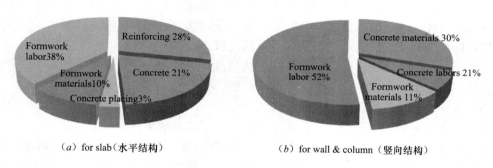

（a）for slab（水平结构）　　　　　（b）for wall & column（竖向结构）

图 26-1

　　图 26-1（a）和图 26-1（b）的对比，可以发现在施工水平结构时，主要成本集中在钢筋和混凝土施工上；模板材料大部分都是胶合板、木方等一些原材料，量大，但总体价值不高，所以此时模板价值占总成本的 10%左右。水平结构模板施工时需要大量劳动力去做搬运、拼装、支撑搭设等工作，此时模板人工成本占 38%。相比较当施工竖向墙柱模板时，随着钢筋量的下降，模板的成本主要集中在人工成本（约占 52%）和混凝土材料（30%）上；模板材料主要集中在体系化模板和支撑系统上，模板价值较水平模板的大，但用量减少，因此，模板材料所占总成本比重为（11%）。

　　针对不同建筑的结构类型，模板成本所占比重也会有所不同。相比之下，中国规范针对成本的分析就显得捉襟见肘了，只是粗略地给出了一个大概范围。

26.2　模板的经济效益（投资与效益产出）

　　一个工程项目的决策者，在选择模板时，应进行投资与效益产出的测算，并采取有效措施使模板的投资取得良好的效益（摘自《模板与脚手架设计施工应用文集》，2008 年）。

投资效益测算公式：$\dfrac{S+A}{B-C}=K$

S——模板收入（包括混凝土分部分项工程模板费用，技术措施费）；

K——模板投资效益系数。

综合技术经济效益，包括：质量效益。如减少抹灰节省的材料费，不搭设脚手架的工料费等。

社会效益：社会信誉，荣誉，后续工程等。工期效益：缩短工期而节省的人工、架料、机电费，可获得的工期奖等。

模板投资总额（若为租赁形式时，为租赁总额）。

模板剩余价值（包括重复利用价值，转卖价值）。

计算以上公式的 K 值，当 $K=1$ 时，不赔不赚，但如果当 $K<1$，则模板投资就不合理。我们希望的结果是 $K>1$，即模板投资效益好。而往往模板收入（S）是相对固定的，我们能够争取的是增大 A 值，减少 B 值，增大 C 值，尽量使 K 值最大化，这是模板投资取得良好效益所追求的目标。

模板成本控制要点：

（1）优先选用新型的，优质的模板及合理先进的施工工艺，确保质量和确保工期。

（2）认真优化模板施工方案，合理划分流水段，减少模板一次性投入量。

（3）选择周转使用次数能满足施工要求的模板。

（4）可通过租赁、先买后卖的形式降低费用，但租赁的前提是保证工期。当工期 x 日租金≥购买新模板－残值时，租金方式就不合理。

（5）选择质量好，周转次数多的模板。

（6）加强模板的施工管理，改进施工工艺方法，提高模板剩余价值等。

实际决策中，公式中的各个参数很难予以具体量化，因此公式的实际计算意义不大。相比国外规范，并没有针对这个做相应的解释。因为模板工程较为特殊，很多工程要具体分析，很难有一个准确的、标准的、量化的公式予以涵盖。

第27章 模板设计总体计划

模板在设计之前，需要对项目做个综合分析，并在此基础上制订一个较为全面的设计思路及考虑条件，对可能在施工中遇到的各种问题充分考虑，做到无遗漏、全覆盖。

◆ The formwork plan must be adapted to the layout of the concrete structure and to a practical construction sequence，要有适合建筑结构特点的模板布置设计和与之适合的施工作业顺序。

◆ Compare alternate methods，比较和替换方案。

◆ Examine form plan in relation to total job，检查与模板计划相关联的所有工作。

◆ Key areas of cost reduction，降低成本的关键因素。

（1）Planning for maximum reuse，重复利用。

（2）Economical form construction，经济施工。

（3）Efficient setting and stripping practice，高效的支拆配合。

◆ Materials and hardware，材料和硬件设施。

◆ Where to construct forms，拼装场地。

◆ Estimating form building costs，估算模板成本。

◆ Purchased or rented forms，采购或租赁模板。

◆ Setting and stripping，支模和拆模。

◆ Cranes and hoists，吊车和起重设备。

这章内容主要是每个新工程施工前所必须考虑并认真研究的问题，从计划到施工，从材料到采购等各个环节均有所涉及。完善而周到的前期计划，是保证模板工程顺利实施的重要依据，相比之下，在中国规范中对施工前的各种问题及解决措施没有作为重点，且大部分规范没有这方面的内容，造成中国承包商在海外施工时无从下手的被动局面。

第28章 模板材料

在模板系统中常用的原材料有以下几种，钢材、冷弯薄壁型钢、木材、铝合金型材、竹、胶合板模板板材等。非常规的原材料还有橡胶（聚氨酯类）、玻璃纤维板、塑料合成模板等。

28.1 钢材

JGJ 162—2008 规范中规定包括钢管，钢铸件，扣件，焊条，螺栓和组合钢模板及配件所用钢材的质量上所应遵循的标准，主要有以下几条：

抗拉强度：衡量钢材抵抗拉断的性能指标。

伸长率：衡量钢材塑性性能的指标。

冷弯实验：钢材塑性指标之一，也是衡量钢材质量的一个综合性指标。

硫磷含量：建筑钢材的主要杂质，对钢材的力学性能和焊接接头的裂纹敏感性有较大影响。

碳含量：因建筑钢材的焊接性能主要取决于碳含量，碳的含量宜控制在 $0.12\% \sim 0.2\%$ 之间，超出该范围越多，焊接性能就越差。

28.2 冷弯薄壁型钢

JGJ 162—2008 规范中规定，冷外薄壁型钢依据现行国家标准《碳素结构钢》GB/T 700，《低合金高强度结构钢》GB/T 1591 推荐钢材材质 Q235 钢和 Q345 钢，这两种牌号的钢材具有多年生产和使用经验，材质稳定，性能可靠，经济指标好。

冷弯薄壁型钢钢材的强度设计值参见 JGJ 162—2008 附表 A.2.1-1 所列内容。

冷弯薄壁型钢焊接强度设计值参见 JGJ 162—2008 附表 A.2.1-2 所列内容。

薄壁型钢 C 级普通螺栓连接强度设计值参见 JGJ 162—2008 附表 A.2.1-3 所列内容。

电阻点焊的抗剪承载力设计值参见 JGJ 162—2008 附表 A.2.1-3 所列内容。

28.3 木材

JGJ 162—2008 规范中模板承重结构所用木材分级系按现行国家标准《木结构设计规范》GB 50005。规范中对木材的分级主要以木节、斜纹、髓心、裂缝等木材缺陷的限值规定来划分的。一般不允许连接的受剪面上有裂纹，对连接受剪面附近的裂纹深度加以限制。受剪面附近指受剪面上下各 30mm 的范围内。

木材树种的强度等级划分为两类：

（1）TC11-TC17 四个等级。针叶树种木材适用。参见 JGJ 162—2008 附表 A.3.1-1 所

列内容。

(2) TB11-TB20 五个等级。阔叶树种木材适用。参见 JGJ 162—2008 附表 A.3.1-2 所列内容。

木材的强度设计值和弹性模量（N/mm²）。参见 JGJ 162—2008 附表 A.3.1-3 所列内容。

不同使用条件下木材强度设计值和弹性模量的调整系数，参见 JGJ 162—2008 附表 A.3.1-4 所列内容。

不同设计使用年限时木材强度设计值和弹性模量的调整系数，参见 JGJ 162—2008 附表 A.3.1-5 所列内容。

木材设计调整项：

(1) 当采用原木时，若验算部位未经切削，其顺纹抗压、抗弯强度设计值和弹性模量可提高 15%；

(2) 当构件的矩形截面的短边尺寸不小于 150mm 时，其强度设计值可提高 10%；

(3) 当采用湿材时，各种木材的横纹承压强度设计值和弹性模量以及落叶松木材的抗弯强度设计值宜降低 10%；

(4) 当使用有钉孔或各种损伤的旧木材时，强度设计值应根据实际情况予以降低。

28.4 铝合金型材

纯铝为银白色轻金属，具有相对密度小（仅为 2.7）、熔点较低（660℃）、耐腐蚀性能好和易于加工等特点。在加入了锰、镁等合金元素后，其强度和硬度就有了显著提高，这时方可用于建筑结构和模板结构。

铝合金型材的强度设计值（N/mm²），参见 JGJ 162—2008 附表 A.4.1 所列内容。

28.5 竹，胶合板模板板材

要求：模板面板质地坚硬、表面光滑平整、色泽一致厚薄均匀，有足够的刚度，遇水膨胀低于 0.5mm（竹、木胶合板而言），宜采用厚度 15mm 以上的多层竹木胶合板作为面板。面板无裂纹和龟纹，表面覆膜厚度均匀，平整光滑，耐磨性好，覆膜重量≥120g/m²，面板应具有均匀的透气性、耐水性、良好的阻燃性能，且重复利用率高。钢面板材质不宜低于 Q235，宜采用 5mm 或 6mm 钢板做面板。（DB11/T 464—2007）

常用胶合板的厚度宜为 12mm，15mm，18mm，其中主要技术性能应符合以下规定（JGJ 162—2008）：

不浸泡、不蒸煮：剪切强度 1.4～1.8N/mm²

室温水浸泡：剪切强度 1.2～1.8N/mm²

沸水煮 24h：剪切强度 1.2～1.8N/mm²

含水率：5%～13%

密度：450～880kg/m³

弹性模量：$4.5×10^3～11.5×10^3$N/mm²

（JGJ 162—2008）常用复合纤维模板的厚度宜为 12mm、15mm、18mm，其技术性能应符合下列规定：

　　静曲强度：横向 28.22～32.3N/mm²；纵向 52.62～67.21N/mm²

　　垂直表面抗拉强度：大于 1.8N/mm²

　　72h 吸水率：小于 5%

　　72h 吸水膨胀率：小于 4%

　　耐酸碱腐蚀性：在 1%氢氧化钠中浸泡 24h，无软化及腐蚀现象

　　耐水气性能：在水蒸气中喷蒸 24h 表面无软化及膨胀

　　弹性模量：大于 6.0×10³N/mm²

常用胶合板静曲强度和弹性模量标准值（JGJ 96—1995）　　　　表 28-1

厚度（mm）	静电强度标准值		弹性模量		备　注
	平行向	垂直向	平行向	垂直向	
12	≥25.0	≥16.0	≥8500	≥4500	
15	≥23.0	≥15.0	≥7500	≥5000	
18	≥20.0	≥15.0	≥6500	≥5200	
21	≥19.0	≥15.0	≥6000	≥5400	

　　注：1. 平行向指平行于胶合板表板的纤维方向；垂直向指垂直于胶合板表板的纤维方向；
　　　　2. 当立柱或拉杆直接支在胶合板上时，胶合板的剪切强度标准值应大于 1.2N/mm²。

　　注意：胶合板的强度设计值应取静曲强度除以 1.55 的系数；弹性模量乘以 0.9 的系数。

28.6　木材

　　美国标准 ACI 347 中规定木材按种类分为 hardwood and softwood 两种。Hardwood 一般有橡木、栎木、椴木等。而 softwood 一般来自乔木，如针叶树，雪松、冷杉等木材。Softwood 常应用于建筑模板。

　　Hardwood and softwood 并不象征着软硬程度，只是一种分类名称。

　　木材的名义尺寸：（Nominal）往往要比实际尺寸（actual lumber）小。如：2(50.8mm)×4(101.6mm)in 木材的截面实际尺寸为：$1\frac{9}{16}$in×$3\frac{9}{16}$in（39.7mm×90.5mm）

TABLE 4-2C: FINISHED WIDTH OF STANDARD GLUED LAMINATED TIMBERS
　　　　　　　　　　　　　　　　　　　　　　　　　　　　　表 28-2

Nominal width, in.	3	4	6	8	10	12	14	16
Net finished width, in.	MEMBERS FABRICATED OF WESTERN SPECIES WOODS							
	2.5	3.125	5.125	6.75	8.75	10.75	12.25	14.25
Net finished width, in.	MEMBERS FABRICATED OF SOUTHERN PINE							
	—	3	5	6.75	8.5	10.5	—	—

　　木材作为木料使用时，需要将四周刨光，其中：

　　S1S：一面刨平，其他面粗糙
　　S2S：两面粗糙，其他面刨平　　ACI 中表示木材等级的
　　S3S：三面刨平，一面粗糙　　　表示符号（计算常用）

316

S4S：四面刨平

木材按照尺寸分类：

Board（板材）：尺寸小于 2in 厚和 2in 宽的木材，被称为板材

Dimension lumber（特定尺寸的木材）：厚度在 2～5in 和宽度在 2～5in 的木材 } 按尺寸分类

Timber（木梁）：大于 5in 的木材

木材按照尺寸和使用用途分类：

Light framing（轻型骨架）：2～4in thick and 2～4 in wide.

Studs：2～4 in thick and 2～6 in wide，10 ft long and shorter.

Structural light framing（结构用轻型骨架）：2～4 in thick and 2～4 in wide. } 按用途分类

Appearance framing（外露骨架）：2～4 in thick and 2 in wide.

Structural joists and planks（结构托梁和结构板）：2～4 in thick and 5 in or more wide.

木材的机械性能：

Bending stresses（弯曲应力）
Modulus of Elasticity（MOE）（弹性模量） } 衡量木材机械性能的重要指标（计算常用）

Tensile and Compressive Strengths（抗拉伸、抗压强度）

ACI 中各种材料等级的木材机械性能表   表 28-3

SPECIES AND GRADE	Extreme fiber bending stress, F_b	Compression $\perp$ to grain, $F_{c\perp}$	Compression $\parallel$ to grain, F_c	Horizontal shear, F_v ($\parallel$ to grain)	Modulus of elasticity, E
DOUGLAS FIR-LARCH					
No.2, 2-4 in, thick, 2 in. and wider	900	625	1350	180	1 600 000
Construction, 2-4 in. thick, 2-4 in. wide	1000	625	1650	180	1 500 000
DOUGLAS FIR-SOUTH					
No.2, 2-4 in, thick, 2 in. and wider	850	520	1350	180	1 200 000
Construction, 2-4 in. thick, 2-4 in. wide	975	520	1650	180	1 200 000
SOUTHERN PINE	[size-adjusted values]				
No.2, 2-4 in, thick, 2-4 in. wide	1500	565	1650	175	1 600 000
No.2, 2-4 in, thick, 5-6 in. wide	1250	565	1600	175	1 600 000
No.2, 2-4 in, thick, 8 in. wide	1200	565	1550	175	1 600 000
Construction, 2-4 in. thick, 4 in. wide	1100	565	1800	175	1 500 000
SPRUCE-PINE-FIR					
No.2, 2-4 in, thick, 2 in. and wider	875	425	1150	135	1 400 000
Construction, 2-4 in. thick, 2-4 in. wide	1000	425	1400	135	1 300 000
HEM-FIR					
No.2, 2-4 in, thick, 2 in. and wider	850	405	1300	150	1 300 000
Construction, 2-4 in. thick, 2-4 in. wide	975	405	1550	150	1 300 000
ADJUSTMENT FACTOR FOR MOISTURE CONTENT ABOVE 19%	0.85†	0.67	0.8	0.97	0.9
ADJUSTMENT FACTOR FOR MAXIMUM LOAD DURATION 7 DAYS OR LESS	1.25	—	1.25	1.25	—
OTHER APPLICABLE ADJUSTMENT FACTORS FOR LUMBER	Temperature. Size, Flat Use. Beam Stability. and Repetitive Member	Temperature. Bearing Area	Temperature. Size, Column Stability	Temperature	Temperature
PLYWOOD SHEATHING USED WET; Plyform B-B, Class 1（Grade stress level S2）	1545	Bearing on face:273	—	57	1 500 000

不同树种的木材（指向左侧表格中各树种）

胶合板适用（指向 PLYWOOD SHEATHING 行）

317

28.7 胶合板

美国标准 ACI 347 中胶合板的规定，胶合板常用来做与混凝土接触的模板面板，因胶合板尺寸较大，可以减少施工次数和节省时间。胶合板通常是由多层木纤维板通过强力胶进行压制而成，某些国家也叫"veneer"，大部分胶合板是由软木材制成。（softwood）

胶合板常用的尺寸为 4×8in (1.22m×2.44m)，这种较大的面板尺寸，有利于减少模板的拼缝，而且利于降低脱模成本。胶合板在市场上有多种厚度规格，详见表 28-4 所列，模板常用的有 $\frac{1}{2}$in (12.7mm)、$\frac{3}{4}$in (18mm)、1in (25.4mm) 等。

胶合板厚度规格 表 28-4

Sanded plywood, net thickness, in	Minimum number of layers	Effective thickness for shear, all grades using exterior glue	12-in. width, used with face grain perallel to span				12-in. width, used with face grain perpendicular to span				Approximate weight, lb	
			Area for tension and compression, in.²	Moment of inerfia l in.⁴	Effective section modulus KS in.³	Rolling shear constant lb/Q in.²	Area for tension and compression, in.²	Moment of inerfia l in.⁴	Effective section modulus KS in.³	Rolling shear constant lb/Q in.²	4×8-ft sheet	per sq ft
¼	3	0.267	0.996	0.008	0.059	2.010	0.348	0.001	0.009	2.019	26	0.8
³⁄₈	3	0.288	1.307	0.027	0.125	3.088	0.626	0.002	0.023	3.510	35	1.1
½	3	0.425	1.947	0.077	0.236	4.466	1.240	0.009	0.087	2.752	48	1.5
⅝	5	0.550	2.475	0.129	0.339	5.824	1.528	0.027	0.164	3.119	58	1.8
¾	5	0.568	2.884	0.197	0.412	6.762	2.081	0.063	0.285	4.079	70	2.2
⅞	7	0.586	2.942	0.278	0.515	8.050	2.651	0.104	0.394	5.078	83	2.6
1	7	0.817	3.721	0.423	0.664	8.882	3.163	0.185	0.591	7.031	96	3.0
1⅛	7	0.836	3.854	0.548	0.820	9.883	3.180	0.271	0.744	8.428	106	3.3

常用规格（标注 ½ 至 1 行）

28.8 钢材

美国标准 ACI 347 中钢材的规定，钢材的主要优点是强度高，构件之间跨度大，可无限次周转。钢材通常应用于模板中的面板，水平和竖向钢支撑，钢垫片，钢屋顶檩条，网格楼板片；钢管可以用作模板支撑。其他重型模板和桥涵模板可以用钢材制成。

28.9 铝合金型材

铝制材料越来越受欢迎，可以制作成轻薄的面板及托梁，水平竖向支撑等。铝模板重

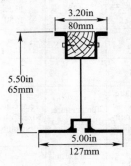

3.20in
80mm

5.50in
65mm

5.00in
127mm

4-11 Aluminum beam（above） has specially designed flanges to facilitate its use as joist, stringer, or wale. Bottom flange is slotted to receive heads of bolts connecting it to other components. Top flange is shaped to hold wood nailing strip. Line drawing shows similar beam with another cross section design.

图 28-1

量轻，（一般是普通钢模板的 1/2 左右重量），方便工人搬运，但其较钢模板来说造价较高。铝模板最大的特点是抗腐蚀能力强，能够有效的抵抗混凝土中各种化学物质的腐蚀。

28.10 塑料玻璃钢材料

美国标准 ACI 347 中关于塑料玻璃材料规定，Glass-reinforced plastic formwork（玻璃纤维模板）具有重量轻、强度高、重复利用率高等优点，可以浇筑出高质量的清水混凝土墙面，同时玻璃纤维模板非常灵活，可以用较低的成本制作出各种不规则形状。缺点是不耐高温。在高温环境下易于变形，因此对环境温度要求较为苛刻。不耐腐蚀，尤其是混凝土中碱的腐蚀。

关于模板材料的规范阐述中，中国规范在模板的范围上同美国标准相同，深度上及胶合板及纤维板的理化指标上较为详细。但这些理化指标需要专门的实验室通过试验取得，这就对应用规范验证模板面板的硬件设施提出了较高要求，而美标则侧重于应用，对模板的木材种类，强度等级，截面积，含水率，持续荷载（load duration）等作出详细规定因此，从施工角度考虑，美国标准更具有可操作性。

同时，在中国规范中，将钢模板及型钢等材料排在第一位，因为在国内占据模板大部分的仍然是钢模板，近些年随着建筑施工技术的发展，国内才渐渐地有了木梁等新型模板。美国标准非常侧重木模板的应用，尤其是木梁及型钢龙骨组成的木胶合板模板。这也是国内市场和国外市场的两个重要不同。海外施工及投标时需要特别注意。

第 29 章 模板配件系统

29.1 对拉螺栓

对拉螺栓：主要是拉结模板、并承受混凝土侧压力的模板配件。

针对国内全钢大模板，对拉螺栓宜采用锥形螺栓，为防止螺纹部分受混凝土污染，宜采用防护套管或防护板。普通木模板宜采用冷挤压满丝扣螺栓时，同一工程宜采用同一种规格的螺栓。当人防、剧院等防水工程宜采用埋入式螺栓。（全钢大模板技术应用规程 DBJ 01-89—2004）

锥形螺栓，承载力大，不要套管，易于脱开混凝土。冷挤压满丝扣螺栓，抗拉强度高，应用方便，但需要堵头和套管配合。（全钢大模板技术应用规程 DBJ 01-89—2004）

建筑大模板用穿墙螺栓应该选用材质为 Q235 钢材，A 级或 B 级螺栓（抗拉抗剪均为 170N/mm^2）。（建筑工程大模板技术规程 JGJ 74—2003）

对拉螺栓的最小截面应满足承载力要求，宜采用冷挤压螺栓，同一工程宜采用同一规格的螺栓。（DB11/T 464—2007）

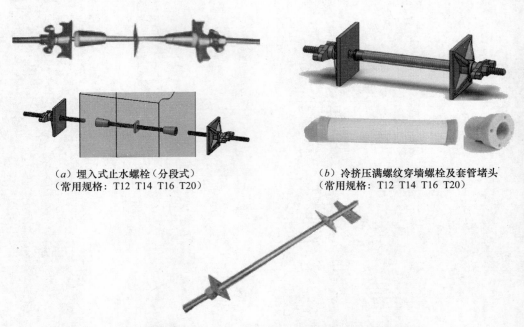

（a）埋入式止水螺栓（分段式）
（常用规格：T12 T14 T16 T20）

（b）冷挤压满螺纹穿墙螺栓及套管堵头
（常用规格：T12 T14 T16 T20）

（c）锥形穿墙螺栓（专用于全钢大模板）（常用规格：φ32 φ28 φ25）

图 29-1

Accessories Form ties（螺栓）：There are two basic types of tie rods：the one-piece prefabricated rod or band type and the threaded internal disconnecting type。通常有两种类型螺栓，一种是预置的或是带型螺栓，另一种是内部断开的螺栓。Their suggested working loads range from1000 to more than 50,000 lb （4.4 to more than 220 kN）（ACI 347—2004）

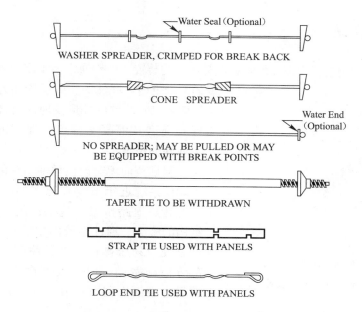

Water Seal（Optional）

WASHER SPREADER, CRIMPED FOR BREAK BACK

CONE SPREADER

Water End
（Optional）

NO SPREADER；MAY BE PULLED OR MAY
BE EQUIPPED WITH BREAK POINTS

TAPER TIE TO BE WITHDRAWN

STRAP TIE USED WITH PANELS

LOOP END TIE USED WITH PANELS

（a）适合美标的几种穿墙螺栓类型（适合轻型混凝土工程）

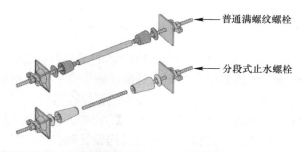

普通满螺纹螺栓

分段式止水螺栓

（b）适合欧标的两种常用穿墙螺栓类型（PERI）（常用规格：DW15 DW20 DW26）

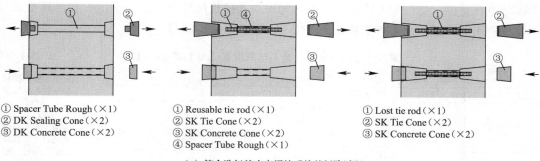

① Spacer Tube Rough（×1）
② DK Sealing Cone（×2）
③ DK Concrete Cone（×2）

① Reusable tie rod（×1）
② SK Tie Cone（×2）
③ SK Concrete Cone（×2）
④ Spacer Tube Rough（×1）

① Lost tie rod（×1）
② SK Tie Cone（×2）
③ SK Concrete Cone（×2）

（c）符合欧标的止水螺栓系统的拆除过程

图 29-2

321

综合对比中国、美国及欧洲（主要是德国）的穿墙螺栓系统，中国的穿墙螺栓系统相对比较简单，易于制作，成本低，美国的穿墙螺栓比较灵活多样，往往针对不同的建筑结构及模板体系会有不同的穿墙螺栓系统与之配套；德国的螺栓美观实用，体系化程度高，但价格较高。

29.2　埋件系统

埋件是为了固定模板而事先埋置在混凝土中的装置。埋件通常会牢牢嵌入在具有足够强度的混凝土内，埋件的实际承载能力主要取决于几个方面：（1）埋件的外形及埋件的材料；（2）混凝土埋入类型及混凝土强度、埋件的接触面积等；（3）埋件的位置。

中国规范尚无对模板埋件系统的相关介绍。

埋件系统近年来越来越多的应用于模板施工中，尤其是道路桥梁，基础设施，超高层，大跨度结构的施工。埋件系统的主要特点是结构简单，埋设方便，易于操作，可靠性高，可以节省很大一部分措施费用。但因其埋设于混凝土结构中，在混凝土表面会留下圆孔，需要后期处理，对饰

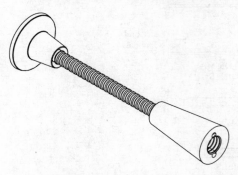

图 29-3　典型埋件系统
（由埋件板，高强螺杆，爬锥组成）

面清水混凝土工程不建议采用。

29.3　吊钩

模板吊钩是用来吊装模板、钢构件、预置混凝土构件等的一种装置。【ACI 347—2004】

吊环是大模板安全施工的重要配件，要求对吊环的位置、选用材料、焊缝及螺栓应按设计确定。吊环应采用热加工成型工艺。当吊环采用螺栓连接时，应采用双螺母连接，是为了螺母之间互相拧紧防止松动，增强抗剪能力。【DBJ 01-89—2004】

大模板钢吊环截面面积计算是根据《混凝土结构设计规范》GB 50010—2010 的规定，每个吊环按 2 个截面计算，吊环拉力应不大于 $50N/mm^2$；考虑到大模板钢吊环在实际工作状况中有受拉，受弯等力的组合作用，为提高大模板吊环使用的安全度，在吊环截面面积计算公式中增加了截面调整系数 $K_d = 2.6$。【JGJ 74—2003】

重要模板附件最小安全系数取值表【ACI347-2004】　　　　表 29-1

Accessory	Safety factor*	Type of construction
Form tie	2.0	All applications
Form anchor	2.0	Formwork supporting form weight and concrete pressures only
	3.0	Formwork supporting weight of forms. concrete construction live loads. and impact
Form hangers	2.0	All applications
Anchoring inserts used as form ties	2.0	Precast-concrete panels when used as formwork

应用于竖向模板系统时，取安全系数2

应用于水平模板系统时，及有施工活荷载时，取安全系数3

·Safety factors are based on the ultimate strength of the accessory when new.

第30章 支撑系统

30.1 独立钢支撑

用于承受水平模板传递的竖向荷载，独立支撑有单管支撑和四管支撑等形式，如图30-1、图30-2所示。

单管支撑也叫独立支撑，通常应用于层高5m以下的水平结构模板工程，其特点是操作简单，安装灵活，但对模板体系化要求高，独立支撑上端需要有专门的U托或四通头与模板连接，底端需要单独的三脚架作为稳定机构。在施工时独立支撑的间距通常在0.9~3.0m不等，依据具体的结构荷载情况确定布置间距。立杆与立杆直接不需要横向连杆进行拉结，因此，在减少了大量劳动力及工时的情况下，还可以保证在其中间顺利穿行通过。

四管柱支撑又称格构柱支撑，通常应用于重型高跨度梁板结构的支撑及钢结构构件的临时支撑，主要特点是能够承载一般支撑难以承受的荷载，并且拆装灵活。

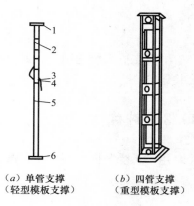

(a) 单管支撑　　　　　　(b) 四管支撑
(轻型模板支撑)　　　　 (重型模板支撑)

图 30-1　独立支撑示意图

(a) 独立支撑系统　　　　　　　　(b) 四管柱支撑系统（格构柱）

图 30-2　独立支撑

30.2 早拆支撑系统

早拆支撑系统主要由支撑系统和早拆支撑头组成（图30-3）。其原理是楼面混凝土浇筑 3～5d 后，强度达到 50% 时，即可拆除模板托梁和部分模板，只保留早拆支撑头和早拆点立柱，包括调节丝杠，到养护周期结束时，再进行拆除。在养护期内，使楼板、梁处于短跨（＜2m）受力状态。

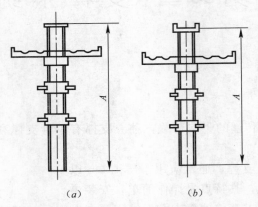

图 30-3　模板早拆支撑系统支撑头

早拆支撑系统适用于大跨度，大开间，层高在 2.7～4.5m 的钢筋混凝土多层或高层公共建筑。

30.3　斜撑

用于承受竖向模板水平荷载及调整竖向模板垂直度，如图 30-4、图 30-5 所示。

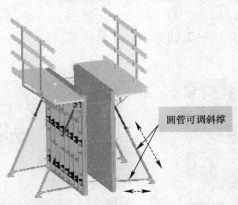

图 30-4　模板斜撑（与钢模板体系，木梁胶合板体系，铝合金模板体系配套使用）

模板的斜撑在施工中应用范围最为广泛，几乎所有的模板施工都会用到斜撑，斜撑就是与模板成一定角度（通常 35°≤角度≤75°）并通过丝杠调整模板的垂直及抵抗一部分侧压力的支撑就是斜撑。斜撑主要有：

（1）与全钢大模板相配套的槽钢斜撑（支腿）；

（2）与木梁胶合板体系相配套的圆管可调斜撑；

（3）与木方胶合板体系相配套的钢管斜撑；

（4）与液压自爬模、悬臂模板相配套的后移式斜撑；

（5）与隧道台车相配套的液压支撑杆。

（a）液压箱梁芯模的液压支撑杆

（b）模板施工中的斜撑

图 30-5　斜撑

30.4　桁架

有平面可调和曲面可调两种。平面可调桁架用于支撑楼板、梁等水平模板。曲面可调桁架用于支撑曲面等异型模板。

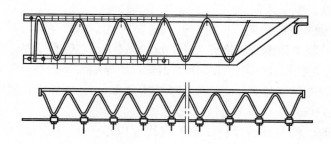

图 30-6　可调桁架（大跨度空间临时承载支撑）

30.5　碗扣式支撑架

碗扣架支撑系统通常包括四个主要部件：底托，立杆，横杆，U托。其中立杆的碗扣节点由上碗扣、下碗扣、横杆接头和上碗扣限位销等组成（图 30-7）。

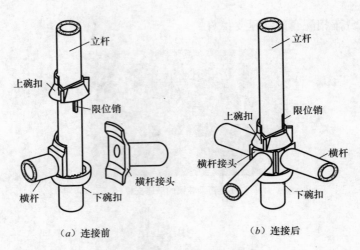

图 30-7　碗扣节点构成图

30.5.1　碗扣架系统的要求

30.5.1.1　主要构配件材料的要求。（JGJ 166—2008）

（1）碗扣式钢管脚手架用钢管应符合现行国家标准《直缝电焊钢管》GB/T 13793、《低压流体输送用焊接钢管》GB/T 3091 中的 Q235A 级普通钢管要求。其材质性能应符合现行国家标准《碳素结构钢》GB/T 700 的规定。

（2）上碗扣、可调底座和可调 U 托螺母应采用可锻铸铁或铸钢制造，其材料机械性能应符合现行国家标准《可锻铸铁》GB 9440 中 KTH 330—08 及《一般工程用铸造碳钢件》GB 11352 中 ZG 270—500 的规定。

（3）下碗扣、横杆接头、斜杆接头应采用碳素钢制造，其材料机械性能应符合现行国家标准《一般工程用铸造碳钢件》GB 11352 中的 ZG 230—500。

（4）采用钢板热冲压整体成型的下碗扣、钢板应符合现行国家标准《碳素钢结构》GB/T 700 中的 Q235-A 级钢要求，板材厚度不得小于 6mm，并应经 600～650℃的实效处理。严禁利用废旧腐蚀钢板改制。

30.5.1.2　制作质量的主要要求

（1）碗扣式钢管脚手架钢管规格应为 $\phi48mm\times3.5mm$，钢管壁厚应为 $3.50\pm0.25mm$（目前在中国市场上很难采购到符合此要求的钢管，壁厚通常下差在 $-0.2\sim0.3mm$）。

（2）立杆连接处外套管与立杆间隙应小于或等于 2mm，外套管长度不得小于 160mm，外伸长度不得小于 110mm。

（3）钢管焊接前应进行调直除锈，钢管直线度应小于 $1.5l/1000$（l 为钢管的长度），例如：2m 的钢管，直线度要求就是 3mm/1000。

（4）可调底座底板的钢板厚度不得小于 6mm，可调 U 托的钢板厚度不得小于 5mm。

（5）可调底座及可调 U 托丝杠与调节螺母啮合长度不得少于 6 扣，插入立杆内的长度不得小于 150mm。

30.5.1.3　主要构配件性能指标要求

（1）上碗扣抗拉强度不应小于 30kN；

（2）下碗扣抗拉强度不应小于 30kN；

（3）横杆接头剪切强度不应小于 50kN；

（4）横杆接头焊接剪切强度不应小于 25kN；

（5）底座抗压强度不应小于 100kN。

30.6 门式支撑架

门式支撑架用于梁、楼板、平台等模板支撑及内外脚手架和移动脚手架等（图 30-8）。

门式架主要有门架、交叉支撑、连接棒、挂扣式脚手板或水平架、锁臂等基本组合结构。再设置水平加固杆，剪刀撑，扫地杆，封口杆，U 托和底托，并采用连墙件与建筑物主体结构相连的一种标准化脚手架。

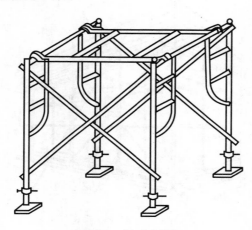

图 30-8　门式支撑架

30.7 门架构配件材质性能要求

1. 门架及其配件的规格、性能及质量应符合《门式钢管脚手架》JGJ 128—2010 的规定，并应有出厂合格证书及产品标识。

2. 周转使用的门架及配件应按照规范附录 A 的规定进行质量类别判定、维修及使用。

3. 水平加固杆、封口杆、扫地杆、剪刀撑及脚手架转角处的连杆等宜采用 $\phi 42mm \times 2.5mm$ 焊接钢管，也可采用 $\phi 48mm \times 3.5mm$ 焊接钢管，其材质在保证可焊性的条件下应符合现行国家标准《碳素结构钢》GB/T 700 中 Q235-A 钢的规定，相应的扣件规格也应分别为 $\phi 42mm$、$\phi 48mm$。

4. 钢管应平直、平直度允许偏差为管长的 1/500；两端面应平整、不得有斜口、毛口；严禁使用有硬伤（硬弯、砸扁等）及严重锈蚀的钢管。

5. 连接外径 48mm 钢管的扣件的性能、质量应符合现行国家《钢管脚手架扣件》GB 15831 的规定，连接外径 42mm 与 48mm 钢管的扣件应该有明显标记并按照现行国家标准《钢管脚手架扣件》GB 15831 中的有关规定执行。

6. 连墙件采用钢管、角钢等型材时，其材质应符合现行国家标准《碳素结构钢》GB/T 700 中的 Q235A 钢的要求。

30.8 钢管架

钢管架也叫钢管脚手架，就是为建筑施工而搭设的上料、堆料及施工作业用的临时性构架（图30-9）。脚手架按搭设形式可分为双排脚手架、悬挑式脚手架、梁式悬挑架、桁架式悬挑架、钢管式悬挑架、满堂脚手架、模板支架、装修脚手架、结构脚手架、开口型脚手架等。（DB11/T 583—2008）

模板支架是采用脚手架材料搭设的用于支撑模板的架子。主要用于楼梯，楼板、梁。

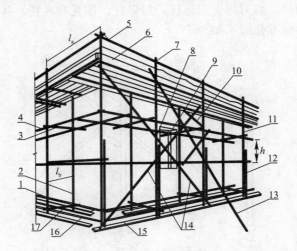

图 30-9　钢管脚手架

1—外立杆；2—内立杆；3—横向水平杆；4—纵向水平杆；5—栏杆；6—挡脚板；
7—直角扣件；8—旋转扣件；9—连墙件；10—横向斜撑；11—主立杆；12—副立杆；
13—抛撑；14—剪刀撑；15—垫板；16—纵向扫地杆；17—横向扫地杆

脚手架作为模板支架时主要的构配件为：钢管、扣件、U托、底托、脚手板等（图30-10）。

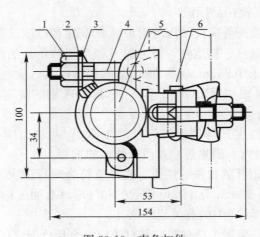

图 30-10　直角扣件

1—螺母；2—垫圈；3—盖板；4—螺栓；5—纵向水平杆；6—立杆

30.8.1 模板支架立杆的构造规定

1. 根据脚手架规范 JGJ 130—2001 模板支架每根立杆底部应设置底座或垫板。脚手架必须设置纵、横向扫地杆。纵向扫地杆应采用直角扣件固定在距底座上皮不大于 200mm 处的立杆上。横向扫地杆亦应采用直角扣件固定在紧靠纵向扫地杆下方的立杆上。当立杆基础不在同一高度上时，必须将高处的纵向扫地杆向低处延长两跨与立杆固定，高低差不应大于 1m。靠边坡上方的立杆轴线到边坡的距离不应小于 500mm。脚手架底层步距不应大于 2m。

2. 支架立杆应竖直设置，2m 高度的垂直允许偏差为 15mm。

3. 设支架立杆根部的可调底座，当其伸出长度超过 300mm 时，应采取可靠措施固定。

4. 当梁模板支架立杆采用单根立杆时，立杆应设在梁模板中心线外，其偏心距不应大于 25mm。

30.8.2 满堂模板支架的支撑设置规定

1. 满堂模板支架四边与中间每隔四排支架立杆应设置一道纵向剪刀撑，由底至顶连续设置；

2. 高于 4m 的模板支架，其两端与中间每隔 4 排立杆从顶层开始向下每隔 2 步设置一道水平剪刀撑；

3. 每道剪刀撑跨越立杆的根数宜按表 30-1 的规定确定。每道剪刀撑宽度不应小于 4 跨，且不应小于 6m，斜杆与地面的倾角宜在 45°～60° 之间；

剪刀撑跨越立杆的最多根数　　　　　　　　　　　　　　　　　　　　表 30-1

剪刀撑斜杆与地面的倾角 α	45°	50°	60°
剪刀撑跨越立杆的最多根数 n	7	6	5

4. 高度在 24m 以下的单、双排脚手架，均必须在外侧立面的两端各设置一道剪刀撑，并应由底至顶连续设置；中间各道剪刀撑之间的净距不应大于 15m（图 30-11）；

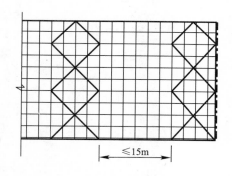

图 30-11　剪刀撑布置图

5. 高度在 24m 以上的双排脚手架应在外侧立面整个长度和高度上连续设置剪刀撑；

6. 剪刀撑斜杆的接长宜采用搭接；

7. 剪刀撑斜杆应用旋转扣件固定在与之相交的横向水平杆的伸出端或立杆上，旋转扣件中心线至主节点的距离不宜大于 150mm。

30.9 塔架

塔架钢管支撑架是一种新型的建筑施工支撑体系，该产品装拆迅速，稳定性强，承载力高，广泛适用于工业与民用建筑、桥梁、隧道及大坝工程等（图30-12）。

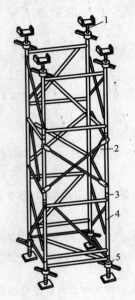

图 30-12　方塔式支架
1—顶托；2—交叉斜撑；3—连接棒；4—标准架；5—底座

第31章 模板涂料和脱模剂

Coatings（涂料）—Form coatings or sealers are usually applied in liquid form to contact surfaces either during manufacture or in the field to serve one or more of the following purposes：•Alter the texture of the contact surface（改变混凝土接触面纹理）；Improve the durability of the contact surface（提高混凝土面耐久性）；Facilitate release from concrete during stripping（促进混凝土模板的脱模）；or Seal the contact surface from intrusion of moisture（密封防水）。

Release agents（脱模剂）—Form release agents are applied to the form contact surfaces to prevent bond and thus facilitates ripping. They can be applied permanently to form materials during manufacture or applied to the form before each use. When applying in the field，be careful to avoid coating adjacent construction joint surfaces or reinforcing steel（使用脱模剂时避免相邻建筑及钢筋表面）（ACI 347—2004）。

31.1 脱模剂的特点

好的脱模剂应该具有以下特点（ACI COMPILATION 26）：

1. Provide a clean and easy release or strike without damage to either the concrete face or the form. 能够提供清洁并且易于涂刷，拆除模板时不会损坏混凝土表面。

2. Contribute to the production of a blemish-free concrete surface. 不会在混凝土表面留下污渍。

3. Have no adverse effect upon either the form or the concrete surface. 在混凝土和模板表面之间没有反作用。

4. Assist in obtaining maximum reuse of forms. 能够帮助模板提高周转使用率。

5. Be supplied ready for use from the container without site mixing. 容器运输和包装为应用做好准备，不需要在现场搅拌。

6. Be easy to apply evenly at the recommended coverage. 能够很容易地在模板表面涂刷均匀。

7. Not inhibit adhesion of any finish applied to the formed surface. 不需要抑制完成后表面的粘着。

8. During application，be inoffensive to the operative with regard to odor，skin staining，etc.，and be virtually free from the risk of dermatitis and allergic reactions. 在使用过程中，无刺激性气味，对皮肤无伤害。

31.2　脱模剂的类型

根据【ACI COMPILATION 26】的规定：

1. Neat oils（净油，不渗水油类）。Neat oils are usually mineral oils; they tend to produce blowholes and are not generally recommended. 通常是矿物油，机油等。

2. Neat oils with surfactant（添加表面活性剂的净油类）。Neat oils with the addition of a small amount of surface activating or wetting agent minimize blowholes and have good penetration and resistance to climatic conditions. 根据气候条件特点，添加少量表面活性剂，可以更好地在混凝土表面形成阻抗膜，抑制渗透。

3. Mold cream emulsions（铸造乳液、膏类）。Emulsions of water in oil tend to be removed by rain but minimize blowholes and are good general-purpose release agents. 水油混合乳液是一种多用途脱模剂。

4. Water-soluble emulsions（水溶性乳液）。Emulsions of oil in water produce a dark porous skin that is not durable. They are not recommended and are seldom used. 因为水溶性乳液会在使用中产生一种黑色污迹，此乳液不建议使用。

5. Chemical release agents（化学脱模剂）。These are small amounts of chemical suspended in a low viscosity oil distillate. The chemical reacts with cement to produce a form of soap at the interface. Recommended for all high-quality work, they should be applied lightly by spray to avoid retardation. Increased cost is compensated for by better coverage. 少量化学缓凝剂添加在低黏度的乳油里，可以使混凝土表面形成一种类似肥皂的隔膜，起到脱模的作用。推荐使用在高质量、高要求的工程。

6. Paints, lacquers, and other surface coatings（涂料、油漆和其他表面涂料）。These are not strictly release agents, but are ealers that prevent a release agent being absorbed into the form face. Wax treatments also come into this category and are particularly useful where it is necessary to avoid uneven porosity with consequent color variation. 严格意义上来说，他们不能成为脱模剂，但他们可以阻止脱模剂渗入模板表面，类似于给模板打蜡处理，特别适用于模板表面粗糙不平的情况。

7. Wax emulsions（石蜡）。A recent development uses a stable wax suspension that acts as a release agent. Advantages claimed are that it dries off completely and is resistant to removal by climatic conditions. 最近发展起来的一种采用石蜡乳液作为主要材料的脱模剂。根据气候条件，此脱模剂可以在完全变干后仍然具有脱模作用。

release agents 主要作用为从混凝土表面剥离模板，而 coating 主要倾向于混凝土表面的改善和修补。

脱模剂应满足混凝土表面质量的要求，且容易脱模，涂刷方便，易于干燥和便于用后清理。不引起混凝土表面起粉和产生气泡，不改变混凝土表面的本色，且不污染和锈蚀模板。

31.3 脱模剂的选用

应考虑模板的种类（表 31-1），所要求的混凝土表面效果和施工条件。

脱模剂选用（DB11/T 464—2007）   表 31-1

编　号	模板面板类别	使用条件
1	木模板	宜用加表面活性剂的油类、油包水、化学类、油漆类石蜡乳类脱模剂
2	胶合板	可用水溶性、油漆类、油类及化学脱模剂
3	玻璃纤维板	宜用油水乳液和化学脱模剂，或使用以水为介质的聚合物类乳液
4	橡胶内衬	宜用石蜡乳，禁用油类脱模剂
5	钢模板	宜用加表面活性剂的油类、石蜡乳或溶剂石蜡和化学火星脱模剂，慎用水包油型乳液，若采用应加防锈剂

模板脱模剂类的说明，中国规范和美国规范都比较详细。美国规范针对脱模剂溶剂进行特性和原理说明，并且不建议使用水溶性溶剂（Water-soluble emulsions），而中国规范则列出了不同模板面板应选用的不同类型的脱模剂。值得注意的是，常用的胶合板面板常用的水溶性脱模剂并非最佳选择，而宜选用油漆类脱模剂，钢模板慎用水溶性脱模剂。

第 32 章 荷 载

32.1 垂直荷载

根据（ACI 347—2004）垂直荷载（Vertical loads）包括永久荷载（Dead loads）和可变荷载（Live loads）。

32.2 永久荷载

1. The weight of formwork 模板的自重
2. The weight of the reinforcement 钢筋的重量
3. The weight of the freshly placed concrete 新浇筑混凝土的重量（w, unit weight of concrete, lb/ft^3）通常取 $150lb/ft^3$

32.3 可变荷载

1. the weight of the workers 工人自重
2. Equipment 设备自重
3. material storage 材料堆放重量
4. Runways 道路及通道压力
5. impact 冲击荷载

ACI 347—2004 关于荷载的设计值作如下最低值规定（表 32-1）：

The formwork should be designed for a live load of not less than 50 lb/ft^2 (2.4 kPa) of horizontal projection. When motorized carts are used, the live load should not be less than 75 lb/ft^2 (3.6 kPa).

The design load for combined dead and live loads should not be less than 100 lb/ft^2 (4.8 kPa) or 125 lb/ft^2 (6.0 kPa) if motorized carts are used.

模板设计中荷载设计最低值 表 32-1

Formwork designed loads	Not used motorized carts	used motorized carts
Live load	$\geqslant 50lb/ft^2$	$\geqslant 75lb/ft^2$
Dead load plus live load	$\geqslant 100lb/ft^2$	$\geqslant 125lb/ft^2$

32.4 载荷及变型值的规定

在中国规范（JGJ 162—2008）中，将载荷的值分为标准值和设计值。

32.5 永久载荷标准值

模板及其支架自重标准值（G_{1K}）应根据模板设计图纸计算确定。

1. 肋形或无梁楼板模板自重标准值应采用表 32-2。

模板自重标准值　　　　　　　　　　　　　　　　　　　　　表 32-2

模板构件的名称	木模板	定型组合钢模板
平板的梁及小梁	0.30	0.50
楼板模板（其中包括梁的模板）	0.50	0.75
楼板模板及其支架（层高小于 4m）	0.75	1.10

2. 新浇筑混凝土自重标准值（G_{2K}），对普通混凝土可采用 24kN/m³，其他混凝土可根据实际重力密度计算确定。

3. 钢筋自重标准值（G_{3K}）应根据工程设计图确定。对一般梁板结构，每立方米钢筋混凝土的钢筋自重标准值：楼板取 1.1kN；梁可取 1.5kN。

4. 采用内部振捣器时（表 32-3），新浇筑混凝土作用于模板的侧压力标准值（G_{4K}），计算公式可以按照下式计算，取其中较小值：

$$F = 0.22\lambda_c t_0 \beta_1 \beta_2 v^{\frac{1}{2}}$$
$$F = \lambda_c H$$

（两者取其中较小值）

供料方法与荷载关系　　　　　　　　　　　　　　　　　　　表 32-3

向模板内供料方法	水平荷载（kN/m²）
溜槽、串通或导管	2
容量小于 0.2m³ 的运输器具	2
容量为 0.2～0.8m³ 的运输器具	4
容量大于 0.8m³ 的运输器具	6

对大型浇筑设备，如上料平台、混凝土输送泵等均按实际情况计算；不能采用机械上料进行混凝土浇筑时，活荷载标准值取 4kN/m²	混凝土堆积高度超过 100mm 以上者按实际高度计算	模板单块宽度小于 150mm 时，集中荷载可分布于相邻的两块板面上

32.6 可变荷载标准值

1. 施工人员及设备荷载标准值（Q_{1K}），当计算模板和直接支撑模板的小梁时，均布活荷载可取 2.5kN/m²，再用集中荷载 2.5kN 进行验算，比较两者所得的弯矩值取其大值；当计算直接支撑小梁的主梁时，均布活荷载标准值可取 1.5kN/m²；当计算支架立柱及其他支承结构构件时，均布活荷载标准值可取 1.0kN/m²。

2. 振捣混凝土时产生的荷载标准值（Q_{2K}），对水平面模板可采用 2kN/m²，对垂直面模板可采用 4kN/m²，且作用范围在新浇筑混凝土压力的有效压头高度之内。

3. 倾倒混凝土时，对垂直面模板产生的水平荷载标准值（Q_{3K}）可采用表 32-4、表 32-5。

表 32-4

永久载荷类别	分项系数
模板及支架自重标准值（G_{1K}）	永久荷载的分项系数：
新浇混凝土自重标准值（G_{2K}）	(1) 当其效应对结构不利时，对由可变荷载效应控制的组合，应取 1.2；对由永久荷载效应控制的组合，应取 1.35；
钢筋自重标准值（G_{3K}）	(2) 当其效应对结构有利时，一般情况取 1；
新浇混凝土对模板的侧压力标准值（G_{4K}）	(3) 对结构的倾覆、滑移演算、应取 0.9

表 32-5

可变载荷类别	分项系数
施工人员及施工设备标准值（Q_{1K}）	可变荷载的分项系数：
振捣混凝土时产生的荷载标准值（Q_{2K}）	一般情况下应取 1.4
倾倒混凝土时产生的荷载标准值（Q_{3K}）	对标准值大于 $4kN/m^2$ 的活荷载应取 1.3
风荷载（ω_k）	风荷载取 1.4

4. 风荷载标准值应按现行国家标准《建筑结构荷载规范》GB 50009—2001（2006）版中的规定计算，其中基本风压系数值应按规范附表 D4 中 $N=10$ 年的规定采用，并取风振系数为 $\beta_z=1$。

32.7 载荷设计值

计算模板及支架结构或构件的强度、稳定性和连接强度时，应采用荷载设计值（荷载标准值乘以荷载分项系数）。

计算正常使用极限状态的变形值时，应采用荷载标准值。

钢面板及支架作用荷载设计值可乘以系数 0.95 进行折减。当采用冷弯薄壁型钢时，其荷载设计值不应折减。

注：对比美国标准和中国标准，在永久荷载和可变荷载的取值范围大致相同，美国规范较为简洁，没有根据不同的荷载情况进行单独取值及规定系数，而是在综合各个荷载情况后给予一个设计最低值，在设计时只需按照最低值取值即可，从一定程度上简化了计算程序。

另美国标准在可变荷载中考虑到了道路及通道压力给模架施工带来的影响，而中国规范没有类似规定。

32.8 模板及其支架荷载效应组合的各项荷载的标准值组合

模板及其支架荷载效应组合的各项荷载的标准值组合见表 32-6。

标准值组合　　　　　　　　　　　　　　　　　表 32-6

项　目	参与组合的荷载类别	
	计算承重能力	验算挠度
平板和薄壳的模板及支架	$G_{1K}+G_{2K}+G_{3K}+G_{4K}$	$G_{1K}+G_{2K}+G_{3K}$
梁和拱模板的底板及支架	$G_{1K}+G_{2K}+G_{3K}+Q_{2K}$	$G_{1K}+G_{2K}+G_{3K}$
梁、拱、柱（边长不大于 300mm）、墙（厚度不大于 100mm）的侧面模板	$G_{4K}+Q_{2K}$	G_{4K}
大体积结构、柱（边长大于 300mm）、墙（厚度大于 100mm）的侧面模板	$G_{4K}+Q_{3K}$	G_{4K}

第33章　现浇混凝土侧压力

33.1　侧压力计算

33.1.1　美国标准中的侧压力计算

分两个版本：英尺磅版本和 SI 版本，分别针对两个版本进行详细介绍。

33.1.1.1　影响混凝土侧压力大小的重要因素

1. 混凝土自重（weight of concrete）

美标中普通混凝土的标准比重为：150lb/ft³（150 磅每立方英尺），对于不同的混凝土自重，侧压力计算时需要参见表 33-1。

系数表

表 33-1

Inch-Pound version		SI version	
Unit weight of concrete	C_w	Density of concrete	C_w
Less than 140 lb/ft³	$C_w=0.5[1+(w/145 \text{ lb/ft}^3)]$ but not less than 0.80	Less than 2240 kg/m³	$C_w=0.5[1+(w/2320 \text{ kg/m}^3)]$ but not less than 0.80
140 to 150 lb/ft³	1.0	2240 to 2400 kg/m³	1.0
More than 150 lb/ft³	$C_w=w/145 \text{ lb/ft}^3$	More than 2400 kg/m³	$C_w=w/2320 \text{ kg/m}^3$

注：此时混凝土重度系数 $C_w=1.0$，与国标相同。较之国标扩大了混凝土重度范围，涵盖了不同重度的混凝土取值范围。英标（BSI）通常取 25kN/m³。

2. 浇筑速度（rate of placing）

浇筑速度指混凝土浇筑过程中的平均速率。从混凝土开始浇筑，混凝土侧压力会随着浇筑深度的增加而不断增加，混凝土的浇筑速度只会对侧压力产生一次效果，往往混凝土最大侧压力会由浇筑速度产生。此时的最大侧压力就是流体最大极限侧压力。

注：中国规范和美国规范都没有明确给出如何计算混凝土浇筑速度，在英国标准中给出了如下公式计算混凝土浇筑速度：

Concrete rate of rise（R）：

$$R = \frac{\text{volume rate}}{\text{plan Area}} \quad (\text{m/h})$$

例如，浇筑一道墙体，墙体厚度为 450mm，长度为 10000mm，混凝土每小时浇筑 9m³，则混凝土每小时的浇筑速度为：

$$R = \frac{\text{volume rate}}{\text{plan area}} = \frac{9}{0.45 \times 10 (\text{m})} = 2.0 \text{m/h}$$

3. 振捣（vibration）

内部振捣是使混凝土密实的首选方案，但混凝土内部振捣会使局部侧压力增大至少 10%~20%。因此，模板设计时需要能够承受更大的侧压力。

某些建筑结构在施工时需要二次振捣和外部振捣。此时，混凝土对模板的侧压力要远远大于普通内部振捣时的侧压力。这时模板需要根据施工特点特殊加强设计。

　　振捣是一个工艺过程，正确的振捣方法可以大大提高混凝土浇筑的质量（图 33-1）。

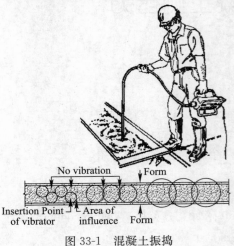

图 33-1　混凝土振捣

注：采用正确的振捣方法，振动棒要快插慢拔，拔的速度快了，振动棒振动所产生的气泡就不可能全部被挤出，振捣时要求振捣工必须垂直插拔，如果外拉斜拽，气泡难于排空，严格控制每次振捣时间在 25～35s 之间，每孔振捣均需上下拔动 2～3 次，振捣时间以混凝土翻浆不在下沉和表面气泡不在泛起为止；严格控制振动棒插入下一层混凝土深度，保证深度在 5～10cm 之间，振动棒孔距控制到 30～50cm 之间，不能漏振和过振。采用二次振捣法，以减少表面气泡，所谓二次振捣法，即第一次浇筑时振捣，第二次待混凝土静止一段时间后再振捣，模板周边区域（距模板面板 10～20cm）应进行复振，复振间隔时间按 30～60min 进行控制，复振时间按 15～20s，振捣间距按 40～60cm 控制。必要时需在模板上挂附着式振捣器。

4. 温度（temperature）

　　混凝土入模温度是影响混凝土侧压力的重要因素，因为混凝土入模温度直接影响混凝土的初凝时间（setting time）。当混凝土温度较低时，混凝土需要较长时间凝固，从而增加其有效压头（图 33-2）。

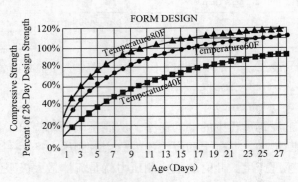

图 33-2　不同温度情况下对混凝土强度的影响

　　注：新浇混凝土对模板侧面压力是入模的具有一定流动性的新浇混凝土在浇筑、振捣和自重的共同作用下，对限制其流动的侧模板所产生的压力。我国有关部门在 20 世纪 60～80 年代初期对混凝土侧压力进行了大量的测试研究，发现对于不同的结构类型、尽管一次浇筑高度、浇筑速度不同，但混凝土侧压力分布曲线的走势基本相同：即从浇筑面向下至最大侧压力处，基本遵循流体静压力的分布规律；达到最大值后，侧压力就随即逐渐减小或维持一段稳压高度后逐渐减小，压力图形对浇筑高度轴呈山形或梯台形分布。经试验获得的侧压力主要影响因素如下：

　　（1）最大侧压力随混凝土浇筑速度提高而增大，与其呈幂函数关系。

　　（2）在一定的浇筑速度下，因混凝土的凝结时间随温度的降低而延长，从而增加其有效压头。

　　（3）机械振捣的混凝土侧压力比手工捣实增大约 56%。

　　（4）侧压力随坍落度的增大而增大，当坍落度从 7cm 增大到 12cm 时，其最大侧压力约增加 13%。

（5）掺加剂对混凝土的凝结速度和稠度有调整作用，从而影响到混凝土的侧压力。

（6）随混凝土重力密度的增加而增大。

33.1.1.2 侧压力计算公式（英尺磅版本）

For column and wall，with a minimum of 600CW psf，but in no case greater than wh。

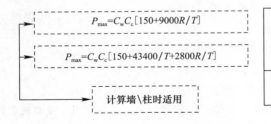

$P_{max}=C_wC_c[150+9000R/T]$

$P_{max}=C_wC_c[150+43400/T+2800R/T]$

计算墙\柱时适用

P_{max}：最大测压力。单位：lb/ft^2
R：混凝土浇筑速度。单位：ft/h
T：混凝土入模温度。单位：°F
C_w：混凝土比重系数。参见表33-2
C_c：化学系数。参见表33-3

P=lateral pressure in psf, w is unit weight of the fresh concrete in pcf

美标适用，混凝土比重系数表　　　　　　　　　　　　表 33-2

UNIT WEIGHT COEFFICIENT C_w	
Concrete weighing less than 140 pcf	$C_w=0.5(1+w/145)$ but not less than 0.8
Concrete weighing 140 to 150 pcf	$C_w=1.0$
Concrete weighing more than 150 pcf	$C_w=w/145$

美标适用，混凝土化学系数表　　　　　　　　　　　　表 33-3

CHEMISTRY COEFFICIENT C_c	
Types I，II and III cement without retarders（不掺混凝土缓凝剂）	$C_c=1.0$
Types I II and III cement with a retarder（掺加混凝土缓凝剂）	$C_c=1.2$
Other types or blends without retarders，containing less than 70% slag or less than 40% fly ash（不掺缓凝剂，但混合物低于70%矿渣和40%粉煤灰）	$C_c=1.4$
Blends containing more than 70% slag or 40% fly ash（混合物高于70%矿渣和40%粉煤灰）	$C_c=1.4$

实例1：柱子高度 14ft，混凝土浇筑速度为 6ft/h，采用内部振捣棒振捣，混凝土不添加缓凝剂。混凝土入模温度为 60°F。计算混凝土最大侧压力。

解：根据条件已知 $R=6ft/h$；$T=60°F$；C_w：混凝土比重系数，取 1.0（即 150lb/ft^3 标准值）；C_c：化学系数，取 1.0。混凝土浇筑速度为 $R=6ft/h$，故采用①压力计算公式

两者取较小值
$$\begin{cases} P_{max} = C_wC_c[150+9000R/T] & ① \\ = 1.0 \times 1.0 \times [150+9000 \times 6/60] \\ = 150+900 = 1050psf \end{cases}$$

$$P = wh \qquad ②$$
$$= 150 \times 14 = 2100psf$$

压头高度值：
$$h_1 = P_{max}/w \qquad ③$$
$$= 1050/150 = 7ft，根据①③式，$$

可得如下侧压力简图如图 33-3 所示。

图 33-3　侧压力简图

（图中标注：7ft，14ft，7ft，P_{max}=1050psf）

实例2：墙体高度 15ft，混凝土浇筑速度为 10ft/h，采用内部振捣棒振捣，混凝土不添加缓凝剂。混凝土入模温度为 70°F。混凝土标准比重为 150pcf，添加缓凝剂，$C_c=1.2$，计算混凝土最大侧压力。

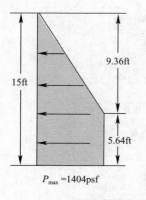

图 33-4 侧压力简图

解：根据条件已知 $R=10\text{ft/h}$；$T=70℉$；C_w：混凝土比重系数，取 1.0（即 150lb/ft³ 标准值）；C_c：化学系数，取 1.2。根据混凝土浇筑速度为 $R=10\text{ft/h}$，故采用④侧压力计算公式：

$$P_{max}=C_wC_c[150+43400/T+2800R/T] \qquad ④$$
$$=1.0×1.2×[150+620+400]$$
$$=1404\text{psf}$$
$$P=wh=150×15=2250\text{psf} \qquad ⑤$$

两者取较小值

压头高度值：$H=P_{max}/w=1404/150=9.36\text{ft}$ ⑥

根据④、⑥式，可得侧压力简图如图 33-4 所示。

注：英尺磅版本计算侧压力的两个公式，在应用时需要根据以下内容判定：

英尺磅版本侧压力计算公式的使用判定	
$P_{max}=C_wC_c[150+9000R/T]$	浇筑高度小于 14ft；浇筑速度小于 7ft/h
$P_{max}=C_wC_c[150+43400/T+2800R/T]$	浇筑高度大于 14ft；浇筑速度大于 7ft/h 但小于 15ft/h

31.1.1.3 侧压力计算公式（SI 版本）

For columns：柱子

适用范围：$30C_cKP_a<P_{max}<\rho gh$

$$P_{max}=C_wC_c\left[7.2+\frac{785R}{T+17.8}\right]$$

For walls：墙体

适用范围：$2.1\text{m/h}<R<4.5\text{m/h}$　$30C_cKP_a<P_{max}<\rho gh$

$$P_{max}=C_wC_c\left[7.2+\frac{1156}{T+17.8}+\frac{244R}{T+17.8}\right]$$

P_{max}——最大测压力（kPa）；
R——混凝土浇筑速度（m/h）；
T——混凝土入模温度（℃）；
C_w——混凝土比重系数，参见表 33-2；
C_c——化学系数，参见表 33-3。

ρ——混凝土密度（kg/m³）；
g——重力常数（重力加速度，9.81N/kg）；
h——模板中从浇筑点到分析点液态或塑态混凝土深度 [ft(m)]。

实例 3：墙体高度 3.5m，混凝土浇筑速度为 4.2m/h，采用内部振捣棒振捣，混凝土不添加缓凝剂。混凝土入模温度为 24℃。混凝土标准比重为 2400kg/m³，添加缓凝剂，$C_c=1.2$，计算混凝土最大侧压力。

解：根据条件，墙体高度 $h=3.5\text{m}$，浇筑速度 $R=4.2\text{m/h}$（小于限定条件 4.5m/h），$C_w=1.0$，$C_c=1.2$。

墙体侧压力计算公式：

$$P_{max}=C_wC_c\left[7.2+\frac{1156}{T+17.8}+\frac{244R}{T+17.8}\right]$$
$$P_{max1}=1.0×1.2×\left[7.2+\frac{1156}{24+17.8}+\frac{244×4.2}{24+17.8}\right]$$
$$=1.2×[7.2+27.66+24.52]$$
$$=1.2×59.38=71.256\text{kPa}$$

$$P_{max2} = \rho \cdot g \cdot h = 2400 \times 9.81 \times 3.5 = 82404Pa = 82.404kPa$$

得出：$P_{max1} < P_{max2}$，故混凝土最大侧压力应为 71.256kPa。

33.1.2 国标中的侧压力计算

混凝土作用于模板的侧压力，根据测定，随混凝土的浇筑高度而增加，当浇筑高度达到某一临界值时，侧压力就不再增加，此时的侧压力即为新浇筑混凝土的最大侧压力。侧压力达到最大值的浇筑高度称为混凝土的有效压头。

当采用内部振捣器时，新浇筑混凝土作用于模板的侧压力可按下列公式计算，并取其中较小值：

$$\left. \begin{array}{l} F = 0.22\gamma_c t_0 \beta_1 \beta_2 v^{\frac{1}{2}} \\ F = \gamma_c H \end{array} \right\} \quad 两者取其中较小值$$

F——最大测压力（kN/m^2）。

γ_c——混凝土重力密度（kN/m^3）。

t_0——新浇筑混凝土初凝时间（h）；$t_0 = 200/(T+15)$，T 为混凝土温度。

β_1——外加剂影响校正系数。不掺外加剂时取 1.0，掺缓凝剂作用的外加剂时取 1.2。

β_2——坍落度影响校正系数。坍落度小于 30mm，取 0.85；坍落度为 50～90mm 时，取 1.0；坍落度为 110～150mm 时，取 1.15。

v——混凝土的浇筑速度（m/h）。

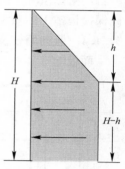

图 33-5 混凝土侧压力计算分布形式

有效压头高度（h）：$h = \dfrac{F}{\gamma_c}$，单位：m。

实例 4：混凝土墙高 $H = 4.0m$，采用坍落度为 30mm 的普通混凝土，混凝土的重力密度 $\gamma_c = 25kN/m^3$，浇筑速度 $v = 2.5m/h$，浇筑入模温度 $T = 20℃$，试求作用于模板的最大侧压力和有效压头高度。

解：根据条件，取 $\beta_1 = 1.0$ $\beta_2 = 0.85$

$$F = 0.22\gamma_c t_0 \beta_1 \beta_2 v^{\frac{1}{2}}$$

$$= 0.22 \times 25 \times \left(\frac{200}{20+15}\right) \times 1.0 \times 0.8 \times \sqrt{2.5}$$

$$= 42.2kN/m^2$$

由式 $F = \gamma_c H$ 得：$F = 25 \times 4.0 = 100kN/m^2$

两式取较小值，得最大侧压力为 42.2kN/m^2

有效压头高度：$h = F/\gamma_c = 42.2/25 = 1.7m$

第34章 模板设计

34.1 竖向模板设计

主要指根据计算出的混凝土侧压力值,对墙体、柱子进行模板设计,包括选择模板的材料,支撑系统,配件系统,辅助支撑系统,及针对这些材料及系统进行必要的验算,以确保模板施工的顺利实施。

34.1.1 竖向墙柱模板面板的选择与计算

面板的选择主要有两个指标:面板的厚度(sheathing thickNess)和龙骨最大间距(stud spacing)。确定这两个条件后,可以衡量面板的周转次数和经济成本,最终确定一个性价比合理的面板材料(图34-1)。

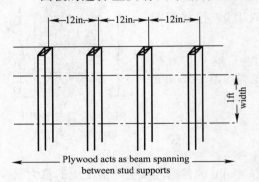

图34-1 竖向墙柱模板面板计算模型

34.1.1.1 面板挠度验算(bending check)

面板挠度验算即如果面板厚度固定,起决定作用的就是面板最大允许跨度,也就是次龙骨最大允许间距。如果次龙骨的间距固定,计算需要多大截面的面板可以承担荷载,根据计算选择木材或其他材料的面板。

(1)[ACI 347—2004]

$$l = 10.95\sqrt{\frac{F_b'S}{\omega}} \quad (已知面板厚度,求允许跨度)$$

$$F_b'S = \frac{\omega l^2}{120} \quad (已知跨度,求面板厚度)$$

式中 l——面板允许跨度(maximum allowable span,in);

F_b'——容许弯曲应力(allowable bending stress,psi);

S——截面模数(section modulus in^3)(=bd^2/6 for rectangular beam);

ω——均布荷载(uniformly distributed load,lb per lineal ft)。

(2)[GB 建筑施工计算手册]

当墙侧采用木模板时,支撑在内楞上,一般按三跨计算,按强度和刚度要求,容许跨度(间距)按下式计算:

$$M = \frac{1}{10}q_1 l^2 = [f_m] \cdot \frac{1}{6}bh^2$$

$$l = 147.1h\sqrt{\frac{1}{q_1}} \quad (面板厚度已知)$$

式中 M——墙体侧模板计算最大弯矩(N·mm);

q_1——作用在侧模板上的侧压力（N/mm）；

l——侧板计算跨度（mm）；

b——侧板宽度（mm），取 1000mm；

h——侧板厚度（mm）；

f_m——木材抗弯强度设计值，取 13N/mm²。

34.1.1.2　面板变形验算（deflection check）

面板变形验算就是在面板厚度固定，计算满足变形要求的最大允许跨度。另一种情况是，已知支撑面板的龙骨间距固定，根据变形公式反算相适应的惯性矩 I，选择合适的材料符合这个要求。在美国标准中最大允许变形值（Maximum allowable deflection of the sheathing）计算有两个公式，for Δ of 1/360 和 for Δ of 1/16 in，根据计算的结果，取两者中较小值。

（1）［ACI 347—2004］

取两者最小值
$$\begin{cases} l = 1.69\sqrt[3]{\dfrac{EI}{\omega}} & \text{（三连跨，面板厚度已知，for } \Delta \text{ of 1/360）} \\ l = 3.23\sqrt[4]{\dfrac{EI}{\omega}} & \text{（三连跨，面板厚度已知，for } \Delta \text{ of 1/16 in）} \end{cases}$$

l——span of length（in）. 跨度；

ω——uniformly distributed load，lb per lineal（ft）. 均布载荷；

E——modulus of elasticity，base design value（psi）. 弹性模量，木材取值 1500000（psi）；

I——moment of inertia（in）. 转动惯量。

（2）［GB 建筑施工计算手册］

按刚度要求：

$$\omega = \frac{q_1 l^4}{150EI} = [\omega] = \frac{1}{400}$$

$$l = 66.7h \cdot \sqrt[3]{\frac{1}{q_1}} \quad \text{（面板厚度已知）}$$

式中　ω——侧板的挠度（mm）；

$[\omega]$——侧板的容许挠度（mm）；

E——弹性模量，木材取 9.5×10³N/mm²，钢材取 2.1×105N/mm²；

I——侧板截面惯性矩（mm⁴）$I = \dfrac{bh^3}{12}$。

注：对变形值 Δ，国准的计算标准为：1/400，美国标准的计算标准为：1/360。

34.1.1.3　面板剪力验算（rolling shear check）

面板剪力验算，分两种情况，如果在面板厚度确定的情况下，计算最大跨度满足剪力要求。如果次龙骨的间距确定的情况下，计算满足剪力要求的龙骨截面尺寸及材料特性。

$$F_s = \frac{VQ}{Ib} = 0.6\omega L \times \frac{Q}{Ib}$$

$$V = 0.6\omega L \quad \text{（where } V = \omega L/2 \text{ for simply supported beams）}$$

式中　F_s——allowable rolling shear stress in plywood（psi）. 木材允许剪应力；

ω——uniformly distributed load（lb per lineal ft）. 均布载荷；

V——vertical shear force（lb）.（same as end reaction for simple beam）垂直剪力，同简支梁的支座反力相同；

L——span of bending member（ft）.净跨度（龙骨中心到中心的距离，rather than center to center of supports）；

$\dfrac{Ib}{Q}$——is taken from table 4-3 for SP4-2005. 参见表34-1。

胶合板厚度规格表   表 34-1

Sanded plywood, net thickness, in.	Minimum number of layers	Effective thickness for shear, all grades using exterlor glus	12-in. width, used with face grain parallel to span				12-in. width, used with face grain perpendicular to span				Approximate weight, lb	
			Area for tension and compression, in.^{2}	Moment of inertia I in.^{4}	Effective section modulus KS in.^{3}	Rolling shear constant Ib/Q in.^{2}	Area for tension and compression, in.^{2}	Moment of inertia I in.^{4}	Effective section modulus KS in.^{3}	Rolling shear constent Ib/Q in.^{2}	4x8 · ft sheet	per sq ft
$\frac{1}{4}$	3	0.267	0.996	0.008	0.059	2.010	0.348	0.001	0.009	2.019	26	0.8
$\frac{3}{8}$	3	0.288	1.307	0.027	0.125	3.088	0.626	0.002	0.023	3.510	35	1.1
$\frac{1}{2}$	3	0.425	1.947	0.077	0.236	4.466	1.240	0.009	0.087	2.752	48	1.5
$\frac{5}{8}$	5	0.550	2.475	0.129	0.339	5.824	1.528	0.027	0.164	3.119	58	1.8
$\frac{3}{4}$	5	0.568	2.884	0.197	0.412	6.762	2.081	0.063	0.285	4.079	70	2.2
$\frac{7}{8}$	7	0.586	2.942	0.278	0.515	8.050	2.651	0.104	0.394	5.078	83	2.6
1	7	0.817	3.721	0.423	0.664	8.882	3.163	0.185	0.591	7.031	96	3.0
$1\frac{1}{8}$	7	0.836	3.854	0.548	0.820	9.883	3.180	0.271	0.744	8.428	106	3.3

注：表中第7列区域通常是模板表面纹理为横纹，第11列区域为纵纹，计算时需分开对待。

34.1.2 竖向墙柱模板主、次龙骨的选择与计算

通过对面板的挠度，变形和剪力进行计算后，可以确定次龙骨的间距及截面尺寸，以此为依据，对主龙骨（wale spacing）间距及截面尺寸进行计算选择（图34-2）。

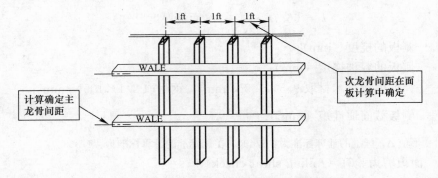

图 34-2 竖向墙体模板主次龙骨计算模型

注：次龙骨（stud span）的计算间距，在模板面板的计算中已经确定，在计算主龙骨（wale spacing）时，将作为已知条件。

34.1.2.1 ［ACI 347—2004］

（1）主次龙骨挠度验算（Bending check）

$$l=10.95\sqrt{\dfrac{F'_b S}{\omega}}$$，已知次龙骨 S 为 2×4（约 50×100mm）S4S，求允许跨度。

式中　l——面板允许跨度（maximum allowable span，in）；

　　　F'_b——容许弯曲应力（allowable bending stress，psi）（查表 table 4-2）；

　　　S——截面模数（section modulus in³）（$=bd^2/6$ for rectangular beam）（查表 table 4-1）；

　　　ω——均布荷载（uniformly distributed load，lb per lineal ft）。

PROPERTIES OF AMERICAN STANDARD BOARD, PLANK, DIMENSION, AND TIMBER SIZES COMMONLY USED FOR FORM CONSTRUCTION　　　TABLE 4-1B

Based on data supplied by the National Forest & Paper Association
X—X is the neutral axis

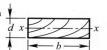
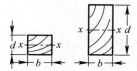

Nominal size, inches, $b \times d$	American Standard size, inches, $b \times d$, S4S, at 19% maximum moisture*	Area of section sq in., $A=bd$		Moment of inertia, in.⁴ $I=bd^4/12$		Section modulus, in.³ $S=bd^2/6$		Board feet per linear foot of piece	Approximate weight, lb per linear ft, for use in form design**
		Rough	S4S	Rough	S4S	Rough	S4S		
4×1	3½×¾	3.17	2.62	0.20	0.12	0.46	0.33	0.33	0.6
6×1	5½×¾	4.92	4.12	0.31	0.19	0.72	0.52	0.50	1.0
8×1	7¼×¾	6.45	5.44	0.41	0.25	0.94	0.68	0.67	1.3
10×1	9¼×¾	8.20	6.94	0.52	0.32	1.20	0.87	0.83	1.7
12×1	11¼×¾	9.95	8.44	0.63	0.39	1.45	1.05	1.00	2.0
4×1¼	3½×1	4.08	3.50	0.43	0.29	0.76	0.58	0.42	0.9
6×1¼	5½×1	6.33	5.50	0.68	0.46	1.19	0.92	0.63	1.3
8×1¼	7¼×1	8.30	7.25	0.87	0.60	1.56	1.21	0.83	1.8
10×1¼	9¼×1	10.55	9.25	1.11	0.77	1.98	1.54	1.04	2.3
12×1¼	11¼×1	12.80	11.25	1.35	0.94	2.40	1.87	1.25	2.7
4×1½	3½1¼	4.98	4.37	0.78	0.57	1.14	0.91	0.50	1.0
6×1½	5½×1¼	7.73	6.87	1.22	0.89	1.77	1.43	0.75	1.7
8×1½	7¼×1¼	10.14	9.06	1.60	1.18	2.32	1.89	1.00	2.2
10×1½	9¼×1¼	12.89	11.56	2.03	1.50	2.95	2.41	1.25	2.8
12×1½	11¼×1¼	15.64	14.05	2.46	1.83	3.58	2.93	1.50	3.4
4×2	3½×1½	5.89	5.25	1.30	0.98	1.60	1.31	0.67	1.3
6×2	5½×1½	9.14	8.25	2.01	1.55	2.48	2.06	1.00	2.0
8×2	7¼×1½	11.98	10.87	2.64	2.04	3.25	2.72	1.33	2.6
10×2	9¼×1½	15.23	13.87	3.35	2.60	4.13	3.47	1.67	3.4
12×2	11¼×1½	18.48	16.87	4.07	3.16	5.01	4.21	2.00	4.1
2×4	1½×3½	5.89	5.25	6.45	5.36	3.56	3.06	0.67	1.3
2×6	1½×5½	9.14	8.25	24.10	20.80	8.57	7.56	1.00	2.0
2×8	1½×7¼	11.98	10.87	54.32	47.63	14.73	13.14	1.33	2.6
2×10	1½×9¼	15.23	13.87	111.58	98.93	23.80	21.39	1.67	3.4
2×12	1½×11¼	18.48	16.87	199.31	177.97	35.04	31.64	2.00	4.1
3×4	2½×3½	9.52	8.75	10.42	8.93	5.75	5.10	1.00	2.1
3×6	2½×5½	14.77	13.75	38.93	34.66	13.84	12.60	1.50	3.4
3×8	2½×7¼	19.36	18.12	87.74	79.39	23.80	21.90	2.00	4.4
3×10	2½×9¼	24.61	23.12	180.24	164.89	38.45	35.65	2.50	5.6
3×12	2½×11¼	29.86	28.12	321.96	296.63	56.61	52.73	3.00	6.8

Norninal size, inches, $b \times d$	American Standard size, inches, $b \times d$, S4S, at 19% maximum moisture*	Area of section sq in., $A = bd$		Moment of inertia, in.^{4} $I = bd^4/12$		Section modulus, in.^{3} $S = bd^2/6$		Board feet per linear foot of piece	Approximate weight, lb per linear ft, for use in form design**
		Rough	S4S	Rough	S4S	Rough	S4S		
4×4	$3\frac{1}{2} \times 3\frac{1}{2}$	13.14	12.25	14.39	12.50	7.94	7.15	1.33	3.0
4×6	$3\frac{1}{2} \times 5\frac{1}{2}$	20.39	19.25	53.76	48.53	19.12	17.65	2.00	4.7
4×8	$3\frac{1}{2} \times 7\frac{1}{4}$	26.73	25.38	121.17	111.15	32.86	30.66	2.67	6.2
4×10	$3\frac{1}{2} \times 9\frac{1}{4}$	33.98	32.38	248.91	230.64	53.10	49.91	3.50	7.9
6×3	$5\frac{1}{2} \times 2\frac{1}{2}$	14.77	13.75	8.48	7.16	6.46	5.73	1.50	3.3
6×4	$5\frac{1}{2} \times 3\frac{1}{2}$	20.39	19.25	22.33	19.65	12.32	11.23	2.00	4.7
6×6	$5\frac{1}{2} \times 5\frac{1}{2}$	31.64	30.25	83.43	76.26	29.66	27.73	3.00	7.4
6×8	$5\frac{1}{2} \times 7\frac{1}{2}$	42.89	41.25	207.81	193.36	54.51	51.58	4.00	10.0
6×8	$7\frac{1}{2} \times 7\frac{1}{2}$	58.14	56.25	281.69	263.67	73.89	70.31	5.33	13.7

* Rough dry sizes are 1/8 in. larger, both dimensions.

** Based on a unit dry weight of 35 lb per cu ft. Actual weights vary depending on species and moisture contents. At 15 percent moisture content, the unit weight of Douglas Fir Larch is 34 lb per cu ft, and that of Southern Pine is 37 lb per cu ft. The other species commonly used in formwork in North America weigh less.

REPRESENTATIVE BASE DESIGN STRESSES, PSI, NORMAL LOAD DURATION, VISUALLY GRADED DIMENSION LUMBER AT 19 PERCENT MOISTURE, AND PLYWOOD USED WET

TABLE 4-2

Based on recommendations of the American Forest & Paper Association (Reference 4-3) and APA (Reference 4-8)

SPECIES AND GRADE	Extrema fiber bending stress, F_b	Compression $\perp$ to grain, F_{c1}	Compression $\parallel$ to grain, F_c	Horizontal shear, F_v ($\parallel$ to grain)	Modulus of elasticity, E
DOUGLAS FIR-LARCH					
No. 2, 2-4 in, thick, 2 in. and wider	900	625	1350	180	1600000
Construction, 2-4 in. thick, 2-4 in. wide	1000	625	1650	180	1500000
DOUGLAS FIR-SOUTH					
No. 2, 2-4 in. thick, 2 ln. and wider	850	520	1350	180	1200000
Construction, 2-4 in. thick, 2-4 in. wide	975	520	1650	180	1200000
SOUTHERN PINE	[size-adjusted values]				
No. 2, 2-4 in. thick, 2-4 in. wide	1500	565	1650	175	1600000
No. 2, 2-4 in. thick, 5-6 in. wide	1250	565	1600	175	1600000
No. 2, 2-4 in. thick, 8 in. wide	1200	565	1550	175	1600000
Construction, 2-4 in. thick, 4 in. wide	1100	565	1800	175	1500000
SPRUCE-PINE-FIR					
No. 2, 2-4 in. thick, 2 in. and wider	875	425	1150	135	1400000
Construction, 2-4 in, thick, 2-4 in. wide	1000	425	1400	135	1300000
HEM-FIR					
No. 2, 2-4 in. thick, 2 in. and wider	850	405	1300	150	1300000
Construction, 2-4 in. thick, 2-4 in. wide	975	405	1550	150	1300000
ADJUSTMENT FACTOR FOR MOISTURE CONTENT ABOVE 19%	0.85†	0.67	0.8‡	0.97	0.9
ADJUSTMENT FACTOR FOR MAXIMUM LOAD DURATION 7 DAYS OR LESS	1.25	...	1.25	1.25	...

SPECIES AND GRADE	Extrema fiber bending stress, F_b	Compression $\perp$ to grain, F_{cl}	Compression $\parallel$ to grain, F_c	Horizontal shear, F_v ($\parallel$ to grain)	Modulus of elasticity, E
OTHER APPLICABLE ADJUSTMENT FACTORS FOR LUMBER	Temperature, Size, * Flat Use, Beam Stability, and Rpetitive Member	Temperature, Bearing Area	Temperature, Size, * Cotumn Stability	Temperature	Temperature
PLYWOOD SHEATHING USED WET: Plyform B-B, Class 1(Grade stress level S2)	1545 **	Bearing on face:273	—	57 ***	1500000 ***

* NOTE: Size adjustments apply to all base bending stresses and compression parallel to the grain except Southern Pine. The size adjustments are already included in Southern Pine bending stresses and compression parallel to grain (in accordance with Reference 4-3). This makes Southem Pine seem relatively stronger in bending and compression $\parallel$. Consult Table 4-2B and Chapter 6 for detais of size adjustments. Size adjustment factor for construction and standard grades is 1. 0, in effect no correction for these grades.

注：在计算时，需要考虑温度调整系数，挠度调整系数（size factor & flat use factor and stability and bearing adjustments），具体系数参见《formwork for concorete》4-2A table and 4-2b table.

（2）主次龙骨变形验算（Deflection check）

主次龙骨允许变形要求小于 1/360，或者小于 1/8in，根据这一原则，最大允许跨度 l_{max} 如下：

$$\boxed{\text{取两者最小值}} \quad \begin{cases} l = 1.69 \sqrt[3]{\dfrac{EI}{\omega}} & \text{(for } \Delta \text{ of } 1/360) \\ l = 3.84 \sqrt[4]{\dfrac{EI}{\omega}} & \text{(for } \Delta \text{ of } 1/8 \text{ in)} \end{cases}$$

式中 l——span of length，in. 跨度；

ω——uniformly distributed load，lb per lineal ft. 均布载荷；

E——modulus of elasticity, base design value, psi. 弹性模量，木材取值，参见 table 4-2；

I——moment of inertia，in⁴. 转动惯量。

（3）主次龙骨剪力验算 ［Shear (horizontal) check］

F_v' 允许剪应力（allowable horizontal shear stress，psi）＝基底水平剪应力（base horizontal shear）×短期调整荷载系数（the adjustment for short-term loading）

$\because \quad F_v' = \dfrac{0.9\omega}{bd}\left(L - \dfrac{2d}{12}\right) \Rightarrow L = \dfrac{F_v bd}{0.9\omega} + \dfrac{2d}{12} \text{ ft}$

$\therefore \quad l = 13.33 \dfrac{F_v bd}{\omega} + 2d \text{ in}$

式中 l——span of length，in. 跨度；

ω——uniformly distributed load，lb per lineal ft. 均布载荷；

b——width of beam in. 龙骨宽度，参见 table 4-2 中所列尺寸；

d——depth of beam，in. 龙骨高度，参见 table 4-2 中所列尺寸；

L——the allowable span in ft. 允许跨度。

> $b \& d$ 所列尺寸均为实际尺寸（actual size.）如，2×4 S4S 的梁，则计算时应该为 $b \times d = 1\frac{1}{2} \times 3\frac{1}{2}$ in，详细请参考表 4-1B，第 2 列。

34.1.2.2 ［GB 建筑施工计算手册］

模板龙骨承受墙侧模板作用的荷载，按多跨连续梁计算，其容许跨度（间距）按下式计算：

（1）当采用木龙骨时

按强度要求：

$$M = \frac{1}{10}q_2 l^2 = [f_m] \cdot W \Rightarrow l = 11.4 \sqrt{\frac{W}{q_2}}$$

按刚度要求：

$$\omega = \frac{q_2 l^4}{150EI} = [\omega] = \frac{1}{400} \Rightarrow l = 15.3 \cdot \sqrt[3]{\frac{I}{q_2}}$$

（2）当采用钢龙骨时

按强度要求：

$$M = \frac{1}{10}q_2 l^2 = [f] \cdot W \Rightarrow l = 46.4 \sqrt{\frac{W}{q_2}}$$

按刚度要求：

$$\omega = \frac{q_2 l^4}{150EI} = [\omega] = \frac{1}{400} \Rightarrow l = 42.86 \cdot \sqrt[3]{\frac{I}{q_2}}$$

式中　M——龙骨计算最大弯矩（N·mm）；

　　　q——作用在龙骨上的荷载（N/mm）；

　　　l——龙骨计算跨度（mm）；

　　　W——龙骨截面抵抗矩（mm³）；

　　　ω——龙骨的挠度（mm）；

　　　$[\omega]$——龙骨的允许挠度，取 1/400；

　　　I——龙骨的截面惯性矩（mm⁴）；

　　　f_m——木材抗弯强度设计值，取 13N/mm²；

　　　$[f]$——钢材抗拉，抗压，抗弯强度设计值，采用 Q235 钢，取 215N/mm²。

34.1.3　竖向墙柱模板背楞的选择与计算

墙柱模板的背楞（主龙骨）间距直接决定着穿墙螺栓的竖向（当次龙骨为横向时）距离，穿墙螺栓通过两个并行排列的背楞（主龙骨）抵消来自模板的荷载，从而达到约束模板的作用。通常背楞的材料及间距是在模板设计中预先设计确定的（当在清水混凝土施工时，更是如此）。其他模板组件在设计时要尽量避开预先设计好的螺栓孔位置（tie rod location）。

竖向墙柱模板背楞的计算原理是依据上节计算得出的主龙骨间距 L 和最大侧压力 P，以及作为模板背楞的截面模量 S，三者要满足在有效压头至模板底端区间内，模板背楞的实际距离 $l \leqslant L$，在最大侧压力 P 下，能够保证模板最大挠度及变形的达到计算要求，选择合适的截面 S 及材料作为背楞（图 34-3、图 34-4）。

计算模板背楞时常用公式：

$$F'_b S = \frac{\omega l^2}{120} \Rightarrow S = \frac{\omega l^2}{120 F'_b}$$

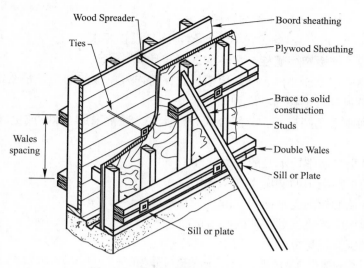

图 34-3　背楞与次龙骨的位置关系

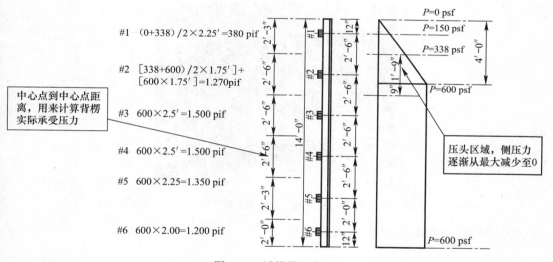

图 34-4　计算模板背楞

例：有一木模板，允许挠度强度 F'_b 为 1687psi，主龙骨跨度 l 为 36in，用两根木梁作为背楞，且背楞需要承受最大 1500lb/ft 的压力，试求选用多大截面的木梁作为背楞。

根据公式：

$$S = \frac{\omega l^2}{120F'_b}$$

$$S = \frac{1500 \times 36^2}{120 \times 1687}$$

$$S = 9.60 \text{ in}^3 \text{(required section modulus)} \qquad ①$$

通常情况下，背楞都是两个龙骨共同使用，根据表 4-1B，一般选择 2×4 S4S 作为背楞材料，则：

$S = 2\times3.06 = 6.12 \text{ in}^3 < ①$式中的 S 值，放弃。

选择稍大一些的 3×4 S4S 作为背楞材料：

$S=2\times5.10=10.20$ in^3＞①式中的 S 值，满足设计要求。

34.1.4 竖向墙柱模板穿墙螺栓与吊环的选择与计算

模板穿墙螺栓用于连接内、外两组模板。保持内外模板的间距，承受混凝土侧压力对模板的荷载，模板具有足够的刚度和强度。

穿墙螺栓通常采用圆杆式，分组合式和整体式。通常采用 Q235 或更高材质制成。

$$P=F\cdot A$$

式中　P——模板穿墙螺栓承受的拉力（N）；

　　　F——模板混凝土的侧压力（N/m^2）；

　　　A——穿墙螺栓的受荷面积（m^2），其值为：$A=a\times b$；

　　　a——模板穿墙螺栓的横向间距（m）；

　　　b——模板穿墙螺栓的纵向间距（m）。

注：穿墙螺栓受荷面积通常是两个螺栓之间的横向距离的一半（$L_a/2$）×两个穿墙螺栓的纵向距离的一半（$L_b/2$）的面积，见图34-5。穿墙螺栓在不同的侧压力下的拉力计算曲线如图34-6所示。

图 34-5　受力螺栓设计"作用区域"为与相邻螺杆杆间距离一半围成的区域

图中阴影区域面积就是穿墙螺栓的受荷面积。

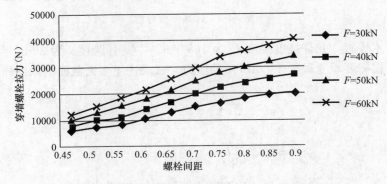

图 34-6　穿墙螺栓在不同的侧压力下的拉力计算曲线

实例：已知混凝土对模板的侧压力为 26kN/m^2，拉杆横向间距为 0.75m，纵向间距为 0.85，试选用穿墙螺栓的直径。

解：按公式计算穿墙螺栓所承受的拉力

$$P = 26000 \times 0.75 \times 0.85 = 16575\text{N}$$

又可查表 34-2。

穿墙螺栓的力学性能

表 34-2

螺栓直径（mm）	螺栓内径（cm）	净面积（cm²）	容许拉力（N）	重量（kg/m）
M12	0.985	0.76	12990	0.89
M14	1.155	1.05	17800	1.21
M16	1.355	1.44	24500	1.58
M18	1.493	1.74	29600	2.00
M20	1.693	2.25	38200	2.45
M22	1.893	2.82	47900	2.98

注：机制螺栓计算容许应力 $[\sigma] = 135 \times 1.25 = 170\text{N/mm}^2$。

选用 M14 螺栓，其容许拉力为 17800N＞16575N，可以满足施工要求。

美国标准中，对穿墙螺栓的计算采用如下公式：

$$A_{\text{tie}} = \frac{P_{\text{av}} \times A_{\text{form}}}{f_{\text{st}}}$$

式中　A_{tie}＝cross-sectional area of the tie rod，sq in. 穿墙螺栓截面积，单位：平方英寸；

P_{av}＝average lateral pressure on the form area being considered. psf（作用在模板上的平均侧压力，单位：磅每平方英尺）为了确保施工安全，此处可采用最大侧压力（P_{max}），安全系数取值，2；

A_{form}＝contributing form area，sq ft（穿墙螺栓受压面积，单位：平方英尺）；

f_{st}＝allowable working stress for tie material（螺栓的允许安全应力，一般钢结构为 22000psi，其他材料根据不同的加工等级确定）。

34.2　水平模板设计

主要指根据计算出的混凝土重力荷载及施工荷载，部分梁的侧压力，对楼板、梁进行模板承载力演算，在符合承载力要求的前提下，合理地选择模板的材料，支撑系统，配件系统，辅助支撑系统（图 34-7～图 34-9）。

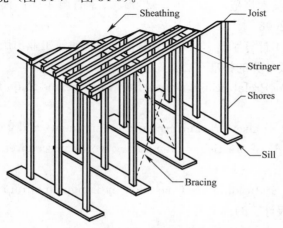

Sheathing
Joist
Stringer
Shores
Sill
Bracing

图 34-7　美标中水平模板的主要组成结构

图 34-8　国内比较常见的水平模板支模示意图

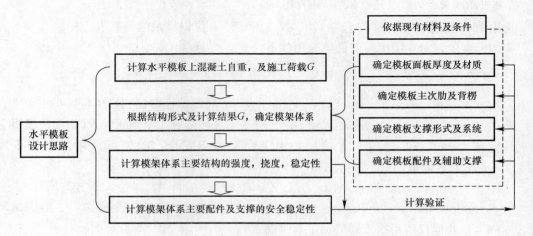

图 34-9　水平模板设计基本流程图

目前国内水平梁板模板及其支撑计算主要参考：《建筑施工扣件式钢管脚手架安全技术规范》JGJ 130—2001

《建筑施工木脚手架安全技术规范》JGJ 164—2008，《建筑施工碗扣式钢管脚手架安全技术规范》JGJ 166—2008

《建筑施工模板安全技术规范》JGJ 162—2008，《钢管脚手架、模板支架安全选用技术规程》DB11/T 583—2008

参考书目：《建筑施工计算手册》，江正荣编著，中国建筑工业出版社

英国标准中涉及模板计算的标准有：

BS EN 13377—2002〈Prefabricated timber formwork beams-Requirements，classification and assessment〉

BS EN 12812—2004〈Falsework-Performance requirements and general design〉

BSI 5975—2008〈code of practice for temporary works procedures and the permissible stress design of falseworks〉

参考书目：《Access Scaffolding》S. Champion by Langman Group Limited

美国标准中涉及模板计算的标准有：

ACI 347—2004〈Guide toformwork for concrete〉

ACI SP4—2005〈formwork for concrete〉

参考书目：

《Concrete Formwork System》1999 Awad S. hanna 威斯康星州大学

34.2.1 水平模板的种类

根据不同的结构形式，水平模板通常有以下 7 种：

（1）conventional wood system（stick form）.普通木模板系统（木方胶合板系统，木梁胶合板系统等）

（2）conventional metal（aluminum）system（improved stick form）.普通金属模板（铝合金）系统（全钢，全铝，钢框，铝框等模板系统）

（3）flying formwork system. 飞模系统

（4）column-mounted shoring system. 铝合金柱头支撑系统（同国内 150 Aluminium slab formwork system）

（5）tunnel forming system. 隧道模板系统

（6）joist-slab forming system. 梁板模板系统

（7）dome forming system. 圆屋顶模板系统，材料有泡沫、纤维板、玻璃钢、聚氨酯橡胶等组成的模板面板

在美国也会将水平模板按照不同系统的支拆形式及重量分为：手工安装（hand-set systems）和机械安装（Crane set Systems）两种。以上几种水平模板系统，较常用的为梁板模版系统（joist-slab forming system 梁板模板系统），下边将以梁板系统为例，介绍如何对水平梁板模板进行设计。

梁板模板的主要组成形式：

面板：模板面板是模板设计的首要考虑的问题之一，通常会从经济成本，周转次数，面板厚度，强度，重量以及切割及拼装的难易程度出发。在满足强度和周转次数的前提下，尽量选择经济成本低廉、重量轻、厚度薄、便于切割和搬运的面板。常用的有胶合板、竹胶板、木板、三合板、钢板、泡沫板、玻璃钢面板等。（面板的强度很大程度取决于次龙骨的布置间距）计算部分请参考本章第 1 节和第 2 节内容。

主次龙骨：模板面板主要由次龙骨（纵肋）和主龙骨（背楞）来固定和支撑，并将面板上的施工荷载均匀地传递到下方的支撑上。

设计模板次龙骨时需要充分考虑到两个因数：次龙骨的水平布置间距（图 34-10 L_1 的距离）和次龙骨的跨度（即主龙骨的水平布置间距 L_2），设计时需要用假设间距（L_1'）去验证

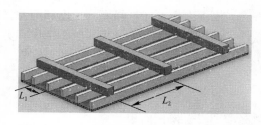

图 34-10　模板面板与龙骨之间的位置关系

面板的强度及最大挠度，当不满足要求时，可以缩小 L_1 值，直至满足条件为主。当 L_1 值确定后，可以用 L_2'（主龙骨假设间距）值去演算次龙骨的最大跨度允许值，当 L_2' 值无法满足要求时，可以增加此龙骨的截面面积或替换其他材质的材料，使之强度能够达到设计要求为止。同理，通过计算支撑的立杆承载力及主龙骨的强度，可以确定主龙骨的截面面积，当在支撑跨度一定的条件下，通过改变主龙骨的截面面积和材质，来支撑强度要求。

经过以上思路，可以确定模板的面板、次龙骨的截面及间距 L_1、主龙骨的截面及间

距 L_2，模板的大部分结构已经完成初步设计。

支撑系统：支撑系统是在模架系统中占有重要地位，其主要把混凝土及施工中的各种荷载通过模板的面板主次龙骨的传递转移至支撑上，并通过支撑将荷载充分卸荷至地面。

水平模板的支撑通常有钢管脚手架支撑系统，碗扣式脚手架支撑系统，门式架支撑系统，铝合金独立支撑系统，盘扣式脚手架支撑系统，钢独立支撑系统，木支撑系统及其他形式的支撑。

设计模板支撑系统时，首先要考虑：

客观条件：规范及业主要求，混凝土的结构形式，支撑高度，模板的综合荷载及所需要的最大的压力值。

主观条件：项目的周转施工工期，经济成本要求，工人的操作熟练程度及当地物资及采购情况。

在设计时，首要满足主观条件要求，然后在工期允许的情况下，尽量采用经济低廉，操作简单的支撑系统为宜。

配件系统：模板的配件系统通常包括墙柱板梁等普通结构所需要的穿墙螺栓（及配套的螺母垫片，套管堵头等），扣件，顶托和底托，各种支撑头及插板、插销。还有专业用的梁夹具，梁背楞。芯带及插销，模板定型阳角支座，直角背楞等。

清水工程用的 pvc 装饰条，pvc 倒角条，聚氨酯模板衬垫（form liner）部分模板系统需要用到的预埋螺栓，爬锥及配套螺母支座及插销。

台模系统应用的液压或电动升降车，吊装插板，吊钩等。

配件系统的设计需要根据模板系统的设计而定，在选择了某种模板系统及支撑系统后，配件系统也基本确定下来了。配件系统的数量通常要考虑5%左右的损耗，如特殊件（加工定做而成的），需要储备一定量的备用件，以备维修更换使用。

34.2.2 水平梁、板模板的计算

水平模板设计的计算环节是保证模板及支撑系统能够有足够的强度和稳定性，保证工程施工顺利实施。

水平模板需要计算的构件：

模板面板：计算强度，挠度和剪力（梁侧模板时，需要计算侧压力）。

模板主次龙骨：计算强度，挠度和剪力。

模板支撑：计算允许应力及稳定性。

穿墙螺栓：计算允许拉力。

吊钩、埋件等水平模板暂不涉及。

34.2.2.1 模板面板计算

第一步：确定模板面板上的荷载估计值（ESTIMATE LOADS）

例如：8in 的混凝土楼板，则：

① 固定荷载（dead load, concrete and rebar）8in/12×150psf＝100psf

② 最小施工活荷载（Minimum construction live load on forms）＝50psf（估算定值）

③ 模板重量估算值（formwork weight estimated）＝8psf

ACI 中计算荷载估算值

综合设计荷载 w（估算值）：100psf＋50psf＋8psf＝158psf

同样以 8in 的混凝土楼板为例，按照中国规范，计算估算荷载值：

钢筋混凝土自重（kN/m）：$0.2032(8in) \times 25 \times 1 = 5.8 kN/m$

模板的自重线荷载，采用普通的木模板，这里暂按照 0.5kN/m

施工活荷载：（施工荷载标准值与振捣混凝土时产生的荷载）kN，这里暂时按照 3kN/m

均布荷载：$q = 1.2 \times 5.8 + 1.2 \times 0.5 = 7.56 kN/m$

集中荷载：$P = 1.4 \times 3.0 = 4.2 kN$

➡ 计算时需合并考虑 ➡ GB 中计算荷载估算值

注：ACI 中并没有直接考虑集中荷载情况。这与国标（GB）的荷载取值有较大出入，且 GB 的各种荷载值取值偏大，在模板设计中，虽然有较高的安全系数，但不利于节约资源。

例如：ACI 中活荷载的取值为 $50 lb/ft^2$（$2.4 kN/m^2$），GB 中规定的活荷载包括：人员设备荷载标准值（$Q_{1K} = 2.5 kN/m^2$）；振捣混凝土时产生的荷载标准值（$Q_{2K} = 2 kN/m^2$）；倾倒混凝土时对模板的水平荷载产生的载荷标准值（$Q_{3K} = 2 kN/m^2$）故：

依照 GB 计算模板挠度时，活荷载的取值 $Q = 2.5 + 2 + 2 = 4.5 kN/m^2 > ACI$ 中的 50psf（$2.4 kN/m^2$）

第二步：确定模板结构及力学参数（SHEATHING DESIGN）

例如：模板面板为普通胶合板面板，厚度为 $\frac{3}{4}$ in（18mm），则：

允许压力值可以从第 9 章第 1 节表 4-2 中查到：

➡ 查表可得 ➡

$F_b = 1545 psi$ (base design value of bending stress. psi) 弯曲应力设计值

$F_s = 57 psi$ (allowable rolling shear stress in plywood，psi) 胶合板允许剪应力

$E = 1500000 psi$ (modulus of elasticity，base design value，psi) 弹性模量

$S = 0.412 in^3$ section modulus，in^3（$bd^2/6$ for rectangular beam）截面模量

$I = 0.197 in^4$ moment of inertia，in^4（$= bd^3/12$ for rectangular beam）转动惯量

$Ib/Q = 6.762 in^2$（rolling shear constant，in^2）滚切剪常量

第三步：计算强度（check bending）

如果模板次龙骨的型号尺寸已知，计算最大允许跨度，这个跨度就是主龙骨的最大允许间距。

如果模板次龙骨的跨度因其他工作条件限制，变换不同的截面尺寸，根据需要的截面模数 S，选择合适的次龙骨。

ACI SP4-2005：l_b（强度允许下的最大跨度）$= 10.95 \sqrt{\dfrac{F_b S}{w}}$

$l_b = 10.95 \times \sqrt{\dfrac{1545 \times 0.412}{158}} = 22 in$（次跨度是根据胶合板的强度计算得出的最大跨度，但次跨度往往不能满足挠度及剪切力的要求，故仍需检验挠度及剪力）

第四步：计算挠度（check deflection）

计算原理：已知条件参考图 34-11 示意，在 1ft 宽的面板，最大允许挠度 Δ 为 1/360 或者 1/16in，取两者最小值。

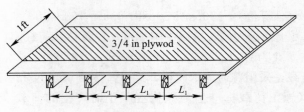

图 34-11　计算挠度

取两者
最小值

l_d （基于挠度允许条件下，最大允许跨度）$= 1.69 \sqrt[3]{\dfrac{EI}{w}}$ （Δ 为 1/360）$l_1 = 20.8$in

l_d （基于挠度允许条件下，最大允许跨度）$= 3.23 \sqrt[4]{\dfrac{EI}{w}}$ （Δ 为 1/16）$l_2 = 21.1$in

第五步：计算连续剪力 （check rolling shear）

$$F_S = \frac{VQ}{Ib} = 0.6\omega L \times \frac{Q}{Ib}$$

$$\therefore \quad L_S （连续剪力允许情况下最大允许跨度）= \frac{F_S}{0.6\omega} \times \frac{Ib}{Q}$$

$$L_S = 48\text{in}$$

第六步：确定面板最终合理跨度 L_{final} （final span for sheath）

项目	bending allowing span l_b	deflection allowing span l_d	Rolling shear allowing span l_s
参数	$l_b = 22$in	$l_d = 20.8$in	$l_s = 48$in
结果	根据面板跨度计算得：$L_{\text{final}} = 20.8$in （取三者最小值），则次龙骨最大跨度不能超过此值		

注：以上数据仅供举例说明，不作为具体理论依据。

34.2.2.2　模板次龙骨计算

例如：次龙骨拟用 2×4in 截面木材，规格为 S4S，通过查表可得：

bd （截面面积）$= 5.25\text{in}^2$ （查表 4-1B 灰色区域得，实际截面尺寸为 $1\frac{1}{2}$in $\times 3\frac{1}{2}$in）

$F_b' = 1000$psi （allowable of bending stress. psi） 许用应力设计值

$F_v' = 180$psi （allowable of shear stress，psi） 许用剪力设计值

$E = 1500000$psi （modulus of elasticity，base design value，psi） 弹性模量

$I = 5.36\text{in}^4$ moment of inertia，in^4 （$= bd^3/12$ for rectangular beam） 转动惯量

$S = 3.06\text{in}^3$ section modulus，in^3 （$bd^2/6$ for rectangular beam） 截面模量

The equivalent uniform load ω on each joist is：

$$\omega = \frac{\text{joist spacing. in}}{12} \times \text{design load. psf} = 274\text{psf}$$

第一步：计算抗弯强度 （checking bending）

$$l_b（强度允许条件下的最大跨度）= 10.95 \sqrt{\frac{S \cdot F_b'}{\omega}}$$

$$l_b = 10.95 \sqrt{11.168} = 10.95 \times 3.34 = 36.6\text{in}$$

第二步：计算挠度 （checking deflection）

$$l_d(挠度允许条件下的最大跨度)=1.69\sqrt[3]{\frac{EI}{\omega}}$$

$$l_d=1.69\sqrt[3]{29343.07}=1.69\times30.84=52.12\text{in}$$

第三步：计算剪力（checking shear）

$$l_s(剪力允许条件下最大跨度)=\frac{bdF'_v}{0.9\omega}+\frac{2d}{12}$$

$$l_s=\frac{180\times5.25}{0.9\times274}+\frac{2\times3.5}{12}=4.41\text{ft}=52.96\text{in}$$

项目	bending allowing span l_b	deflection allowing span l_d	Rolling shear allowing span l_s
参数	$l_b=36.6\text{in}$	$l_d=52.12\text{in}$	$l_s=52.96\text{in}$
结果	根据次龙骨跨度计算得：$L_{final}=36.6\text{in}$（取三者最小值），则主龙骨最大跨度不能超过此值		

34.2.2.3 模板主龙骨计算

模板主龙骨的最大间距其实就是支撑的最大间距，同样，先求出每个主龙骨上的均布荷载：

$$\omega=\frac{\text{stringer spacing.in}}{12}\times\text{load on form.psf}$$

由于计算次龙骨的时候，已经得出了主龙骨最大跨度不能超过 36.6in ，结合实际施工情况，取 stringer spacing＝36in

$$\omega=\frac{36}{12}\times158=474\text{psf}$$

通常，施工中常采用 4in×4in 的方木作为主龙骨材料，以下对其抗弯能力、挠度变形及剪力进行计算，看能否满足要求。

查表 4-1B 得：
$$d(木材实际有效尺寸)=3.5\text{in}$$
$$bd(木材截面积)=12.25\text{in}^2$$

$S[\text{section modulus,in}^3(\text{bd}^2/6\text{ for rectangular beam})]$ 截面模量＝7.15in³

$I=12.50\text{in}^4$ [moment of inertia, in⁴ （＝bd³/12 for rectangular beam）] 转动惯量

第一步：计算弯曲变形强度（checking bending）

$$l_b(强度允许条件下的最大跨度)=10.95\sqrt{\frac{SF'_b}{\omega}}$$

$$l_b=10.95\sqrt{\frac{1000\times7.15}{474}}=42.5\text{in}$$

第二步：计算挠度（checking deflection）

$$l_d(挠度允许条件下的最大跨度)=1.69\sqrt[3]{\frac{EI}{\omega}}$$

$$l_d=1.69\sqrt[3]{31778}=53.5\text{in}$$

第三步：计算剪力（checking shear）

$$l_s(剪力允许条件下最大跨度)=\frac{bdF'_v}{0.9\omega}+\frac{2d}{12}$$

$$l_s=\frac{180\times12.25}{0.9\times474}+\frac{2\times3.5}{12}=5.75\text{ft}=69\text{in}$$

项目	bending allowing span l_b	deflection allowing span l_d	Rolling shear allowing span l_s
参数	$l_b = 42.5\text{in}$	$l_d = 53.5\text{in}$	$l_s = 69\text{in}$
结果	根据次龙骨跨度计算得：$L_{final} = 42.5\text{in}$（取三者最小值），则主龙骨最大跨度不能超过此值		

注：根据以上三组计算数据，可以发现弯曲强度起到了决定性作用，即支撑的间距不能大于 42.5in，根据支撑系统的产品模数可以选择 36in（900mm）支撑间距，设计师在设计模板支撑的时候，往往会根据模板的尺寸合理确定支撑间距的大小，通常胶合板长度为 2440mm，显然选择 45in（1200mm）支撑间距更为合理。但 45in 明显超过了计算的 42.5in 的最大允许间距，为此，可以更换主龙骨（stringers）的截面尺寸（在 4-2B）选择，例如，选择 3in×6in 木材，则通过计算：

$$l_b（强度允许条件下的最大跨度） = 10.95\sqrt{\frac{SF_b'}{\omega}}$$

$$l_b = 10.95\sqrt{\frac{1000 \times 12.6}{474}} = 56.4\text{in} > 45\text{in}，满足要求（图 34-12）$$

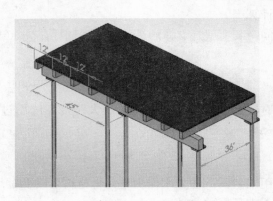

图 34-12 主龙骨跨度

34.2.2.4 模板支撑计算

由前面计算可知模板的模板主龙骨跨度是 45in（3.75ft），主龙骨间距 36in（3ft），则每个支撑单元的面积为：11.25ft^2，如图 34-13 所示。

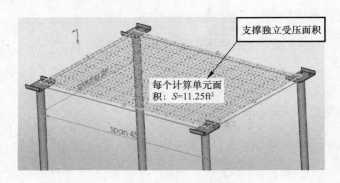

图 34-13 每个支撑单元的面积

前面计算得知，均布荷载为 158psf，则：
$$11.25\text{ft}^2 \times 158\text{psf} = 1778\text{lb}$$

在净高 8in 的支撑范围内，可调钢支撑的安全工作荷载 3000lb，因此，只需计算支撑作用在主龙骨上的剪切力是否满足要求即可。

（1）主龙骨与U托受压面积（见图34-14所示区域）为3in宽，4in长，则受压面积：

$$S = \frac{\text{toal shore load}}{\text{bearing area}} = \frac{1778}{3 \times 4} = 148.17\text{psi} < F_\text{C} \perp 625\text{psi}（垂直挤压木材顺纹弹性模量）$$

满足要求。

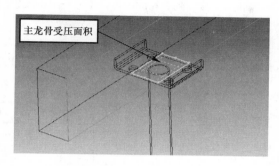

图 34-14　主龙骨受压面积

（2）主龙骨与次龙骨的受压剪力计算（图34-15）

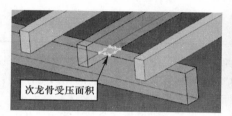 

图 34-15　主次龙骨接触面积示意图

由前面计算可知，次龙骨的间距（spacing）是12in，次龙骨跨度（span）是36in，则：

传递到主龙骨的压力为：$\frac{12}{12} \times \frac{36}{12} \times 158\text{psf} = 474\text{lb}$

主次龙骨接触面积为：$S = 3\text{in} \times 1\frac{1}{2}\text{in} = 4.5\text{in}^2$

主次龙骨接触面传递压力值为：$\frac{474}{4.5} = 105.33\text{psi} < F_\text{C} \perp 625\text{psi}$（垂直挤压木材顺纹弹性模量）

满足要求。

（3）钢管支撑承载力计算（美标）

1）计算长细比（SLENDERNESS RATIO）

$$\lambda = \frac{Kl}{r}　（长细比公式，钢支撑的长细比不许超过200）$$

K——有效长度系数（effective length factor），当$K=1$时是使用钢支撑，且假定为铰接；

l——自由长度（unsupported length in inches）；

r——回转半径（radius of gyration）若钢管支撑的内外直径均已知的情况下，

$$r = \frac{\sqrt{I.D^2 + O.D^2}}{4} \quad A = \frac{\pi}{4}(O.D^2 - I.D^2)$$

注：中国规范中对支撑系统的长细比计算较为保守，$\lambda = \frac{l+2a}{r}$，式中 a 为模板主龙骨下端与脚手架支撑扣件间的距离，通常取最不利长度 500mm 计算。长细比临界值为 250，而在美标中，只提到了 l 自由长度，其取值主要是第一个标准节连接点到底托的距离，K 为长细比系数，钢脚手架通常取 1。长细比临界值为 126。

2）安全压力（ALLOWABLE STRESS）

轴向荷载，在无破损的钢管支撑的前提下，安全压力的计算公式如表 34-3 所示。

安全压力的计算公式 表 34-3

长细比临界值	容许压力
当长细比 $\left(\frac{l}{r}\right)$ 小于系数 C_c 时，C_c（屈服强度为 36000psi 时的长细比临界值）$= \sqrt{\frac{2E\pi^2}{Fy}} = 126$	容许压力计算公式： $$\frac{P}{A} = \frac{\left[1 - \frac{\left(\frac{l}{r}\right)^2}{2C_c^2}\right]Fy}{FS}$$
当长细比 $\left(\frac{l}{r}\right)$ 大于系数 C_c 时，C_c（屈服强度为 36000psi 时的长细比临界值）$= \sqrt{\frac{2E\pi^2}{Fy}} = 126$	容许压力计算公式： $$\frac{P}{A} = \frac{149000000}{(l/r)^2}$$

注：综上所述，在支撑系统的材料决定着自身的承载能力，也就是说，当一种支撑系统的材质选定后，其支撑承载能力也是选定了的，计算支撑承载情况，就是计算与之相关联的主次龙骨在传递力的过程中是否超过其允许的最大承压能力，这就是美国标准关于支撑系统计算的主要思路。

在中国国标下的模板支撑及主次梁计算，请参见《建筑施工模板安全技术规范》JGJ 162—2008；《建筑施工木脚手架安全技术规范》JGJ 164—2008；《钢管脚手架、模板支架安全选用技术规程》DB11/T 583—2008；《建筑施工碗扣式钢管脚手架安全技术规范》JGJ 166—2008 及建筑施工计算手册第 8 章《模板工程》等内容。

34.3 基础模板设计

主要是针对不同的基础形式设计不同的模板类型，并根据不同的模板类型选择相适应的支撑系统。

基础结构大致可以分为几个部分：筏板基础，墙基础（条形基础），柱基础（独立基础），梁基础等类型。对不同的基础类型，有不同的模板设计模式，

基础通常深埋于地下，因此外观不是特别重要，主要保证墙体、柱子的位置与建筑结构平面图上的位置一致即可。因此，基础模板可采用旧的周转材料或者模板切割的边角余料来拼接制作。合理利用现有材料，是基础模板设计时的经济环保原则。

基础通常安放在混凝土垫层之上（个别基础例外），然后基础和垫层之间会有防水材料，基础垫层通常会宽出基础 5~10cm，因此，基础模板在支撑设计时，要充分考虑到这些客观因素。对于基础下边土质较好的地质情况，可以将基础的埋件取消，直接用木方或废弃钢筋砸入泥土中固定模板及支撑。如果基础下边的土质较松软，如砂子质地，则需要按照如图 34-16 所示支撑基础模板。这就是基础模板设计的因地制宜原则。

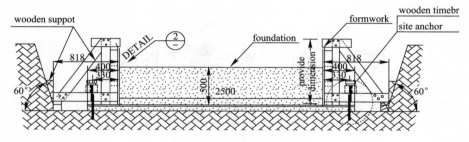

图 34-16　基础支撑示意图

　　基础在施工时，通常会划分成几个不同作业区，因此在模板设计时，要综合考虑各个区域之间的共同点，尽可能多地通用并参与流水。基础模板与基础支撑尽量分开设计，好的设计方案可以将基础支撑设计成模块化，在使用时可流水使用，方便拆装，又不浪费材料。因此，基础模板设计时要考虑流水作业原则。

第35章 模板施工图设计

35.1 模板施工图设计原则

模板设计完成后，重要的工作就是模板施工图的绘制，其主要是根据合同图纸将相关规范及模板的详细信息通过图纸准确的传递给施工现场的工人。而且还可以使加工厂的工人能够参照设计图纸制作加工各种不同型号的模板。

（1）模板施工图主要分为以下几种：

模板现场施工图：用来详细指导模板布置位置，安装要求，及施工流水的图纸。

模板加工图：用来供加工厂加工拼装制作模板的图纸。

模板节点图：是针对工程特殊结构，特殊部位的模板支设及安装过程进行有针对性的图。

模板演示图：通常针对液压自爬模，液压滑模，牵引台车，桥墩模板等模板支模拆模等连续动作进行动画及三维效果演示。通常用在投标时使用。

（2）完美的施工设计图应该包括：基本的图标、图例及注意信息等。具体要求如下：

1）绘制配板设计图、连接件和支撑系统布置图、细部结构和特殊结构模板详图和节点详图；

2）根据结构构造形式和施工条件确定模板荷载，对模板和支承系统做力学验算；

3）编制模板与配件的规格、品种与数量明细表；

4）制定技术及安全措施，包括模板结构安装及拆卸的程序，特殊部位、预埋件及预留孔洞的处理方法，必须的加热、保温或隔热措施，安全措施等；

5）制定模板及配件的周转使用与计划；

6）编写模板工程施工说明书。

35.2 模板施工图设计步骤

首先是模板选型，其次是划分流水段，绘制结构流水划分图，然后依次分析模板荷载等级，竖向模板设计（包括面板设计、背楞设计、支撑设计）、水平模板设计（包括面板设计、背楞设计、支撑设计）、绘制模板设计节点图、绘制配板图、绘制支撑节点图、编辑配件清单、拆除流程设计。

35.2.1 模板选型

模板体系的选定要根据结构类型、工期计划等条件来确定。常见的模板形式有全钢大模板、钢框木模板、塑钢模板等类型，支撑类型有碗口架、门架支撑、扣件钢管架、独立支撑、快拆支撑等类型。

35.2.2 流水划分

流水段的划分要根据施工进度、混凝土浇筑量、施工设备等情况来确定。根据划分的流水段，计算出划分的流水段的区域面积、墙体面积、混凝土浇筑量等数据。

35.2.3 模板布排

模板布排有三种排布优先方法：角模优先法、大模板优先法、混合优先法。这三种方法各有优缺点。角模优先法，可以减少角膜规格，便于生产和安装，但是容易产生非标模板，影响模板的周转使用。大模板优先法是大模板相对标准化，规格较少，便于重复利用，缺点是进深变化大时角膜规格较多，增加安装难度。混合优先法就能兼顾前两种方法的优点，缺点是配模难度高。

35.2.4 特殊节点配置

特殊节点如井道、圆弧墙体、柱等特殊结构构件的模板布置，根据规格尺寸，配置相应的模板。

35.2.5 模板结构设计计算

对模板的面板、背楞、支撑、对拉螺栓等进行结构设计和变形验算，选取合适的截面类型和尺寸。

35.2.6 绘制面板施工图

根据设计计算选定的材料截面尺寸，绘制墙体模板平面配置图、模板单元平面图、立面图、剖面图，楼板平面图、立面图、剖面图，墙体模板支撑图、顶板支撑图、梁节点图、特殊部位（如柱节点图、悬挑节点图），特殊系统（如爬升系统、滑模系统、台模系统、飞模系统等）图。绘制标准单元和非标准的生产加工图。

35.2.7 模板统计

根据模板配板划分及模板单元尺寸对模板及支撑单元进行编号，根据编号类型统计构件数量，编制构件统计表。

35.3 模板施工图设计注意事项

模板的面板一般多采用胶合板，具有质量轻、刚度大和强度高、加工切割容易、板面尺寸大、拼接缝少而严密不容易漏浆、表面较平整和洁净、构件表面平整光滑、模板吸附力小容易脱模、保温性能好等特点。钢管作为支撑杆件，也具有刚度大，强度高，稳定性好，搭拆方便等优点，所以胶合板和钢管为材料的首选。

根据不同的结构布置，配板方案也不完全相同，对配板总的原则是优先采用通用性强而板面尺寸大的板材。因为胶合板具有整体性好，又可以减少装拆的工作。合理的排列模板，一般对楼面配板来说宜沿着主梁、板、墙的长度方向或者柱子的方向排列，以利于使用长度规格大的模板，扩大模板的支承跨度。

内、外楞木（钢楞）、立柱等布置是否合理，直接影响到杆件的受力。一般根据构造要求，内楞木间距为 300～500mm，外楞木间距为 400～800mm，钢管立柱间距为 500～1200mm。最后各种杆件的间距和截面尺寸是否合理，必须通过计算来确定。

杆件的受力分析是十分重要的。首先应分析力的传递途径，对一般工程的混凝土楼盖荷载的传递是：楼板模板荷载→内楞→外楞→立柱→地基。其次是荷载以什么样的形式传递，是以均布荷载或者集中荷载传递，应根据实际工程的模板布置确定。

在进行模板及支架计算时，应合理确定荷载取值、分项系数和组合。

第36章 中英模架材料、荷载取值对比

36.1 英国规范

BS 5975：〈Code of practice for temporary works procedures and the permissible stress design of falsework〉

BS 8000-2：〈Code of practice for concrete work〉

〈FORMWORK GUIDE TO GOOD PRACTICE〉 1996

36.2 材料

36.2.1 英标模板材料选择的基本原则 (general considerations)

1. 要选择正确且合适的材料，既要满足使用要求，又不会造成浪费和环境污染。

2. 合理的加工和制作模板，通常模板要周转很多次，因此，在制作时要充分考虑模板的周转损耗，尽可能减少模板损坏和再次投入。

3. 模板的材料要经过严格的实验和检查，确保材料可靠安全。

为了保证所选择的模板材料的品种优良，往往需要对材料和组件进行荷载挠曲变形实验，通常不允许现场试验，最简单的实验也要有严格的试验程序，试验中如果构件（零件）结果未知或不满足要求时，试验结果需要能够提供此批材料满足要求的数值。

用于模板的材料和构件在使用前要检查是否损坏或严重老化，如果不适用就要修理或者放弃使用，用现行的规范标准决定构件是否安全。完整的焊接可以用肉眼分辨出好坏，检查焊接部位时，要清除表面污渍和油漆，为了防止不合格的二手材料掺入，必须要有严格的检查程序。焊缝一定要检查，所用材料如果弯曲、失效或者严重腐蚀就要放弃使用。钢材的编号要用油漆保护好，或者提供必要的保护条件。木材在使用时，不仅要检查是否有物理损伤的痕迹，还要检查是否有腐烂、腐蚀或者劈裂、震动等趋势，当木材表面有被泥土、混凝土或其他污渍覆盖缺陷时，一律不得使用。（BS 5975：2008）

36.2.2 木材

木材在英国标准中通样较为重要，按照不同的物理性能，木材被分成软木（softwood）和硬木（hardwood）两大类。其中，每大类又分别分成几个等级。

SOFTWOOD TIMBER 参见标准 BS 4978：1996，HARDWOOD TIMBER 参见 BS 5756：2007。

综合两者可参看 BS 5268-2：2002。

许多硬木材的密度比软木材大，强度比软木材高。但是两者适用于同一个强度分类系统。对于承受剪应力和压应力，质密而强度高的硬木材效果会更好。绝大多数直纹硬木材

的密度都超过 640kg/m³，强度等级大于 D30 都可以达到这样的承载力。满足标准 BS 5268—2：2002 的硬木材见表 36-1，列出一些可承受该剪应力和压应力的常用硬木品种。

各个等级木材的应力和弹性模量数值表　　　　　　　　　表 36-1

Strength class	Bending stress parallel to grain (N/mm²)	Tensile stress parallel to grain (N/mm²)	Compressive stress perpendicular to grain (N/mm²)	Shear stress parallel to grain (N/mm²)	Modulus of elasticity	
					Mean (N/mm²)	Minimum (N/mm²)
Softwoods：						
C16	4.24	2.56	1.32 (1.02)	0.60	7040	4640
C24	6.00	3.60	1.44 (1.14)	0.64	8640	5760
C27	7.60	4.80	1.50 (1.20)	0.99	9200	6560
Hardwoods：						
D30	7.20	4.32	1.68	1.26	7600	4800
D40	10.0	6.00	2.34	1.80	8640	6000
D50	12.8	7.68	2.70	1.98	12000	10080
Modification Factor used	K_2	K_2	K_2	K_2	K_2	K_2

NOTE 1　This table is based on Table 8 of BS 5268—2：2002. The value take account of the modification factor K_2 for the wet condition (Service class 3) in that code.

NOTE 2　Timber in the wet condition has a moisture content grater than 20%.

NOTE 3　Value for compressive stress allowing for wane are shown in brackets.

其中软木（softwood）按照强度等级分类见表 36-2。

软木按照强度等级分类（BS 4978）　　　　　　　　　表 36-2

Standard name	Strength class		
	C16	C24	C27
Imported：			
Paranápine	GS	SS	SS
Caribbean pitch pine			
redwood	GS	SS	
whitewood	GS	SS	
Douglas fir-larch（Canada and USA）	GS	SS	
hem fir（Canada and USA）	GS	SS	
spruce-pine-fir（Canada and USA）	GS	SS	
southern pine（USA）		SS	
British grown：			
Larch	GS	SS	

Key

GS　general structural

SS　special structural

硬木（hardwood）按照强度等级分类见表 36-3。

硬木按照强度等级分类（BS 5756：2007）　　表 36-3

Standard name	Strength class		
	D30	D40	D50
Tropical hardwoods：			
iroko，jarrah，teak		D40	
merbau，opepe，karri，keruing			D50
Temperate Hardwoods：			
oak Grade TH1 and THB	D30		
oak Grade THA		D40	

NOTE　Consideration should be given to sustainability when specifying cetain hardwood species.

36.2.3　木材的尺寸

木材的主要尺寸参见 BS EN 1313-1：1997 for softwood（软木）和 BS EN 1313-2：1999 for hardwood timber（硬木）。

木材加工时，通常会有尺寸损失，因此在目标尺寸和实际加工尺寸之间会存在误差，参见表 36-4。

Preferred target sizes and actual dimensions for constructional sawn softwood timber　表 36-4

Width（mm）	Depth（mm）				
	100（97）	125（120）	150（145）	200（195）	225（220）
50（47）	×	×	×		
75（72）	×	×	×		×
100（97）				×	

NOTE1　Values in brackets are reduction from target size of sawn constructional timber by planing of two opposed faces.
NOTE2　Reference taken from Tables NA. 1 and NA. 4 of BS EN 1313—1：1997.

36.2.4　金属材料

在英国规范中，金属模板（图 36-1）通常分为钢模板（steel faced form）。这部分同 ACI 347 中所述一致，可参见 BS 5975：2008 和 BS 5960（FOR STEEL WORK）。另一种金属模板（expanded metal form）是用于伸缩缝、梁头或者后浇带卡缝用的，通常是由钢板制成，也偶见少量铝合金制品。

模板（aluminium form），详见 BS 8118（PART 1：STRUCTURAL USE OF ALUMINIUM CODE OF PRACTICE FOR DESIGN）

36.2.5　塑料、橡胶和玻璃钢模板

同美标相关内容类似，此处不再详述，相关内容可参考 BS 3837 和 BS 6203 相关章节。

36.2.6　水泥模板

水泥模板在施工中不常见，不再详述。相关内容可参考《formwork guide to good practice》p52。

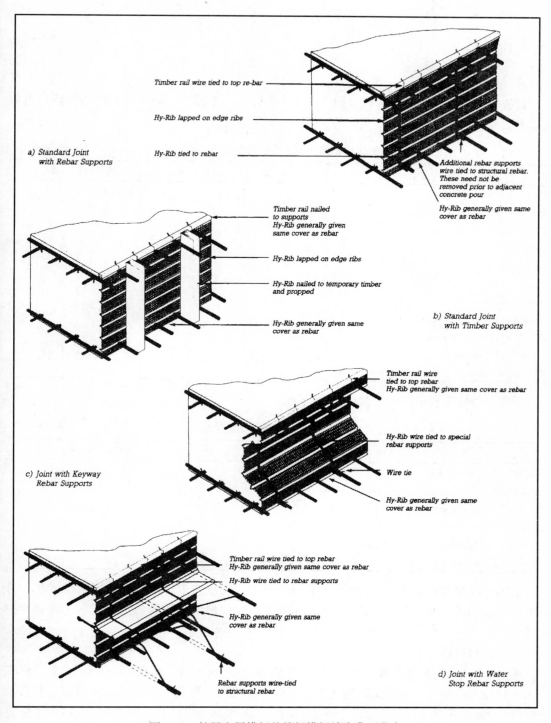

Timber rail wire tied to top re-bar

Hy-Rib lapped on edge ribs

Hy-Rib tied to rebar

a) Standard Joint
with Rebar Supports

Additional rebar supports
wire tied to structural rebar.
These need not be
removed prior to adjacent
concrete pour

Hy-Rib generally given same
cover as rebar

Timber rail nailed
to supports
Hy-Rib generally given
same cover as rebar

Hy-Rib lapped on edge ribs

Hy-Rib nailed to temporary timber
and propped

Hy-Rib generally given same
cover as rebar

b) Standard Joint
with Timber Supports

Timber rail wire
tied to top rebar
Hy-Rib generally given same cover as rebar

Hy-Rib wire tied to special
rebar supports

Wire tie

c) Joint with Keyway
Rebar Supports

Hy-Rib generally given same
cover as rebar

Timber rail wire tied to top rebar
Hy-Rib generally given same cover as rebar

Hy-Rib wire tied to rebar supports

Hy-Rib generally given same
cover as rebar

d) Joint with Water
Stop Rebar Supports

Rebar supports wire-tied
to structural rebar

图 36-1　扩展金属模板的楼板模板端头典型节点

　　结论：结合中东等大部分地区模架施工情况来看，模板的材料最为常用的是木材，其次是钢材，虽然个别特殊结构会用到 GRP 玻璃钢模板及橡胶和塑料模板，但总的分析，中国规范 GB、美国规范 ACI 和英国规范 BSI 对模板材料的相关规定是相同的。

36.3 荷载

36.3.1 模板自重荷载

模板材料自重相比外加荷载来说算是很小的比重。施工中不同类型的模板材料自重荷载如表 36-5 所示。

施工中不同类型的模板材料自重荷载 表 36-5

Material	Mass（kg/m³）	Mass（kg per mm thickness/m²）
Plywood（Softwood）	580	0.58
Plywood（Hardwood）	650～800	0.65～0.80
Chipboard	795	0.80
Softwood	480～590	
Hardwood	720～1060	
Steel	7850	7.85
Aluminium	2770	
Glassfibre Reinforced Cement	2000	2.0
Glassfibre Reinforced Plastic	1500	1.5
Expanded Polystyrene	16～32	
Reinforced Concrete（up to 2% reinforcement）	2500	

不同类型的模板单位比重对比见表 36-6。

不同类型的模板单位比重对比 表 36-6

Construction	Mass（kg/m²）
Timber and plywood（with soldiers）	60
Timber and plywood（small side forms 1 m high）	50
Plywood forms，aluminium walings，steel soldiers	50
Proprietary steel panels，tube walings for crane handing	75
Proprietary strip and re-erect panel formwork	35～45
Special purpose-made formwork with 5 mm steel face for multiple use	95～120

水平楼板厚度在 300mm 以内时，采用普通木梁模板施工，其模板的自重荷载在计算时按照 50kg/m²，即 0.5kN/m²。当然，实际施工时要根据不同的施工情况，进行必要的计算。

36.3.2 外加荷载

英国标准中将外加荷载分成永久工程负荷（permanent works loads）和施工荷载（construction operations loads）两大类。其中，在永久工程负荷里面的墙体模板主要是承受现浇混凝土带来的侧压力。水平模板在计算永久荷载时，主要考虑混凝土自重（2500kg/m³，同时要增加 2% 的钢筋自重）。

英标中，现浇混凝土对水平模板产生的施工荷载取值 1.5kN/m²，包括手提工具，用于浇筑的小型机械，甚至包括小型振捣马达等。这就相当于可以额外增加 60mm 厚混凝土楼板。

在英国标准和美国标准中，施工荷载考虑的较为简单，且较中国标准荷载值取值偏小，尤其是中国标准中对混凝土浇筑过程中的振捣荷载，混凝土浇筑冲击荷载也考虑在内（这些荷载属于瞬时荷载，或者叫短时荷载，它不会全程参与在施工荷载过程中，只是会局部瞬时对模架造成一定影响，这些影响因为局限性较大，不会对整个模架系统造成破坏，因此，在计算时，可参考但不需要计算在内），国标中各种荷载值取值较大（较为保守）。因此，造成了我国在模架设计过程中，选材和用料方面过于保守，造成很大的浪费。

36.3.3　侧压力

影响混凝土侧压力的因素：

侧压力随混凝土浇筑速度的增大而增大。

在一定的浇筑速度下，因混凝土的凝结时间随温度的降低而延长，从而增加其有效压头。

机械振捣的侧压力较手工振捣增加大约 56%。

侧压力随坍落度的增大而增大。

添加剂对混凝土的凝结速度和稠度有调整作用，从而影响到混凝土的侧压力。

侧压力随混凝土的重力密度增大而增大。

结论：英国标准中关于侧压力的影响因素与美国标准相似，计算方式也同美国标准相同，将墙体的侧压力，柱子的侧压力等分开计算。由于美标的适用地区广泛，因此，计算侧压力时可参考美标部分。英国标准在此不再重复。

36.3.4　环境荷载

环境荷载主要包括风荷载、雪荷载和冰荷载几部分。通常在施工中风荷载较为常见。雪荷载和冰荷载只有在特别寒冷的地区会有所涉及。

动态风压计算：

$$q = 0.613 S^2 S_b^2$$

where

q is the dynamic wind pressure (N/m^2);

S is the wind factor (see Equation 3); and

S_b is the terrain and building factor (see 17.5.1.6).

风压系数 S 计算：

$$S = V_b T \left(1 + \frac{A}{1000}\right)$$

where

V_b is the basic wind speed for the site in m/s (see 17.5.1.4);

T is the topographical factor (see 17.5.1.5); and

A is the altitude of the site (in m above sea level).

基本风速 V_b 定义为高度在海平面上 10m，且是 50 年平均的风速，单位为 m/s。

地形因数 T：风压因地形的不同而取不同的地形因数，参见图 36-2。

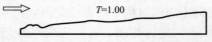

Topography-Factor *T* diagrams

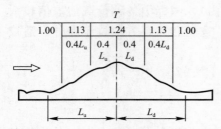

(*b*) Moderately steep terrain, average slope<1 : 5

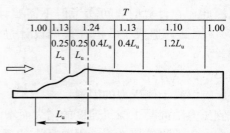

(*c*) Moderately steep terrain, average slope<1 : 5

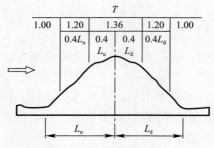

(*d*) Steep terrain, average slope>1 : 5

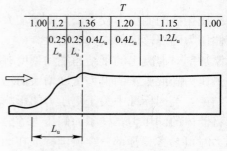

(*e*) steep terrain, average slope>1 : 5

Key

T Wind factor

L_u horizontal distance of the slope upwind

L_d horizontal distance of the slope downwind

图 36-2 地形因数

地形和建筑物因数 S_b：此因数与现场的位置和模板搭设的高度有关系，具体可参见表 36-7（BS 6399—2）。

Terrain and building factor S_b   表 36-7

Site in country or up to 2 km into town					Site in town, more than 2 km upwind from the site			
Effective height, H_e (m)	Closest distance to the sea upwind (km)				Effective height, H_e (m)	Closest distance to the sea upwind (km)		
	≤0.1	2	10	≥100		2	10	≥100
≤2	1.48	1.40	1.35	1.26	≤2	1.18	1.15	1.07
5	1.65	1.62	1.57	1.45	5	1.50	1.45	1.36
10	1.78	1.78	1.73	1.62	10	1.73	1.69	1.58
15	1.85	1.85	1.82	1.71	15	1.85	1.82	1.71
20	1.90	1.90	1.89	1.77	20	1.90	1.89	1.77
30	1.96	1.96	1.96	1.85	30	1.96	1.96	1.85
50	2.04	2.04	2.04	1.95	50	2.04	2.04	1.95
100	2.12	2.12	2.12	2.07	100	2.12	2.12	2.07

NOTE 1   Interpolation may be used in this table.

NOTE 2   Definition of town and country (see 17.5.1.7)

370

脚手架规范应用对比研究

　　"脚手架"是指为施工方便而搭设的架子，随着脚手架品种和多功能用途的发展，现在已扩展为使用脚手架材料所搭设的、用于施工要求的各种临设性构架。我国脚手架发展分为四个阶段，分别是竹木脚手架阶段、"以钢代木"的钢管脚手架阶段、附着升降脚手架阶段、新型轻型脚手架阶段。我国对于脚手架方面的研究相对于国外来说是比较滞后的。中国建筑科学研究院曾对扣件式钢管脚手架展开过试验研究。自20世纪70年代我国大规模引进使用扣件钢管脚手架以来，脚手架计算方法一直未能规范化，或者说理论上处于真空状态，且特别是扣件式脚手架搭设后的结构形式特殊，很难建立准确的力学模型。经过一段时间的发展，形成了扣件式钢管脚手架安全技术规范、碗口式脚手架安全技术规范、门式脚手架安全技术规范等一系列的规范，但是中国的规范编制借鉴的英国和日本相关规范的内容，并结合实际工程应用的经验数据，形成了相应的规范。国外的脚手架经过长期的发展，形成了规范系统，同时脚手架产品已经标准化、工厂化，脚手架技术发展水平较高，产品构件质量要求高，保证了工程使用安全。本篇主要以欧洲标准（英国标准）规范为主要体系，对比中国规范，分析中外脚手架使用中的差异。美国规范中脚手架计算的力学方法和欧洲差距不大，这里不做阐述，有兴趣可查看相关规范。

第37章 脚手架规范构成

37.1 英国/欧洲标准

1. Façade scaffolds made of prefabricated components—Part 1：Products specifications BS EN 12810-1—2003. 立面脚手架的预制组件——第一部分：产品说明

2. Façade scaffolds made of prefabricated components—Part 2：Particular methods of structural design BS EN 12810-2—2003. 立面脚手架的预制组件——第二部分：典型的结构设计方法

3. Temporary works equipment—Part 1：Scaffolds—Performance requirements and general design BS EN 12811-1—2003. 临时工作设备——第一部分：脚手架-性能要求和一般设计

4. Temporary works equipment—Part 2：Information on materials BS EN 12811-2—2004. 临时工作设备——第二部分：材料信息

5. Temporary works equipment—Part 3：Load testing BS EN 12811-3—2002. 临时工作设备——第三部分：荷载试验

6. Falsework—Performance requirements and general design BS EN 12812—2004. 支撑脚手架——性能要求和一般设计

7. Temporary works equipment—Load bearing towers of prefabricated components —Particular methods of structural design BS EN 12813—2005. 临时工作设备——塔式承重预制组件——典型结构设计方法

8. Loose steel tubes for tube and coupler scaffolds—Technical delivery conditions BS EN 39—2001. 钢管脚手架用钢管——交货技术条件

9. Metal scaffolding—Tubes—Specification for aluminium tube BS 1139-1. 2-1991. 金属脚手架——管——铝管规范

10. Couplers，spigot pins and baseplates for use in falsework and scaffolds—Part 1：Couplers for tubes—Requirements and test procedures BS EN 74-1—2005. 脚手架和支撑架用连接件、定位销、底板——第一部分：钢管用扣件要求和试验方法

11. Mobile access and working towers made of prefabricated elements—Materials，dimensions，design loads，safety and performance requirements BS EN 1004—2004. 预制组件制的移动通道和工作塔——材料、尺寸、设计载荷、安全和性能要求

12. Metal scaffolding—Specification for prefabricated steel splitheads and trestles BS 1139-4—1982. 金属脚手架——预制钢叉架和排架规范

13. Metal scaffolding. Specification for prefabricated tower scaffolds outside the scope

of BS EN 1004，but utilizing components from such systems BS 1139-6—2005. 金属脚手架外用预制塔式脚手架不含在 BS EN 1004 内的类型，但也是利用组建构成同样的系统

14. Specification for timber scaffold boards BS 2482-2009. 木脚手板规范

15. Code of practice for temporary works procedures and the permissible stress design of falsework BS 5975-2008. 临时工程操作程序和支撑的承载力设计应用规范

16. Safety nets-Safety requirements，test methods BS EN 1263-1—2002. 安全网安全性要求，试验方法

37.2 中文规范

1. JGJ 128—2010 建筑施工门式钢管脚手架安全技术规范
2. JGJ 130—2011 建筑施工扣件式钢管脚手架安全技术规范
3. JGJ 162—2008 建筑施工模板安全技术规范
4. JGJ 164—2008 建筑施工木脚手架安全技术规范
5. JGJ 166—2008 建筑施工碗扣式脚手架安全技术规范
6. JGJ 183—2009 液压升降整体脚手架安全技术规程
7. JGJ 202—2010 建筑施工工具式脚手架安全技术规范
8. JGJ 231—2010 建筑施工承插型盘扣件钢管支架安全技术规程
9. JGJ 79—2002 建筑地基处理技术规范
10. JGJ 88—2010 龙门架及井架物料提升机安全技术规范
11. GB 24910—2010 钢板冲压扣件
12. GB 24911—2010 碗扣式钢管脚手架构件
13. GBT 13793—2008 直缝电焊钢管
14. GBT 3091—2008 低压流体输送用焊接钢管
15. GBT 700—2006 碳素结构钢
16. GBT 4436—1995 铝及铝合金管材外形尺寸及允许偏差

37.3 规范系统性

37.3.1 起草单位

欧洲标准文档的生效，需要经过欧洲标准组织（ESOs）的批准，也就是 CEN、CENELEC、ETSI 三个组织中的一个来批准，承认委员会在自愿技术标准领域的能力。尽管他们处在不同的领域，但是欧洲标准化委员会（CEN），欧洲电工标准化委员会（CENELEC）和欧洲电信标准协会（ETSI）在一定数量的共同领域也有合作。在国家的水平上的欧洲标准有义务被执行，作为一种国家标准的状态，同时取消任何有冲突的国家标准，其在欧盟内部自动变成成员国的国家标准。欧洲标准是自愿的，并没有法律要求必须应用它，但是法律或者法规可能参考到这个标准或者强制要求符合这个标准（来自 CEN 产品介绍）。另外 CEN 内部设有很多专门的技术委员会（Technical Committee），每个技术委员会负责审议那些来自欧盟成员国内部的技术标准，并使之在修订和评估之后成为欧洲标

准，同时这些委员会成员也都是来自欧盟成员国内部，如 CEN/TC53 "Temporary work equipment" 起草一个专门的脚手架模块或者组件的标准化工作，并且负责解释和修订。这些欧洲标准的主要来源是德国（DIN）、法国（AF）和英国。

中国标准分为国家标准、行业标准、地方标准、企业标准等。国家标准是指由国家标准化主管机构批准发布，行业标准由国务院有关行政主管部门制定，地方标准由省、自治区、直辖市标准化行政主管部门制定。国家或者行业标准的内容全部或者部分（黑体字部分）具有强制性，标准一经发布，使用时必须严格执行。规范的管理由国家相关部门授权管理，解释和修订一般由主编单位负责。

37.3.2 适用范围

欧洲标准（EN）本身是非强制性的标准，适用于欧盟范围内，但是法律或者法规中可能引用这个标准，使欧洲标准变成事实性的强制标准。标准等同于成员国国家标准，当成员国的标准与欧洲标准有冲突时，应当执行欧盟标准。

中国国家标准（GB）适用于中国境内生产技术要求，行业标准适用于中国境内的某个行业的生产技术要求。脚手架标准分为两类：材料标准和安全技术规范。脚手架材料按照工业产品标准要满足国标（GB/T）的要求，而脚手架的安全技术规范按照中国标准的类型划分，属于建筑行业标准（JG）。同时脚手架行业还有许多地方技术规范。

第 38 章　脚手架设计使用

38.1　使用范围

38.1.1　欧洲标准

立面脚手架产品规范（EN 12810—2003）。

该规范是工厂预制类脚手架的系统标准。

规范规定的性能要求和通用要求是为了预制外脚手架系统设计和评估，脚手架使用时须和立面进行拉接。立面脚手架主要单元构件材质被限定为钢或者铝合金，其他单元构件也被限定为钢和铝合金或者木质材料。

规范为开展结构设计定义了一套标准系统构造，其他构造在某些系统中也是可能的，但不在这个规范讨论的范围。

未指定保护操作者的要求，它并没有给出建造、使用、拆除或者维修的信息。

38.1.2　中国标准

门式钢管脚手架（JG 13—1999）；碗扣式钢管脚手架构件（GB 24911—2010）。

中国规范按照产品类型进行分类，有多个预制脚手架规范，分别是门式钢管脚手架、碗扣式钢管脚手架构件规范及承插型盘扣式钢管脚手架。中国预制脚手架规范是按照具体产品类型编制，门式和碗扣式脚手架规范都是产品规范，与 EN 12810—1 规范类似，但欧标的是对一类产品的规范描述，没有涉及具体产品。

门式钢管脚手架规范规定了门式钢管脚手架的品种、规格、结构技术要求、试验方法、检验规则和产品标志、包装、运输及贮存的细则。适用于土木建筑工程内、外脚手架和混凝土模板的支架等。

碗扣式钢管脚手架规范规定了构件的术语和定义、分类、要求、试验方法、检验规则、标志、包装、运输和贮存。适用于建筑工程碗扣式钢管脚手架、模板支撑架等使用的碗扣式脚手架构件的生产和检验，也适用于市政、水利、化工、煤炭和船舶等工程中使用的碗扣式脚手架构件。

38.2　分类要求

38.2.1　欧洲标准

欧洲标准按照荷载、平台和它的支撑的设计条件、系统宽度、净空、覆盖及垂直通道的形式进行分类。具体分类见表 38-1～表 38-3。

分类依据	分 类
荷载	2，3，4，5，6 按照 EN 12811—1：2003 中的荷载分类表
平台及其支撑	（D）设计，（N）不设计，但做冲击测试
系统宽度	SW06，SW09，SW12，SW15，SW18，SW21，SW24
净空	H1 和 H2，按照 EN 12811—1：2003 中的净空分类表
覆盖	（B）有覆盖，（A）没覆盖
垂直通道形式	（LA）梯子，（ST）楼梯，（LS）两者都有

荷载分类 表 38-2

荷载类型	均布荷载 q_1（kN/m²）	集中荷载作用在 500×500mm F_1（kN）	集中荷载作用在 200×200mm F_1（kN）	局部区域均布荷载 q_2（kN/m²）	局部区域荷载因子 a_p
1	0,75	1,50	1,00	—	—
2	1,50	1,50	1,00	—	—
3	2,00	1,50	1,00	—	—
4	3,00	3,00	1,00	5,00	0,4
5	4,50	3,00	1,00	7,50	0,4
6	6,00	3,00	1,00	10,00	0,5

净空分类表 表 38-3

等 级	顶部净空		
	作业区间距	作业区和连墙件	作业区最小水平肩高
H1	$h_3 \geq 1.9m$	$1.75m \leq h_{1a} \leq 1.90m$ $1.75m \leq h_{1b} \leq 1.90m$	$h_2 \geq 1.60m$
H2	$h_2 \geq 1.9m$	$h_{1a} \geq 1.9m$ $h_{1b} \geq 1.9m$	$h_2 \geq 1.75m$

38.2.2 中国规范

中国预制脚手架按照组成体系的不同可分为三类，常见的有门式脚手架、碗扣式脚手架、盘扣式脚手架。每种类型又按照尺寸和构件形式细分为多种规格（表 38-4～表 38-6）。

（1）门式钢管脚手架

门式钢管脚手架 表 38-4

分 类	名 称	代 号	外形尺寸	
			宽	高
门架	门型架	MF ××××	1200	1900
				1700
				1500
	梯型架	LF ××××		1200
				900
	窄型架	NF ××××	600	
	承托架	BF ××××	1200	1700
			600	

门架规范中宽度仅有 600mm 和 1200mm 两种，欧洲标准宽度从 600~2400mm 共 7 个等级，级差为 300mm，欧标是一个系统性的描述，不涉及具体的产品，中国规范是个具体的产品规范，定义了产品的具体的规格。同时按照门架构造形式的不同又分为门型架、梯型架、窄型架、承托架等。

（2）碗扣式钢管脚手架

碗扣式脚手架既可以作为脚手架也可作为模板支架，主要构件均为杆件，杆件不按照宽度来分类，杆件按照长度尺寸和适用功能分类，构件有立杆、顶杆、横杆、斜杆、可调底座、可调托撑。主要杆件长度级差为 300mm，可以组合的宽度尺寸从 300~2400mm 均有。

碗扣式钢管脚手架   表 38-5

名 称	形式代号	主要参数系列
立杆	LG	1200、1800、2400、3000
顶杆	DG	900、1200、1500、1800、2400、3000
横杆	HG	300、600、900、1200、1500、1800、2400
斜杆	XG	1697、2160、2343、2546、3000
可调底座	KTZ	450、600、750
可调托撑	KTC	450、600、750

（3）盘扣式脚手架

盘扣式脚手架既可以作为脚手架也可作为模板支架，主要构件有立件、水平杆、竖向斜杆、水平斜杆、可调托座、可调底座。立杆长度从 500~3000mm，中间模数为 500mm；水平长度从 300~1940mm，模数为 300mm；竖向斜杆长度 1008~2756mm；水平杆长度 1272~2121mm；可调托座长度 500 和 600mm；可调底座长度 500mm 和 600mm。一般分为 A 型和 B 型两类，A 型为粗钢管，B 型为细钢管。

盘扣式脚手架   表 38-6

名 称	型 号	规格（mm）	材 质	理论重量（kg）
立杆	A-LG-500	$\phi60\times3.2\times500$	Q345A	3.75
	A-LG-1000	$\phi60\times3.2\times1000$	Q345A	6.65
	A-LG-1500	$\phi60\times3.2\times1500$	Q345A	9.60
	A-LG-2000	$\phi60\times3.2\times2000$	Q345A	12.50
	A-LG-2500	$\phi60\times3.2\times2500$	Q345A	15.50
	A-LG-3000	$\phi60\times3.2\times3000$	Q345A	18.40
	B-LG-500	$\phi48\times3.2\times500$	Q345A	2.95
	B-LG-1000	$\phi48\times3.2\times1000$	Q345A	5.30
	B-LG-1500	$\phi48\times3.2\times1500$	Q345A	7.64
	B-LG-2000	$\phi48\times3.2\times2000$	Q345A	9.90
	B-LG-2500	$\phi48\times3.2\times2500$	Q345A	12.30
	B-LG-3000	$\phi48\times3.2\times3000$	Q345A	14.65

名　称	型　号	规格（mm）	材　质	理论重量（kg）
水平杆	A-SG-300	φ48×2.5×240	Q235B	1.40
	A-SG-600	φ48×2.5×540	Q235B	2.30
	A-SG-900	φ48×2.5×840	Q235B	3.20
	A-SG-1200	φ48×2.5×1140	Q235B	4.10
	A-SG-1500	φ48×2.5×1440	Q235B	5.00
	A-SG-1800	φ48×2.5×1740	Q235B	5.90
	A-SG-2000	φ48×2.5×1940	Q235B	6.50
	B-SG-300	φ42×2.5×240	Q235B	1.30
	B-SG-600	φ42×2.5×540	Q235B	2.00
	B-SG-900	φ42×2.5×840	Q235B	2.80
	B-SG-1200	φ42×2.5×1140	Q235B	3.60
	B-SG-1500	φ42×2.5×1440	Q235B	4.30
	B-SG-1800	φ42×2.5×1740	Q235B	5.10
	B-SG-2000	φ42×2.5×1940	Q235B	5.60
竖向斜杆	A-XG-300×1000	φ48×2.5×1008	Q195	4.10
	A-XG-300×1500	φ48×2.5×1506	Q195	5.50
	A-XG-600×1000	φ48×2.5×1089	Q195	4.30
	A-XG-600×1500	φ48×2.5×1560	Q195	5.60
	A-XG-900×1000	φ48×2.5×1238	Q195	4.70
	A-XG-900×1500	φ48×2.5×1668	Q195	5.90
	A-XG-900×2000	φ48×2.5×2129	Q195	7.20
	A-XG-1200×1000	φ48×2.5×1436	Q195	5.30
	A-XG-1200×1500	φ48×2.5×1820	Q195	6.40
	A-XG-1200×2000	φ48×2.5×2250	Q195	7.55
	A-XG-1500×1000	φ48×2.5×1664	Q195	5.90
	A-XG-1500×1500	φ48×2.5×2005	Q195	6.90
	A-XG-1500×2000	φ48×2.5×2402	Q195	8.00
	A-XG-1800×1000	φ48×2.5×1912	Q195	6.60
	A-XG-1800×1500	φ48×2.5×2215	Q195	7.40
	A-XG-1800×2000	φ48×2.5×2580	Q195	8.50
	A-XG-2000×1000	φ48×2.5×2085	Q195	7.00
	A-XG-2000×1500	φ48×2.5×2411	Q195	7.90
	A-XG-2000×2000	φ48×2.5×2756	Q195	8.80
	B-XG-300×1000	φ33×2.3×1057	Q195	2.95
	B-XG-300×1500	φ33×2.3×1555	Q195	3.82
	B-XG-600×1000	φ33×2.3×1131	Q195	3.10
	B-XG-600×1500	φ33×2.3×1606	Q195	3.92
	B-XG-900×1000	φ33×2.3×1277	Q195	3.36
	B-XG-900×1500	φ33×2.3×1710	Q195	4.10
	B-XG-900×2000	φ33×2.3×2173	Q195	4.90
	B-XG-1200×1000	φ33×2.3×1472	Q195	3.70
	B-XG-1200×1500	φ33×2.3×1859	Q195	4.40
	B-XG-1200×2000	φ33×2.3×2291	Q195	5.10
	B-XG-1500×1000	φ33×2.3×1699	Q195	4.09
	B-XG-1500×1500	φ33×2.3×2042	Q195	4.70
	B-XG-1500×2000	φ33×2.3×2402	Q195	5.40
	B-XG-1800×1000	φ33×2.3×1946	Q195	4.53
	B-XG-1800×1500	φ33×2.3×2251	Q195	5.05
	B-XG-1800×2000	φ33×2.3×2618	Q195	5.70
	B-XG-2000×1000	φ33×2.3×2119	Q195	4.82
	B-XG-2000×1500	φ33×2.3×2411	Q195	5.35
	B-XG-2000×2000	φ33×2.3×2756	Q195	5.95

名　称	型　号	规格（mm）	材　质	理论重量（kg）
水平斜杆	A-SXG-900×900	$\phi48\times2.5\times1273$	Q235B	4.30
	A-SXG-900×1200	$\phi48\times2.5\times1500$	Q235B	5.00
	A-SXG-900×1500	$\phi48\times2.5\times1749$	Q235B	5.70
	A-SXG-1200×1200	$\phi48\times2.5\times1697$	Q235B	5.55
	A-SXG-1200×1500	$\phi48\times2.5\times1921$	Q235B	6.20
	A-SXG-1500×1500	$\phi48\times2.5\times2121$	Q235B	6.80
	B-SXG-900×900	$\phi42\times2.5\times1272$	Q235B	3.80
	B-SXG-900×1200	$\phi42\times2.5\times1500$	Q235B	4.30
	B-SXG-900×1500	$\phi42\times2.5\times1749$	Q235B	5.00
	B-SXG-1200×1200	$\phi42\times2.5\times1697$	Q235B	4.90
	B-SXG-1200×1500	$\phi42\times2.5\times1921$	Q235B	5.50
	B-SXG-1500×1500	$\phi42\times2.5\times2121$	Q235B	6.00
可调托座	A-ST-500	$\phi48\times6.5\times500$	Q235B	7.12
	A-ST-600	$\phi48\times6.5\times600$	Q235B	7.60
	B-ST-500	$\phi38\times5.0\times500$	Q235B	4.38
	B-ST-600	$\phi38\times5.0\times600$	Q235B	4.74
可调底座	A-XT-500	$\phi48\times6.5\times500$	Q235B	5.67
	A-XT-600	$\phi48\times6.5\times600$	Q235B	6.15
	B-XT-500	$\phi38\times5.0\times500$	Q235B	3.53
	B-XT-600	$\phi38\times5.0\times600$	Q235B	3.89

38.3　脚手架编码

38.3.1　欧洲标准编码（EN 12810-1-2003）

脚手架系统编码有下面几个部分组成：

Scaffold EN 12810—4D—SW09/250—H2—B—LS

4D：4 表示荷载类型为荷载分类表中的第 4 类；D 表示设计，N 表示不设计；

SW09/250：SW 表示系统宽度，09 表示宽度 900mm，250 表示间距为 250cm，总共有 SW06，SW09，SW12，SW15，SW18，SW21，SW24 等 7 个宽度值；

H2：H 表示头顶高度类型，总共有 H1 和 H2 两类；

B：表示覆盖类型，A 没有覆盖，B 有覆盖；

LS：表示楼梯类型，LA 代表爬梯，ST 代表楼梯，LS 代表两者都有。

38.3.2　中国标准编码

1. 门式脚手架名称代码（JG 13—1999）

（1）门架名称表示方法：代号＋宽度＋高度

门架代号有：门型架 MF，梯型架 LF，窄型架 NF，承托架 BF；

门架高度，以 h/200 表示；门架宽度，以 b/100 表示；

例如 MF 1217，MF 是门型架代号，12 表示宽度为 1200mm，17 表示高度为 1700mm。

（2）配件名称表示方法：代号＋宽度＋长度

配件代码有：水平架 H、交叉支撑 G、脚手板 P、钢梯 S、锁臂 L、连接棒 J、连墙件 W、底座分为固定底座 FS 和可调底座 AS、托座分为固定托座 FU 和可调托座 AU。

配件长度，以 1/200 表示；配件宽度，以 b/100 表示；

例如 H1805 表示水平架长度为 1800mm，宽度为 500mm。

如果只有长度的配件，只写长度并以实际长度表示；

例如 L525 锁臂长度为 525mm。

2. 碗口架名称代码（GB 24911—2010）

碗口架编码：组代号＋形式代号＋主参数代号＋变型更新代号＋规范代号；

组代号：WKJ 表示碗口架；

形式代号：LG 表示立杆、DG 表示顶杆、HG 表示横杆、XG 表示斜杆、KTZ 表示可调底座、KTC 表示可调托撑；

主参数代号：以构建公称长度的 1/10 表示；

变型更新代号：用大写汉语拼音字母表示；

例如：WKJLG-300A GB 24911—2010 表示公称长度 3000mm，第一次变型更新的碗扣式钢管脚手架立杆。

WKJHG-30B GB 24911—2010 表示公称长度 300mm，第二次变型更新的碗扣式钢管脚手架横杆。

3. 盘扣式钢管脚手架构件种类

承插型盘扣式钢管支架规范（JGJ 231—2010）中对编号没有专门的说明，但推荐参见规范《附录 A 主要产品构配件种类及规格》中给出了构件编号，杆件如果有两种规格编为 A 型和 B 型，如 A-LG-500 和 B-LG-500 表示立杆，其中 A 表示立杆规格为 $\phi60 \times 3.2$，B 表示立杆规格为 $\phi48 \times 3.2$；A-SG-300 和 B-SG-300 表示水平杆；A-XG-300X1000 和 B-XG-300X1000 表示竖向斜杆；A-SXG-900X900 和 B-SXG-900X900 表示水平斜杆，其中 A 表示立杆规格为 $\phi48 \times 2.5 \times 1273$，B 表示立杆规格为 $\phi42 \times 2.3 \times 1272$；可调托座为 A-ST-XXX 和 B-ST-XXX，其中 A 表示立杆规格为 $\phi48 \times 6.5 \times 500$，B 表示立杆规格为 $\phi38 \times 5.0 \times 500$；可调底座为 A-XT-XXX 和 B-XT-XXX，其中 A 表示立杆规格为 $\phi48 \times 6.5 \times 500$，B 表示立杆规格为 $\phi38 \times 5.0 \times 500$。同时还要求在主要构配件上的生产厂标识应清晰。

38.4　材料及材质

38.4.1　欧洲规范材料

1. 专门的材料要求

（1）材料类型

欧洲标准中的材料主要由钢和铝合金构成。

（2）钢管（圆形）（表38-7）

外径 48.3mm 的钢管壁厚和承载力   表 38-7

序　号	公称壁厚 t（mm）	最小屈服承载力（N/mm²）	壁厚的负偏差（mm）
1	$2.7 \leqslant t < 2.9$	335	0.2
2	$t \geqslant 2.9$	235	参照 EN 10219—2

（3）铝合金钢管（圆管）（表38-8）

外径 48.3mm 铝合金钢管的公称壁厚和屈服强度组合表   表 38-8

序　号	公称壁厚 t（mm）	最小屈服承载力（N/mm²）	壁厚的负偏差（mm）
1	$3.2 \leqslant t < 3.6$	250	0.2
2	$3.6 \leqslant t < 4.0$	215	0.2
3	$t \geqslant 4.0$	195	按照 EN 755—8

2. 除上表材料以外的通用要求（EN 12811—2）

（1）材料一般要求

采用的材料需要有足够的强度和耐久性以抵抗正常工作条件下的各种作用。

材料须不含杂质和缺陷，否则会影响其使用性。

材料须根据欧洲规范或国际规范来选择。

（2）特征值

设计计算中的特征值采用屈服应力或弹性极限应力（proof stress）的最小值以及材料规范中规定的抗拉强度（tensile strength）。

（3）检验报告

构件的材料会影响受荷能力和安全特性，所以需根据 EN10204 的规定采用检验报告来陈述。最小等级（The minimum level）为 2.2。

（4）施工影响

需要考虑建造和施工技术的影响，比如焊接会影响材料的性能，就像钢材，会使其屈服强度提高但可塑性会降低。

3. 钢材通用要求

（1）钢材特征值（表38-9）

钢材特征值   表 38-9

弹性模量 E（MPa）	剪切模量 G（MPa）	延伸率 α（1/K）	密度（kg/m³）
210000	80000	1.2×10^{-5}	7850
	1MPa=1N/mm²		

（2）钢管截面及强度值（EN 12811—2 表 A1，表 38-10）

钢管截面及强度值   表 38-10

规范编号	标称钢材等级	屈服强度	抗拉极限强度	
		公称厚度 $t \leqslant 16$mm	公称厚度 $t \leqslant 4$mm	
			$t < 3$mm	3mm$< t <$40mm
EN 10219—1：1997	S235	235	360～510	340～470
	S275	275	430～580	410～560
	S355	355	510～680	490～630

（3）薄壁钢管截面及强度值（EN 12811—2 表 A2，表 38-11）

薄壁钢管截面及强度值

表 38-11

规范编号	标称钢材等级	屈服强度	抗拉极限强度
		公称厚度 $t \leqslant 3mm$	公称厚度 $t \leqslant 3mm$
EN 10219—1：1997	S235	235	360
	S275	275	430
	S355	355	510
EN 10113—2：1993	S275N	275	390
	S355N	355	490
	S420N	420	520
	S460N	460	550
EN 10147：2000（镀锌）	S250GD	250	330
	S280GD	280	360
	S320GD	320	390
	S350GD	350	420

（4）铸铁

铸铁分为球墨铸铁和可锻铸铁（表 38-12）。

铸铁特征值

表 38-12

铸铁类型	弹性模量（MPa）	泊松比	延伸率 α（1/K）	密度（kg/m³）
球墨铸铁	169000	0.275	1.25×10^{-5}	7100
可锻铸铁	18000	0.275	1.1×10^{-5}	7400
		$1MPa = 1N/mm^2$		

（5）铝合金材料

铝合金材料特征值可参见规范 EN 12811—2004 附录 A。

（6）其他要求（EN 12811—1）

不得使用脱氧型的钢材 FU（沸腾钢）。

连接用钢管直径须为 48.3mm。

38.4.2 中国规范材料

1. 门架材料

门架及配件除特殊要求外，其材质应该符合 GB/T 700 的要求。

（1）材料性能参数（表 38-13）

材料性能参数表

表 38-13

项 目	Q235 级钢		Q345 级钢	
	钢管	型钢	钢管	型钢
Q235A 级钢材抗拉、抗压抗弯强度设计值	205	215	300	310
弹性模量（MPa）（N/mm²）	2.06×10^5			

(2) 材料力学性能表（表 38-14）

材料力学性能表 表 38-14

牌号	等级	屈服强度①R_{eH}（N/mm²），不小于						抗拉强度②R_m（N/mm²）	断后伸长率 A（%），不小于					冲击试验（V 型缺口）	
		厚度（或直径）（mm）							厚度（或直径）（mm）					温度（℃）	冲击吸收功（纵向）（J）不小于
		≤16	>16~40	>40~60	>60~100	>100~150	>150~200		≤40	>40~60	>60~100	>100~150	>150~200		
Q195	—	195	185	—	—	—	—	315~430	33	—	—	—	—	—	—
Q215	A	215	205	195	185	175	165	335~450	31	30	29	27	26	—	—
	B													+20	27
Q235	A	235	225	215	215	195	185	370~500	26	25	24	22	21	—	—
	B													+20	27③
	C													0	
	D													-20	
Q275	A	275	265	255	245	225	215	41~540	22	21	20	18	17	—	—
	B													+20	27
	C													0	
	D													-20	

① Q195 的屈服强度值仅供参考，不做交货条件；
② 厚度大于 100mm 的钢材，抗拉强度下限允许降低 20N/mm²。宽带钢（包括剪切钢板）抗拉强度上限不作交货条件；
③ 厚度小于 25mm 的 Q235B 级钢材。如供方能保证冲击吸收功值合格，经需方同意，可不作检验。

(3) 门架及其配件所用钢管的规格要求（表 38-15）

钢管规格要求表 表 38-15

名　称	外　径	壁　厚	极限偏差	
			外径	壁厚
立杆、横杆、水平架横杆	42	2.5	±0.5	±0.3
其他	22~36	1.5~2.6		±0.25~0.3

(4) 可调底座和可调托座的手柄用铸件材料应为可锻铸铁。

2. 碗口架材料

(1) 材料要求

钢管的力学性能应符合 GB/T 3091 中 Q235 的规定。

上碗扣材料采用碳素铸钢或可锻铸铁时，应符合 GB/T 11352 中 ZG 270—500 牌号和 GB/T 9440 中 KTH 350-10 牌号的规定。下碗扣材料采用碳素铸钢制造时，应符合 GB/T 11352 中 ZG 270—500 牌号的规定，采用钢板冲压成形时，材料应符合 GB/T 700 中 Q235 的规定，板材厚度不应小于 6mm，并经过（600~650）℃的时效处理。

横杆接头、斜杆接头应采用碳素铸钢，其机械性能应符合 GB/T 11352。

(2) 材料性能（表 38-16~表 38-18）

钢管的材料特性 表 38-16

钢管材料类型	抗拉强度设计值（N/mm²）	弹性模量（MPa）
Q235A 级钢材抗拉、抗压抗弯强度设计值	205	2.06×10⁵

384

钢管力学性能 表 38-17

牌　号	下屈服强度 R_{eL}（N/mm²）不小于		抗拉强度 R_m（N/mm²）不小于	断后伸长率 A（%）不小于	
	$t\leqslant16mm$	$t\leqslant16mm$		$D\leqslant16mm$	$D>168.3mm$
Q195	195	185	315	15	20
Q215A，Q215B	215	205	335		
Q235A，Q235B	235	225	370		
Q295A，Q295B	295	275	390	13	18
Q345A，Q345B	345	325	470		

其他构件力学性能 表 38-18

项　目	要　求
上碗扣强度	当 $P=30kN$ 时，各部位不应破坏
下碗扣焊接强度	当 $P=60kN$ 时，各部位不应破坏
横杆接头强度	当 $P=50kN$ 时，各部位不应破坏
横杆接头焊接强度	当 $P=25kN$ 时，各部位不应破坏
可调支座抗压强度	当 $P=100kN$ 时，各部位不应破坏

注：P 为试验荷载

3. 承插型盘扣式脚手架

（1）承插型盘扣式钢管支架主要构配件材质

承插型盘扣式钢管支架的构配件除有特殊要求外，其材质应符合现行国家标准《低合金高强度结构钢》（GB/T 1591）、《碳素结构钢》（GB/T 700）以及《一般工程用铸造碳钢件》（GB/T 11352）的规定，各类支架主要构配件材质应符合规范中表 38-19 的规定。

承插型盘扣式钢管支架主要构配件材质 表 38-19

立杆	水平杆	竖向斜杆	水平斜杆	扣接头	立杆连接套管	可调底座可调托座	可调螺母	连接盘、插销
Q345A	Q235A	Q195	Q235B	ZG230-450	ZG230-45 或20 号无缝钢管	Q235B	ZG270-500	ZG230-450 或 Q235B

（2）钢管外径允许偏差应符合表 38-20 的规定，钢管壁厚允许偏差±0.1mm。

钢管壁厚允许偏差 表 38-20

外径 D	外径允许偏差
33、38、42、48	+0.2 −0.1
60	+0.3 −0.1

（3）配件材质要求

连接盘、扣接头、插销以及可调螺母的调节手柄采用碳素铸钢制造时，其材料机械性能不得低于现行国家标准《一般工程用铸造碳钢件》（GB/T 11352）中牌号为 ZG 230—450 的屈服强度、抗拉强度、延伸率的要求。铸钢制作的连接盘的厚度不得小于 8mm，钢板冲压制作的连接盘厚度不得小于 10mm，允许尺寸偏差±0.5mm。

（4）制作质量要求

杆件焊接制作应在专用工装上进行，各焊接部位应牢固可靠。焊丝宜采用符合现行国家标准《气体保护电弧焊用碳钢、低合金钢焊丝》（GB/T 8110）中气体保护电弧焊用碳钢、低合金钢焊丝的要求，有效焊缝高度不应小于 3.5mm。

楔形插销的斜度应满足楔入连接盘后能自锁，厚度不应小于 8mm，尺寸允许偏差±0.1mm。

立杆连接套管有铸钢套管和无缝钢管套管两种形式。对于铸钢套管形式，立杆连接套长度不应小于 90mm，外伸长度不应小于 75mm；对于无缝钢管套管形式，立杆连接套长度不应小于 160mm，外伸长度不应小于 110mm。套管内径与立杆钢管外径间隙不应大于 2mm。

立杆与立杆连接套管应设置固定立杆连接件的防拔出销孔，承插型盘扣式钢管支架销孔为 $\phi14$mm，立杆连接件直径宜为 $\phi12$mm，允许尺寸偏差±0.1mm。

4. 材料性能

盘扣架规范在附录 C 有关设计参数中给出，见表 38-21。

钢材的强度和弹性模量 表 38-21

钢材强度	弹性模量
Q345 钢材抗拉、抗压、抗弯强度设计值	300
Q235 钢材抗拉、抗压、抗弯强度设计值	205
Q195 钢材抗拉、抗压、抗弯强度设计值	175
弹性模量	2.06×10^5

38.5 主要构件术语

38.5.1 欧洲 EN 12810—1 规范术语和定义

1. Scaffold 脚手架系统

（1）脚手架系统主要设计目标是建立互连组件；

（2）并且这个评价标准设立系统配置；

（3）产品说明。

2. component 组件

脚手架系统的最小组成部分，并不能再被拆分，如一个斜杆，或者一个竖框。

3. Element 单元

组件的一个部分，如一个竖框架的横梁。

4. connection device 连接设备

连接两个或者更多组件的部分。

5. configuration 构造

连接组件的特殊排列。

6. system configuration 系统构造

脚手架系统构造包括一个复杂的脚手架或者具有代表性的截面。

7. standard set of system configuration 标准的系统构造

为结构设计和评估的目的设定的系统构造规定的指定范围。

8. system width 系统宽度

EN 12811—2003 表 1 中能被实现的标准之间的最大宽度分类。

9. assessment 评价

建立一个检测程序，是否每项都符合标准中指定的要求。

38.5.2 欧洲 EN 12811—1 规范术语和定义

1. 锚固（anchorage）就是把一个锚锭插入或链接到结构物中以实现连接。

2. 可调底座（base jack）基础平面，能进行垂直调节。

3. 底座（base plate）通过增大面积来分散荷载以达到标准水平的平面。

4. 拱形脚手架（birdcage scaffold）由一系列标准网格和工作面组成的脚手架结构，可用于施工和储藏。

5. 水平支撑（bracing in horizontal plane）由一系列元件组成的抗剪构件，能提高水平面的抗剪刚度，如：在横档和横杆或者其他水平支撑之间安装盖板，框架，框架面板，对角线支撑和刚性连接。

6. 垂直支撑（bracing in vertical plane）由一系列元件组成的抗剪构件，能提高垂直面的抗剪刚度，如：在水平的或垂直的构件，对角线支撑或者其他垂直支撑之间安装含有或不含有角斜撑的闭合框架，不闭合框架，有出入口的阶梯形框架，刚性或半刚性的连接。

7. 覆盖层（cladding）用于防止天气变化和灰尘污染的材料，典型的是粗布和网布。

8. 扣件（coupler）用于连接两根管子的设备。

9. 设计（design）进行施工组织设计的概念和计算。

10. 横杆（ledger）在工作脚手架大尺寸方向的水平构件。

11. 模块系统（modular system）在该系统中横梁和标杆是相互分离的构件，通过标杆可以方便的根据预先定好的间距来进行脚手架其他构件的安装。

12. 网格布（netting）透水的覆盖材料。

13. 节点（node）两个或者多个构件的理论连接点。

14. 水平扣件（parallel coupler）用于连接两根水平管子的连接器。

15. 平台（platform）一个或多个平台在一定的间隔内连接成一个水平面。

16. 平台单元（platform unit）独立承担荷载，构成平台或者平台的一部分，甚至可能构成工作脚手架部分结构的单元。

17. 直角扣件（right angle coupler）用于连接两个呈直角交叉的管子的连接器。

18. 粗布（sheeting）不透水的覆盖材料。

19. 侧面保护（side protection）由构件构成的屏障，以防止人员跌落和材料掉落。

20. 套筒扣件（sleeve coupler）用于连接同轴的两根管子的连接器。

21. 标杆（standard）直立的构件。

22. 旋转扣件（swivel coupler）用于连接两根呈任意角度相交的管子的连接器。

23. 系紧构件（tie member）脚手架的某部分，用于将它通过锚碇连接到结构上。

24. 横梁（transom）在工作脚手架小尺寸方向的水平构件。

25. 工作区域（working area）在一个水平面上所有平台的总和，为工人提供安全的工作空间或者工作通道。

26. 工作脚手架（working scaffold）临时建筑物，要求其在施工，维护，维修或者拆除建筑物和其他结构物时能够提供安全的工作面，或者必要的工作通道。

38.5.3 中国规范术语定义

中国的脚手架规范都具体针对一种类型脚手架的规范，所以规范针对性更强，各个规范的规范术语定义也更加具体。以盘扣式脚手架为例，说明术语定义的形式。盘扣式脚手架术语：

1. 承插型盘扣式钢管支架　disk lock steel tubular scaffold

承插型盘扣式钢管支架由立杆、水平杆、斜杆、可调底座及可调托座等构配件构成。立杆采用套管或连接棒承插连接，水平杆和斜杆采用杆端扣接头卡入连接盘，用楔形插销快速连接，形成结构几何不变体系的钢管支架（简称速接架），根据其用途可分为模板支架与脚手架两类。

2. 立杆　standard

盘扣式钢管支架的竖向支撑杆件。

3. 连接盘　disk plate

焊接于立杆上可扣接 8 个方向扣接头的八边形或圆环形孔板。

4. 盘扣节点　disk-pin joint node

支架立杆上的连接盘与水平杆、斜杆杆端上的插销连接的部位。

5. 立杆连接套管　connect collar

焊接于立杆一端，用于立杆竖向接长的专用套管。

6. 立杆连接件　pin for collar

将立杆与立杆连接套管固定防拔脱的专用部件。

7. 水平杆　ledger

两端焊接有扣接头，且与立杆扣接的水平杆件。

8. 扣接头　wedge head

位于水平杆或斜杆杆件端头，用于与立杆上的连接盘扣接的部件。

9. 插销　wedge

固定扣接头与连接盘的专用楔形部件。

10. 斜杆　diagonal brace

与立杆上的连接盘扣接的斜向杆件，分为竖向斜杆和水平斜杆两类。

11. 可调底座　base jack

安装在立杆底部可调节高度的底座。

12. 可调托座　U-head jack

安装在立杆顶端可调节高度的顶托。

13. 挂扣式钢梯　ladder

挂扣在支架水平杆上供施工人员上下通行的爬梯。

14. 挑架　side bracket

与立杆上连接盘扣接的侧边悬挑三角形桁架。

15. 挂扣式钢脚手板 steel deck

挂扣在支架上的钢脚手板。

16. 连墙件 anchoring

将脚手架与建筑物主体结构连接的构件。

17. 双槽钢托梁 double channel steel beam

两端搁置在立杆连接盘上的模板支架专用横梁。

18. 垫板 base plate

设于底座下的支承板。

19. 挡脚板 toe board

设于脚手架作业层外侧底部的专用防护件。

20. 布距 lift height

同一立杆跨内相邻水平杆竖向距离。

具体可以查看 JGJ 130 扣件式脚手架规范、JGJ 128 门式脚手架规范、JGJ 231 盘扣式脚手架规范中关于规范中术语和符号的定义。

38.6 构件产品生产设计

38.6.1 欧洲脚手架规范生产设计（EN 12810—2）

构件设计流程：

每个预制构件脚手架系统的标准系列的系统构造的结构设计都应遵循 EN 12811—1、EN 12811—2、EN 12811—3、EN 12810—1 以及本规范的要求。

结构设计应按照表 38-22 中的方法之一进行设计，也可以参照图 38-1。

构件设计 　　　　　　　　　　　　　　　　　　表 38-22

设计步骤	路径 1		路径 2
	模块化和框架体系		框架体系
1	性能测试、连接设备测试、构件测试		
2/3	各个标准系列的系统构造的计算		
2			确定 a_{cr} 的值
			若 $a_{cr} \geq 2$，继续路径 2 若 $a_{cr} < 2$，则改为路径 1
3	3a	分析结构以确定所受力及力矩的分配	
		二阶理论	考虑 a_{cr} 放大系数的一阶理论
	3b	对独立的构件和连接进行分析以确定具有足够的抗力	
4	该系统构造代表截面的测试		
	类型 1 显著荷载作用下的位移反应校验		类型 2 a_{cr} 校验
a_{cr} 指适用于设计荷载的最小弹性变形荷载系数			

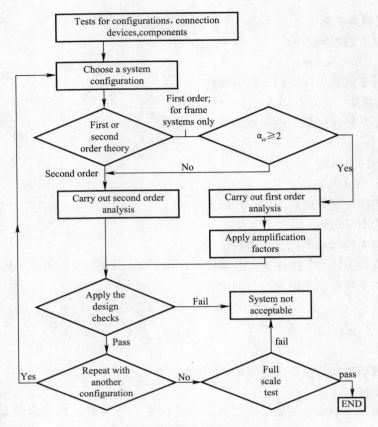

图 38-1　结构设计步骤流程图

优先采用路径 1，路径 2 只有在框架系统的时候才采用，同时需要满足系数 $a_{cr} \geqslant 2$。

各个标准系列的系统构造都要按照 EN 12810—1：2003 中第 8 条的要求进行阶段 2 和 3 的设计。

阶段 3b 应考虑到荷载最不利布置，对所有构件和连接设备进行分析。如果并非所有构件都包括在分析模型中，则应分别对所有构件进行稳定性分析。

内力和弯矩的确定，需要采用弹性分析方法。根据 EN 12811—3 确定的模块化节点和平行截面的非线性结构特性将用于此分析。

如果某一截面达到 EN 12811—1 规定的抗力极限或者某一构件或连接设备达到抗力极限，该系统构造达到其载荷能力极限。注：抗力极限由试验结果得到。

在路径 1 中，系统变形引起的平衡问题通过采用二阶分析来考虑。在路径 2 中，系统变形引起的平衡问题采用一阶分析，但是通过采用放大系数来考虑其影响。

步骤 4 选取系统构造的代表截面进行试验。

38.6.2　中国脚手架生产设计

国内规范都是有明确类型的，而且对每种规范都一定是设计完成，确定了每种脚手架规范的标准构件尺寸及重量，按照规范规定的材料、尺寸及质量要求生产的脚手架构件，能够满足规范要求的力学及性能要求。具体内容参看各类型的脚手架规范。

38.7 构造要求

38.7.1 欧洲规范构造要求 EN 12811-1

1. 宽度类型

宽度 W，指工作区域包括超出趾板 30mm 以内区域的宽度。

脚手架横向立杆之间的净距离 c 至少为 600mm，楼梯的净距离不能低于 500mm。这个比中国规范规定的尺寸小，扣件式脚手架的最小立杆间距为 1.05m。表 38-23 为欧洲脚手架的宽度范围表。

脚手架宽度表　　　　　　　　　　　　　　　　　　表 38-23

Width class	W in m	Width class	W in m
W06	$0.6 \leqslant W < 0.9$	W18	$1.8 \leqslant W < 2.1$
W09	$0.9 \leqslant W < 1.2$	W21	$2.1 \leqslant W < 2.4$
W12	$1.2 \leqslant W < 1.5$	W24	$2.4 \leqslant W$
W15	$1.5 \leqslant W < 1.8$		

2. 净空高度

在工作面之间最小的净空高度，h_3 应该为 1.9m。

工作面和横梁之间的净空高度要求（图 38-2）以及工作面和固定构件之间的净空高度。

要求列于表 38-24 表中。

净空高度分类　　　　　　　　　　　　　　　　　　表 38-24

Class	Clear headroom		
	Between working areas h_3	Between working areas and transoms or tie members h_{1a}, h_{1b}	Minimum clear height at shoulder level h_2
H_1	$h_3 \geqslant 1.90\text{m}$	$1.75\text{m} \leqslant h_{1a} < 1.90\text{m}$ $1.75\text{m} \leqslant h_{1b} < 1.90\text{m}$	$h_2 \geqslant 1.60\text{m}$
H_2	$h_2 \geqslant 1.90\text{m}$	$h_{1a} \geqslant 1.90\text{m}$ $h_{1b} \geqslant 1.90\text{m}$	$h_2 \geqslant 1.75\text{m}$

3. 工作平台

工作平台单元应该有防滑表面，并明确要求木表面通常可以满足防滑要求。中国规范要求木脚手板搭设的楼梯踏步必须有防滑措施，对工作平台没有明确要求。

单元之间的空隙越小越好，最大不能超过 25mm。中国规范（JGJ 130）6.2.3 条脚手架对接图 a 规定不能大于 40mm。

工作区域越水平越好。如果坡度超过五分之一，应在全长范围内进行安全连接。如果没有这种情况，立足点正中的缝隙宽度必需不超过 100mm，才能方便地使用独轮手推车。中国规范（JGJ 130）7.3.12 脚手架探头应用镀锌钢丝固定在支撑杆件上。

4. 侧面保护

工作和通行区域需要通过侧面保护来确保安全，侧面保护至少由主要护栏，中间护栏以及趾板组成，在有楼梯的时候可以免除趾板。参看栏杆侧面保护要求（图 38-3）。

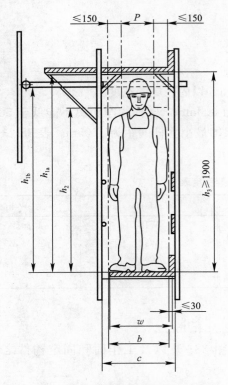

图 38-2　工作区域净空和宽度的要求

b——净行走空间，不得低于 500mm 和（$c-250$mm）；

c——标杆之间的净距离；

h_{1a}、h_{1b}——分别为工作面和横梁之间的净空高度和工作面和固定构件之间的净空高度；

h_2——净肩高；

h_3——工作面之间的净高度；

P——净宽度，不得低于 300mm 和（$c-450$mm）；

w——满足脚手架宽度表的工作区域宽度

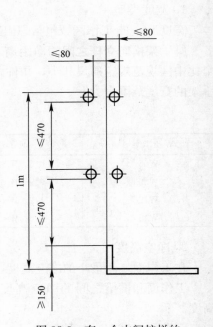

图 38-3　有一个中间护栏的垂直侧面保护的尺寸要求

侧面保护需能够防止意外的移动。主要护栏应该是固定的，这样它的顶面能够超过邻近的工作面 1m 甚至更多（绝对最小高度为 950mm）。中国规范（JGJ 130）规定不能小于 1200mm。

侧面开洞尺寸不能大于 470mm 的直径。中国规范没有此项要求。

挡脚板高度≥150mm（5.5.4 条），若为钢板挡脚板则最小厚度为 1.0mm（4.2.1.4 条），中国（JGJ 130）规范挡脚板高度≥180mm（7.3.11 条）。

趾板外表面，护栏内表面和侧面保护中间部分的所有构件之间的水平距离不得超过 80mm。

5. 基础垫板

垫板的面积最小为 150mm²，最小宽度为 120mm。

空心截面标杆的接头：标杆在接头处的搭接长度至少为 150mm。如果采用扣紧设备，搭接长度可以减少到最小 100mm。这个和中国标准 JGJ 130 中各杆件端头伸出扣件盖板边缘的长度不应小于 100mm（7.3.10 条）相同。

6. 楼梯

为了满足对楼梯的不同要求，本欧洲规范指定了两类不同的楼梯尺寸。楼梯踏步的尺寸应符合表 38-25 和下列要求：

台阶高度 u 和台阶宽度 g，应该符合公式（1）的要求

$$540 \leqslant 2u+g \leqslant 660 \quad （单位：mm） \tag{1}$$

楼梯踏步尺寸表 表 38-25

Stairway dimensions		
Dimension	Class	
	A	B
	mm	mm
s	$125 \leqslant s < 165$	$s \geqslant 165$
g	$\geqslant 150 \leqslant g < 175$	$g \geqslant 175$
Minimum clear width 500 mm		

7. 连墙件

所有裸体系统，在一个自由高度 3.8m 的区域所有上下层连墙杆尽可能连成一层（EN 12810—1 7.2.3.2～3 条）。图 38-4 是两种类型的连墙件布置示意图。

根据图示情况，欧洲标准对连墙件的要求为两步两跨和两步一跨，中国双排架连墙件构造分为两步三跨和三步三跨。

欧洲规范（12811—1）6.1.3 条注释规定可以通过将构件绑扎在邻近的建筑物或结构上来实现侧向稳定，另外一些方法，可使用风缆绳，压载杆或者锚定。中国规范（JGJ 130）要求刚性连接。

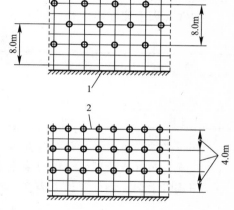

Key
1 Type a-typical staggered tying pattern
2 Type b-typical continuous horizontal tying pattern

图 38-4 连墙件布置示意图

38.7.2 中国规范构造要求

1. 宽度类型

扣件式脚手架规范（JGJ 130）6.1.1 敞开式双排脚手架的设计尺寸宽度指导值为 1.05m、1.30m、1.55m 等值（表 38-26）。

扣式脚手架参数表 表 38-26

连墙件设置	立杆横距 l_b	步距 h	下列荷载时的立杆纵距 l_a（m）				脚手架允许搭设高度 $[H]$
			$2+0.35$ (kN/m²)	$2+2+2×0.35$ (kN/m²)	$3+0.35$ (kN/m²)	$3+2+2×0.35$ (kN/m²)	
二步三跨	1.05	1.5	2.0	1.5	1.5	1.5	50
		1.80	1.8	1.5	1.5	1.5	32
	1.30	1.5	1.8	1.5	1.5	1.5	50
		1.80	1.8	1.2	1.5	1.2	30
	1.55	1.5	1.8	1.5	1.5	1.5	38
		1.80	1.8	1.2	1.5	1.2	22

连墙件设置	立杆横距 l_b	步距 h	下列荷载时的立杆纵距 l_a（m）				脚手架允许搭设高度 $[H]$
			$2+0.35$ (kN/m²)	$2+2+2\times0.35$ (kN/m²)	$3+0.35$ (kN/m²)	$3+2+2\times0.35$ (kN/m²)	
三步三跨	1.05	1.5	2.0	1.5	1.5	1.5	43
		1.80	1.8	1.2	1.5	1.2	24
	1.30	1.5	1.8	1.5	1.5	1.5	30
		1.80	1.8	1.2	1.5	1.2	17

门式脚手架规范（JGJ 128）中规定，脚手架的宽度由门架的规格决定，宽度有 800mm、1000mm、1200mm。

碗口架规范（JGJ 166）的构件尺寸较为丰富，一般双排脚手架的宽度有 900mm 和 1200mm。

2. 净空高度

中国脚手架规范中一般为了便于施工操作，高度一般取 1.5～1.8m 之间。欧洲规范（EN 12811-1）取的高度值为 2m。具体查看扣件式、碗扣式、门式等钢管脚手架规范。

3. 连墙件

扣件式脚手架连墙件要求见表 38-27。

连墙件布置最大间距   表 38-27

搭设方法	高 度	竖向间距（h）	水平间距（la）	每根连墙件覆盖面积（m²）
双排落地	≤50m	3 h	3 la	≤40
双排悬挑	>50m	2 h	3 la	≤27
单排	≤24m	3 h	3 la	≤40

同时必须满足水平荷载验算要求。

宜优先布置成菱形，也可以采用方形和矩形布置，这个与欧洲规范相似。

门式脚手架连墙件要求见表 38-28。

门式脚手架连墙件要求   表 38-28

序 号	脚手架搭设方式	脚手架高度（m）	连墙件间距（m）		每根连墙件覆盖面积（m²）
			竖向	水平向	
1	落地、密目式安全网全封闭	≤40	3h	3l	≤40
2			2h	3l	≤27
3		>40			
4	悬挑、密目式安全网全封闭	≤40	3h	3l	≤40
5		40～60	2h	3l	≤27
6		>60	2h	2l	≤20

门式脚手架的转角处或开口型脚手架端部，必须增设连墙件，连墙件的垂直间距不应大于建筑物的层高，且不应大于 4.0m；连墙件距门架横杆不宜大于 200mm。扣件式脚手架规定偏离主节点的距离不应大于 300mm，和门式脚手架规定不同。其他类型脚手架对于连墙件也有类似的规定，具体可以查阅相关规范。

4. 侧面防护

栏杆和挡脚板均应搭设在外立杆的内侧；上栏杆上皮高度应为 1.2m；挡脚板高度不

应小于 180mm；中栏杆应居中设置（图 38-5）。

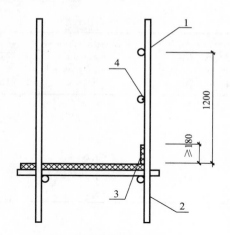

图 38-5　栏杆与挡脚板构造
1—上栏杆；2—外立杆；3—挡脚板；4—中栏杆

中国规范规定的栏杆高度 1.2m 和欧洲标准规定的 1.0m 存在差异。

5. 基础垫板

扣件式脚手架规范（JGJ 130）规定底座、垫板均应准确地放在定位线上；垫板应采用长度不少于 2 跨、厚度不小于 50mm、宽度不小 200mm 的木垫板。欧洲标准没有类似的规定。

38.8　结构设计

38.8.1　欧洲规范结构设计 EN 12811—1

1. 基本要求

（1）概述

每个脚手架在设计，施工和维护中都要考虑确保其不会坍塌或者意外移动，以便其能够被安全的使用。这在所有阶段都要考虑，包括施工和专修过程，直到脚手架最终拆除。脚手架构件应该进行设计，使得其能够安全的运输，施工，使用，维护，拆除以及储存。

（2）外部作用

工作脚手架应设有支撑或者基础以抵抗设计荷载和限制位移。在不同设计力（比如风力）的作用下需要检验脚手架结构整体和局部的侧向稳定性。中国规范一般是连墙件来实现这个外部作用。

（3）荷载分类

荷载分为永久荷载、活荷载和意外荷载，其中意外荷载是指侧面护栏或者保护件要能承受 1.25kN 的点荷载（6.2.5.1 条），中国规范没有对这个有专门的规定；永久荷载和活荷载的划分基本与中国规范相似，另外这前面的三种类型的荷载都不包括人从高处坠落到平台或者侧面护栏上产生的冲击荷载（6.2.1 条）。

为了满足不同的工作条件需求，规范规定了六种荷载等级和七种脚手架宽度等级。工作荷载列于表 38-29 中。

工作区域内的工作荷载

表 38-29

Load class	Uniformly distributed load q_1 (kN/m²)	Concentrated load on area 500mm×500mm F_1 (kN)	Concentrated load on area 200mm×200mm F_2 (kN)	Partial area load	
				q_2 (kN/m²)	Partial area factor a_p[1]
1	0.75[2]	1.50	1.00	—	—
2	1.50	1.50	1.00	—	—
3	2.00	1.50	1.00	—	—
4	3.00	3.00	1.00	5.00	0.4
5	4.50	3.00	1.00	7.50	0.4
6	6.00	3.00	1.00	10.00	0.5

1 See 6.2.2.4
2 See 6.2.2.1

2. 荷载组合

(1) 工作区荷载的计算

当邻近的平台沿着或穿过工作脚手架，在支撑的标杆之间应该把分界边作为中线。

对于外部边缘，尺寸 w，应该沿着实际的边缘测量，当有趾板时，欧洲规范在规范的 5.2 条款作了定义，一般取 300mm，这个和中国相同。

工作荷载包括均布荷载、集中荷载、局部区域荷载，局部区域荷载要根据荷载的不利效应组合，作用位置和尺寸最不利组合效应为准。

(2) 侧面保护的荷载

主要是栏杆及侧面防护材料产生的竖向荷载、水平荷载、向上的荷载（检验保护牢固的力，0.3kN）等。

(3) 冰雪荷载

对于作用在工作脚手架上的冰雪荷载的允许误差都要满足国家法规的要求。和中国规范类似，一般都是根据地域的气象条件来确定取值。

(4) 风荷载

在计算风荷载时，假设在工作脚手架的参考面（reference area）上作用有某个动压力，该区域一般是风速方向上的投影面积。风力大小，F，单位为 kN，按照下面公式来计算：

$$F = c_s x \sum_i (c_{f,i} x A_i x q_i)$$

式中 F——产生的风力值；

$c_{f,i}$——脚手架构件 i 的风动系数（aerodynamic force coefficient）；

A_i——脚手架构件 i 的参考面（reference area）；

q_i——作用在脚手架构件 i 上的风压（velocity pressure）；

c_s——位置系数（site coefficient）。

各种参数的含义：

风动系数 c_f，对所有投影面（projected areas）（包括平台，趾板和规范 6.2.7.4.1 或 6.2.7.4.2 分别定义的公称截面）的风洞系数值，c_f 都为 1.3；

位置系数 c_s，考虑了工作脚手架同建筑物的位置关系，比如脚手架位于建筑立面前方。根据 6.2.7.3.2 和 6.2.7.3.3 的规定，位置系数 c_s 适用于外表开口规则的立面。对于作用在立面上的一般风荷载，$c_{s\perp}$ 的值按照图 38-6 选取。该值根据面积比 φ_B 确定，φ_B 按照下面公式计算：

$$\varphi_B = \frac{A_{B,n}}{A_{B,g}}$$

式中　$A_{B,n}$——立面的净面积（扣除开洞）；
　　　$A_{B,g}$——立面的毛面积。

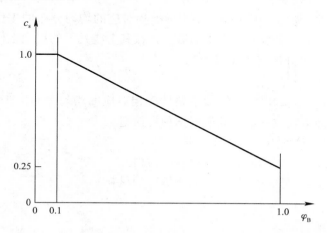

图 38-6　位于建筑立面前的工作脚手架的表面上作用有一般风力时的场地系数 $c_{s\perp}$

对于平行于表面的风荷载作用，$c_{s\perp}$ 的取值为 1.0。

1）最大风荷载

某地区的风荷载最大值应考虑场地的类型和位置。当风荷载满足本规范的适用条件时，需采用本规范的规定。如果不满足，则需要按照国家规范要求取得数据。需要考虑脚手架从施工到拆除这段时间内的统计系数。该系数不能低于 0.7，且适用于 50 年一遇的风压。这个 0.7 的系数就是中国规范风荷载标准值计算公式中的系数 0.7。为了确定位于工作面上（working area）的设备和材料的容差，假设基准面为全长范围内的水平面。该基准面比工作面高 200mm，且包括了趾板的高度。该基准面上计算得到的风压假设作用在工作面上。

2）工作风荷载

考虑均匀分布的风压值为 0.2。在计算工作风荷载时，为了确定位于工作面上的设备和材料的容差，按照上述最大风荷载的规定假设一个基准面，但该基准面比工作面高 400mm。

3）动力荷载

以下数据可作为工作条件下由动力效应产生的多余荷载的等效静荷载。

① 由某个个别项目（individual item）的荷载产生的动力效应，人除外，当在垂直方向上依靠动力设备移动时，等于该项目自重的 120%。

② 由某个水平方向运动的个别项目（individual item）的荷载产生的动力效应，人除

外，在实际的可能水平方向上，可用项目自重10％的等效静荷载表示。

中国脚手架规范对动荷载没有专门的规定。

3. 荷载组合

立面脚手架（Facade scaffolds）

在立面脚手架的结构设计时应采用组合（1）和（2），除非可以获得脚手架使用情况的可靠信息。

在各个荷载组合情况中，要同时考虑工作条件和非工作条件。

（1）工作条件（The service condition）

包括脚手架自重，表38-29工作脚手架种类相对应的均匀分布的工作荷载，并作用在工作面的最不利位置上。多层荷载作用的取值，在其上或其下的层面上同样需要施加规范规定的荷载的50％。另外还有工作风荷载。

（2）非工作条件

包括脚手架自重，表38-29工作脚手架种类相对应的均匀分布的工作荷载的百分数，并作用在工作面的最不利位置上。其值根据种类而定：

第一类：0％（工作面上没有工作荷载）

第二、三类：25％（工作面上放有储存的材料）

第四、五、六类：50％（工作面上放有储存的材料）

风压

还有最大风荷载。

4. 挠度

（1）平台单元的弹性挠度

当作用有工作区域内的荷载（表38-29）第3、4列规定的集中荷载时，任何平台单元的弹性挠度不得超过其跨度的1/100。

此外，当施加某一合适的集中荷载时，相邻受荷与未受荷的不同平台单元挠度差不得超过25mm。

（2）侧面保护的弹性挠度

每个主要护栏、中间护栏和趾板，无论其跨度多少，当作用有侧面保护条款中规定的水平荷载时它们的弹性挠度都不得大于35mm。

测量的参考点为构件的固定点。

（3）栅栏结构的挠度

当作用有侧面保护条款（6.2.5.2条）中规定的水平荷载时，栅栏网格偏移不得超过100mm，测量参考点为支承处。

当栅栏结构中兼有护栏时，护栏同样需要满足要求。

中国脚手架规范对挠度的规定与英国标准的不同，如扣件式脚手架规范规定（表38-30）。

中国脚手架规范对挠度的规定 表38-30

构件类型	容许挠度 $[v]$
脚手板，脚手架纵向、横向水平杆	1/150 与 10mm
脚手架悬挑受弯杆件	1/400
型钢悬挑脚手架悬挑钢梁	1/250

5. 产品手册

欧洲脚手架有专门的产品手册，包括使用手册、工作现场、结构设计等内容。中国脚手架规范中要求，厂家按照规范生产，用户按照规范要求使用，使用时都是依照规范来设计和使用，规范相当于一个统一的产品手册，提高了构件通用性，同时降低了脚手架的复杂程度。

（1）设计方法

采用极限状态概念设计，包括承载力极限状态和正常使用极限状态，同时这些设计方法还要满足刚性假定。中国规范的设计方法和欧洲规范相同也是采用极限状态概念设计。

1）承载力极限状态

$E_d \leqslant R_d$　　E_d 内力或者弯矩，R_d 抗力值

2）正常使用极限状态

$E_d \leqslant C_d$　　E_d 内力或者弯矩，C_d 正常使用时，规范规定的抗力值

（2）结构分析

1）缺陷

垂直杆件之间的倾角

对于在管形标杆（tubular standard）处的节点，其倾角 φ 为通过插口将其中一根构件永久固定到另一根构件上的一对管形构件之间的夹角（参看图 38-7），或者是基础千斤顶和管形构件之间的夹角（参看图 38-8），夹角可通过公式计算：

$$\tan\varphi = \frac{D_i - d_0}{l_0} \quad (\tan\varphi \text{ 不能小于 } 0.01)$$

式中　D_i——管形标杆的公称内径；

　　　d_0——插口或基础千斤顶的公称外径；

　　　l_0——公称搭接长度；

　　　φ——分别参看图 38-7 和图 38-8。

2）刚性假设

管件间的连接，如果插口是永久固定在标杆上或者以下情况之一时，那么假设连接是刚性连接。

① 插口的搭接长度至少为 150mm，采用了扣紧设备（locking device）时，至少为 100mm；

② 钢管的公称内径和插口的公称外径之差不超过 4mm。

该假设仅适用于外径不超过 60mm 的管形构件。

中国扣件式脚手架规范也有类似的假定，在设计计算时，同样假定对接扣件之间的连接是刚性连接，这点和欧洲规范一致。中国规范没有对外径不超过 60mm 的规定，但目前的脚手架规范都没有使用直径大于 60mm 的钢管。

（3）设计验算

1）某项作用的局部安全系数

除非另外规定，否则局部安全系数 γ_F 需按以下准则确定：

① 承载力极限状态

$\gamma_F = 1.5$ 对所有永久和可变荷载。

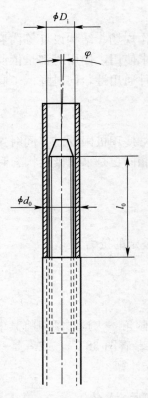

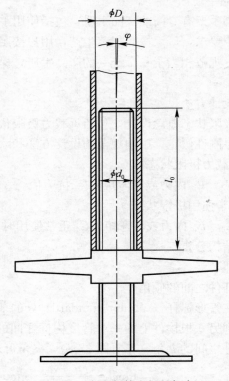

图 38-7　管与管之间倾角　　　　　图 38-8　底座与管之间的倾角

$\gamma_F = 1.0$ 对意外荷载。

对于安全系数取值和中国规范有差别，中国规范永久荷载分项系数取 1.2，施工活载取 1.4。

② 正常使用极限状态

$\gamma_F = 1.0$。

2) 抗力的局部安全系数 γ_M

当计算钢材或铝材构件的抗力设计值时，局部安全系数 γ_M 取 1.1。对于其他材料的构件，局部安全系数 γ_M 根据相关规范取值。

对于正常使用极限状态，γ_M 取 1.0。

3) 承载力极限状态

在承载力极限状态下，需验证作用效应的设计值不超过相应抗力的设计值。

① 管形构件

为了进行内力组合，实际剪力的设计值 $V \leqslant 1/3 V_{pl,d}$。

$$\frac{M_{pl,N,d}}{M_{pl,d}} = \cos\left[\frac{\pi}{2} x \frac{N}{N_{pl,d}}\right]$$

式中　$N_{pl,d}$——抵抗轴力的设计值，等于 $N_{pl,d}/\gamma_M$；

　　　　$M_{pl,d}$——抵抗弯矩的设计值，等于 $M_{pl,d}/\gamma_M$；

　　　　$V_{pl,d}$——抵抗剪力的设计值，等于 $V_{pl,d}/\gamma_M$；

　　　$M_{pl,N,d}$——在实际法向力 N 相互作用下抵抗弯矩的设计值；

N——实际轴力的设计值。

② 管形构件的连接节点

管形构件间按照规范要求的刚性连接时，插口处只需要按照节点处的设计弯矩进行验算。

③ 扣件

必须验证作用在扣件上的力的设计值不超过附录 C 中相应的抗力的设计值，附录 C 中的值考虑了 10.3.2.2 规定的局部安全系数（表 38-31）。

附录表 C.1 表 38-31

Coupler type	Resistance	Characteristic value			
		class A	class B	class AA	class BB
Right-angle coupler (RA)	Slipping force $F_{s,k}$ in kN	10.0	15.0	15.0	25.0
	Cruciform bending moment $M_{B,k}$ in kNm	—	0.8	—	—
	Pull-apart force $F_{p,k}$ in kN	20.0	30.0	—	—
	Rotational moment $M_{T,k}$ in kNm	—	0.13	—	—
Friction type sleeve coupler (SF)	Slipping force $F_{s,k}$ in kN	6.0	9.0	—	—
	Bending moment $M_{B,k}$ in kNm	—	2.4	—	—
Swivel coupler (SW)	Slipping force $F_{s,k}$ in kN	10.0	15.0	—	—
Paraller coupler (PA)	Slipping force $F_{s,k}$ in kN	10.0	15.0	—	—
For symbols see Figures C.3 and C.4					

扣件的抗力值根据扣件类型和等级的不同，有不同的取值。中国扣件脚手架规范中对接扣件抗滑承载力设计值 3.2kN，直角扣件和旋转扣件抗滑承载力设计值 8kN，底座抗压承载力设计值 40kN。中国规范扣件和欧洲规范的承载力设计值存在差异。

4）正常使用极限状态

需验证挠度满足规范的要求。

独立的工作脚手架作为一个整体需要进行验证，以确保其能抵抗侧面滑移，上抬以及倾覆。同时需要验证工作脚手架的局部滑移性（local sliding）。

中国规范也需要验证挠度、整体抗倾覆验算及局部抗滑移验算。

38.8.2 中国脚手架规范设计

1. 设计规定

（1）脚手架的承载能力应按概率极限状态设计法的要求，采用分项系数设计表达式进行设计。可只进行下列设计计算：

1）纵向、横向水平杆等受弯构件的强度和连接扣件的抗滑承载力计算；

2）立杆的稳定性计算；

3）连墙件的强度、稳定性和连接强度的计算；

4）立杆地基承载力计算。

（2）计算构件的强度、稳定性与连接强度时，应采用荷载效应基本组合的设计值。永久荷载分项系数应取 1.2，可变荷载分项系数应取 1.4。

（3）脚手架中的受弯构件，尚应根据正常使用极限状态的要求验算变形。验算构件变形时，应采用荷载效应的标准组合的设计值，各类荷载分项系数均应取 1.0。

（4）当纵向或横向水平杆的轴线对立杆轴线的偏心距不大于 55mm 时，立杆稳定性计算中可不考虑此偏心距的影响。

（5）当采用本规范第 6.1.1 条规定的构造尺寸，其相应杆件可不再进行设计计算。但连墙件、立杆地基承载力等仍应根据实际荷载进行设计计算。

（6）扣件、底座、可调托撑的承载力设计值应按表 38-32 采用。

扣件、底座、可调托撑的承载力设计值（kN）　　　　表 38-32

项　目	承载力设计值
对接扣件（抗滑）	3.2
直角扣件、旋转扣件（抗滑）	8
底座（抗压）、可调托撑（抗压）	40

（7）受弯构件的挠度不应超过表 38-33 中规定的容许值。

受弯构件挠度容许值　　　　表 38-33

构件类别	容许挠度［L］
脚手板，脚手架纵向、横向水平杆	1/150 与 10mm
脚手架悬挑受弯杆件	1/400
型钢悬挑脚手架悬挑钢梁	1/250

2. 脚手架计算

（1）水平杆内力计算包括计算纵向、横向水平杆的抗弯强度、弯矩设计值、挠度值。

（2）扣件抗滑移。

（3）立杆稳定性计算。

分为组合风荷载和不组合风荷载两种情况分别计算；单、双排脚手架立杆稳定性计算部位的确定应符合下列规定：

1）当脚手架采用相同的步距、立杆纵距、立杆横距和连墙件间距时，应计算底层立杆段。

2）当脚手架的步距、立杆纵距、立杆横距和连墙件间距有变化时，除计算底层立杆段外，还必须对出现最大步距或最大立杆纵距、立杆横距、连墙件间距等部位的立杆段进行验算。

（4）连墙件计算。

（5）搭设高度计算。

（6）地基承载力计算。

上述为常用的计算内容，具体计算方法参见 JGJ 130、JGJ 128 等脚手架规范。

38.9　总结

中欧脚手架规范对比研究主要从规范的构成体系、使用范围、分类方法、产品编码、材料及材质、构件的产品的设计、构造及使用要求、设计方法等方面进行了比较，由于个人水平有限，难免有不足之处。

测量规范应用对比研究

　　施工测量是建筑工程中很重要的一环。随着全球经济国际化进程加快，越来越多的中国工程承包企业开始涉足国际建筑市场并越来越多的接触到国外测量标准、规范。当前，公司的海外项目施工测量多采用 BS 标准作为测量作业质量检查的依据，部分市场也适用美国标准。因此关于测量的国际标准化课题工程测量部分主要针对中国标准（工程测量规范 GB 50026—2007）与 BS 标准（BS5964-1—1990；ISO4463-1—1989）进行对比研究，共分为场区平面控制网、建筑物施工平面控制网及建筑物细部放样验收标准三部分。中、美标准对比主要从首级平面控制网、高程控制网、二级平面控制网进行对比研究。其他区域的测量标准在此未涉及，有需要了解的可结合本课题的对比内容进行类似对比。

第39章 中英工程测量规范对比

39.1 中英工程测量规范对比研究

本部分主要从中、英标准（场区平面控制网、建筑物施工平面控制网、建筑物细部放样）验收标准对比研究。

39.1.1 场区平面控制网验收标准

1. 英国标准（BS 5964-1—1990；ISO 4463-1—1989）

第一阶段：观测的距离与角度之间的关系及坐标调整后经过检查所发现的差异不得超过下列允许偏差：

For distances：$\pm 0.75 \sqrt{L}$；with a minimum of 4mm

For angles：

in degrees：$\pm \dfrac{0.09}{\sqrt{L}} \left(\text{或} \pm \dfrac{5'24''}{\sqrt{L}}\right)$

in gon：$\pm \dfrac{0.1}{\sqrt{L}}$

or as offset：$\pm 1.5 \sqrt{L}$mm

L 是基准点之间的距离（以 m 为单位）

第二阶段：根据已知的坐标所得到的距离、角度及随后观测的距离和角度之间所发现的差异，这些偏差不得超过下列允许偏差：

For distances：$\pm 1,5 \sqrt{L}$；with a minimum of 8mm For angles：

in degrees：$\pm \dfrac{0.09}{\sqrt{L}} \left(\text{或} \pm \dfrac{5'24''}{\sqrt{L}}\right)$

in gon：$\pm \dfrac{0.1}{\sqrt{L}}$

2. 中国标准（工程测量规范 GB 50026—2007）

点位偏离直线应在 $180° \pm 5''$ 以内，格网直角偏差应在 $90° \pm 5''$ 以内，轴线交角的测角中误差不应大于 $2.5''$；

点位归化后，必须进行角度和边长的复测检查。角度偏差值，一级方格网不应大于 $90° \pm 8''$，二级方格网不应大于 $90° \pm 12''$，距离偏差值，一级方格网不应

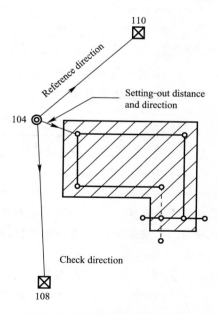

图 39-1 场区平面控制网示意图

大于 $D/25000$，二级方格网不应大于 $D/15000$（D 为方格网的边长）。

39.1.2 建筑物施工平面控制网验收标准

1. 英国标准（BS 5964-1—1990，ISO 4463-1—1989）

第一阶段：规定或已计算的距离与满足要求的距离之间的差异不得超过下列允许偏差：

Distances up to 7mm±4mm

Distances greater than 7mm±1.5 $\sqrt{L}$ mm

L 是以 m 为单位的距离

一个规定或已计算的角度与满足要求的角度之间的差异不得超过下列允许偏差：

In degrees：$\pm\dfrac{0.09}{\sqrt{L}}$（或 $\pm\dfrac{5'24''}{\sqrt{L}}$）

In gon：$\pm\dfrac{0.1}{\sqrt{L}}$

Or as offset：$\pm 1.5\sqrt{L}$ mm

L 是以 m 为单位

第二阶段：角度的测量与放样应该精确到 10mgon（1′）或者更高的精度，计算的距离与图纸上的距离以及规定的距离之间的差异不得超过下列允许偏差：

Distances up to 4m：$\pm 2K_1$ mm

Distances greater than 4mm：$\pm K_1\sqrt{L}$ mm

L 是以 m 为单位的距离。

K_1 常数详见表 39-1。

常数 K_1 表 39-1

Example of application on site	K_1
Earthwork without any particular accuracy requirements, for example excavations, slopes	10
Earth work subject to normal accuracy requirements, for example road works, pipe trenches	5
In situ cast concrete structures, precast concrete structures, steel structures	1.5

2. 中国工程测量规范（GB 50026—2007）建筑物施工平面控制网技术要求详见表 39-2。

建筑物施工平面控制网的主要技术要求   表 39-2

等　　级	边长相对中误差	测角中误差
一级	≤1/30000	$7''/\sqrt{n}$
二级	≤1/15000	$15''/\sqrt{n}$

建筑物施工平面控制网示意图如图 39-2 所示。

39.1.3 建筑物细部放样验收标准

1. 英国标准（BS5964-1—1990，ISO4463-1—1989）楼层轴线竖直投测的允许偏差为：

For heights up to 4mm：$D_t=\pm 3$ mm

For heights greater than 4m：$D_t=\pm 1.5\sqrt{H}$ mm

其中 H 指原点与转换点之间的垂直距离。

2. 中国标准（工程测量规范 GB 50026—2007）楼层轴线

竖直投测允许偏差：施工层的轴线投测，宜使用 2 秒级激光经纬仪或激光铅直仪进行，控制轴线投测至施工层后，应在结构平面上按闭合图形对投测轴线进行校核。合格后，才能进行本施工层上的其他测设工作；否则，应重新进行投测。

楼层轴线竖直投测示意图如图 39-3 所示，允许偏差见表 39-3。

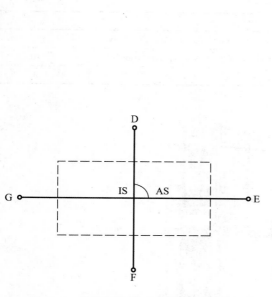

图 39-2　建筑物施工平面控制网示意图

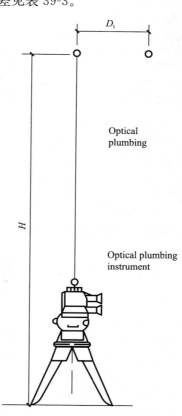

图 39-3　楼层轴线竖直投测示意图

楼层轴线竖直投测的允许偏差　　　　　　　　　　　　　　表 39-3

项　目	内　　容		允许偏差（mm）
轴线竖向投测	每层		3
	总高 H（m）	$H \leqslant 30$	5
		$30 < H \leqslant 60$	10
		$60 < H \leqslant 90$	15
		$90 < H \leqslant 120$	20
		$120 < H \leqslant 150$	25
		$150 < H$	30

3. 英国标准（BS 5964-1—1990，ISO 4463-1—1989）楼层标高

竖向传递的允许偏差为：测量的结果和给出的或者计算的结果之间的偏差不能超过表 39-4 中给出的允许值及表 39-5 常数（K_2）。

竖向传递的允许偏差 表 39-4

Measurement	Permitted deviation mm
between an official bench mark and a primary benchmark	±5
between any two primary benchmarks	±5
between a primary and a secondary benchmark	±5
between two adjacent secondary benchmarks—	
for differences in level up to 4m	±3
for differences in level larger	
than 4m, where H is the vertical distance in metres	$\pm 1.5\sqrt{H}$
between a secondary benchmark and a level of a position point the level of which has been set out from that secondary benchmark, where K_2 is a constant according to Table 39-5	$\pm K_2$
between two position points the level of which has been set out from the same secondary benchmark, where K_2 is a constant according to Table 39-5	$\pm K_2$

常数 K_2 表 39-5

Example of application on site	K_2
Earthwork without any particular accuracy requirements, for example excavations and slopes	30
Earthwork subject to normal accuracy requirements, for example road works, pipe trenches	10
In situ cast concrete structures, precast concrete structures, steel structures	3

楼层标高竖向传递示意图如图 39-4 所示。

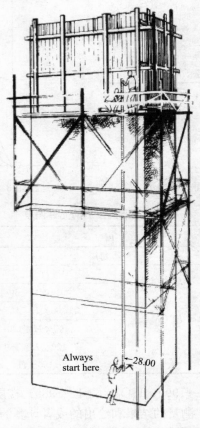

Always start here ←28.00

图 39-4 楼层标高竖向传递示意图

4. 中国标准（工程测量规范 GB 50026—2007）楼层标高

竖向传递允许偏差（表 39-6）：施工层标高的传递，宜采用悬挂钢尺代替水准尺的水准测量方法并应进行温度、尺长和拉力改正。

传递点的数目，应根据建筑物的大小和高度确定。规模较小的工业建筑或多层民用建筑宜从 2 处向上传递，规模较大的工业建筑或高层民用建筑宜从 3 处向上传递。

传递的标高校差小于 3mm 时，可取其平均值作为施工层的标高基准，否则，应重新传递。

楼层标高竖向传递允许偏差　　　　　　　　　　表 39-6

项　目	内　容		允许偏差（mm）
标高竖向传递	每层		±3
	总高 H（m）	$H \leqslant 30$	±5
		$30 < H \leqslant 60$	±10
		$60 < H \leqslant 90$	±15
		$90 < H \leqslant 120$	±20
		$120 < H \leqslant 150$	±25
		$150 < H$	±30

5. 英国标准（BS 5964-1—1990，ISO 4463-1—1989）建筑物细部放样

允许偏差为：

图纸上的距离以及规定的距离之间的差额不得超过表 39-7 的允许偏差。

Distances up to 4mm：$\pm 2K_1$mm

Distances greater than 4m：$\pm 2K_1\sqrt{L}$mm

L 是以 m 为单位的距离；

K_1 是常数依据见表 39-7。建筑细部放样示意图如图 39-5、图 39-6 所示。

常数 K_1　　　　　　　　　　表 39-7

Example of application on site	K_1
Earthwork without any particular accuracy requirements, for example excavations, slopes	10
Earth work subject to normal accuracy requirements, for example road works, pipe trenches	5
In situ cast concrete structures, precast concrete structures, steel structures	1.5

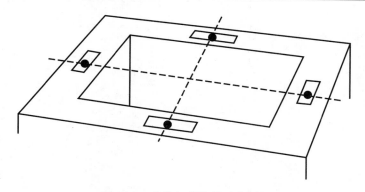

图 39-5　建筑细部放样示意图 1

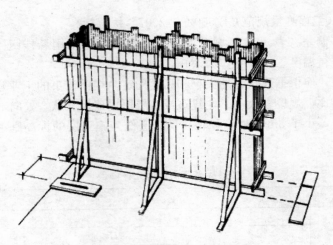

图 39-6　建筑物细部放样示意图 2

6. 中国工程测量规范放样要求

中心线端点，应根据建筑物施工控制网中相邻的距离指标桩以内分法测定；中心线投点，测角仪器的视线应根据中心线两端点决定；当无可靠校核条件时，不得采用测设直角的方法进行投点（表 39-8）。

建筑物细部放样的允许偏差　　　　　　　　　　　　　　表 39-8

项　目	内　容	允许偏差（mm）
细部放样	细部轴线	±2
	承重墙、梁、柱边线	±3
	非承重墙边线	±3
	门窗洞口线	±3

第40章 中美工程测量规范对比

美国测量法规是各州主要由交通局颁布的测量规范，控制土地界线和地表，所以，测量与测量结果都要符合所在州的测量法规的要求和规定，边界内的建筑物"测量"，美国多称为 Layout（国内称为建筑放线），其测量原则、方式以及设备要求均须遵守所在州的测量法规。同时，其他技术性的诸如测量实施方案、方法均由工程项目合同的技术规范（ACI）决定。现就以项目技术规范要求为例说明。

40.1 中美工程测量规范对比研究

本部分主要从中、美标准（首级平面控制网、高程控制网、二级平面控制网进行对比研究）。

40.1.1 首级平面控制网（Main Survey Control）

1. 美国南卡罗来纳州技术规范

建筑物定位采用南卡罗来纳州平面坐标系统，此坐标系统基于美国国家坐标系。平面坐标采用北美 1983（NAD 83）NSR 2007 坐标数据，纵坐标采用北美 1988（NAVD 88）坐标数据。测量精度要求如表 40-1 所示：

Terrestrial (Ground) Survey

Minimum Unadjusted Closure —1：10,000

Maximum Angular Closure —15″ $\sqrt{}$ Number of Points in Traverse

Extraterrestrial (GPS) Survey

Relative Positional Accuracy-0.07′ +50PPM or 0.07′ +1/20,000xPerimeter

美国标准
表 40-1

FLH Class	PT Series	Type of Survey	95% Probability Circle
A	2000	GPS	0.06 ft
B	3000/5000	Primary (Terrestrial or GPS)	0.10 ft
C	4000	Secondary (Terrestrial or GPS)	0.25 ft
D	6000	Cadastral (Terrestrial or GPS)	0.25 ft
E	8000	Wing Points (Terrestrial or GPS)	0.30 ft

2. 中国标准（工程测量规范 GB 50026—2007）

首级平面控制网采用统一的高斯正形投影 3°带平面直角坐标系统，投影面为测区抵偿高程面或测区平均高程面的平面直角坐标系统；或任意带，投影面为 1985 国家高程基准面平面直角坐标系统。小测区或有特殊精度要求的控制网，可采用独立坐标系统。首级控制网的布设，应因地制宜，且适当考虑发展。当与国家坐标系统联测时，应同时考虑联测

411

方案。控制网的等级，应根据工程规模、控制网的用途和精度要求合理选择。

GPS 控制测量作业的基本技术要求　　表 40-2

等　级		二　等	三　等	四　等	一　级	二　级
接收机类型		双频或单频	双频或单频	双频或单频	双频或单频	双频或单频
仪器标称精度		10mm+2ppm	10mm+5ppm	10mm+5ppm	10mm+5ppm	10mm+5ppm
观测量		载波相位	载波相位	载波相位	载波相位	载波相位
卫星高度角（°）	静态	≥15	≥15	≥15	≥15	≥15
	快速静态	—	—	—	≥15	≥15
有效观测卫星数	静态	≥5	≥5	≥4	≥4	≥4
	快速静态	—	—	—	≥5	≥5
观测时段长度（min）	静态	≥90	≥60	≥45	≥30	≥30
	快速静态	—	—	—	≥15	≥15
数据采样间隔（s）	静态	10～30	10～30	10～30	10～30	10～30
	快速静态	—	—	—	5～15	5～15
点位几何图形强度因子（PDOP）		≤6	≤6	≤6	≤8	≤8

注：当采用双频接收机进行快速静态测量时，观测时段长度可缩短为 10min。

40.1.2　高程控制网（VERTICAL CONTROL）

40.1.2.1　美国南卡罗来纳州技术规范

工程采用北美高程基准 1988（NAVD 88），除非另有说明。可以使用其他数据，使用前必须验证高程基准面及其精度。

40.1.2.2　中国标准（工程测量规范 GB 50026—2007）

测区的高程系统，需采用 1985 国家高程基准。在已有高程控制网的地区测量时，可沿用原有的高程系统。水准测量技术要求详见表 40-3。

水准测量的主要技术要求　　表 40-3

等级	每千米高差全中误差（mm）	路线长度（km）	水准仪型号	水准尺	观测次数		往返较差、附合或环线闭合差	
					与已知点联测	附合或环线	平地（mm）	山地（mm）
二等	2	—	DS$_1$	因瓦	往返各一次	往返各一次	$4\sqrt{L}$	—
三等	6	≤50	DS$_1$	因瓦	往返各一次	往一次	$12\sqrt{L}$	$4\sqrt{n}$
			DS$_3$	双面		往返各一次		
四等	10	≤16	DS$_3$	双面	往返各一次	往一次	$20\sqrt{L}$	$6\sqrt{n}$
五等	15	—	DS$_3$	单面	往返各一次	往一次	$30\sqrt{L}$	—

注：1. 结点之间或结点与高级点之间，其路线的长度，不应大于表中规定的 0.7 倍；

2. L 为往返测段，附合或环线的水准路线长度（km），n 为测站数；

3. 数字水准仪测量的技术要求和同等级的光学水准仪相同。

40.1.3　二级平面控制网（Secondary Survey Control）

1. 美国南卡罗来纳州技术规范。

2. 建筑物定位坐标依据首级平面控制网，通过联测进行位置测设。观测前需对原有坐标控制点进行检查。

3. 中国标准（工程测量规范 GB 50026—2007）。

4. 对于场地面积小于 $1km^2$ 的工程项目或一般性建筑区，可建立二级精度的平面控制网。采用导线及导线网作为场区控制网时，导线边长应大致相等，相邻边的长度之比不宜超过 1：3，其主要技术要求应符合表 40-4 要求。

场区导线测量的主要技术要求   表 40-4

等级	导线长度 (km)	平均边长 (m)	测角中误差 (″)	测距相对中误差	测回数		方位角闭合差 (″)	导线全长相对闭合差
					2″级仪器	6″级仪器		
一级	2.0	100~300	5	1/30000	3	—	$10\sqrt{n}$	≤1/15000
二级	1.0	100~200	8	1/14000	2	4	$16\sqrt{n}$	≤1/10000